Proteine

Verständliche Forschung

Proteine

Mit einer Einführung
von Roger S. Goody

Spektrum
AKADEMISCHER VERLAG

Inhaltsverzeichnis

Einführung

Von Roger S. Goody

Man kann darüber diskutieren, ob Nucleinsäuren oder Proteine die wichtigsten biologischen Moleküle sind. Als Träger der Erbinformation ist die DNA natürlich ein heißer Kandidat auf diesen Titel. Allerdings erfüllt diese Information keine Funktion, wenn sie nicht (über RNA als Zwischenstufe) in Proteinsequenzen übersetzt wird. Beide Vorgänge (Transkription und Translation) werden durch Proteine erst ermöglicht und kontrolliert. So kann man die relative Bedeutung der beiden Substanzklassen nicht sinnvoll unterscheiden, da beide voneinander abhängig sind. Fest steht, daß Leben, wie wir es kennen, ohne Proteine nicht möglich ist, und deshalb gehört das Studium der Proteine zu den interessantesten und wichtigsten Zweigen der Grundlagenforschung („Proteine"). Die Aufklärung der Eigenschaften der Proteine reicht von der phänomenologischen Beschreibung ihrer Rollen im gesamten Organismus bis zu der Entschlüsselung ihrer Strukturen auf atomarer Ebene und der Untersuchung ihrer Dynamik im Zeitbereich von weit unter einer Mikrosekunde bis in den Bereich von Stunden und Tagen.

Die Untersuchung der Nucleinsäuren und der durch sie codierten Proteine hat in den letzten Jahrzehnten dazu geführt, daß die Aminosäuresequenzen einer sehr großen Anzahl von Proteinen inzwischen bekannt ist. Die meisten bekannten Sequenzen hat man nämlich durch Sequenzierung der dazugehörigen Gene (das heißt der DNA) herausgefunden. In der Zwischenzeit sind auch die dreidimensionalen Strukturen vieler Proteine aufgeklärt, doch von den meisten Proteinen, deren Aminosäuresequenz bekannt ist, bleibt die dreidimensionale Struktur ein Geheimnis. Es ist nämlich zur Zeit leider noch nicht möglich, die dreidimensionalen Strukturen von Proteinen aus den Aminosäuresequenzen abzuleiten, obwohl die auf diesem Gebiet tätigen Wissenschaftler der einhelligen Meinung sind, daß die notwendige Information prinzipiell in den Sequenzdaten enthalten ist (siehe die Artikel „Die Faltung von Proteinmolekülen" und Artikel „Mobile Protein-Module: evolutionär alt oder jung?").

Trotzdem scheinen in der Zelle zusätzliche Faktoren und Mechanismen vorhanden zu sein, die Proteinen bei der Faltung „helfen" (siehe Artikel „Stress-Proteine" und „Chaperonin 60: ein Faß mit Fenstern"). Diese Mechanismen sorgen vermutlich dafür, daß falsch gefaltete Strukturen, die sonst funktionslos wären, „gerettet" werden, oder sie verhindern eine falsche Faltung. Nach welchen Prinzipien dies geschieht, ist noch nicht klar, aber die gängigen Theorien sprechen nicht gegen die These, daß alleine die Aminosäuresequenz eines Proteins die endgültige dreidimensionale Struktur im Organismus bestimmt. Dabei spielen die Eigenschaften der lokalen Umgebung des reifen Proteins eine wichtige Rolle; dies – das heißt die endgültige Lokalisierung eines Proteins – ist aber auch durch Proteinsequenzelemente bestimmt.

Die Vorhersage von Proteinstrukturen aus Sequenzinformationen ist im Moment eine der größten Herausforderungen der biologischen Grundlagenforschung. Bisher können die dreidimensionalen Strukturen nur mit den relativen langwierigen Methoden der Proteinkristallographie (siehe Artikel „Protein-Kristalle") oder (bei kleineren Proteinen) der Kernresonanzspektroskopie mit hoher räumlicher Auflösung bestimmt werden.

Proteine zeigen ein erstaunliches Spektrum von Eigenschaften und sie erfüllen ihre Funktionen in den verschiedensten Organismen. Sie können eine rein strukturelle Aufgabe übernehmen, wie im Falle von Kollagen (Sehnen), Keratin (Haare) oder wie bei vielen Proteinen des Zellskeletts; solche Proteine sind oft unter physiologischen Bedingungen unlöslich. Eine weitere große Gruppe von Proteinen stellen die löslichen Proteine dar, die sich in verschiedenen Kompartimenten der Zellen oder auch im extrazellulären Raum befinden können. Viele dieser Proteine (die Enzyme) haben katalytische Eigenschaften, während andere eine Rolle in der Regulation biologischer Vorgänge, in der Signalübertragung oder in der Kommunikation zwischen Zellen spielen („Die Rolle der Histone bei der Genregulation", „Zinkfinger" und „Regulation durch reversible Phosphorylierung", „G-Proteine" und „Wie Proteine den Zellzyklus steuern"). Eine weitere Gruppe von Proteinen befindet sich in oder an den Membranen, die Zellen umgeben oder Zellkompartimente voneinander abtrennen. Sie haben unterschiedliche Funktionen: Manche erkennen als Rezeptoren andere Moleküle (zum Beispiel Hormone oder weitere Proteine); andere bilden Kanäle oder Poren (siehe Artikel „Der Acetylcholin-Rezeptor"), und noch andere sind für die Umwandlung von einer Energieform in eine andere verantwortlich. Diese Proteintypen werden ergänzt durch Proteine und Proteinsysteme, die hochspezialisierte Aufgaben übernehmen, wie zum Beispiel die Bewegung von Zellen und Organismen (siehe Artikel „Der Kriechmechanismus von Zellen").

Das fehlerfreie Funktionieren zahlreicher Proteine ist medizinisch von großer Bedeutung, denn einige der schon erwähnten Eigenschaften spielen im Immunsystem eine entscheidende Rolle – vor allem die spezifische Erkennung von bestimmten (fremden) Molekülen (siehe Artikel „Antigen-Erkennung: Schlüssel zur Immunantwort" und „Tumor-Abstoßungsantigene"). Viele andere Proteine werden an den Abwehrmechanismen von Organismen beteiligt (zum Beispiel Interferone; siehe Artikel „Wirkungsweise von Interferonen"). Auch in anderer Hinsicht haben Proteine bei pathologischen (krankmachenden) Prozessen sehr wichtige und differenzierte Aufgaben. Sie sind unter anderem an Infektionsvorgängen (einerseits als angreifende Agenzien und andererseits als Waffen des angegriffenen Organismus), an Erbkrankheiten und an der Entstehung von Tumoren beteiligt. Schließlich häufen sich die Hinweise darauf, daß bei manchen Krankheiten entgegen allen Regeln der „molekularen Medizin", Proteine als infektiöse Agenzien fungieren können (siehe Artikel „Prionen-Erkrankungen").

Bei der Erforschung der Proteine geht es nicht nur um die Aufklärung von deren Eigenschaften und Aufgaben im Organismus. Eine relativ neue Forschungsrichtung stellen Versuche zur Produktion von Proteinen mit gewünschten Funktionen dar. Diese können in der Forschung, in der Medizin oder auch in der Industrie von Bedeutung sein. Ein Ansatz zur Realisierung solcher Ziele wird in dem Artikel „Gelenkte Evolution von Biomolekülen", ein anderer in dem Artikel „Katalytische Antikörper" beschrieben. Ein sehr ehrgeiziges Ziel in dieser Richtung, der Entwurf von Proteinstrukturen an Hand von rationalen Überlegungen, gelingt zur Zeit jedoch nur in bescheidenem Ausmaß.

Die in diesem Band gesammelten Artikel geben einen Überblick über das gesamte Spektrum der Proteine. In einem Gebiet, das sich sehr rasch entwickelt, ist es natürlich nicht möglich, alle Teilaspekte zu erfassen. (Zum Beispiel ist der ganze Themenkomplex der Proteinsynthese unterrepräsentiert.) Diese Lücken werden mit Sicherheit zum Teil durch kommende Artikel im Spektrum geschlossen.

Doch ganz sicher ist es mit dieser facettenreichen Artikelauswahl gelungen, einen Eindruck von einem spannenden, hochaktuellen und zentralen Forschungsgebiet zu vermitteln.

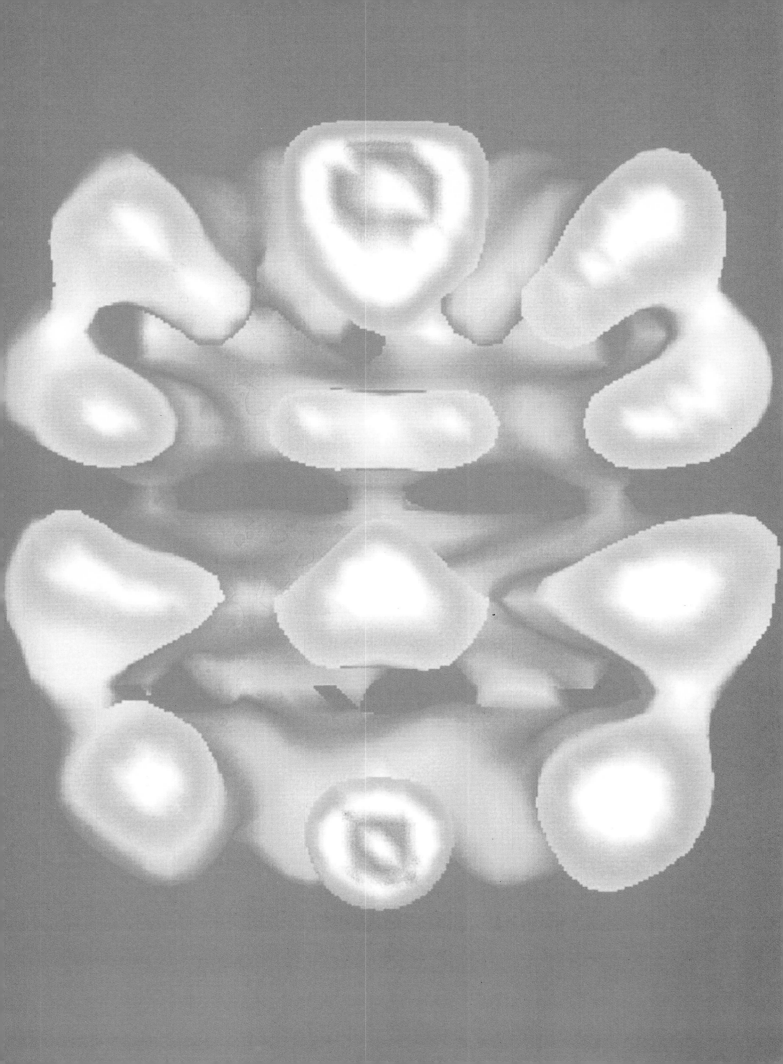

Proteine

Proteine sind der Werkstoff des Lebens. Indem sie sich spezifisch
mit sich selbst oder anderen Molekülen verbinden, erzeugen sie Strukturelemente,
beschleunigen Stoffwechselvorgänge oder regulieren sogar ihre eigene Synthese.

Von Russell F. Doolittle

Betrachtet man die DNA als den Bauplan des Lebens, so sind die Proteine Ziegel und Mörtel. Doch damit nicht genug, sie stellen auch das nötige Werkzeug für den Zusammenbau einer Zelle oder eines Organismus und übernehmen sogar die Rolle der Handwerker, die den Aufbau durchführen. Unsere Gene liefern zwar die Vorlage, aber was wir sind, sind wir durch unsere Proteine.

Wie die DNA sind auch die Proteine lineare Polymere: Kettenmoleküle aus aneinandergereihten Untereinheiten. Ansonsten aber unterscheiden sich beide Molekülarten ganz wesentlich. Grob gesehen haben alle DNA-Moleküle dieselbe Struktur und dieselbe Funktion, nämlich die eines genetischen Archivs. Dagegen falten sich Proteine zu dreidimensionalen Gebilden von bemerkenswerter Vielfalt, die sich in einer entsprechenden Vielfalt von Funktionen widerspiegelt. So dienen sie als Strukturelemente, als Botenmoleküle, als Rezeptoren für solche Boten, als individuelle Zellmarker und als Abwehrwaffe gegen Zellen, die fremde Marker tragen. Einige Proteine binden sich an die DNA und regulieren dadurch die Gen-Expression; andere wirken bei der Replikation, Transkription oder Translation der genetischen Information mit. Die vielleicht wichtigsten Proteine sind die Enzyme, die als Katalysatoren die Geschwindigkeit biochemischer Prozesse bestimmen.

Eines der Hauptziele in der Proteinforschung ist, den Aufbau dieser Moleküle zu klären und so herauszubekommen, wie sie wirken. Die vollständige Strukturanalyse ist ein langwieriges Unterfangen und erst bei einem Bruchteil der bekannten Proteine durchgeführt.

Dennoch haben sich einige allgemeine Prinzipien herauskristallisiert. So lassen sich in verschiedenen Proteinen gleichartige Strukturelemente identifizieren, die vielfach auch ähnliche Funktionen erfüllen dürften. Nicht weniger interessant ist die Frage, wie sich im Laufe der Evolution die Tausende von Proteinen eines Lebewesens entwickelt und aufgefächert haben. Die Existenz gemeinsamer Strukturelemente in verschiedenen Proteinen läßt erkennen, wie kompliziert der Evolutionsprozeß verlaufen ist. Offenbar sind neue Proteine nicht einfach dadurch entstanden, daß ältere verändert wurden; vielmehr müssen Bruchstücke der Erbinformation irgendwie ausgetauscht und dann für viele andere Proteine verwendet worden sein.

Gemeinsamer Wirkungsmechanismus

In all der funktionellen Vielfalt ist gleichwohl ein roter Faden zu erkennen: Die meisten Proteine erfüllen ihre Aufgabe durch selektive Anlagerung an weitere Moleküle.

Bei Strukturproteinen sind dies oft Moleküle der eigenen Sorte: Zahlreiche Kopien desselben Proteins treten dann zu einer größeren Struktur zusammen, etwa einer Faser, einem Blatt oder einer Röhre. Andere Proteine heften sich gern an fremde Moleküle. So verbinden sich Antikörper mit bestimmten Antigenen; Hämoglobin lagert in den Lungen Sauerstoff an und setzt ihn in entfernten Geweben wieder frei; Regulatoren der Gen-Expression heften sich an spezifische Nucleotidsequenzen der DNA. In die Zellmembran eingebettete Rezeptorproteine erkennen Botenmoleküle wie Hormone oder Neurotransmitter, die selbst wieder Proteine mit einer besonderen Affinität zu den Rezeptoren sein können. Praktisch alle Aktivitäten von Proteinen lassen sich durch solche selektiven chemischen Bindungen erklären.

Die Bindung zwischen dem Protein und dem von ihm erkannten Molekül ist weder fest noch dauerhaft. Es handelt sich um ein dynamisches Gleichgewicht, in dem immer neue Moleküle gebunden und wieder freigesetzt werden. Welcher Prozentsatz der Moleküle zu einem bestimmten Zeitpunkt gebunden ist, hängt sowohl von den relativen Mengen der beiden Substanzen als auch von der Stär-

Bild 1: Bindungsstellen versinnbildlichen den grundlegenden Mechanismus, durch den Proteine biochemisch wirksam werden: Sie gehen nämlich meist eine enge, aber kurzlebige Bindung mit einem anderen Molekül ein. Das Bild zeigt einen Teil des Enzyms Alkoholdehydrogenase, das in der Leber Ethanol in Acetaldehyd umwandelt. Kohlenstoff-Atome sind hellblau, Sauerstoff-Atome rot und Stickstoff-Atome dunkelblau dargestellt. Die violetten Atome gehören zu einem Molekül des Coenzyms Nicotinamid-adenin-dinucleotid (NAD), das den entscheidenden Katalyseschritt ausführt, indem es dem Alkoholmolekül ein Hydrid-Ion (ein negativ geladenes Wasserstoff-Ion) entzieht. (Der Alkohol wird an einer anderen Stelle des Proteins gebunden.) Das NAD-Molekül paßt genau in eine Tasche auf der Oberfläche des Proteins und wird dort durch elektrostatische Anziehungskräfte festgehalten. Viele Proteine, die NAD oder ähnliche Coenzyme binden, weisen eine Domäne mit ähnlicher Struktur auf. Sie wird als Mononucleotid-Falte bezeichnet und zählt wahrscheinlich zu den ältesten Struktureinheiten in der Evolution von Proteinen. Das hier wiedergegebene Computerbild sowie die Bilder 5 und 6 erstellte Jane M. Burridge vom britischen Wissenschaftszentrum der International Business Machines Corporation.

ke ihrer Bindung ab. Diese wiederum wird zum einen dadurch bestimmt, wie gut die Moleküle räumlich zusammenpassen, und zum anderen durch spezifische lokale Wechselwirkungen wie die elektrostatische Anziehung oder Abstoßung zwischen geladenen Bereichen.

Enzyme sind in dieser Hinsicht den übrigen Proteinen vergleichbar. Auch sie erkennen ein spezifisches Molekül, ihr Substrat, und binden es in einem dynamischen Gleichgewicht. Die Besonderheit eines Enzyms liegt darin, daß es das gebundene Substrat chemisch verändern kann. Gewöhnlich besteht diese Veränderung in der Bildung oder Spaltung einer kovalenten chemischen Bindung. So kann das Substrat in zwei Teile zerlegt werden oder eine chemische Gruppe angefügt bekommen, oder das im Substratmolekül vorhandene Bindungsmuster wird einfach umgeordnet.

Der Wirkungsmechanismus eines Enzyms läßt sich in drei Schritte unterteilen. Zunächst bindet das Enzym sein Substrat, dann findet die chemische Reaktion statt, und schließlich löst sich das veränderte Substrat wieder ab. Alle drei Schritte sind umkehrbar.

Wenn ein Enzym etwa das Molekül X bindet und in das Molekül Y umwandelt, so kann es auch Y binden und in X überführen. Daneben gibt es viele weitere Möglichkeiten. So könnten X oder Y gebunden, aber schon vor einer chemischen Reaktion wieder abgespalten werden; es ist auch möglich, daß ein Molekül X zwar in Y überführt, jedoch sofort wieder zurückverwandelt wird, bevor sich Y ablösen kann.

Es muß hier betont werden, daß das Enzym keineswegs die Richtung der chemischen Reaktion beeinflußt. Das Verhältnis von X zu Y im Gleichgewicht hängt nur von thermodynamischen Bedingungen ab. Dabei ist jene Verteilung begünstigt, bei der die sogenannte freie Energie im System ein Minimum erreicht. (Vereinfacht ausgedrückt, entspricht die freie Energie seiner Gesamtenergie abzüglich der Entropie, dem Maß seiner „Unordnung".) Ein Enzym beschleunigt lediglich die Einstellung des Gleichgewichts. Dennoch können Enzyme den Verlauf eines biochemischen Prozesses steuern. Ohne sie laufen die meisten dieser biochemischen Reaktionen äußerst langsam ab. Ein geeignetes Enzym kann sie auf das Millionenfache und mehr beschleunigen. Wenn auch Enzyme keinen Einfluß darauf haben, ob mehr X in Y als Y in X umgewandelt wird, so entscheiden sie doch darüber, ob die Umwandlung überhaupt stattfindet.

Ein Enzym beschleunigt eine Reaktion, indem es eine Energieschwelle

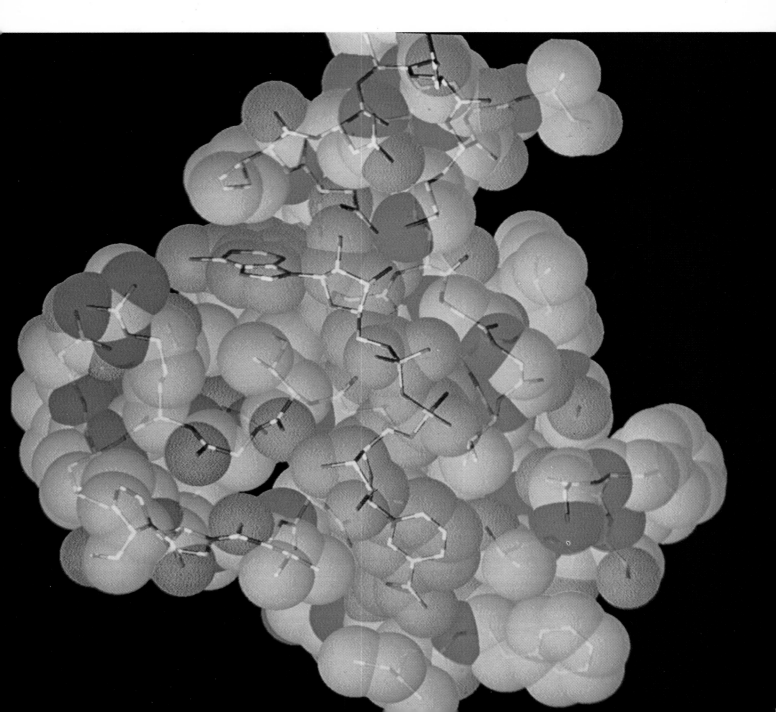

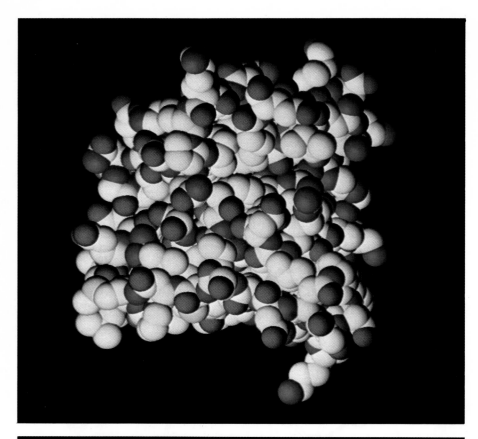

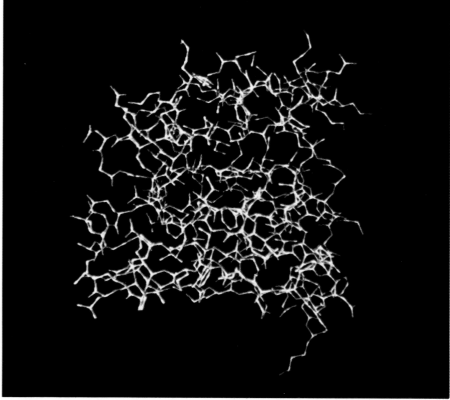

Bild 5: Der coenzymbindende Bereich der Alkoholdehydrogenase ist hier in seiner dreidimensionalen Struktur gezeigt. Das raumfüllende Kalottenmodell (oben) betont die Oberflächenstruktur des Moleküls, das Skelettmodell (unten) läßt die innere Struktur erkennen. In beiden Fällen sind das komplette Polypeptid-Rückgrat und alle Aminosäureseitenketten dargestellt; lediglich die Wasserstoff-Atome **wurden weggelassen. Mag die Kette auch regellos verknäuelt erscheinen – in Wirklichkeit ist sie ganz gezielt gefaltet: Jedes Molekül der Alkoholdehydrogenase hat exakt dieselbe Struktur. Die coenzymbindende Domäne, die etwa dem halben Molekül entspricht, ist in Bild 1 aus einem anderen Blickwinkel wiedergegeben. Hier befindet sich die Bindungsstelle für das Nicotinamid-adenin-dinucleotid (NAD) unten.**

wie zwischen Seitenketten und den Molekülen im Medium verknäuelt sich das Polypeptid oft zu einem kompakten Kügelchen mit wohldefinierter, stabiler Gestalt.

Einige Aminosäuren sind polare Moleküle: Obwohl insgesamt elektrisch neutral, enthalten sie lokal in ihren Seitenketten Überschüsse an positiven und negativen Ladungen. Für diese Polarisation sind Sauerstoff- und Stickstoff-Atome verantwortlich, die eine starke Anziehungskraft für Elektronen besitzen. Einige weitere Aminosäure-Seitenketten sind nicht nur polar, sondern auch insgesamt elektrisch geladen; das heißt, unter physiologischen Bedingungen liegen sie ionisiert vor.

Andere Seitenketten (im allgemeinen solche, die nur aus Kohlenstoff und Wasserstoff bestehen) sind unpolar. Polare Seitenketten neigen stets dazu, eine polare Umgebung aufzusuchen, während sich die unpolaren Seitenketten bevorzugt in unpolaren Bereichen aufhalten. Wasser – das Medium, in dem die meisten Proteine vorliegen – ist eine stark polare Verbindung. Ragt eine polare oder geladene Seitenkette in eine wäßrige Umgebung, so nehmen die Wassermoleküle dort eine geordnete Struktur an. Eine unpolare Seitenkette dagegen stört die Ausrichtung der elektrischen Ladungen.

Die wichtigste Folge dieser Wechselwirkungen besteht darin, daß sich Proteinketten meist so falten, daß die polaren Reste an der Oberfläche und die unpolaren im Inneren des Moleküls liegen. Ausnahmen bilden jene Proteine, die in Zellmembranen eingebettet sind. Eine Membran besteht aus Fettstoffen, also weitgehend unpolaren Molekülen, und der von ihr umschlossene Bereich des Proteins enthält daher auch hauptsächlich unpolare Aminosäuren; sie verankern das Protein in der Membran.

Die elektrostatische Anziehung zwischen einer polaren Seitenkette und Wasser erfolgt über eine sogenannte Wasserstoffbrücke, bei der ein Wasserstoff-Atom als Brücke zwischen geladenen Sauerstoff- und Stickstoff-Atomen fungiert. Wasserstoffbrücken werden auch zwischen Atomen innerhalb eines Proteins ausgebildet und tragen zur Stabilisierung seiner Struktur bei.

Wasserstoffbrücken sind deutlich schwächer als die kovalenten Bindungen des Polypeptid-Rückgrats. Außerdem könnten Atome in einem Protein, zwischen denen Wasserstoffbrücken bestehen, solche Bindungen ebenso leicht mit Wasser eingehen; denn der Energieunterschied zwischen diesen beiden Möglichkeiten ist nur gering. Da aber während der Proteinfaltung viele Wasserstoffbrücken gleichzeitig entstehen können, leisten sie insgesamt einen ganz erheblichen Beitrag zur Stabilisierung der Proteinstruktur.

Ein weiterer Bindungstyp kann verschiedene Regionen eines Proteinmoleküls quervernetzen. Die Aminosäure Cystein zum Beispiel hat am Ende ihrer Seitenkette eine Sulfhydrylgruppe (SH). Wenn ein Protein zwei Cysteinreste enthält, können diese unter Bildung einer kovalenten Disulfidbrücke (−S−S−) miteinander reagieren. Solche Quervernetzungen sind sehr viel fester als Wasserstoffbrücken.

Primär-, Sekundär- und Tertiärstruktur

Die Aminosäuresequenz eines Proteins wird auch als Primärstruktur bezeichnet und die vollständige dreidimensionale Gestalt eines einzelnen Polypeptidstrangs als Tertiärstruktur. Diesen Begriffen kann man entnehmen, daß es noch eine mittlere Organisationsstufe gibt, die Sekundärstruktur. Sie beschreibt, wie sich einzelne Abschnitte der Kette zu Struktureinheiten zusammenfalten, die in fast allen Proteinen vorkommen.

Vor rund 35 Jahren zeigte Linus Pauling, daß sich das Protein-Rückgrat zu einer engen Schraube aufwickeln kann, die durch zahlreiche Wasserstoffbrücken stabilisiert wird. Er nannte diese Struktur Alpha-Helix. Pro Windung enthält sie 3,6 Aminosäuren, und jede Aminosäure geht mit der viertnächsten eine Wasserstoffbrückenbindung ein. Die Seitenketten sind daran nicht beteiligt; vielmehr erstrecken sich die Wasserstoffbrücken von der NH-Gruppe der einen Peptidbindung zur CO-Gruppe der anderen. Die Stabilität der Helix hängt daher kaum von der Art der Seitenketten ab, und so nehmen viele verschiedene Aminosäuresequenzen spontan die Alpha-Konformation ein (Bild 4 oben).

Etwa zur gleichen Zeit postulierte Pauling eine zweite stabile Sekundärstruktur, die er als Beta-Faltblatt bezeichnete. Darin legen sich Polypeptidabschnitte parallel oder antiparallel aneinander; auch hier sind benachbarte Stränge durch Wasserstoffbrücken zwischen den NH- und CO-Gruppen des Polypeptid-Rückgrates verbunden (Bild 4 unten).

Einige Proteine enthalten überwiegend alphahelicale Abschnitte, während andere größtenteils aus Beta-Faltblatt-Strukturen bestehen. In einem typischen globulären Protein liegt innen ein Bündel von hin und her laufenden Beta-Strängen, während die Oberfläche von Alpha-Helices bedeckt ist. Diese äußeren Helices zeichnen sich gewöhnlich durch eine charakteristische Periodizität

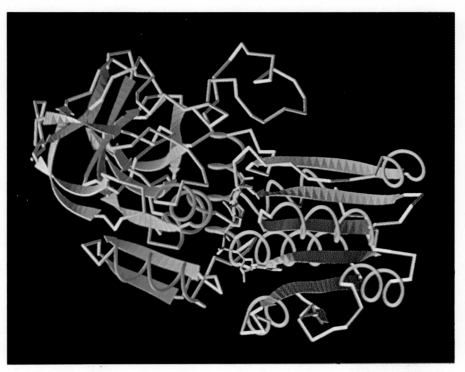

Bild 6: Die Sekundärstruktur der Alkoholdehydrogenase setzt sich aus zahlreichen Alpha-Helices und Beta-Faltblättern zusammen, die durch kurze „ungeordnete" Abschnitte verbunden sind. Zwischen der NAD-bindenden Domäne (grün und gelb) und der katalytischen Domäne (blau), die das Alkoholmolekül bindet, sitzt violett ein gebundenes NAD-Molekül.

in ihrer Aminosäuresequenz aus: Jede dritte oder vierte Seitenkette ist unpolar und nach innen gerichtet; die übrigen ragen in die wäßrige Umgebung und sind meist polar.

In den letzten Jahren wurden weitere Bauteile der Proteinstruktur entdeckt. So kommt in zahlreichen Polypeptiden ein Strukturelement vor, das aus zwei Beta-Strängen besteht, die durch ein Alpha-Helix-Segment verknüpft sind. Diese drei Teile passen ausgezeichnet zusammen, wenn sie in bestimmten Winkeln zueinander liegen. Ein solches Strukturelement, das meist aus 30 bis 150 Aminosäuren besteht, bezeichnet man als Domäne. Es kann als eigenständige Einheit betrachtet werden, weil seine Konformation nahezu ausschließlich von seiner Aminosäuresequenz bestimmt wird. Die Beta-Alpha-Beta-Domäne ist besonders wichtig, weil zwei solche Einheiten zusammen eine Tasche bilden, die oft als Bindungsstelle dient.

Ein typisches globuläres Protein besteht aus etwa 350 Aminosäuren, die sich auf unendlich viele verschiedene Weisen falten könnten. Aber die Hierarchie übergeordneter Strukturelemente sorgt für Ordnung. Durch Wechselwirkungen zwischen nahe beieinanderliegenden Aminosäuren entstehen Alpha-Helices, Beta-Faltblätter- oder andere Sekundärstrukturen (Bild 6). Diese in sich mehr oder weniger geschlossenen

Untereinheiten ordnen sich zu Domänen, deren Gesamtheit schließlich die Tertiärstruktur erzeugt. Die Existenz gleicher Sekundärstrukturen und Domänen in vielen verschiedenen Proteinen macht deutlich, daß es sich dabei nicht um künstliche Abstraktionen der Biochemiker handelt; vielmehr haben wir es wohl mit Grundeinheiten zu tun, die in der Evolution und bei der Auffächerung der Proteine eine wichtige Rolle spielen.

Bei vielen Proteinen gibt es über der Tertiärstruktur noch ein weiteres Ordnungsniveau. Sie sind aus mehreren einzelnen Polypeptidsträngen zusammengesetzt, die durch verschiedene schwache Bindungen zusammengehalten werden und manchmal zusätzlich durch Disulfidbrücken verknüpft sind. Einige Proteine enthalten außerdem Nichteiweiß-Komponenten. So sind beispielsweise für die Wirksamkeit bestimmter Enzyme Metall-Ionen unerläßlich; und in Hämoglobin, Chlorophyll und manchen anderen Proteinen kommt ein sogenannter Porphyrin-Ring vor.

Viele Proteine sind überdies auf ihrer Oberfläche gleichsam mit Zuckermolekülen verziert. Solche Extras werden erst nach der Synthese der Polypeptide angefügt.

Im Grunde ist es nicht selbstverständlich, daß jedes Protein stets eine einzige, wohldefinierte Konformation annimmt (Bild 5). Diese hat zwar eine niedrigere

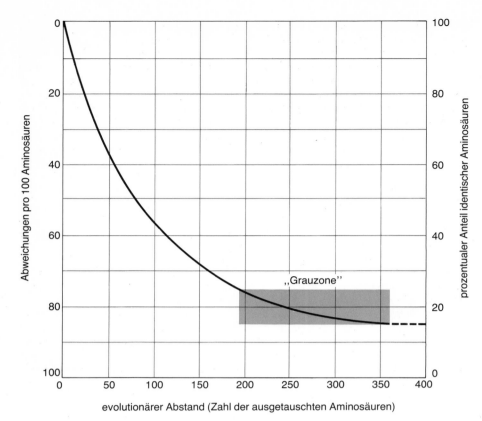

Bild 7: Die Evolution von Proteinen läßt sich durch Vergleich ihrer Aminosäuresequenzen zurückverfolgen. Die Anzahl der Aminosäurepositionen, in denen sich zwei Proteine unterscheiden, ist ein Maß für ihren evolutionären Abstand. Allerdings handelt es sich hier nicht um eine einfache proportionale Beziehung. Eine bestimmte Stelle kann etwa mehrfach mutiert sein, so daß meist mehr Aminosäuren ausgetauscht worden sind, als Abweichungen auftreten. Ferner muß man beim Vergleich zweier Sequenzen auch Insertionen (Einschübe) und Deletionen (Auslassungen) berücksichtigen. Daher läßt sich bei Proteinen, die in weniger als 15 Prozent der Positionen identisch sind, eine gemeinsame Abstammung nicht von einer rein zufälligen Übereinstimmung unterscheiden. Viele besonders interessante evolutionäre Beziehungen liegen in der „Grauzone" mit einer Übereinstimmung von 15 bis 25 Prozent.

freie Energie als alle anderen, aber der Unterschied ist gering. In einer Alpha-Helix etwa vermindern die Wasserstoffbrücken zwischen den Peptidkomponenten die Energie; doch wenn man die Helix entwindet, können die gleichen Stellen Wasserstoffbrücken mit Wasser eingehen. Außerdem hat die Helix als geordnete Struktur eine niedrige Entropie, was ihre freie Energie erhöht.

Tatsächlich weisen nicht alle Polypeptide eine stabiles Faltungsmuster auf. Und künstlich hergestellte, zufällige Aminosäuresequenzen bilden meist lockere, flexible Knäuel, die ständig von einer Struktur in eine andere übergehen. Bei den in biologischen Systemen vorkommenden Proteinen scheint es sich um eine Untergruppe von Polypeptiden zu handeln, die auf ihre strukturelle Stabilität hin selektiert wurden.

Wie klärt man die Struktur von Proteinen auf? Von all den Methoden der Proteinchemiker ist die Röntgenstrukturanalyse die aussagekräftigste. Dabei erzeugt man zunächst ein Beugungsmuster, indem man Röntgenstrahlen durch eine kristallisierte Probe des Proteins schickt. Aus den Intensitäten der Reflexe im Beugungsmuster läßt sich eine Karte ableiten, welche die Dichteverteilung der Elektronen im Protein wiedergibt, und aus dieser Karte kann man schließlich den Verlauf des Protein-Rückgrats und die Lage der Seitenketten entnehmen.

Strukturbestimmung von Proteinen

Die Röntgenstrukturanalyse liefert ein dreidimensionales Bild des Proteins in seinem atomaren Aufbau. Solche Untersuchungen waren es, mit denen die wesentlichen Grundzüge der Proteinstruktur aufgeklärt wurden. Sie zeigten, daß das Innere eines Proteins meist von unpolaren Seitenketten erfüllt ist, daß Alpha-Helix und Beta-Faltblatt mehr als nur hypothetische Strukturen sind, daß die meisten Proteine als kompakte Kügelchen mit eingedellten Oberflächen vorliegen, und vieles mehr. Ferner bestätigten sie die Existenz von Domänen und enthüllten überdies ihnen gemeinsame Grundmuster.

Es wäre ideal, wenn sich mit der Röntgenstrukturanalyse die dreidimensionale Struktur aller Proteine aufklären ließe. Das ist jedoch nicht der Fall. Oft erfordert schon das Kristallisieren eines Proteins wahre chemische Zauberkünste, und die anschließende Analyse der Beugungsmuster ist sehr mühsam. So hat man insgesamt 23 Jahre gebraucht, um eine detaillierte Karte von der Hämoglobin-Struktur zu erstellen. Bis heute sind es erst rund 100 Proteine, von denen die dreidimensionale Struktur aufgeklärt worden ist.

Sequenzanalyse

Noch in den fünfziger Jahren war es schwierig und mühevoll, selbst für ein kleines Protein auch nur die Aminosäuresequenz zu ermitteln. Zunächst bestimmte man seine Bruttozusammensetzung, indem man in einer Probe alle Peptidbindungen spaltete und den Anteil jeder einzelnen Aminosäure maß. Weitere Proben, die nur teilweise abgebaut wurden, lieferten kürzere Fragmente, deren Gehalt an den einzelnen Aminosäuren gleichfalls ermittelt wurde. Mit einem chemischen Trick ließ sich dabei diejenige Aminosäure identifzieren, die am Amino-Ende jedes Fragments stand. Anhand solcher Informationen von zahlreichen überlappenden Fragmenten galt es, in einem schwierigen Puzzlespiel die korrekte Reihenfolge der einzelnen Teile herauszufinden.

In den sechziger Jahren wurde die Technik der Sequenzanalyse dann entscheidend verbessert, und um 1970 war das Verfahren bereits automatisiert. Die Aminosäuren wurden nun vom Amino-Ende her einzeln abgespalten und identifiziert. Allerdings durfte die Kette nicht beliebig lang sein, so daß große Proteine nach wie vor in Einzelfragmente zerlegt werden mußten.

In den letzten Jahren hat eine indirekte Methode der Sequenzanalyse die traditionellen Verfahren der Proteinchemie nahezu völlig verdrängt. Die neue Technik beruht darauf, daß sich die Nucleotidsequenz eines DNA-Moleküls viel leichter bestimmen läßt als die Aminosäuresequenz eines Proteins. Wenn man also den DNA-Abschnitt hat, der die Information für das zu untersuchende Protein trägt, kann man einfach die Sequenz dieser DNA analysieren und dann jedes Codon (Basentriplett) in die entsprechende Aminosäure übersetzen.

Schwierig ist bloß, den DNA-Abschnitt zu finden, der für das Protein codiert. Eine Strategie besteht darin, zunächst ungefähr 25 Aminosäuren am

Amino-Ende des Proteins zu analysieren. Davon wählt man eine Folge von fünf bis sieben Aminosäuren aus, die in eine Nucleotidsequenz „zurückübersetzt" werden.

Diese Übertragung ist allerdings nicht eindeutig: Obwohl jedes Codon für eine ganz bestimmte Aminosäure steht, lassen sich umgekehrt die meisten Aminosäuren durch mehr als ein Codon ausdrücken. Daher muß man eine möglichst eindeutige Sequenz wählen und dann für jede mögliche Rückübersetzung ein DNA-Molekül herstellen. Tritt unter den Aminosäuren zum Beispiel ein Histidin auf, so synthetisiert man DNA-Sequenzen mit den Codons CAT und CAC an den entsprechenden Stellen: Beide codieren für Histidin.

Die rückübersetzte DNA dient als Sonde bei der Suche nach komplementären Sequenzen. Man markiert sie mit einem radioaktiven Phosphor-Isotop und läßt sie mit DNA aus einer Bibliothek geklonter Genfragmente hybridisieren. Die Klone mit der passenden Sequenz sind durch den radioaktiven Phosphor leicht zu identifizieren. Sie werden isoliert, künstlich vermehrt und anschließend sequenziert. Obwohl diese Vorgehensweise umständlich erscheint, ist sie dennoch einfacher und genauer als die direkte Analyse von Proteinfragmenten. Inzwischen sind rund 4000 Polypeptidsequenzen bekannt.

Die Evolution der Proteine

Der Genetiker Theodosius Dobzhansky hat einmal geschrieben: „Nichts in der Biologie ergibt Sinn, wenn man es nicht im Licht der Evolution betrachtet." Das gilt auch für die Struktur der Proteine. Sie ist nur aus der Protein-Evolution heraus zu verstehen. Ebenso wie sich alle lebenden Organismen auf wenige Vorläufer zurückführen lassen, muß auch die große Mehrheit der Proteine von einer sehr geringen Zahl von Urformen abstammen.

Belege für diese Behauptung kommen aus den verschiedensten Bereichen, aber ich werde hier nur kurz darauf eingehen. Das einfachste Argument ist die offenkundige Schwierigkeit, ein ganzes Protein neu zu „erfinden".

Wie bereits erwähnt, können sich die meisten zufällig zusammengesetzten Polypeptide nicht einmal richtig falten. Noch weit seltener entwickeln sie eine biologische Aktivität. Es ist daher viel wahrscheinlicher, daß ein neues Protein durch Veränderung aus einem bereits existierenden hervorgeht.

Dafür gibt es zudem zahlreiche Belege – etwa in bestimmten Aminosäuresequenzen, die im gleichen Genom in mehr als einem DNA-Abschnitt verschlüsselt sind. Überdies haben Kristallographen bei Proteinen, die bei der Faltung lokale Domänen bilden, in verschiedenen Zusammenhängen regelmäßig die gleichen Muster gefunden. Offenbar wird ein Strukturelement, das sich einmal als nützlich erwiesen hat, von der Natur immer wieder verwendet.

Der wichtigste Mechanismus der Protein-Evolution ist die Genverdoppelung, durch die eine Zelle von einem bestimmten Gen zwei (oder auch mehr) Kopien

Ovalbumin	FRVASMAS-EKMKILELPFASGTM----SMLVLLPDEVSG---LEQLESII
Antithrombin III	FRYRRVAE--GTQVLELPFKGDDI----TMVLILPKPEKS---LAKVEKEL
Alpha-1-Antitrypsin	QHCKKLSS----WVLLMKYLGNATA-----IFFLPDEGK----LQHLENEL
Gerstenprotein *Z*	TKKQYISSSDNLKVLKLPYAKGHDKRQFSMYILLPGAQDG---LWSLAKRL
Angiotensinogen	TSVSVP-----MLSGTGNFQHWSDAQ--NNFSVTRVPLGESVTLLLIQPQC
Ovalbumin	NFEK--LTEWTSSNVMEE--------RKIKVYLPRMKMEEKYNLTSVLMAMG
Antithrombin III	TPEV--LQEWLLDELEEM----------LVVHMPRFRIEDGFSLKEQLQDMG
Alpha-1-Antitrypsin	THDI--ITKFLENEDRRS----------ASLHLPKLSITGTYDLKSVLGQLG
Gerstenprotein *Z*	STEPEFIENHIPKQTVEV----------GRFQLPKFKISYQFEASSLLRALG
Angiotensinogen	ASDLDRVEVLVFQHDFLTWIKNPPPRAIRLTLPQLEIRGSYNLQDLLAQAK
Ovalbumin	ITDVFSSSANLS-GISSAES--LKISQAVHAAHAEINEAGREVVGSAEAGV
Antithrombin III	LVDLFSPEKSKLPGIVAEGRDDLYVSDAFHKAFLEVNEEGSEAAASTAVVI
Alpha-1-Antitrypsin	ITKVFSNGADLS-GVTEEAP--LKLSKAVHKAVLTIDEKGTEAAGAMFLEA
Gerstenprotein *Z*	LQLPFSEEADLS-EMVDSSQ-GLEISHVFHKSFVEVNEEGTEAGAATVAMG
Angiotensinogen	LSTLLGAEANLG-KMGDTNP---RVGEVLNSILLELQAGEEEQPTESAQQP
Ovalbumin	DAASV-----SEEFRADHPFLFCIKHIIKHIATNAVLFFGRCVSP
Antithrombin III	AGRSL--NPNRVTFKANRPFLVFIREVIREVPLNTIIFMGRVANPCVK
Alpha-1-Antitrypsin	IPMSI------PPEVKFNKPFVFLMIEQMIEQNTKSPLFMGKVVNPTQK
Gerstenprotein *Z*	VAMSMPLKVDLVDFVANHPFLFLIREDIREDIAGVVVFVGHVTNPLISA
Angiotensinogen	GSPEV------LDVTLSSPFLFAIYERIYERDSGALHFLGRVDNPQNVV

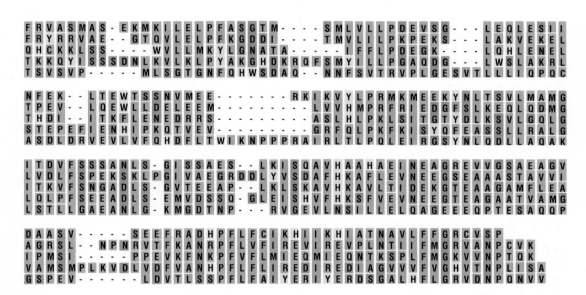

Bild 8: Die molekulare Paläontologie verrät die gemeinsame Abstammung dieser fünf Proteine aus verschiedenen Arten. Die Aminosäuresequenz der einzelnen Proteine ist hier und in Bild 9 durch die einbuchstabigen Abkürzungen wiedergegeben, die in Bild 2 zu finden sind; die Farben kennzeichnen Aminosäuren mit ähnlichen Eigenschaften. Striche markieren Lücken oder Einschübe. Cysteinreste, die stabilisierende Quervernetzungen bilden können, sind umrandet. Ovalbumin ist das Hauptprotein im Eiklar; Antithrombin III und Alpha-1-Antitrypsin kommen im Blutplasma vor; das Gerstenprotein *Z* wurde kürzlich in Gerstenkeimen entdeckt, und das Angiotensinogen schließlich ist der Vorläufer eines kleinen Proteins, das den Blutdruck reguliert. Antithrombin III wie Alpha-1-Antitrypsin wirken als Hemmstoffe von Proteasen (proteinspaltenden Enzymen). Der Verwandtschaft nach dürfte es sich bei den anderen Proteinen ebenfalls um Proteasehemmer handeln.

Blutgerinnungsfaktor X	...TREIC-SLDNGG-CDQFCREERSE-VRCSCAHGYVLGDDSKSCVS...
Vorstufe des epiderm. Wachstumsfaktors	...TCTGCSSPDNGG-CSQICLPLRPGSWECDCFPGYDLQSDRKSCAA...
Rezeptor für Lipoprotein geringer Dichte	...DIDECQDPD---TCSQLCVNLEGG-YKCQCEEGFQLDPHTKACKA...
Plasminogenaktivator des Gewebes	...SCSEP-RCFNGGTCQQALYFSD---FVCQCPEGFAGKCCEIDTRA...
Urokinase	...VPSNC-DCLNGGTCVSNKYFSNIHW--CNCPKKFGGQHCEIDKSK...
Komplement-Komponente 9	...SVRKCHTCQNGGTVILM-----DGKCLCACPFKFEGIACEISKQK...

Bild 9: Eine in sechs grundverschiedenen Proteinen vorkommende gemeinsame Aminosäuresequenz deutet darauf hin, daß die genetische Information dafür irgendwann im Laufe der Evolution offenbar von Gen zu Gen übernommen worden ist. Die hier gezeigten Proteinabschnitte entsprechen jeweils einer erkennbaren Domäne. Die Ähnlichkeit dieser Domänen ist unübersehbar, obwohl sich einige der Proteine in ihrer übrigen Struktur stark voneinander unterscheiden. Die Proteine sind durchweg jüngere Produkte der Evolution, da sie nur in Wirbeltieren vorkommen.

erhält. Eine Kopie bewahrt ihre ursprüngliche Funktion, so daß die Lebensfähigkeit des Organismus nicht durch den Ausfall eines essentiellen Proteins beeinträchtigt wird. Die überzählige Kopie kann dann – ohne Selektionsdruck – frei mutieren. Die meisten Mutationen ergeben zwar keine funktionstüchtigen Proteine, aber gelegentlich kann sich eine Änderung doch als vorteilhaft erweisen und eine verbesserte Version des ursprünglichen Proteins oder sogar ein Protein mit einer ganz neuen Funktion hervorbringen.

Es gibt zwei Möglichkeiten zur Untersuchung der Protein-Evolution, die sorgfältig auseinandergehalten werden sollten. Man kann einmal „dasselbe" Protein in verschiedenen Arten von Lebewesen analysieren und dabei beobachten, wie sich seine Struktur im Laufe der Evolution verändert hat. Beispielsweise ist die Aminosäuresequenz von Cytochrom c, einem Protein, das im Stoffwechsel Elektronen überträgt, in mehr als 80 verschiedenen Arten bestimmt worden – von Bakterien bis zum Menschen. Ein Ergebnis solcher Untersuchungen sind Stammbäume der Organismen, die auf der Verwandtschaft ihrer Proteine beruhen.

Bei dem anderen Ansatz vergleicht man innerhalb einer einzelnen Art die Strukturen verschiedener Proteine. Mit dieser Methode läßt sich ein Stammbaum für die Proteine selbst erstellen.

Der Vergleich zwischen verschiedenen Arten gewährt wertvolle Einblicke in die Proteinchemie. Bei nahe verwandten Organismen bestehen die Veränderungen meist darin, daß eine Aminosäure gegen eine andere ausgetauscht ist, die ähnliche Eigenschaften besitzt; die Gesamtstruktur des Moleküls bleibt folglich unverändert. Mit zunehmendem evolutionärem Abstand zwischen den Arten weichen die Sequenzen jedoch immer stärker voneinander ab. Schließlich mag die Verwandtschaft überhaupt nicht mehr ersichtlich sein, obwohl sich die beiden Proteine in ihrer Tertiärstruktur unverkennbar ähneln. Das bedeutet nichts anderes, als daß sich völlig verschiedene Aminosäuresequenzen in dieselbe Form falten können.

Wenn man verschiedene Proteine innerhalb einer Art vergleicht, wird schnell deutlich, daß es große Familien verwandter Moleküle gibt. So weisen etwa die sechs Polypeptide, aus denen sich die unterschiedlichen Hämoglobinformen aufbauen, sowie die Polypeptidkette des Myoglobins unübersehbare Gemeinsamkeiten auf. Sie sind nicht nur analog (das heißt, daß sie gleichartige Funktionen ausüben), sondern auch homolog (stammen also von einem gemeinsamen Vorfahren ab).

Bei Enzymen ist es nicht überraschend, daß Moleküle, die ähnliche Reaktionen katalysieren, auch homologe Sequenzen besitzen. Glutathion-Reductase und Lipoamid-Reductase sind anschauliche Beispiele: Beide Enzyme katalysieren die Übertragung von Wasserstoff-Ionen auf schwefelhaltige Verbindungen. Sie sind in über 40 Prozent ihrer Aminosäurepositionen identisch. Einen ähnlichen Homologiegrad zeigen auch Chymotrypsinogen und Trypsinogen sowie Ornithin-Transcarbamylase und Aspartat-Transcarbamylase.

Ermittlung von Verwandtschaftsgraden

Mit abnehmender Verwandtschaft zwischen Proteinen lassen sich Sequenzhomologien immer schwerer nachweisen. Zudem bringt es die Mathematik der Sequenzvergleiche mit sich, daß nichtverwandte Sequenzen durchaus als ähnlich erscheinen können. Rein intuitiv sollte man erwarten, daß zwei zufällig ausgewählte Polypeptide in rund fünf Prozent ihrer Aminosäurepositionen übereinstimmen; denn schließlich gibt es 20 Aminosäuren. Wenn man zwei Sequenzen einfach so vergleichen könnte, daß man sie untereinanderschreibt und dann alle Übereinstimmungen abzählt, so wäre die Fünf-Prozent-Grenze sinnvoll; in Wirklichkeit braucht man aber eine kompliziertere Vergleichsmethode.

Ein Protein wird nämlich nicht nur durch den Austausch von Aminosäuren verändert, sondern auch durch Verluste (Deletionen) oder Einfügungen (Insertionen) von Aminosäuren. Nehmen wir einmal an, bei zwei ansonsten identischen Proteinen sei lediglich in einem Fall die erste Aminosäure verlorengegangen. Wenn man diese Deletion nicht berücksichtigt, erscheinen beide Proteine als nicht miteinander verwandt. Andererseits darf man nicht unbegrenzt Lücken und Insertionen zulassen, da sich sonst praktisch jedes Proteinpaar als irgendwie ähnlich interpretieren ließe.

In der Praxis werden Sequenzvergleiche mit Computerprogrammen durchgeführt, die Übereinstimmungen zwischen identischen oder ähnlichen Aminosäuren positiv bewerten und Lücken oder Einschübe negativ. Doch auch so ist es praktisch unmöglich, zwischen zufälligen Ähnlichkeiten und gemeinsamer Abstammung zu unterscheiden, wenn weniger als 15 Prozent der Positionen übereinstimmen.

Beim Erstellen von Proteinstammbäumen sind gerade die Beziehungen zwischen solchen Sequenzen am interessantesten, deren Übereinstimmung (nach Berücksichtigung von Lücken und Einschüben) zwischen 15 und 25 Prozent

liegt. In dieser „Grauzone" muß man nach den Wurzeln des Stammbaumes suchen, um diejenigen Moleküle zu finden, die sich in der Evolution bereits frühzeitig voneinander getrennt haben (Bild 7).

In den frühen sechziger Jahren erkannte man, daß ein Datenspeicher für Aminosäuresequenzen die Untersuchung der Protein-Evolution erleichtern würde. Daraufhin gaben Richard Eck und Margaret O. Dayhoff 1965 den ersten Band des *Atlas for Protein Sequence and Structure* heraus; ihr Ziel war es, jährlich „alle Sequenzen zu veröffentlichen, die zwischen zwei Buchdeckel passen". Schon bald jedoch zeigte sich, daß die Buchdeckel sehr weit auseinanderliegen mußten, und so ersetzten allmählich Magnetbänder die gebundenen Publikationen. Heute hat jeder an Sequenzvergleichen interessierte Forscher von einem Computerterminal aus Zugang zu den großen Sequenzbanken.

Proteinstammbäume

Vor rund zehn Jahren begann ich, mit den auf Band gespeicherten *Atlas*-Daten die Stammesgeschichte (Phylogenie) einiger Proteine zu untersuchen. Bald unterhielt ich meine eigene Datenbank, und immer, wenn eine neue Sequenz beschrieben wurde, gab ich sie in den Speicher ein, um zu prüfen, ob sie einer bereits bekannten Aminosäurenfolge ähnelte. Es ergaben sich überraschend viele Übereinstimmungen.

Ich möchte hier an einem Beispiel illustrieren, wie diese molekulare Paläontologie funktioniert (Bild 8). Ende der siebziger Jahre bestimmten Staffan Magnusson und seine Mitarbeiter an der Universität von Århus in Dänemark die Aminosäuresequenz von Antithrombin III, einem Protein, das im Blutplasma von Wirbeltieren vorkommt; es inaktiviert den Blutgerinnungsfaktor Thrombin, der als Protease, also als proteinspaltendes Enzym, wirkt. Etwa zur gleichen Zeit veröffentlichte eine zweite Forschergruppe die Sequenz von Alpha-1-Antitrypsin, einem weiteren Proteasehemmer im Blutplasma. Die dänischen Wissenschaftler verglichen die beiden Sequenzen und stellten fest, daß sie in 120 von 390 Positionen identisch waren, was einer etwa dreißigprozentigen Homologie entspricht. Offenbar stammen die beiden Proteine von einem gemeinsamen Vorfahren ab.

Kurz darauf gaben Forscher von der amerikanischen National Biomedical Research Foundation der Georgetown-Universität in Washington die Sequenz von Ovalbumin in ihren Computer ein. Dieses Protein kommt in großen Mengen im Eiklar vor. Auch seine Sequenz stimmte zu etwa 30 Prozent mit denen von Antithrombin III und Alpha-1-Antitrypsin überein.

Diese Entdeckung kam überraschend, denn bis dahin hatte noch niemand eine Vorstellung, welche biologische Funktion Ovalbumin erfüllt. Nun mußte man die Möglichkeit erwägen, daß es ebenfalls ein Proteasehemmer ist.

Eine japanische Gruppe veröffentlichte dann 1983 die Sequenz von Angiotensinogen, dem Vorläufer eines kleinen Peptidhormons, das den Blutdruck reguliert. Obwohl das Hormon selbst nur zehn Aminosäuren lang ist, besteht das Vorläufermolekül aus etwa 400 Aminosäureresten. Als ich die Angiotensinogen-Sequenz mit den in meiner Datenbank gespeicherten Sequenzen verglich, ergab sich eine schwache Ähnlichkeit mit Alpha-1-Antitrypsin. Mit rund 20 Prozent lag die Übereinstimmung allerdings in der „Grauzone". Eine statistische Analyse überzeugte mich jedoch davon, daß beide Proteine zur gleichen Familie gehören. Das ist inzwischen durch andere Beobachtungen erhärtet worden, so daß heute kein Zweifel mehr an der Verwandtschaft besteht.

Eine weitere dänische Forschergruppe fügte diesem unerwarteten Stammbaum verwandter Proteine kürzlich einen fünften Zweig hinzu. Dabei handelt es sich um eine Substanz mit unbekannter Funktion, die in Gerstenkeimlingen vorkommt und als Protein Z bezeichnet wird. Obwohl dieses Protein nur etwa halb so viele Aminosäuren enthält wie die anderen vier (rund 200), ist es unverkennbar mit ihnen verwandt. Und tatsächlich paßt die halbe Größe sehr gut zu dem experimentellen Befund, daß die übrigen Proteine dieser Familie zwei Domänen aufweisen.

Die Entdeckung dieser fünf verwandten Proteine in unterschiedlichem Ausgangsmaterial lehrt zweierlei. Erstens ist heute – unabhängig davon, ob die 4000 bekannten Aminosäuresequenzen einen signifikanten Anteil aller Proteine abdecken oder nicht – ein Punkt erreicht, wo jede neu bestimmte Sequenz mit hoher Wahrscheinlichkeit einer bereits gespeicherten ähneln wird. Zweitens haben sich in der Evolution offenbar bestimmte großräumige Aminosäureanordnungen biochemisch so bewährt, daß sie immer wieder in den verschiedensten Zusammenhängen verwendet werden. Häufig entsprechen solche funktionellen Einheiten den Domänen, die man bei Strukturuntersuchungen erkannt hat.

Eine der am weitesten verbreiteten Domänen wurde 1974 von Michael G. Rossmann und seinen Mitarbeitern an der Purdue-Universität in West Lafayette (Indiana) entdeckt. Anhand von Röntgenbeugungsmustern stellten sie bei

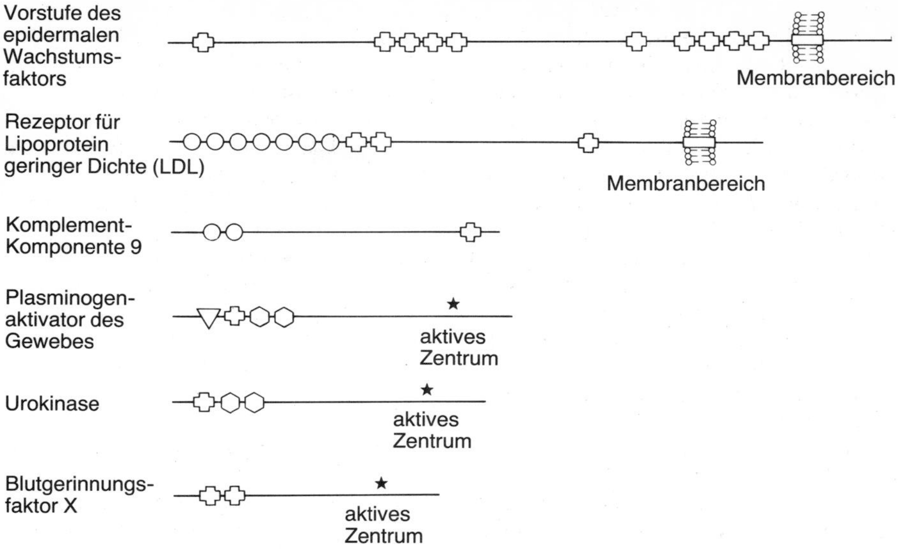

Bild 10: Das Muster ähnlicher Domänen in verschiedenen Proteinen zeugt von einer unablässigen Wanderung genetischer Informationen in höheren Organismen. Hier ist die Verteilung von Domänen (dargestellt durch verschiedene geometrische Symbole) in sechs Proteinen wiedergegeben. Die Sequenz in Bild 9 entspricht der mit einem Kreuz markierten Einheit. Die Verteilung der Domänen läßt sich nicht einfach damit erklären, daß alle solchen Elemente eines bestimmten Proteins von einem entsprechenden Ur-Gen abstammen; vielmehr scheinen sie durch Umordnungen in den Chromosomen von einem Protein zum anderen weitergegeben worden zu sein. In mehreren Fällen entsprechen die Grenzen zwischen den Domänen des Proteins den Grenzen zwischen Exons und Introns im Genom – ein Umstand, der das Mischen der Gen-Abschnitte im Laufe der stammesgeschichtlichen Entwicklung erleichtert haben dürfte.

mehreren verschiedenen Enzymen ein wichtiges gemeinsames Kennzeichen fest: Obwohl sich die Proteine in ihren Strukturen insgesamt deutlich unterschieden, enthielten alle eine im wesentlichen gleich gefaltete Domäne aus rund 70 Aminosäuren. Die Enzyme unterschieden sich auch in ihrer biologischen Funktion beträchtlich, teilten jedoch die Fähigkeit, bestimmte Coenzyme zu binden, nämlich Nicotinamid-adenin-dinucleotid (NAD), Flavinmononucleotid (FMN) oder Adenosinmonophosphat (AMP). All diese Moleküle enthalten in ihrer Struktur ein Mononucleotid, und die in jedem der Enzyme gleichermaßen vorkommende Domäne ist nichts anderes als eine Mononucleotid-Bindungsstelle; Rossmann nannte sie die Mononucleotid-Falte (Bilder 1, 5 und 6).

Eine Ur-Domäne

Diese Entdeckung brachte Rossmann auf die kühne Idee, daß es sich bei der in all diesen Enzymen vorhandenen Domäne sozusagen um den Geist eines primitiven Proteins aus präzellulären Zeiten handeln könnte. Dessen Fähigkeit zur Nucleotidbindung war offenbar so wichtig, daß die Domäne in die Struktur verschiedener Enzymprototypen einging, die in den ersten lebenden Systemen entstanden. So ist dieses Urprotein noch heute erkennbar.

Rossmanns Hypothese klingt überzeugend. Man kann davon ausgehen, daß die ersten funktionsfähigen Proteine klein waren und sich durch die Fähigkeit auszeichneten, andere Moleküle zu binden. Wurden nun zwei dieser Proteine, die zwei verschiedene kleine Moleküle binden konnten, miteinander verknüpft, war damit möglicherweise der Grundstein für die Katalyse gelegt.

Durch eine Folge von Genverdopplungen konnte nun eine erweiterte Familie von stabilen Proteinen entstehen. Zunächst waren die locker verbundenen Proteine sicherlich noch schwerfällig und nicht sehr leistungsfähig. Doch es gab zahlreiche Gelegenheiten zur Verbesserung, und damals wird die natürliche Auslese mutierter Strukturen im Vordergrund gestanden haben. Schließlich waren aber die Proteine perfekt an ihre Funktionen angepaßt und die Enzyme damit so wirksam, daß nun die „natürliche Ausmusterung" abweichender Varianten vorherrschte.

Kurz nachdem Rossmann seine Idee vorgebracht hatte, daß primitive Proteine durch die Verschmelzung nützlicher Domänen entstanden sein könnten, ergab sich aus den Untersuchungen mit rekombinierter DNA die aufsehenerregende Entdeckung, daß eukaryontische Gene gestückelt sind: Sie bestehen aus Abschnitten, die jeweils für einen Teil der Proteinstruktur codieren (Exons), sowie dazwischenliegenden langen Bereichen nicht codierender DNA (Introns). In einigen Fällen fand man die Introns genau oder nahe an der Grenze von Proteindomänen.

Diese Übereinstimmung brachte Walter Gilbert von der Harvard-Universität auf die Idee, Exons als die genetischen Gegenstücke jener austauschbaren Proteinteile anzusehen, die Rossmann postuliert hatte. Laut Gilbert sind nicht nur die ersten Proteine durch den Zusammenbau einzelner stabiler Domänen entstanden, sondern es hat sich während der Jahrmilliarden dauernden Evolution auch die genetische Isolation dieser Domänen erhalten.

Neuinszenierung eines uralten Stücks

Es ist leicht einzusehen, warum eine solche Organisation des Genoms Anpassungsvorteile bietet: Die fortwährende Neukombination von Domänen bringt immer wieder neuartige und dabei gelegentlich auch nützliche Proteine hervor.

Gilberts Vorstellungen sind heute weithin anerkannt, obwohl es auch Gegenargumente gibt. So fallen bei vielen eukaryontischen Proteinen die Introns nicht mit offenkundigen Domänengrenzen zusammen. Und prokaryontische Gene enthalten überhaupt keine Introns; hier muß man annehmen, daß sie im Interesse einer ökonomischen Genomstruktur mittlerweile eliminiert worden sind.

Unlängst ist ein weiteres bemerkenswertes Beispiel für die Verbreitung gemeinsamer Domänen innerhalb einer Proteingruppe bekannt geworden (Bilder 9 und 10). Die Proteine, um die es hier geht, sind allesamt jüngere Produkte der Evolution; sie kommen nur in Wirbeltieren vor, die erst vor etwa 500 Millionen Jahren entstanden sind.

Außerdem läßt sich die Verteilung der Domänen in diesen Proteinen nicht einfach durch die Abstammung von einem gemeinsamen Vorläufer erklären. So kommt eine Domäne in 18 Kopien vor, die über sechs Proteine verstreut sind. Ganz offensichtlich sind diese Untereinheiten frei von einem Protein zum nächsten übertragen und dort eingefügt worden, wo ihre Aktivität benötigt wurde.

Bei einigen der Proteine erwies sich, daß die für die Domänen codierende DNA genau durch Introns begrenzt ist. In diesen Fällen kann es keinen Zweifel geben, daß die Exon-Intron-Struktur des Genoms an der Umordnung der mosaikartig aufgebauten Genprodukte mitgewirkt hat.

Bestätigt das nun Gilberts Hypothese, wonach die Protein-Evolution von Anfang an hauptsächlich im Mischen von durch Exons codierten Domänen bestand? Obwohl ein solcher Mischvorgang heutzutage sicherlich stattfindet, halte ich es für falsch, anzunehmen, daß der gleiche Mechanismus auch in primitiveren Organismen ablief. Introns können in eukaryontischen Genen nur deshalb geduldet werden, weil hochentwickelte Spleißmechanismen gewährleisten, daß die einzelnen Boten-RNA-Stücke korrekt in Protein übersetzt werden. Es ist sicherlich unwahrscheinlich, daß auch die frühesten Lebensformen schon über dieses System verfügten. Der Austausch von Exons bei den Mosaikproteinen der Wirbeltiere scheint viel eher die Neuinszenierung eines uralten Stücks in modernem Gewande zu sein.

Solche Variationen über ein Thema sind in einem so komplexen System wie der lebenden Zelle durchaus zu erwarten – einem System, in dem ein verändertes Molekül Tausende andere und letztlich auch die für seine eigene Synthese verantwortliche Maschinerie beeinflussen kann. Genauso, wie sich die Proteine entwickeln, verändern sich auch die Mechanismen ihrer Evolution.

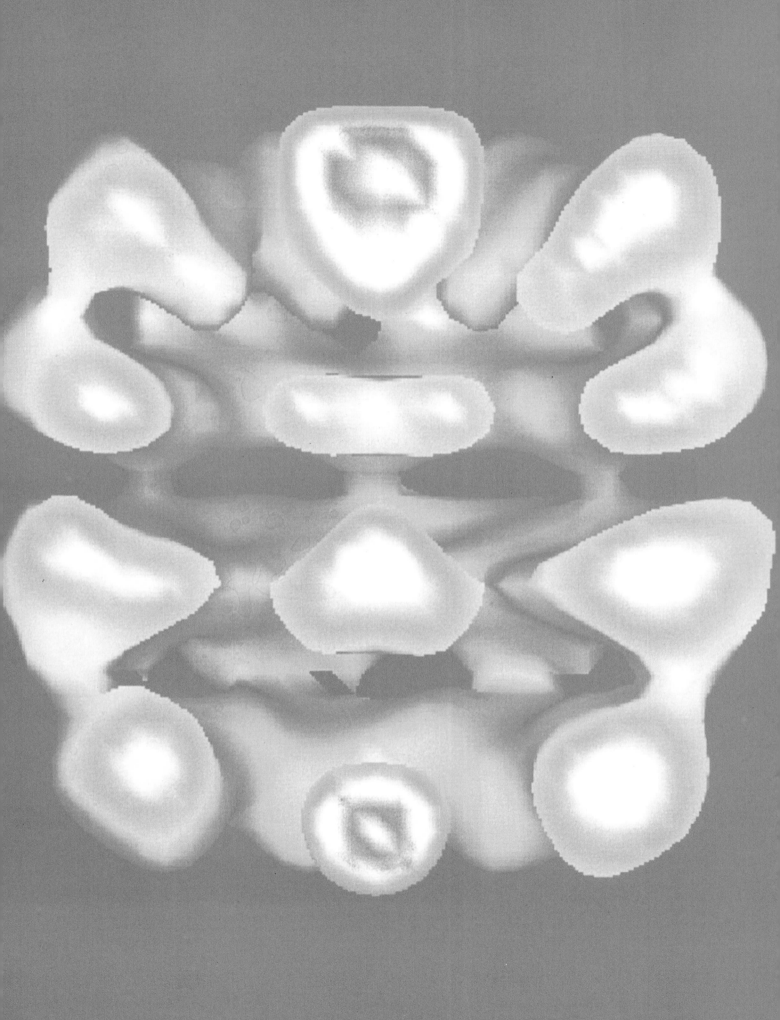

Die Faltung von Proteinmolekülen

Theoretisch müßte man von einem Protein nur seine Aminosäuresequenz kennen, um vorhersagen zu können, wie es sich zur biologisch aktiven Form falten wird. Einzelne kurze Phasen des Prozesses lassen sich schon mit raffinierten Experimenten und in ausgeklügelten Modellen abbilden; noch sind aber die maßgeblichen Mechanismen nicht in allen Einzelheiten aufgeklärt.

Von Frederic M. Richards

Ende der fünfziger Jahre machten Christian B. Anfinsen und seine Kollegen von den amerikanischen National Institutes of Health in Bethesda (Maryland) eine grundlegende Entdeckung. Schon lange hatten Biologen darüber gerätselt, was eigentlich frisch synthetisierte Proteine veranlasse, sich zusammenzufalten: Zunächst ist solch ein Molekül nur ein locker gedrehter Faden, und erst das in ganz bestimmter Weise aufgewundene Knäuel kann die spezifischen biologischen Aufgaben erfüllen (Bild 1). Wie Anfinsen und seine Kollegen herausfanden, ist dieser Vorgang gar nicht so geheimnisvoll.

Allein die Sequenz der Aminosäuren – der Moleküle, aus denen ein Protein besteht – schien die spätere Form zu bedingen. (Proteine setzen sich aus 20 verschiedenen Aminosäuren zusammen, die entsprechend den genetischen Direktiven zu einer Kette zusammengefügt sind.) Denn der Prozeß bedarf keines zusätzlichen Anstoßes, etwa durch Enzyme, die die Faltung erst katalysieren müßten.

Dieser Sachverhalt konnte mittlerweile viele Male bestätigt werden – zumindest für vergleichsweise kleine Proteine. Demzufolge sollten die entscheidenden Kräfte, aufgrund derer ein Protein sich richtig faltet, im Prinzip von den Gesetzmäßigkeiten der Chemie und Physik herzuleiten sein; und somit käme es nur auf die spezifischen Charakteristika der ein-

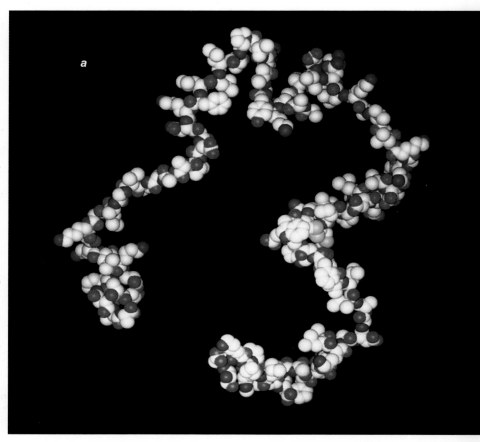

Bild 1: Ähnlich wie das hier modellierte Enzym Thioredoxin, das bei der DNA-Synthese eine Rolle spielt, falten sich im allgemei- nen auch andere kleine Proteine. Die anfänglich offene, instabile Kette aus Aminosäuren (*a*) verdichtet sich zunehmend (*b*

zelnen zusammengeketteten Aminosäuren an – speziell auf ihr Verhalten in wäßriger Lösung. (Die meisten Zellen bestehen zu 70 bis 90 Prozent aus Wasser.)

Was in der Theorie so einleuchtend schien, erwies sich allerdings in der Praxis als sehr schwierig nachzuvollziehen: Es ist alles andere als einfach, die Konfiguration eines Proteins (der Fachbegriff ist Konformation) vorherzusagen, wenn man von ihm lediglich seine Aminosäuresequenz kennt. Obwohl Anfinsens bahnbrechende Arbeit mehr als 30 Jahre zurückliegt, beschäftigt dieses Problem heute noch Hunderte von Forschern. Englisch formuliert ist *the protein folding problem* in Fachkreisen längst zu einem stehenden Begriff geworden.

Vielfältige Barrieren

Nicht nur akademisches Interesse treibt diese Forscher an. Die Lösung des Rätsels ist für die Medizin und andere Anwendungen relevant, so für die Entwicklung vollkommen neuartiger Proteine – schließlich steckt die biotechnologi-

sche Industrie durchaus noch in bescheidenen Anfängen. Der erste Schritt, eine gewünschte genetische Vorlage für eine bestimmte Aminosäuresequenz herzustellen, gelingt zwar von Fall zu Fall; doch der zweite, wenn diese sich dann wie beabsichtigt falten soll, mißlingt noch oft.

Es gab eine Zeit, da konnten wir schon nicht mehr glauben, in dieser Sache je weiterzukommen. Doch neuerdings stimmen uns theoretische und experimentelle Fortschritte wie auch das wachsende Interesse der Industrie wieder optimistischer.

Die meisten eingehenden Kenntnisse, über die wir bislang verfügen, stammen aus Arbeiten an kleinen, wasserlöslichen, globulären Proteinen aus höchstens etwa 300 Aminosäuren. Möglicherweise gelten die zahlreichen Prinzipien, nach denen gerade diese kleinen Moleküle sich falten und gestalten, bei manchen anderen Proteinen nicht in genau gleichem Maße – vor allem bei großen, wie etwa den langen fibrillären oder den diversen Zellmembranproteinen. Kürzlich wurde sogar gezeigt, daß einige riesige Eiweißstoffe Falthilfe von ande-

ren Proteinen – sogenannten Chaperoninen (nach dem Fremdwort für Anstandsdame) – benötigen. Doch werden wir im folgenden solche komplizierten Umstände nicht einbeziehen, vielmehr uns nur mit Proteinen befassen, die sich allein, ohne fremde Hilfe, falten – und das ist immerhin eine beträchtliche Zahl.

Schön wäre es, wenn wir mit einem speziellen Mikroskop die einzelnen Atome filmen könnten, während der noch instabile Proteinfaden zum endgültigen, vergleichsweise stabilen Molekül zusammenschnurrt – in seinen natürlichen, den nativen Zustand. (Den Ausdruck hat man gewählt, um es von denaturierten, also nachträglich funktionsunfähig gewordenen Proteinen zu unterscheiden.) Aufnahmen aus mehreren Richtungen würden ermöglichen, das Verhalten der verschiedenen Bestandteile zueinander genau direkt zu beobachten. Leider ist dies noch Utopie: Wir müssen uns statt dessen mit vergleichsweise indirekten Meßverfahren begnügen und die so erhaltenen Daten um so vorsichtiger interpretieren.

Aufschlußreiche Hinweise auf die Regeln der Faltung kann man erhalten,

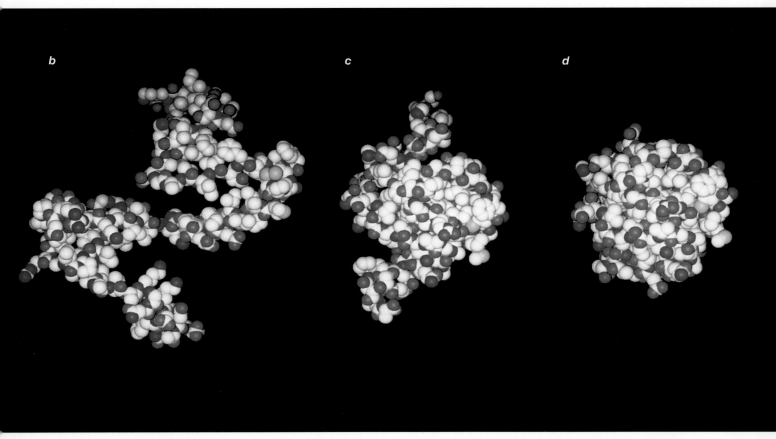

b   c   d

und *c*) und nimmt schließlich die Gestalt einer Kugel an (*d*). Die dargestellten Zwischenformen sind hypothetisch; wie bei den

meisten anderen Proteinen weiß man über sie noch nicht viel, hat aber schon Vorstellungen von den Mechanismen der Faltung.

Die weißen Kugeln stellen Kohlenstoffatome dar, die roten Sauerstoff-, die blauen Stickstoff- und die gelben Schwefelatome.

wenn man die Raumstrukturen des ungefalteten und des gefalteten Proteins vergleicht oder die Eigenschaften der einzelnen Aminosäuren sowie kleiner Peptide (kurzer Aminosäureketten) analysiert. Glücklicherweise kennen wir bereits die räumliche Konfiguration von Hunderten nativer Proteine aus Abbildungsverfahren wie der Röntgenstrukturanalyse und der neueren Kernspinresonanz (NMR nach englisch *nuclear magnetic resonance*), Methoden, die sich in den letzten zehn Jahren stark entwickelt haben. Gleichzeitig ist auch das theoretische Verständnis gewachsen, mit dem man die Faltung per Computer mathematisch zu simulieren und vorherzusagen sucht.

Molekulare Voraussetzungen

Isolierte Aminosäuren bestehen aus einem zentralen Kohlenstoffatom, dem sogenannten Alpha-Kohlenstoff, an das eine Aminogruppe (NH_2), eine Carboxylgruppe (COOH) und eine Seitenkette gebunden sind (Bild 2). Die Aminosäuren unterscheiden sich in ihren Seitenketten – deren Form, Größe und Polarität, also den elektrischen Ladungsverhältnissen (Bild 3). Form und Größe beeinflussen, wie sich die Aminosäuren im fertigen Molekül zusammenlagern; die Polarität bestimmt, ob und wie stark die einzelnen Aminosäuren aufeinander einwirken und in welcher Weise das Protein sich in Wasser verhält.

Polare Aminosäuren beispielsweise üben aufeinander elektrostatische Kräfte aus. Sie tragen eine bestimmte Ladung, weil sie entweder eines oder mehrere Elektronen verloren oder aufgenommen haben oder weil sie – im ganzen elektrisch neutral – dennoch lokalisierte Bereiche aufweisen, wo eine positive oder negative Ladung vorherrscht. (Positive Ladungen rühren von den Protonen im Atomkern her, negative von den Elektronen der Hülle. Aminosäuren ziehen sich an, wenn Bereiche mit entgegengesetzter Ladung einander nahe kommen, und stoßen sich ab, wenn es solche gleichgerichteter Ladung sind.)

Auch unpolare oder nichtpolare Aminosäuren können sich, wenn auch schwächer, anziehen oder abstoßen, in dem Fall bedingt durch sogenannte van-der-Waals-Kräfte. Die Elektronen und Protonen vibrieren nämlich unaufhörlich; dadurch können kurzfristig Dipole induziert werden, die eine schwache Anziehung zwischen den entsprechenden Atomen vermitteln. Sowie diese im Begriff sind, sich zu berühren, stoßen sie sich allerdings wieder ab.

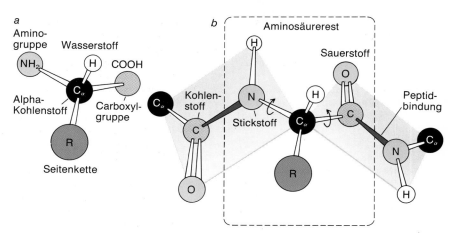

Bild 2: Aminosäuren, die Bausteine von Proteinen, bestehen aus einem zentralen, mit Alpha gekennzeichneten Kohlenstoffatom, einer Amino- und einer Carboxylgruppe sowie einer Seitenkette. Die einzelnen Aminosäuren (*a*) sind im Protein durch eine starke Bindung, die sogenannte Peptidbindung, aneinandergekettet (*b*). Dabei wird jeweils unter Abspaltung eines Wassermoleküls der Carboxyl-Kohlenstoff der einen Aminosäure mit dem Amino-Stickstoff der nächsten verknüpft. Dadurch, daß die Peptidbindung die aneinandergebundenen Atome starr in einer Ebene hält, ist das Protein an dieser Stelle wenig beweglich. Bei der Faltung verwindet es sich praktisch ausschließlich um die beiden Bindungen zwischen dem zentralen Alpha-Kohlenstoff und dem Amino-Stickstoff beziehungsweise dem Carboxyl-Kohlenstoff.

Polare Aminosäuren sind im allgemeinen hydrophil: In wäßriger Lösung ziehen sie die ebenfalls ziemlich polaren Wassermoleküle an. Dagegen verhalten sich die nichtpolaren Aminosäuren – die normalerweise Kohlenwasserstoff-Seitenketten haben – eher hydrophob: Sie vermischen sich schlecht mit Wasser; statt dessen zieht es sie, wie es scheint, vorzugsweise zueinander hin. Genaugenommen ist es allerdings umgekehrt: Nicht sie tun sich gern mit ihresgleichen zusammen, sondern die polaren Wassermoleküle ziehen sich gegenseitig so stark an, daß sie keinen Fremdkörper zwischen sich dulden und die Kohlenwasserstoff-Ketten gewissermaßen ausgrenzen.

Die sogenannte Peptidbindung, über die die Aminosäuren im Proteinfaden aneinandergekettet sind (vergleiche Bild 2), beeinflußt die Faltung ebenfalls; denn sie schränkt entscheidend die räumlichen Konformationen ein, die dem Proteinrückgrat möglich sind – der wiederholten Folge von jeweils einem Alpha-Kohlenstoff, einem Carboxyl-Kohlenstoff und einem Amino-Stickstoff. Peptidbindung nennt man die Verknüpfung des Carboxyl-Kohlenstoffs einer Aminosäure mit dem Amino-Stickstoff der nächsten. Bei ihrer Entstehung wird ein Wassermolekül frei; übrig bleibt von der Aminosäure, die in der Kette an zwei Stellen eine solche Bindung eingeht, der sogenannte Aminosäurerest.

Die Peptidbindung ist stark und ziemlich starr. Folglich kann das Molekül sich an dieser Stelle kaum verwinden. Die Atome zwischen den Alpha-Kohlen-stoffatomen werden sogar in einer Ebene gehalten und bilden gewissermaßen eine steife Platte. Die zur Faltung nötige Verwindung geschieht an anderen Stellen des Peptidrückgrats: dort, wo die Platten über die Alpha-Kohlenstoffe miteinander verbunden sind.

Strukturebenen

Weitere Einzelheiten über den Faltungsvorgang ließen sich aus denaturierten, also wieder entfalteten Proteinen erschließen. Diese sowie gerade entstandene Proteine bezeichnet man im Englischen als *random coils* (also gewissermaßen beliebig aufgewickelt), was unterstellen würde, daß ihr Rückgrat praktisch noch nirgends eine charakteristische Form hätte. Doch sind sie in Wirklichkeit wohl nie frei von Bereichen, die in bestimmter Weise gedreht, miteinander zusammenhängend oder sonstwie vom restlichen Molekül verschieden sind. Einige dieser wahrscheinlich instabilen und sich wandelnden Unterstrukturen mögen wie ein Keim wirken, um den herum sich schließlich stabile Regionen aufbauen.

Allerdings wissen wir über den gefalteten Zustand von Proteinen wesentlich mehr. Zum Beispiel läßt sich das Rückgrat des verdichteten, nativen Moleküls größtenteils in verschiedene Bereiche aufgliedern, die sich in ihrer charakteristischen Form, ihrer Sekundärstruktur, deutlich unterscheiden. (Die Aminosäuresequenz selbst nennt man Primärstruktur.) Drei Hauptkategorien kann man ausmachen (Bild 4):

– Helices (schraubenartige Windungen) wie vor allem die sogenannte Alpha-Helix,

– Beta-Stränge, bei denen das Rückgrat gestreckt ist, sowie Beta-Faltblätter, wobei zwei oder mehr Stränge parallel oder antiparallel in Reihe liegen, und

– Schleifen, die solche Formen miteinander verbinden.

Diese Sekundärformen können, indem sie sich miteinander kombinieren, kompliziertere übergeordnete Strukturelemente – Motive – bilden. Die endgültige Zusammenlagerung all dieser Sekundärelemente ergibt dann die Tertiärstruktur, die räumliche Konfiguration des Proteins. Entsprechend hat man mehrere Klassen von Proteinen identifiziert: In eine ordnet man beispielsweise alle reinen Alpha-Helices ein, in eine andere reine Beta-Stränge und in eine weitere kombinierte Moleküle, die in bestimmter Anordnung beide Konformationen enthalten (Bild 5).

Daß es verschiedene Sekundärelemente gibt könnte bedeuten, daß bestimmte Aminosäuren jeweils spezifische Anordnungen begünstigen. So finden sich tatsächlich manche Aminosäurereste gehäuft in Helices, andere wiederum in Beta-Faltblättern. Wenn man diesen Unterschied sowie sonstige erkennbare Muster jedoch statistisch berechnet, sind die Korrelationen nicht hoch.

Grundregeln

Wie wir aus verschiedenen anderen Befunden wissen, geschieht das, was man aufgrund der hydrophoben und hydrophilen Eigenschaften der Aminosäuren auch erwarten sollte: Die Tendenz von Wasser und den unpolaren Resten, einander zu meiden, beeinflußt die endgültige Gestalt des Proteins wesentlich. In ihrem Innern sind native Proteine größtenteils frei von Wasser; dort bestehen sie denn auch hauptsächlich aus unpolaren, hydrophoben Aminosäuren. Geladene Aminosäuren befinden sich fast ausschließlich an der Oberfläche, wo sie zu Wasser Kontakt haben.

Polare Reste dagegen kommen sowohl außen als innen im Molekül vor, doch sind sie im Inneren stets mit anderen polaren Gruppen über Wasserstoffbrücken verbunden. Dabei werden zwei verschiedene Atome – normalerweise Stickstoff und Sauerstoff – über ein gemeinsames Wasserstoffatom aneinandergeknüpft. Anscheinend erlaubt das den hydrophilen Gruppen, im Innern des Moleküls zu verbleiben; ihrer Suche nach Partner-

schaft wird gleichsam ein akzeptabler Ersatz für ein Wassermolekül geboten.

Demzufolge scheint ein wichtiges Prinzip bei der Faltung zu sein, daß der Kontakt zwischen Wasser und hydrophoben Aminosäuren soweit wie möglich eingeschränkt zu sein hat. Mit dieser Vorgabe allein können wir allerdings noch nicht voraussagen, wo – ob außen oder innen – die einzelne Aminosäure ihren Platz haben wird. Zum Beispiel vermögen wir gerade bei den unpolaren Aminosäuren nicht zu bestimmen, welche davon – wie es mit einigen immer geschieht – schließlich an der Oberfläche bleiben werden.

Eine weitere allgemeine Regel hat sich aus noch anderen Analysen ergeben. Demnach existieren einflußreiche sterische, das heißt auf die räumliche Anordnung der Atome bezogene Zwänge. Das native Protein muß effizient gepackt, das heißt der Raum muß gefüllt sein, ohne daß benachbarte Atome sich zu nahe kommen.

Wie Strukturanalysen zeigen, liegen die Aminosäuren in gefalteten Proteinen im allgemeinen etwa genauso dicht zusammen wie die Komponenten kleiner organischer Moleküle sonst. Deshalb darf man bei Computermodellierungen wohl davon ausgehen, daß – abgesehen

von seltenen Ausnahmen – im fertigen Protein die Länge der Bindungen zwischen den Atomen und die Winkel zwischen aufeinander folgenden Bindungen dem entsprechen, was für kleinere organische Moleküle gefunden wurde.

Einer oder mehrere Wege?

Nun sind die Wissenschaftler zwar, was die Struktur endgültig gefalteter Proteine betrifft, selbst in den Details noch einhelliger Meinung; doch viele andere Fragen sehen sie durchaus kontrovers. Das gilt etwa für die Art und Anzahl von Faltungswegen.

Vertreter einer extremen Position nehmen an, daß neu synthetisierte Proteine sämtliche möglichen Konformationen ausprobieren, bis sie die jeweils einzig stabile Form des nativen Proteins finden – eine Vorstellung, die etwas abenteuerlich anmutet und nachweislich auch nicht zutrifft. Übrigens hatte schon vor Jahren Cyrus Levinthal, der damals am Massachusetts Institute of Technology in Cambridge arbeitete, darauf hingewiesen, daß kein Molekül in der kurzen Zeit, die bei der Faltung verstreicht (maximal ein paar Sekunden), auch nur annähernd

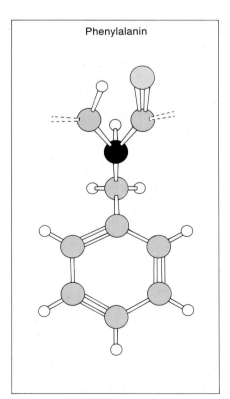

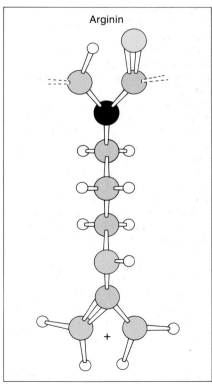

Bild 3: Die spezifischen Eigenschaften und das Verhalten einer Aminosäure im Protein hängen von Form, Größe und Polarität ih- rer Seitenkette ab. Die Seitenkette von Phenylalanin etwa ist unpolar und ringförmig, die von Arginin stark polar und linear.

das ganze mögliche Formenrepertoire durchspielen könnte.

Genauso extrem ist die entgegengesetzte These, daß jedes Protein sich in einer genau festgelegten Folge von molekularen Schritten zusammenzöge und daß keinerlei Alternativmöglichkeiten dazu existierten. Angesichts der immensen Zahl möglicher Konformationen, die ein ungefaltetes Protein theoretisch annehmen könnte, erscheint auch diese Vorstellung unwahrscheinlich. Es wäre ähnlich, als würden sämtliche Besucher einer Großstadt, aus welcher Richtung auch immer sie kommen, auf derselben Schnellstraße mit dem Automobil in die Innenstadt fahren.

Einem dritten Vorschlag zufolge soll zu Beginn der Faltung der hydrophobe Faktor viel einflußreicher sein als elektrostatische Wechselwirkungen oder das Streben nach bestmöglicher Raumnutzung. Dies würde zwar ebenfalls mehrere Faltungswege erlauben, aber zugleich bedeuten, daß sich die Aminosäurekette ganz rasch bis annähernd zur endgültigen Dichte des Proteins verknäuelt, weil so die hydrophoben Aminosäuren schnell dem Wasser entzogen sind. Erst dann, auf so kleinem Raum, würde sich das Protein zur korrekten Sekundär- und Tertiärstruktur umorganisieren.

Allein aus mechanischen Gründen ist dieses Szenario eigentlich unwahrscheinlich: Damit die Teile des Moleküls genügend Platz hätten, sich gegeneinander noch einmal zu bewegen, müßte es sich doch wieder ein wenig lockern. Dennoch scheint experimentellen Hinweisen nach ein solcher Ablauf nicht gänzlich abwegig.

Am treffendsten scheint mir allerdings die Annahme, daß die meisten Proteine zuerst eine Sekundärstruktur ausbilden, bevor sie sich vollständig und endgültig zusammenfalten. Sie haben zwar jeweils mehrere Möglichkeiten, den typischen Endzustand zu erreichen, doch nicht beliebig viele. Gemäß dieser Vorstellung sind mehrere Modelle entwickelt worden, unter anderem das Rahmenmodell von Robert L. Baldwin von der Stanford-Universität (Kalifornien) und Peter S. Kim, der jetzt am Whitehead-Institut für biomedizinische Forschung in Cambridge (Massachusetts) arbeitet.

Generell wäre der Ablauf demnach, daß die noch ungefaltete Aminosäurekette rasch an verschiedenen Abschnitten gerade eben stabile Sekundärstrukturen ausbildet, die dann teilweise in Kontakt zueinander kommen. Falls sie sich besonders gut zusammenballen oder gar Bindungen eingehen, stabilisieren sie einander, zumindest eine Zeitlang. Die solchermaßen stabilisierten Einheiten – nennen wir sie Mikrodomänen – fördern dann die weitere strukturelle Organisation des Moleküls, indem sie zusätzliche Abschnitte der Aminosäurekette miteinbeziehen oder den Kontakt zwischen entfernten Teilen herstellen helfen oder beides (Bild 6).

Mit einem solchen Grundmodell räumt man zwar dem hydrophoben Faktor großen Einfluß ein, fordert dabei allerdings nicht, daß er seine energetische Wirkung auf einmal entfalte; vielmehr kann sie sich über den gesamten Vorgang verteilen. Ein Teil dieser Energie würde zur Bildung der Sekundärstrukturen dienen und der Rest deren Zusammenfügen zur Tertiärkonformation fördern.

Momentaufnahmen

Wüßten wir, welche Zwischenformen regelmäßig auftreten, wenn ein natives Protein entsteht, könnten wir daraus Regeln herleiten, nach denen die Faltung sich vollzieht. Leider sind solche vorübergehenden Zustände aber schwierig zu isolieren – zum Teil deshalb, weil das Falten ein Vorgang ist, bei dem sehr vieles komplex ineinandergreift: Faktoren, die an einer Stelle wirken, tun das auch noch an anderen. Daher sind die Zwischenformen sehr kurzlebig. Trotzdem ist es bereits gelungen, mit besonderen

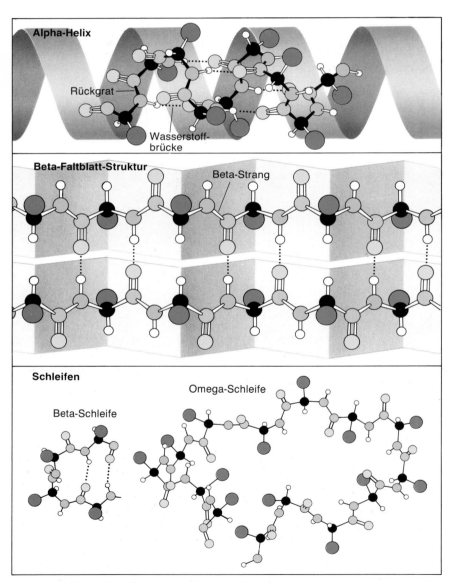

Bild 4: Die Aminosäurekette eines Proteins, die seine Primärstruktur darstellt, kann sich auf mehrere typische Arten zu Sekundärstrukturen zusammenlagern. Die drei wichtigsten sind die schraubenförmige Alpha-Helix (oben), die weitgehend gestreckte Beta-Faltblatt-Struktur, bei der mehrere Stränge parallel oder antiparallel nebeneinander liegen (Mitte), sowie Schleifen als Bindeglieder zwischen den Formen (unten).

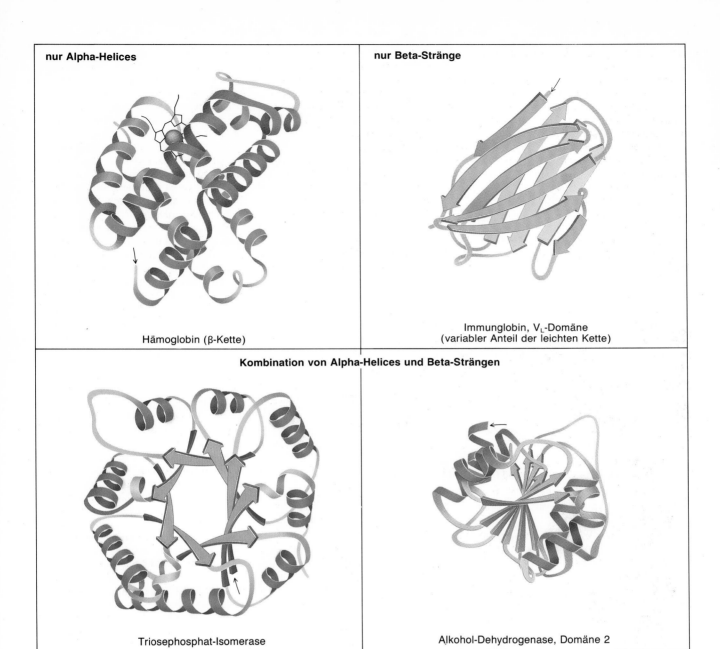

nur Alpha-Helices

nur Beta-Stränge

Hämoglobin (β-Kette)

Immunglobin, V$_L$-Domäne
(variabler Anteil der leichten Kette)

Kombination von Alpha-Helices und Beta-Strängen

Triosephosphat-Isomerase

Alkohol-Dehydrogenase, Domäne 2

Bild 5: In der endgültigen räumlichen Konformation des nativen Proteins, in seiner Tertiärstruktur, sind die Sekundärstrukturen in spezifischer Weise miteinander kombiniert. Die Zeichnungen zeigen die vier häufigsten Kombinationsarten. Alpha-Helixes sind rot, Beta-Faltblatt-Strukturen blau dargestellt. Erst winzige Ausschnitte der Faltung dieser Moleküle kann man modellieren.

Techniken die Charakteristika etlicher von ihnen quasi einzufangen.

So gibt es zuverlässige Hinweise darauf, daß bestimmte Proteine eine Zwischenform bilden, die voluminöser als die native Form des Proteins ist, aber bereits exakt deren Sekundärstruktur hat. Oleg Ptitsyn vom Institut für Proteinchemie in Puschtschino in der Sowjetunion nennt sie „zerflossene Kügelchen". Ihre Existenz allerdings ist überraschend.

Weil ein solches Kügelchen ein größeres Volumen hat als das native Protein, muß es eine beträchtliche Menge Wasser enthalten − zumindest scheinen viele Seitenketten zu Wasser Kontakt zu haben. Aufgrund des hydrophoben Effekts sollte dieses Wasser allerdings eigentlich aus dem Molekül herausgedrückt werden. Wie soll es unter solchen Bedingungen jedoch eine stabile, beobachtbare Zwischenform geben? Und welche wäre das wohl? Noch wissen wir auf dieses Problem keine Antwort.

Immerhin gibt es experimentelle Ansätze. Thomas E. Creighton und seine Kollegen vom Labor für Molekularbiologie des britischen Rats für medizinische Forschung in Cambridge haben untersucht, wie sich das Protein PTI (pan-kreatischer Trypsin-Inhibitor, also jener Stoff, der das wichtigste Enzym der Proteinverdauung hemmt) faltet. Wie viele andere Proteine bildet es beim Falten interne Disulfid-Bindungen: Schwefel-Schwefel- oder kurz S-S-Brücken, über die Seitenketten zweier Reste der Aminosäure Cystein vernetzen.

Creighton und seine Mitarbeiter entfalteten zunächst das native Protein und veranlaßten es dann, sich erneut zu verknäulen; diesen Vorgang unterbrachen sie nach verschieden langen Zeiten. So gelang es ihnen, Zwischenstufen quasi einzufangen, die sich anhand einer be-

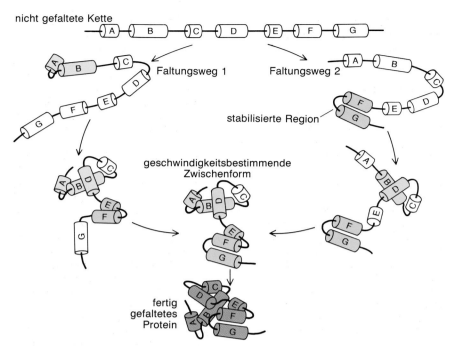

nicht gefaltete Kette

Faltungsweg 1   Faltungsweg 2

stabilisierte Region

geschwindigkeitsbestimmende
Zwischenform

fertig
gefaltetes
Protein

Bild 6: Ein plausibles Modell zur Faltung von Proteinen. Von den diversen energetisch günstigen Wegen, auf denen sich Proteine falten können, sind hier zwei abgebildet. Zuerst entstehen in der Kette Bereiche mit noch wenig stabiler Struktur (weiße Zylinder oben). Diese legen sich teilweise zu Mikrodomänen zusammen und werden dadurch stabilisiert (farbig). Das erleichtert es wiederum anderen Abschnitten, sich ebenfalls zusammenzulagern. Auf diese Weise wächst die strukturelle Organisation des gesamten Moleküls. Über verschiedene Faltungswege entstehen so eine oder mehrere Zwischenformen, welche die Geschwindigkeit des Faltungsprozesses bestimmen; aus allen entsteht schließlich die gleiche endgültige Konformation.

stimmten Disulfid-Bindung identifizieren ließen. Zum erstenmal überhaupt wurde auf diese trickreiche Weise ein Faltungsweg aufgespürt.

Zwar konnten diese Forscher die Struktur der Zwischenstufen noch nicht in allen Einzelheiten aufklären, immerhin aber nachweisen, daß das sich faltende Protein nicht unbedingt einen einzigen oder gar nur den direkten Weg verfolgt. Zwischendurch stellt es nämlich Disulfid-Brücken her, die es im späteren Verlauf wieder löst.

Zwei Mitarbeiter des Whitehead-Instituts, Kim und Terrence G. Oas, haben eine der für entscheidend gehaltenen Zwischenformen des gleichen Proteins genauer untersucht. Sie fanden Anzeichen dafür, daß einige Teile des Moleküls bereits ihre endgültige Struktur angenommen haben. Aus Creightons Arbeit kannten sie zwei bestimmte Stücke im Molekül, die sich früh über eine Disulfid-Brücke zusammenlagern und sich nicht wieder lösen. Nun wollten sie herausfinden, ob auch die übergeordneten Muster der Sekundärstrukturen um diese Stelle herum schon so früh entstehen und dann bestehen bleiben.

Sie synthetisierten also zwei Fragmente des Proteins, und zwar die mit den beiden Cysteinresten, die über die erwähnte stabile Disulfid-Bindung verknüpft sind. Für sich allein ließen die beiden Fragmente keine Besonderheiten erkennen; doch als man sie zusammen in Lösung gab, verbanden sie sich zu einem Gebilde, das sehr stark dem entsprechenden Bereich im nativen Protein ähnelte.

Damit war erwiesen, daß in der Tat bereits in frühen Stadien Strukturen möglich sind, die bis ins native Protein überdauern. Bestimmte Bereiche des Moleküls könnten mithin als Auslöser für die Faltung wichtiger sein als andere. Wie man daraus auch schließen kann, ist es möglich, daß Wechselwirkungen zwischen anscheinend noch unstrukturierten Segmenten eines Proteins es diesen erleichtern, eine Sekundärstruktur auszubilden.

Verschiedene Forscher untersuchen nun Zwischenformen der Proteinfaltung mit einer weiteren einfallsreichen Methode (Bild 7). Sie nutzen dabei die internen Wasserstoffbrücken, wie sie in allen nativen Proteinen zahlreich vorkommen. Als erstes tauschen sie normale Wasserstoffatome (H) am Stickstoff in der Peptidbindung gegen ein verwandtes Atom, das Wasserstoff-Isotop Deuterium (D) aus. Sie geben dazu die Aminosäureket-

ten in schweres Wasser (D_2O) und lösen dann die Faltung aus: Statt der normalen Wasserstoffbindungen (N-H-O) entstehen Deuteriumbrücken (N-D-O).

Zu einem festgesetzten Zeitpunkt im Verlauf der Faltung ersetzen die Forscher dann das schwere Wasser wieder durch normales. Alle Deuteriumatome, die nicht bereits fest in Brücken eingebaut sind, werden nun wieder durch normale Wasserstoffatome verdrängt. Fortan bilden sich nur noch gewöhnliche Wasserstoffbrücken.

Das vollständig gefaltete Protein prüft man dann darauf, wo in Bindungen geschütztes Deuterium übriggeblieben ist. Überall dort muß sich das Molekül früher zusammengelegt haben als an den regulären Wasserstoffbrücken. Indem man die Zeit bis zum Austausch des schweren durch normales Wasser schrittweise verlängert, kann man also die Reihenfolge ermitteln, in der die einzelnen Bindungen entstehen.

Heinrich Roder von der Universität von Pennsylvania in Philadelphia hat mit dieser Methode Cytochrom c untersucht, eines der wichtigsten Stoffwechselproteine, und gefunden, daß sich zuerst an entgegengesetzten Enden der Aminosäurekette zwei Helices formen. Auf gleiche Weise wiesen Baldwin und sein Stanforder Kollege Jayart B. Udgaonkar am Enzym Ribonuclease nach, daß sich der Beta-Faltblatt-Teil — der in der Mitte des Moleküls liegt — bereits in einem frühen Stadium bildet. Zwar können wir aus solchen Befunden allein noch längst nicht auf allgemeine Faltungsregeln schließen; aber zumindest wird klar ersichtlich, welche Möglichkeiten diese neuen Methoden eröffnen.

Zwischenformen zu analysieren ist freilich nicht der einzig gangbare Weg. Viele Forscher wenden andere experimentelle Verfahren an, etwa aus der Gentechnologie, um herauszufinden, wie es sich auf Proteinstruktur und Faltung auswirkt, wenn man Aminosäuren austauscht, Teile des Proteinfadens herausschneidet oder zusätzliche Stücke einfügt.

Sowohl den bisherigen Experimenten als auch entsprechenden Computersimulationen zufolge nimmt ein Protein gewöhnlich auch dann noch die korrekte räumliche Struktur an, wenn eine oder gar mehrere Aminosäuren falsch sind (Bild 8). Für die richtige Faltung sorgen also nicht einige wenige Schlüssel-Aminosäuren; vielmehr scheint es auf generellere Merkmale der Aminosäuresequenz anzukommen. Völlig anders verhält es sich mit der Funktion eines Proteins: Tauscht man auch nur eine einzige entscheidende Aminosäure an maßgebender Stelle aus, kann seine biologische Wirkung empfindlich gestört sein, selbst wenn seine Struktur insgesamt unbeeinträchtigt scheint.

Ein anderes Verfahren versuchen Siew Peng Ho und William F. DeGrado von der Firma Du Pont sowie unabhängig von ihnen Jane S. und David C. Richardson von der Duke-Universität in Durham (North Carolina). Sie entwerfen völlig neuartige künstliche Proteine, die sich in bestimmter Weise falten sollen. So können sie verschiedene Hypothesen austesten wie die, daß bestimmte Sequenzen aus hydrophoben und hydrophilen Aminosäuren dazu tendieren, eine Alpha-Helix zu bilden und sich dann zu einem Bündel ineinandergreifender Helices zu organisieren.

Es ist ihnen auch bereits gelungen, gezielt künstliche Proteine spezifischer Konformation herzustellen. Dennoch sind wir weit von dem Ziel entfernt, die Tertiärstruktur eines beliebigen Proteins vorherzusagen, wenn wir nur seine Aminosäuresequenz kennen und sonst nichts über es wissen.

Energetische Berechnungen

Zu all diesen Experimenten kommen ergänzend theoretische Ansätze hinzu. Beispielsweise kann man die räumliche Struktur eines gefalteten Proteins im Prinzip durch eine mathematische Funktion für die potentielle Energie ausdrücken. Dazu müßte man dem Computer all jene Zahlenwerte eingeben, die verschiedene Aspekte der Anziehung – etwa die Stärke – für jegliche Paarungen von Atomen der gesamten Proteinkette beschreiben. Daraus sollte er errechnen, bei welchen Koordinaten der Atome insgesamt ein Zustand minimaler Energie erreicht ist, so daß jede andere Struktur im Vergleich damit energetisch ungünstiger wäre. Man nimmt nämlich an, daß fertige Proteine im Zustand niedrigster Energie sind.

In die Berechnungen gehen Größen ein, die ausdrücken, wie die Länge, Dehnung und Verdrehung von Bindungen oder die Stärke von elektrostatischen Wechselwirkungen, Wasserstoffbrücken und van-der-Waals-Kräften die Gesamtenergie des Moleküls beeinflussen. Mit diesem Ansatz ließen sich bereits experimentelle Befunde erhärten und Modelle verbessern.

Eine Hürde ist allerdings die Unmenge von Daten. Und enorm schwierig wird dieses Vorgehen, wenn man – was vielfach der Fall ist – die endgültige Raumstruktur eines Proteins gar nicht kennt. Manche der eingegebenen Zahlenwerte können dann ziemlich fehlerhaft sein. Außerdem wissen wir einfach nicht, ob der Zustand, den der Computer errechnet, tatsächlich das absolute Energieminimum darstellt; er könnte auch lediglich irgendeines der – höheren – Nebenminima angeben, falls solche existieren. Dies festzustellen erlaubt das Rechenverfahren noch nicht.

In Anlehnung an diese Computermodellierungen versucht Martin Karplus von der Harvard-Universität in Cambridge (Massachusetts) die Dynamik des Faltens wie in einem Zeitlupenfilm zu simulieren, indem er Isaac Newtons Bewegungsgesetze auf die Atome im Protein anwendet. Ähnlich wie im obigen Modell berechnet er für verschiedene energetische Zustände die Kräfteverhältnisse für die einzelnen Atome, kalkuliert daraus die Beschleunigung eines jeden Atoms und kann dann für ein extrem kurzes Zeitintervall angeben, wohin im Gesamtmolekül es gelangt. Diesen Prozeß wiederholt Karplus für die nächsten Intervalle und vermag so quasi Bewegungen einzelner Atome darzustellen.

Mit dieser Methode lassen sich auch die Auswirkungen winziger Mutationen auf Stabilität und Dynamik eines Proteins erfassen. Doch setzt die Leistungsfähigkeit der Computer noch strikte Grenzen: Nur für die extrem kurze Zeitspanne von wenigen Nanosekunden sind die internen Bewegungsabläufe im Molekül zu simulieren; das ist viel zu kurz, um die Faltung insgesamt nachvollziehen zu können.

Trotz solcher Einschränkungen bleiben Berechnungen auf der Basis der Potentialfunktion vielversprechend. Damit sollte sich zumindest abschätzen lassen, wie stark die verschiedenen Kräfte, etwa die elektrostatischen Wechselwirkungen und die van-der-Waals-Abstoßung, relativ zueinander im Protein wirken.

Diese Effekte auseinanderzuhalten ist deshalb so wichtig, weil ein gefaltetes

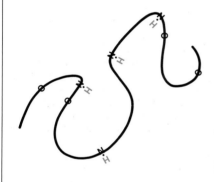

1. Die ungefaltete Aminosäurekette enthält normale Wasserstoffatome.

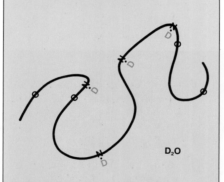

2. In schwerem Wasser tritt Deuterium an die Stelle des Wasserstoffs.

D₂O

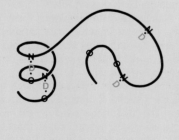

3. Wird nun die Faltung veranlaßt, entstehen anstelle von Wasserstoff-Deuteriumbrücken.

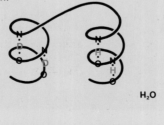

4. Dann wird in normalem Wasser restliches Deuterium wieder gegen normalen Wasserstoff ausgetauscht. Während neue Wasserstoffbrücken entstehen, bleiben die alten Deuteriumbrücken erhalten.

H₂O

Bild 7: Um Zwischenformen bei der Proteinfaltung aufzuspüren, wurde während bestimmter Phasen der Wasserstoff (H) an den Aminosäureketten durch sein Isotop Deuterium (D) ausgetauscht. Dann entstehen im sich aufknäulenden Protein anstelle der sonst üblichen Wasserstoffbrücken in diesem Fall Deuteriumbrücken. Sie bleiben erhalten, wenn später wieder Wasserstoff zugegeben wird; er ersetzt nur das Deuterium, das noch nicht in solchen Brücken gebunden ist. Mit Hilfe dieser einfallsreichen Methode läßt sich ermitteln, in welcher Reihenfolge das Protein sich faltet.

Protein sich in seiner Stabilität nur geringfügig von einem ungefalteten unterscheidet. Entsprechend klein dürften die Faktoren sein, die diesen Unterschied bedingen. Vermutlich drückt sich hierin aus, daß eine Zelle Proteine ganz rasch inaktivieren können muß, sobald sich ihre Bedürfnisse ändern.

Einfluß des Wassers

Vielleicht wird es mit Hilfe dieser energetischen Berechnungen eines Tages möglich sein, die Tertiärstruktur eines beliebigen Proteins allein anhand seiner Aminosäuresequenz vorherzusagen. Bis dahin allerdings erwarten wir noch andere, möglicherweise nicht so weitreichende, aber doch wichtige Beiträge und Denkansätze.

In keinem Fall wird man einer Lösung näherkommen, ohne dem Einfluß des Wassers Rechnung zu tragen. Im Prinzip lassen sich die hydrophoben Kräfte in der Potentialfunktion berücksichtigen; teils geschieht das sogar bereits in der einen oder anderen Weise. Dennoch ist keineswegs klar, wie man dabei am besten verfährt.

Eine Methode, die Wirkung des Wassers zu analysieren, beruht auf einer Arbeit von Byungkook Lee von der Yale-Universität in New Haven (Connecticut). Lee hatte 1971 einen Algorithmus entwickelt, mit dem er von einem Protein bekannter Struktur berechnen konnte, wie groß der Teil der kompliziert geformten Oberfläche ist, der direkten Kontakt zu Wasser hat. Die ersten Ergebnisse ermutigten ihn und mich, seinen Algorithmus auch zur Erforschung der Proteinfaltung zu verwenden.

Zu diesem Zweck unterteilen wir die Außenfläche des untersuchten Proteins oder eines anderen Moleküls, das noch nicht gefaltet ist, in verschiedene Bereiche je nach Art der vorherrschenden Atome (Bild 9): Sind sie wenig elektronenanziehend wie Kohlenstoff und Schwefel und bilden entsprechend unpolare, also hydrophobe chemische Gruppen? Oder sind sie stark elektronenanziehend wie Stickstoff und Sauerstoff und verursachen somit hydrophiles Verhalten?

Die Oberflächenspannung von Wasser bei Kontakt zu diesen Atomen kennt man. Wie Cyrus Chothia vom britischen Rat für medizinische Forschung dargelegt hat, ist sie ein direktes Maß der

Kraft, die zwischen dem Wasser und der betreffenden Substanz wirkt. Handelt es sich dabei um unpolare Moleküle, dann ist die Oberflächenspannung hoch, und entsprechend sucht sie die Kontaktfläche zwischen den beiden Substanzen soweit wie möglich zu verkleinern; im Falle des Proteins wird der Faden zu einer Kugel zusammengezwängt. Kommen dagegen polare Atome mit Wasser in Berührung, wirkt nur eine schwache Oberflächenspannung, so daß keine Abstoßung auftritt.

Zählt man die Effekte aller unpolaren Teile der Proteinoberfläche zusammen, erhält man das gesamte Ausmaß der möglichen wasserabstoßenden Kraft. Wie nach den Strukturanalysen kaum anders zu erwarten, resultiert bei den meisten Aminosäureketten aus anziehenden und abstoßenden Effekten eine recht große positive Nettokraft, die den Kontakt zum Wasser zu reduzieren bestrebt ist, so daß das Molekül sich möglichst dicht zusammenknäult.

Verschiedene Wissenschaftler untersuchen auch, inwieweit Möglichkeiten der Packung von Molekülkomponenten für die Faltung maßgeblich sind. So hat man beispielsweise von Proteinen, die im wesentlichen die gleiche dreidimensionale Konformation haben, die Aminosäuresequenzen aufgelistet. Anhand der sterischen Eigenschaften — etwa Form oder Volumen — der einzelnen Aminosäuren in diesen Proteinen hat dann Jay W. Ponder von der Yale-Universität neue Listen mit Aminosäureketten erstellt, die sich theoretisch genauso räumlich anordnen sollten.

Wie gut die neuen Sequenzen das Schema tatsächlich erfüllen, wird noch untersucht — doch scheinen viele von ihnen hineinzupassen. Es wäre also denkbar, daß nur der hydrophobe Effekt und die sterischen Merkmale des Proteins festlegen, wie es sich faltet.

Welche Bedeutung hätten dann aber die verschiedenen elektrostatischen Wechselwirkungen kurzer und längerer Reichweite? Ohne Zweifel ist ihr Beitrag bei jedem Protein verschieden. Viele Proteine nehmen selbst dann noch in etwa die gleiche Raumstruktur ein, wenn man die Ladungen beträchtlich verändert. Möglicherweise sind demnach die elektrostatischen Wechselwirkungen weniger für den Faltungsprozeß als für die spätere Stabilisierung des fertigen Proteins bedeutsam.

Wollten wir das überprüfen, müßten wir allerdings die Stärke dieser elektrostatischen Kräfte bestimmen können. Doch solche Berechnungen werden durch verschiedene Umstände erschwert. So liegt in einem sich faltenden

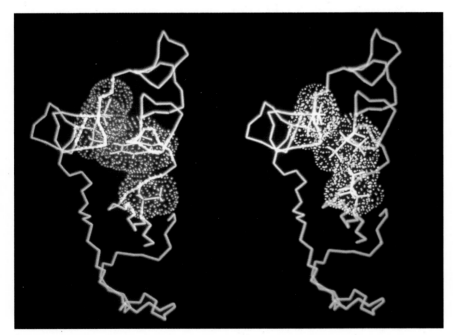

Bild 8: Die Konformation einer bestimmten Faltstruktur innen im Protein Crambin (links) — auf diesem Computerbild hauptsächlich als Kette von Alpha-Kohlenstoffen dargestellt (orange) — rührt von fünf unpolaren, dicht zusammenliegenden Aminosäuren her (blau). Diese typische Konformation bleibt erhalten, wenn der Computer ein quasi mutiertes Protein simuliert, bei dem vier der fünf Aminosäuren ausgetauscht sind (rechts). In der Tat ändert sich auch bei vielen anderen Aminosäure-Kombinationen nicht viel an der äußeren Struktur, sofern die neuen den alten Aminosäuren in Form und Volumen ähneln (die Funktion des Proteins hingegen ist in der Regel schon bei Austausch einer Komponente gestört oder zunichte gemacht). Trotz dieser wichtigen Befunde mag es noch einige Zeit dauern, bis man anhand solcher Details den räumlichen Aufbau des ganzen Proteins wird vorhersagen können.

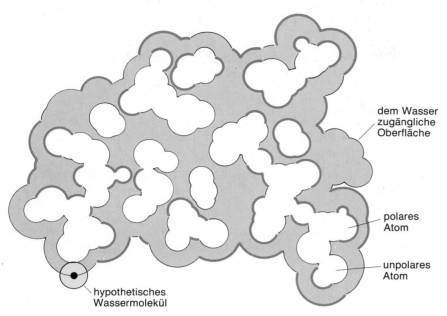

dem Wasser
zugängliche
Oberfläche

polares
Atom

unpolares
Atom

hypothetisches
Wassermolekül

Bild 9: Mit dem Konzept der für Wasser zugänglichen Oberfläche läßt sich abschätzen, welche Kraft das Wasser auf ein Molekül in wäßriger Lösung ausübt. Für einen Querschnitt durch ein Protein (weiße Flächen) ist diese Oberfläche hier wiedergegeben (äußere Umrißlinie des grauen Bereichs). Man erhält sie, indem man nachzeichnet, welchen Weg das Zentrum eines Wassermoleküls nimmt, das man an den äußeren Atomen des Proteins entlangrollen läßt. Je nach der Polarität der benachbarten Proteinatome unterteilt man diese Oberfläche in wasserliebende (rot) und wasserabstoßende (schwarz) Abschnitte. Von wasserabstoßenden Abschnitten geht eine Kraft aus, die das Protein sich zusammenziehen läßt; das Umgekehrte gilt für wasserliebende Bereiche. Da die wasserabstoßenden Abschnitte meist dominieren, faltet sich das Proteinmolekül gewöhnlich zu einem dichten Knäuel zusammen.

Protein oft Wasser zwischen den betreffenden Atomen; wie stark das die Anziehungs- beziehungsweise Abstoßungskräfte längerer Reichweite dämpfen kann, ist ohne zusätzliche genaue Daten über die Proteinstruktur kaum abzuschätzen. Hinzu kommt, daß während der Faltung die Abstände zwischen den Atomen sich immerzu verändern.

Derzeit läßt sich nur mutmaßen, welche Rolle Hydrophobie, sterische Eigenschaften und elektrostatische Wechselwirkungen bei der Proteinfaltung jeweils genau spielen. Doch hat sich das Tempo der Forschung wesentlich beschleunigt. Noch können wir – um es bildhaft auszudrücken – die Melodie nicht singen, aber einzelne Noten haben wir schon entziffert. Das spornt uns ebenso an wie die Gewißheit, daß die Lösung des Faltungsproblems Fragen von hohem wissenschaftlichem Interesse beantworten und sich unmittelbar nutzbringend auf die Biotechnologie auswirken wird.

Mobile Protein-Module: evolutionär alt oder jung?

Viele Proteine setzen sich aus einer recht kleinen Zahl modulartiger Einheiten zusammen. Wie diese sich im Laufe der Evolution ausgebreitet und vervielfältigt haben, ist noch nicht völlig geklärt; gewisse Regeln zeichnen sich jedoch ab.

Von Russell F. Doolittle und Peer Bork

In den vergangenen Jahrzehnten hat sich gezeigt, daß zahlreiche Proteine aus Domänen bestehen: abgrenzbaren Blöcken von Aminosäuren, die vielfach eine festumrissene Teilfunktion haben. Einige dieser Module sind im Laufe der Evolution wiederholt sowohl in einem Protein als auch zwischen verschiedenen Proteinen gewandert, das heißt, entsprechende Abschnitte der DNA haben im Erbgut andere Positionen eingenommen.

Solche Sprünge vollzogen sich nicht nur innerhalb der Artgrenzen. In manchen Fällen vermochten die Gene für solche Einheiten offenbar zwischen nicht verwandten Spezies und sogar von tierischen in bakterielle Zellen zu wechseln.

Weil die Genregionen, die für Proteine codieren, ebenfalls abgrenzbare Untereinheiten aufweisen, sind viele Biologen überzeugt, daß dem ein gemeinsames, entwicklungsgeschichtlich altes Phänomen zugrunde liege. Ihrer Meinung nach entspricht jede codierende Teilregion eines Gens einem bestimmten strukturellen Merkmal in einem Protein.

Wir und unsere Kollegen sehen das etwas anders. Die unserer Vorstellung nach gewichtigeren Indizien sprechen dafür, daß die Unterteilung von Genen in getrennte codierende Bereiche eine nach evolutionärem Zeitmaß weitaus jüngere Entwicklung ist.

Stabile Faltung – eine Frage der Kettenlänge

Proteinmoleküle sind lange Ketten aus Aminosäuren. Zwanzig verschiedene solcher Bausteine, jeweils von eigener Gestalt und bestimmtem chemischem Charakter, hält die Natur dafür bereit; und sämtliche Eigenschaften eines Proteins hängen davon ab, welche Aminosäuren bei ihm in welcher Reihenfolge miteinander verkettet sind.

Vor allem legt die Aminosäuresequenz fest, wie sich das Protein räumlich faltet, also seine funktionsfähige Gestalt annimmt. Ihre Länge spielt dabei eine wichtige Rolle. Bis zu einige tausend Aminosäuren können zu einer sogenannten Polypeptidkette verknüpft sein (den Rekord hält bisher Titin, ein Muskeleiweiß, mit mehr als 30 000).

Kurze Ketten haben jedoch nicht genügend intramolekulare Kräfte oder Bindungen, um in einer einzigen Konformation sozusagen einrasten zu können; darum neigen sie dazu, von einer in die andere zu wechseln. Gewöhnlich besitzen Polypeptide erst ab einer Länge von 30 bis 40 Aminosäuren so viel inneren Zusammenhalt, daß sie bevorzugt eine bestimmte Form annehmen. Sie sind dabei aber unter Umständen immer noch auf eine zusätzliche Stabilisierung – etwa durch gebundene Metall-Ionen oder Disulfid-Brücken zwischen zwei Cysteinen – angewiesen (diese Aminosäure kann mit ihresgleichen Schwefelbrücken ausbilden).

Jedes Protein mit mehr als nur einer Mindestzahl verketteter Aminosäuren faltet sich hingegen in einem definierten Milieu auf immer dieselbe Weise. Das kann eine verdünnte Salzlösung sein, wie die meisten biologischen Flüssigkeiten es im Prinzip sind, oder etwa das fettähnliche Innere einer Zellmembran. Zum Milieu können auch andere umliegende Proteine oder sogar Teile derselben Polypeptidkette gehören, wenn diese recht lang ist.

Eine Sequenz, die unter definierten Bedingungen spontan eine charakteristische Gestalt annimmt, nennt man eine Domäne (allerdings wird diese formale

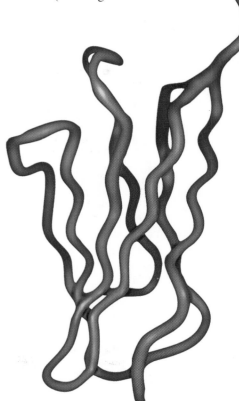

Domäne 2 von CD2

Bild 1: Evolutionär mobile Module wurden in vielen Proteinen gefunden. Einige solche Domänen mit ähnlicher Raumstruktur sind hier dargestellt. Die GHR-Domäne stammt aus dem Rezeptor für das Wachs-

Definition selten strikt beachtet; häufiger wird der Begriff auf jeden beliebigen Teil eines Proteins angewandt, der sich strukturell vom Rest abgrenzen läßt). Einige kleine Proteine bestehen nur aus einer einzigen Domäne. Viele andere enthalten zwei oder mehr und manche sogar viele Domänen, deren Gestalt sehr ähnlich oder grundverschieden sein kann.

Auf direkteste Weise läßt sich eine Domäne durch eine Röntgenstrukturanalyse von Proteinkristallen oder durch NMR-Spektroskopie (*nuclear magnetic resonance*, Kernspinresonanz) identifizieren. Kennt man ihre räumliche Struktur samt der Aminosäuresequenz, dann lassen sich andere verwandte Domänen ohne vorherige Strukturanalyse finden; man sucht einfach nach ähnlichen Sequenzen. Diese Methode ist deshalb außerordentlich nützlich, weil von sehr viel mehr Proteinen ihre Aminosäureabfolge als ihr räumlicher Aufbau geklärt ist. Oft ist es auch möglich, die Existenz einer Domäne allein aus der Sequenz abzuleiten. Wenn man die Struktur- und Sequenzähnlichkeiten von Proteinen unter diesem Aspekt betrachtet, läßt sich viel über deren Evolution lernen.

Modulbauweise

Bis in die frühen siebziger Jahre konzentrierte sich die Lehrmeinung zur Protein-Evolution hauptsächlich auf die beiden Prozesse Verdoppelung und Modifizierung. Ein Gen für ein Protein verdoppelt sich gelegentlich durch verschiedene Rekombinationsprozesse, bei denen Material zwischen DNA-Strängen ausgetauscht wird. Manchmal resultiert daraus ein getrenntes zweites Gen, das sich – ohne dem Organismus zu schaden – abwandeln und mutieren kann, bis es schließlich für ein neues Protein mit neuer Funktion codiert. Oder aber die verdoppelte DNA bildet eine Tandem-Anordnung mit der ursprünglichen. In diesem Fall wird die Aminosäurekette länger, und dadurch kann das Protein womöglich neuartige Eigenschaften bekommen. Wie aus Sequenzvergleichen klar hervorgeht, sind zahlreiche Proteine infolge solcher internen Verdoppelungen entstanden – kleine wie die bakteriellen Ferredoxine mit nur 56 Aminosäureresten bis hin zu derart großen wie die bakterielle Beta-Galaktosidase mit mehr als 1000.

Vor rund 20 Jahren jedoch stieß Michael G. Rossmann von der Purdue-Universität in West-Lafayette (Indiana) auf einen bis dahin verborgenen Aspekt der Protein-Evolution. Ihm fiel auf, daß das Enzym Lactatdehydrogenase, dessen Raumstruktur er gerade durch Röntgenbeugung bestimmt hatte, anderen ihm bekannten Proteinen in einem Bereich stark ähnelt. Und zwar hat der Teil des Enzyms, der einen Kofaktor bindet, of-

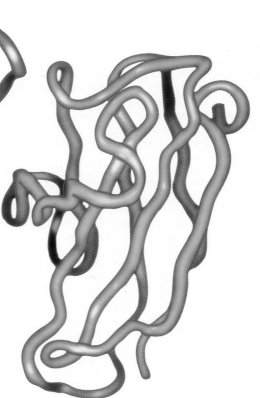

Domäne 1 von PapD

Domäne 1 von GHR

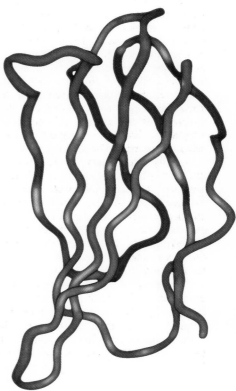

10. Domäne in Fn3

tumshormon (*growth hormone receptor*). Wie bei der Typ-III-Domäne aus Fibronectin (Fn3) besteht eine strukturelle Ähnlichkeit zu Immunglobulinen. Dies gilt auch für die Domäne des bakteriellen Chaperons PapD und des Oberflächenmoleküls CD2. Die Aminosäurekette der Module vermag sich zu einer bestimmten räumlichen Struktur mit stabilen biochemischen Eigenschaften zu falten. Im Laufe der Evolution wurden die Abschnitte von Erbmaterial, die für solche Domänen codieren, getrennt vervielfacht und umgelagert, so daß aus einem begrenzten Sortiment von Baublöcken neue Proteine entstanden.

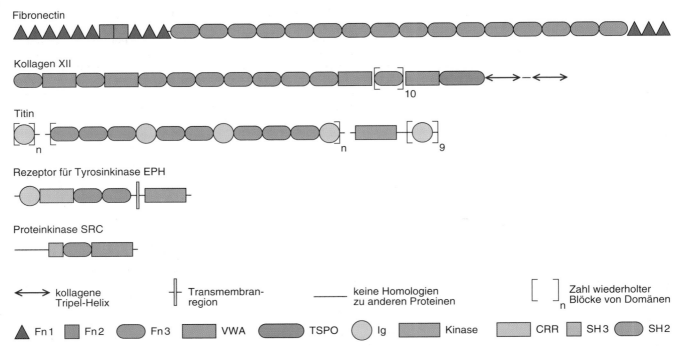

Fibronectin

Kollagen XII

10

Titin

n   n   9

Rezeptor für Tyrosinkinase EPH

Proteinkinase SRC

| ⟷ kollagene Tripel-Helix | ┼ Transmembran-region | ──── keine Homologien zu anderen Proteinen | [ ]ₙ Zahl wiederholter Blöcke von Domänen |

▲ Fn 1 · ■ Fn 2 · ⬭ Fn 3 · ▭ VWA · ⬬ TSPO · ◯ Ig · ▭ Kinase · ▭ CRR · ▭ SH 3 · ⬭ SH 2

Bild 2: Wie aus einem Sortiment verschiedener Perlen geknüpft wirken modulare Proteine durch ihre Domänen. Manche Proteine, etwa Fibronectin, Collagen XII und das riesige Muskelprotein Titin enthalten wenige Domänen, aber in vielfacher Wiederholung.

fensichtlich Pendants in anderen Dehydrogenasen, aber bemerkenswerterweise nicht immer in den einander entsprechenden Regionen der Moleküle. Es schien, als ob diese Einheit im Laufe der Evolution innerhalb der linearen Aminosäuresequenz gewandert wäre, ohne dabei ihre Funktion – also ihre Fähigkeit, den Kofaktor zu binden – einzubüßen. Rossmann schlug als Erklärung vor, daß Proteine aus Modulen – den heutigen Domänen – aufgebaut sind, die bereits früh in der Geschichte des Lebens in Erscheinung traten, und die entsprechenden DNA-Abschnitte sich zu verschiedenen Kombinationen zusammensetzten.

Diese Art und Weise der Protein-Evolution eröffnete Möglichkeiten, die weit über das hinaus gehen, was reine Verdoppelung und Modifizierung leisten. Wenn sich neue Proteine durch Neukombination (Rekombination) des genetischen Materials für Komponenten anderer erzeugen ließen, dann konnte die Vielfalt an Proteinen geradezu explosionsartig wachsen.

Inzwischen sind von zahlreichen großen Proteinen die Aminosäuresequenzen bestimmt, und tatsächlich zeigen viele einen annähernd repetitiven Aufbau, wie man ihn von einer Kette mobiler Module erwarten würde. Das im Blutserum und im Bindegewebe vorkommende Protein Fibronectin zum Beispiel besteht aus zwei langen Ketten mit jeweils mehr als 2000 Aminosäureresten. Sie setzen sich aus Serien von drei verschiedenen Typen

sich wiederholender Sequenzen zusammen (Bild 2 oben). Die Längen der Einheiten, die als Fn 1, Fn 2 und Fn 3 bezeichnet werden, liegen in einer Größenordnung von 45, 60 und 90 Aminosäuren. (Die Wiederholungen eines Typs sind allerdings unvollkommen in dem Sinne, daß nicht alle ganz identisch sind.) Vermutlich kann sich jede Einheit unabhängig als eine echte Domäne falten, und das ganze – entfaltete – Protein dürfte wie eine lange Halskette aus drei Arten von Perlen aussehen.

Überraschenderweise wurden ähnliche Sequenzen wie Fn 1, Fn 2 und Fn 3 dann bei vielen weiteren tierischen Proteinen gefunden; und so war es auch bei etlichen anderen identifizierten Domänen. Zum Beispiel besteht der epidermale Wachstumsfaktor (EGF nach englisch *epidermal growth factor*) aus nur einer einzigen Domäne, die beim Menschen 53 Aminosäuren umfaßt; sie ist kompakt gefaltet und wird von drei Disulfid-Brücken zusammengehalten. Ähnliche Domänen wurden durch Sequenzvergleiche bei mehr als hundert Proteinen entdeckt, und zwar in bis zu dreißigfacher Ausfertigung.

Die Funktion vieler dieser Module ist noch nicht ganz klar, aber etliche binden oder erkennen bestimmte Substanzen. Das ist etwa der Fall bei einer Familie von Lektinen, die verschiedene Kohlenhydrate binden. Auch die Immunglobulin-Domäne, ein Merkmal von Antikörpern und anderen Molekülen des Im-

munsystems, ist für ihre Bindungsfähigkeit bekannt. Manche Domänen dienen möglicherweise als eine Art Etikett, das ein Protein als einem bestimmten Gewebe zugehörig kennzeichnet. Viele scheinen lediglich Bindeglieder oder Abstandshalter zu sein, eher nichtssagende Einheiten zur Verknüpfung anderer. Manche haben vielleicht sogar keinerlei Funktion.

Wie es aussieht, können sich also viele Domänen in evolutionären Zeiträumen in und zwischen Proteinen bewegen (wohlgemerkt vollziehen sich die eigentlichen Sprünge auf genetischer Ebene). Solange durch eine Verlagerung kein Schaden oder Funktionsverlust auftritt, kostet es evolutionär gesehen Organismen wenig, eine Domäne in einem neuen Umfeld zu belassen. Das ist logischerweise aus der Theorie der neutralen Evolution zu folgern, wonach genetische Veränderungen, die zunächst weder schaden noch nutzen, keiner negativen oder positiven Selektion unterliegen.

Gespaltene Gene

Als Rossmann aus seinen Molekülvergleichen folgerte, Module könnten sich in und zwischen Proteinen bewegen, dachte niemand sonderlich ernsthaft darüber nach, welche genetischen Mechanismen solche Umordnungen bewirken dürften. Wenig später stießen Molekularbiologen jedoch auf ein unerwartetes

Merkmal von Genen, das eine Erklärung zu liefern schien.

Bekanntlich ist die genetische Information – insbesondere die Bauanleitung für Proteine – in der DNA (Desoxyribonucleinsäure) gespeichert, und zwar in der Reihenfolge ihrer Bausteine, der Nucleotide. Sie wird in eine komplementäre Boten-RNA (eine Ribonucleinsäure) umgeschrieben, die zu den Ribosomen, den Proteinfabriken der Zelle, wandert. Dort wird die genetische Information umgesetzt, wobei je drei Nucleotide als Codewort für eine Aminosäure stehen.

Die überraschende Entdeckung Mitte der siebziger Jahre war nun, daß die für ein Polypeptid codierende DNA (eben ein Gen) von nicht-codierenden Sequenzen unterbrochen sein kann – Serien von Nucleotiden, die keinen Abschnitten der Aminosäuresequenz im fertigen Protein entsprechen. Die nicht-codierenden Sequenzen werden durch einen Spleiß-Mechanismus herausgeschnitten, noch bevor die Boten-RNA in ein Polypeptid übersetzt wird.

Dieser Befund brachte Walter Gilbert von der Harvard-Universität in Cambridge (Massachusetts) auf die Idee, die nicht-codierenden Sequenzen, die er Introns nannte (nach englisch *intervening*, eingeschoben), erleichterten möglicherweise den Austausch codierender Teile eines Gens, der Exons (der exprimierten Sequenzen). Denn der zusätzliche Abstand zwischen codierenden Abschnitten böte anteilig mehr Gelegenheit zu Rekombinationen, die auf zufälligen Strangbrüchen in der DNA beruhen.

Wenn zudem Ähnlichkeiten zwischen den Sequenzen der Introns bestünden, könnten diese während der Rekombination Fehlausrichtungen und ungleiche Crossing-overs fördern und somit die Umordnung von Genen vereinfachen. Damals gab es noch keinerlei Hinweise auf tatsächlich vorhandene Ähnlichkeiten, doch hat sich bei nachfolgenden Untersuchungen gezeigt, daß Introns eine Vielzahl mobiler genetischer Elemente beherbergen; und die darin vorhandenen ähnlichen Sequenzen können zu genetischen Fehlpositionierungen während der Meiose beitragen (diese sogenannten Reifeteilungen sorgen dafür, daß die für eine geschlechtliche Vermehrung nötigen Ei- und Samenzellen nur die halbe Chromosomenzahl enthalten; mit der Meiose gehen auch Rekombinationen einher).

Freilich gibt es bei vielen Organismen überhaupt keine Meiose, weil sie sich nur asexuell vermehren. Haben sie etwa eine glänzende Chance zum Aufbau neuer Proteine verpaßt?

Introns, welche die für ein Protein codierenden Bereiche unterbrechen, finden sich nur in der DNA von Eukaryonten (deren Zellen enthalten anders als Bakterien, also Prokaryonten, einen echten Zellkern). Die Protein-Gene von Bakterien sind frei von Introns: Jedes Dreier-Set von Nucleotiden entspricht einer Aminosäure im Protein. (Einige wenige Arten von Introns sind zwar inzwischen bei Bakterien entdeckt worden; sie tangieren aber nicht direkt das hier diskutierte Thema.)

Dieses Fehlen von Introns inspirierte Ford Doolittle von der Dalhousie-Universität in Halifax (Canada) und James Darnell von der Rockefeller-Universität in New York unabhängig voneinander zu der Hypothese, Bakterien als urtümliche Organismen hätten früher einmal Introns besessen, inzwischen aber verloren. Ihre Genome (ihr Erbgut) seien im Laufe der Evolution vermutlich von nicht unbedingt Notwendigem entlastet worden, um ihre DNA-Replikation effizienter zu machen. Demnach sollten Introns seit Anbeginn des Lebens existieren, und die kurzen codierenden Sequenzen müßten getrennt entstanden sein.

Exons – nicht generell mobil

Die Folgerung der beiden Wissenschaftler entfachte einen noch immer nicht beigelegten Streit darüber, ob Introns früh in der Entwicklungsgeschichte auftraten und grundlegend für den Ursprung aller Proteine sind oder erst später hinzukamen. Letzteres vertritt Thomas Cavalier-Smith, der inzwischen an der Universität von British Columbia in Vancouver arbeitet. Seiner Hypothese nach dürfte es sich bei den Introns um invasive Nucleinsäureabschnitte handeln, die als transponierbare genetische Elemente oder Transposons bekannt sind; sie würden jenen symbiontischen Organismen entstammen, aus denen schließlich die Mitochondrien und andere Organellen der eukaryontischen Zelle hervorgegangen sind. Sein Modell hat unter anderen Donal Hickey von der Universität Ottawa weiter ausgebaut.

Die DNA-Abschnitte, die für die evolutionär mobilen Module in Proteinen codieren, sind allerdings – wie sich gezeigt hat – zwar oft, aber nicht immer von Introns flankiert. Bei vielen Proteinen werden also die einzelnen strukturel-

Größe einiger mobiler Module

Im Laufe der Evolution sind mobile Protein-Domänen – genauer: die ihnen entsprechenden genetischen Abschnitte – umgelagert worden. Bei einigen wird die räumliche Struktur der Aminosäurekette durch Disulfid-Brücken zwischen Cystein-Paaren stabilisiert. Andere Domänen nehmen ohne solche Brücken eine stabile Konformation ein. Die Nomenklatur ist noch uneinheitlich.

Domänen mit Disulfid-Brücken	ungefähre Zahl der Aminosäurereste	Zahl der Cysteine
Somatomedin B	40	8
Komplement C9/ LDL-Rezeptor	40	6
EGF	45	6
Fn 1	45	4
Fn 2 („Finger")	60	4
Sushi/SCR/CCP	70	4
Ovomucoid	70	6
VWF-C	80	10
Apple	90	4
Kunitz	90	4/6
Link	100	4
Freßzell-Rezeptor	110	6
Kringel	120	6
fibrinogen-verwandte Domäne	250	4/6
keine Disulfid-Brücken		
Kollagen (Wiederholungseinheit)	$n \times 18$	
leucin-reich	$n \times 25$	
kollagen-bindend	50	
SH3	60	
Fn 3	90	
SH2	100	

len Einheiten von je einem Exon codiert. Das nährte den weit verbreiteten Glauben, alle Exons seien evolutionär mobil und die von ihnen codierten Proteinkomponenten potentiell modulartige Baublöcke.

Unserer Ansicht nach ist diese Auffassung in zweierlei Hinsicht falsch. Zum einen können, wie Lázló Patthy vom Institut für Enzymologie in Budapest zuerst darlegte, sehr wohl alle Exons umgelagert werden, doch nur ein Bruchteil davon läßt sich danach noch sinngemäß – dem alten Leseraster entsprechend – in Aminosäuresequenzen übersetzen. Denn wenn sich ein Intron in eine durchgehend codierende Sequenz einnistet, kann es diese an drei möglichen Positionen des Leserasters unterbrechen (Bild 3): zwischen zwei Codons (Typ 0), zwischen dem ersten und zweiten Nucleotid eines Codons (Typ 1) oder zwischen dem zweiten und dritten (Typ 2). Wenn nun ein solches Intron sich samt der nachfolgenden codierenden Sequenz verlagert, muß es sich wieder an demselben Positionstyp integrieren – sonst würde sich das Leseraster hinter ihm verschieben und bei der Übersetzung eine andere, sinnentstellte Aminosäuresequenz herauskommen. Bei rein zufälliger Integration von Introns sollte nur ein Drittel der neuen Exon-Kombinationen mit der ursprünglichen Sequenz sozusagen in Phase sein. Merkwürdigerweise sind die Gensequenzen für Module, die am häufigsten verlagert wurden, in der überwältigenden Mehrheit von Introns vom Typ 1 flankiert.

Der zweite wesentliche Grund, warum nur einige Exons evolutionär mobil sind, liegt darin, daß nur echte Domänen – jene also, die sich gänzlich unabhängig zu falten vermögen – in einer neuen, durch das übrige Protein gebildeten Umgebung bestehen können. Kleinere, weniger selbständige Aminosäuresequenzen wären unfähig, sich allein zu falten, und würden somit ihre Identität verlieren. Mehr noch, wenn eine sich verlagernde DNA-Einheit zwischen zwei Exons landet, die für keine echten Domänen codieren, kann sich womöglich das erweiterte Protein selbst nicht mehr richtig falten.

Diese beiden Faktoren – der eine genetischer, der andere struktureller Art – tragen viel dazu bei, daß mobile Domänen so häufig gemeinsam auftreten; manche Eiweißstoffe sind sogar Mosaike mit bis zu fünf verschiedenen gemeinsam verlagerten Modulen. Diese Typen von Proteinen tolerieren sowohl die genetischen als auch die strukturellen Umlagerungen.

Argumente gegen frühes Auftreten

Den Befund, daß viele Module von Exons codiert werden, hat man als Stütze für die Vorstellung interpretiert, die Urorganismen hätten all ihre Proteine quasi aus einem Inventar exon-codierter primitiver Strukturelemente zusammengestellt. Mehrere Punkte sprechen jedoch dagegen.

Zum einen zeigt schon eine simple Rechnung, daß die hypothetischen frühen Exons nicht für Proteinkomponenten hätten codieren können, die sich unabhängig zu falten vermochten – sie waren zu klein. Die bekannten Exons in Wirbeltier-Genomen haben eine Durchschnittslänge von 135 Nucleotiden, was einem Polypeptid aus lediglich 45 Aminosäuren entspricht. Ein so kurzer Kettenabschnitt benötigt üblicherweise eine Stabilisierung, damit er eine beständige Konformation annehmen kann.

Ferner ist zu bedenken, daß den Verfechtern entwicklungsgeschichtlich frühen Introns nach solche Sequenzen mit der Zeit verlorengehen. Dies anzunehmen sind sie gezwungen, weil bei verschiedenen Spezies Introns nur sporadisch auftreten. Eine ungleichmäßige Verteilung auf verschiedene Linien könnte zwar genausogut das Ergebnis eines nachträglichen Hinzukommens sein; doch wenn man die Vorstellung hegt, Introns seien von Anfang an dagewesen, dann ist ein Verlust die einzige Erklärung. Der Verlust eines Introns bedeutet aber, daß die flankierenden Exons zu einem gemeinsamen größeren fusioniert werden. Folglich hätten die frühesten Exons noch kleiner als die heutigen sein müssen, und die von ihnen codierten Polypeptide wären wohl kaum imstande gewesen, sich von selbst zu einer Domäne zu falten.

Ein weiteres Gegenargument betrifft die Verteilung der Domänen auf Proteine. Im großen und ganzen sind die bekannten mobilen Module in der Mehrzahl auf Proteine von Tieren beschränkt. Bislang wissen wir noch nicht wirklich, wann oder wo die meisten von ihnen erstmals aufgetreten sind. Vielleicht ist ihre Spur in der Stammesgeschichte teilweise verwischt worden, weil sich die Sequenzen in den verwandten Domänen von Pflanzen, Pilzen und Einzellern (Protozoen) umfassend verändert haben. Wie wir noch diskutieren werden, könnte der Umstand, daß Raumstrukturen in einem evolutionären Sinne beständiger sind als die sie bildenden Sequenzen, zur Lösung des Rätsels beitragen.

Außer daß die meisten Exons den Indizien nach nicht evolutionär mobil sind, werden überdies einige bewegliche Domänen offensichtlich nicht von einem einzelnen Exon codiert. Eine große, erstmals im Fibrinogen-Molekül von Wirbeltieren erkannte Domäne umfaßt 250 Aminosäuren und tritt auch in anderen

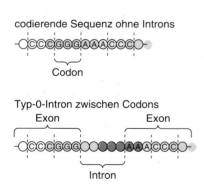

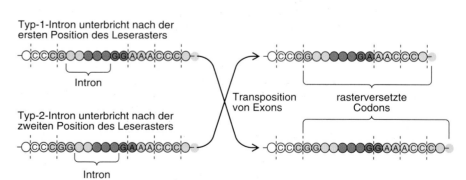

Bild 3: Die codierenden Sequenzen mancher Protein-Gene sind durch Einschübe, sogenannte Introns, unterbrochen; in den Exons stehen je drei Nucleotide (DNA-Bausteine) als Codewort, als Codon, für eine bestimmte Aminosäure des Proteins. Introns können die codierenden Sequenzen an drei verschiedenen Positionen dieses Leserasters unterbrechen und werden entsprechend in drei Positionstypen unterteilt. Tauscht beispielsweise ein Intron samt folgendem Exon seinen Platz mit einem Intron eines anderen Positionstyps, verschiebt sich das Leseraster. Dies spricht gegen die Vorstellung, daß alle Exons für bewegliche Module codieren. Merkwürdigerweise sind die genetischen Einheiten für die am häufigsten umgelagerten Module von Introns des Typs 1 flankiert.

Proteinen auf. Bei manchen enthält der Genabschnitt für diese Domäne mehrere Introns. Doch keines der einzelnen Exons wurde jemals ohne alle anderen gefunden; offenbar hat keines sich jemals selbständig gemacht. Demnach reicht die bloße Anwesenheit von Introns in einem Genbereich nicht, um Exons beweglich zu machen. Die Beobachtung, daß die breite Mehrheit identifizierter Exons niemals in einer anderen Umgebung angetroffen wurde, spricht gegen eine simple, unterschiedslose Mobilität.

Es gibt weitere Beispiele für bewegliche DNA-Einheiten, die Introns in ihrer codierenden Sequenz enthalten. Zu den Produkten zählt einer der ältesten bekannten beweglichen Module namens Kringel – so bezeichnet wegen seiner Ähnlichkeit mit einem dänischen Gebäck. Er umfaßt rund 80 Aminosäuren, enthält drei charakteristische Disulfid-Brücken und ähnelt stark der Fn2-Domäne – nur die Zahl der Aminosäuren zwischen den brückenbildenden Cysteinen ist verschieden. (Manche Forscher machen zwischen Kringel und Fn2 keinen Unterschied.) Gelegentlich ist der Genabschnitt für die Kringel-Domäne durch ein Intron unterteilt, aber bislang hat noch niemand einen halben Kringel in irgendeinem Protein gefunden.

Für ein spätes Auftreten von Introns spricht des weiteren, daß solche, die codierende Sequenzen unterbrechen, sehr viel häufiger bei Pflanzen und Tieren vorkommen als bei den frühesten Eukaryonten. Bei primitiven Eukaryonten wie *Giardia lamblia* (einem parasitischen Geißeltierchen, das Ruhr hervorruft) hat man sogar überhaupt keine Introns gefunden. Ferner kennt man modulare Proteine von Pflanzen, für die kein sichtliches Gegenstück in Tieren existiert, und umgekehrt. Schließlich gibt es indirekte Hinweise, wonach der modulare Aufbau einiger bakterieller Proteine eine so junge Errungenschaft ist, daß sie sich ohne Hilfe von Introns entwickelt haben müssen. All dies legt nahe, daß Introns, die Proteinsequenzen unterbrechen, erst nach der Entstehung der Eukaryonten aufgetreten sind.

Manche Exons codieren also für Domänen, die meisten tun es aber nicht. Erstere können oft verdoppelt und verschoben werden. Was dabei Ursache, was Wirkung ist, wäre sehr schwer zu entscheiden.

Vielleicht erleichterte die Entwicklung dieser Introns wirklich das genetische Mischen von Exons, so daß neue Proteine entstehen konnten. Andererseits ist aber nicht ausgeschlossen, daß Introns deshalb so oft die für Domänen codierenden Bereiche säumen, weil diese

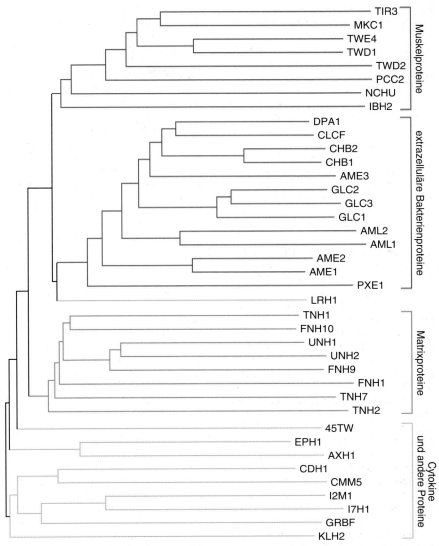

Bild 4: Die verwandtschaftlichen Beziehungen zwischen 39 Fn3-Domänen verschiedener Herkunft veranschaulicht dieser Stammbaum. Die Autoren erstellten ihn per Computer, indem sie die Sequenzen der Domänen tierischer und bakterieller Proteine verglichen. Die Länge der Zweige entspricht der Anzahl von Unterschieden in der DNA. Die enge Verwandtschaft bakterieller Domänen mit einigen von Tieren legt nahe, daß Bakterien die Gene dafür irgendwie von Tieren erworben haben.

Plazierung für ihre eigene Verbreitung vorteilhaft ist. Unterbräche ein Intron die für eine Domäne codierende Sequenz, könnte es zwar dort möglicherweise überleben, solange es nicht die erwähnte Phasenregel verletzt; doch würde es sich nicht weiterverbreiten, da die beiden flankierenden Exons (als Teile des ursprünglichen Exons) nicht allein bestehen könnten und sich deshalb nicht unabhängig voneinander umlagern ließen. Landet ein Intron hingegen zwischen Bereichen, die für unabhängig sich faltende Einheiten codieren, kann es sich zusammen mit den Exons an andere Stellen bewegen. Das Mischen von Exons könnte also ein Nebeneffekt der Überlebensstrategie von Introns sein.

Aneignung tierischer Exons durch Bakterien

Um mehr über die Evolution mobiler Module zu erfahren, haben wir uns auf die Struktur und Verbreitung von Fn3 konzentriert, die Typ-III-Domäne des Fibronectins. Wie jene für Kringel sind auch die DNA-Abschnitte für Fn3 manchmal durch einzelne Introns unterteilt, die Proteinkomponenten aber immer komplett – mit dem vollen Satz von 90 bis 100 Aminosäuren – anzutreffen.

Wir hatten zunächst unabhängig voneinander mehrere Jahre lang verfolgt, wie Fn3 nach und nach in diversen Proteinen entdeckt wurde. Anfangs waren es ausschließlich solche von Tieren – des-

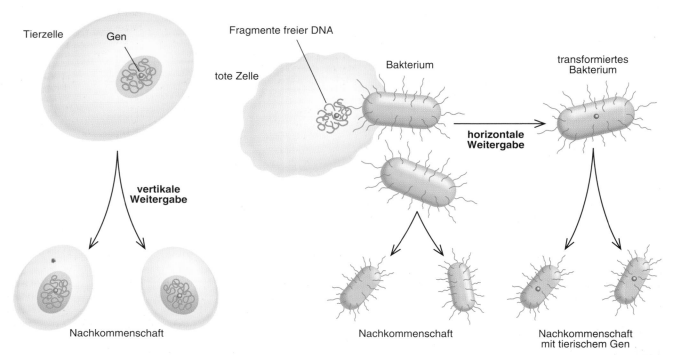

Tierzelle   Gen

Fragmente freier DNA

tote Zelle

Bakterium

transformiertes Bakterium

vertikale Weitergabe

horizontale Weitergabe

Nachkommenschaft

Nachkommenschaft

Nachkommenschaft mit tierischem Gen

Bild 5: Horizontale Genübertragung könnte erklären, wie Bakterien zu Protein-Domänen von Tieren kamen. Gene werden normalerweise vertikal – also von einer Generation zur nächsten – weitergegeben. Bakterien können sich aber auch durch Aufnahme **von DNA aus ihrer Umgebung genetisch wandeln. Hätte ein Bakterium zum Beispiel die DNA für eine Domäne aus einer toten tierischen Zelle aufgenommen und stabil ins Erbgut integriert, könnte sie auch in seiner Nachkommenschaft erhalten bleiben.**

halb überraschte es uns, als Forscher der Universität Niigata (Japan) von einer Fn3-Domäne in einem bakteriellen Protein berichteten. Als wir 1991 auf einer Konferenz in Italien unser gemeinsames Interesse erkannten, beschlossen wir, zusammen einen umfassenden Überblick über das Vorkommen von Fn3 zu erarbeiten.

Dazu durchforsteten wir eine Datenbank für Proteinsequenzen unter anderem mit einem muster-vergleichenden Algorithmus, den einer von uns (Bork) zusammen mit Christian Grunwald damals am Zentralinstitut für Molekularbiologie in Ostberlin entwickelt hatte. Auf diese Weise ermittelten wir erheblich mehr als 300 einzelne Vorkommen des Fn3-Sequenzmotivs (ein nochmals zweifelsfreier Beleg für eine echte Domäne); sie repräsentierten 67 unterschiedliche Proteine, wenn man dasselbe Protein aus verschiedenen Spezies nur einmal zählt – 60 aus Tieren und sieben aus Bakterien, also keine aus Pflanzen, Pilzen oder einzelligen Eukaryonten.

Hatten Bakterien und Tiere diese Domäne von irgendeinem gemeinsamen Vorfahren ererbt, oder hat eine der beiden Gruppen sie auf irgendeine Weise von der anderen übernommen? Wenn die Domäne bereits in dem gemeinsamen Vorfahren von Pro- und Eukaryonten vorhanden war, warum ist sie dann nicht auch in Pilzen und Pflanzen zu finden?

Vom Computer ließen wir die ermittelten Fn3-Sequenzen so untereinander schreiben, daß einander entsprechende Aminosäuren in derselben Spalte stehen, wobei bei manchen Sequenzen Leerstellen eingefügt werden müssen. Aufgrund ihrer Ähnlichkeiten versuchten wir einen groben Stammbaum zu konstruieren. Da dies mit mehr als 300 Sequenzen nur mühsam zu bewerkstelligen gewesen wäre, begannen wir mit einer repräsentativen Auswahl, welche die Fn3-Sequenzen aller bakteriellen Proteine, aber nur jene der tierischen enthielt, die sich am stärksten unterschieden.

Bald schon stellte sich heraus, daß irgend etwas nicht stimmen konnte. Die bakteriellen Sequenzen waren den tierischen einfach zu ähnlich, als daß sie von einem gemeinsamen Vorfahren von vor zwei Milliarden Jahren hätten stammen können. Statt dessen sprachen mehrere Befunde – einschließlich der mittels Computer erzeugten Stammbäume – dafür, daß die Bakterien die Fn3-Domäne irgendwie von Tieren erworben haben (Bild 4).

Zum einen ist häufig die Domäne in einem Enzym einer Bakterienart vorhanden, im gleichen Enzym einer anderen Bakterienart aber nicht; da sie folglich zum Erhalt von Struktur und Funktion dieses Proteins nicht nötig ist, muß es sich um einen späten Erwerb ganz bestimmter Bakterien handeln. Zum ande-

ren treten die Fn3-Domänen sowohl verstreut als auch in Gruppen auf, aber immer in einem charakteristischen Satz von Enzymen, die von der Bakterienzelle nach außen abgegeben werden. Hätten Mikroorganismen seit je Fn3-Domänen besessen, die meisten sie aber mit der Zeit verloren, dürfte man noch existierende Exemplare bei den unterschiedlichsten Bakterienproteinen erwarten.

Schließlich haben die mit Fn3-Domänen ausgestatteten Bakterien, obwohl sie verschiedenen Gruppen angehören, gewisse Eigenheiten gemeinsam. Alle leben im Erdboden und ernähren sich von verbreitet vorkommenden Polymeren wie Cellulose oder Chitin, die bei der Zersetzung anderer Organismen frei werden. Eine Vielzahl anderer Bakterienarten ist durchsucht worden, aber keine hat die Fn3-Domäne in irgendeinem ihrer Proteine. Beispielsweise ist beim Darmbakterium *Escherichia coli* mehr als die Hälfte des Erbguts bereits sequenziert, aber nirgendwo auch nur die Spur einer für Fn3 codierenden Sequenz aufgetaucht. Gleiches gilt für die große Zahl untersuchter Pilz- und Pflanzen-Sequenzen. Wäre die Fn3-Domäne bereits in einem gemeinsamen Vorfahren von Eu- und Prokaryonten vorhanden gewesen, sollte sie sich bei der Aufspaltung in die einzelnen Stammlinien mit ausgebreitet haben und in allen diesen Organismengruppen vertreten sein.

Horizontaler Gentransfer

Die Vorstellung, ein Gen oder ein Stück davon könne zu sehr entfernt verwandten Organismen gelangen, mag zunächst abwegig scheinen. Schließlich werden Gene vertikal, also von einer Generation zur nächsten, weitergegeben. Dennoch ist es manchmal möglich, daß sie auch horizontal übertragen werden, nicht nur über Artgrenzen, sondern sogar noch über entfernte Abstammungslinien hinweg.

Manche Viren sind imstande, kleine Gene aus dem Erbgut eines Wirts aufzunehmen und durch Infektion auf einen anderen zu übertragen; in seltenen Fällen kann das eingeschleppte Gen sich sogar in die DNA des neuen Wirts einfügen. Bakterien können DNA aus ihrer Umgebung aufnehmen, etwa aus sich zersetzenden Tierzellen. Viele enthalten überdies Plasmide, kleine ringförmige Zusatz-DNA, die sie mit anderen Bakterien auszutauschen vermögen. Theoretisch bieten all diese Mechanismen Gelegenheit, Gene horizontal zu übertragen (Bild 5).

Angenommen, manche Bakterien hätten das Gen für eine Fn3-Domäne wirklich aus einer tierischen Zelle erhalten. Vor wie langer Zeit könnte das geschehen sein?

Dem phylogenetischen Stammbaum ist lediglich zu entnehmen, daß dies innerhalb der letzten Jahrmilliarde passiert sein muß, nämlich nach der Trennung der Entwicklungslinie der Tiere von derjenigen der Pflanzen und Pilze. Für eine genauere Datierung müßten wir wissen, mit welchen Durchschnittsgeschwindigkeiten sich Sequenzen in den bakteriellen und den tierischen Entwicklungslinien verändert haben. Für die Tierproteine können wir diese Werte abschätzen, indem wir Sequenzen verschiedener Arten vergleichen, für die sich der Zeitpunkt der Abspaltung aus der fossilen Überlieferung ablesen läßt. Leider haben

wir keine vergleichbaren paläontologischen Informationen über Bakterien. (Zwar sind einige Mikrofossilien, die Prokaryonten entsprechen, beschrieben worden, ein interpretierbarer Stammbaum aber wie für Tiere fehlt jedenfalls noch.)

Was wir jedoch sowohl bei den Tier- als auch bei Bakterienproteinen feststellen, ist eine Tendenz zu Tandem-Verdoppelungen von Fn3-Sequenzen – das heißt, wenn mehr als eine davon vorhanden ist, sind sie oft benachbart und gewöhnlich einander sehr ähnlich. Dies legt nahe, daß sich die DNA für die Fn3-Domäne erst vor relativ kurzer Zeit vervielfacht hat.

Für das Verständnis der Ausbreitungsweise dieser genetischen Einheiten ist der zeitliche Ablauf der horizontalen Übertragung und der genetischen Verdoppelungen entscheidend. Soweit bekannt, haben heutige Bakterien im allgemeinen keine Introns in ihren proteincodierenden Sequenzen. Sollten sie jemals welche gehabt haben, wann haben sie dann ihre Introns verloren? Sofern dies nicht erst vor ziemlich kurzer Zeit passiert ist, müßten sich die Genabschnitte für Fn3 ohne die Hilfe von Introns unter ihnen ausgebreitet haben.

Denkbare Möglichkeiten sind, daß das genetische Material für die Fn3-Domäne von einem häufig den Wirt wechselnden Bakteriophagen (einem Virus, das Bakterien befällt) oder mit einem Plasmid zwischen Bodenbakterien transferiert wird. Wir hoffen, einmal einen Phagen, der gerade Fn3-DNA verschleppt, zu finden. Da wir eine Anzahl bakterieller Fn3-Sequenzen kennen, ist es möglich, entsprechend dem genetischen Code kurze DNA-Sequenzen herzustellen, die sich an die für Fn3 codierenden genetischen Einheiten heften (komplementäre DNA-Stränge lagern sich zusammen) und gleichsam Etiketten abgeben. In Verbindung mit der als Polymerase-Kettenreaktion bekannten Vervielfältigungs-

methode für DNA könnten diese helfen, die Gene in Phagen oder anderen Überträgern zu identifizieren (siehe Spektrum der Wissenschaft, Dezember 1993, Seite 16).

Der Ursprung der Fn3-Domäne liegt freilich noch im dunkeln. Trat sie wirklich erst in Tieren auf? Oder sind wir nur nicht imstande, die inzwischen abgewandelten Urformen durch Sequenzvergleich zu ermitteln?

Raumstrukturanalysen zeigen, daß Fn3 den Domänen von Immunglobulinen ähnelt (Bild 1). Dank solcher Analysen lassen sich die Immunglobulin-Domänen inzwischen bis hin zu Prokaryonten-Proteinen zurückverfolgen, darunter zu PapD, einem als Faltungshelfer für andere Proteine dienenden Chaperon, sowie zu einem bakteriellen Enzym, das Cellulose abbaut. Interessanterweise enthalten die Immunglobulin-Domänen, wie sie ursprünglich definiert waren, eine Disulfid-Brücke, die beide Flanken zusammenhält; diese fehlt jedoch in den primitiveren Varianten, von denen einige selbst in Wirbeltieren noch erhalten sind. Eben die primitiven Formen ähneln der Fn3-Domäne am stärksten.

Mit Sicherheit werden weitere Beispiele quasi geraubter Module auftauchen. Nach unserer Zählung ist die Fn3-Domäne in etwa 2 Prozent aller Proteine von Tieren enthalten (bei 50 von 2500 bekannten Sequenzen, nicht eingerechnet die bei verschiedenen Spezies abgewandelten Formen des gleichen Proteins). Wir schätzen, daß etwa 25 Module ähnlich häufig wie Fn3 in Tierproteinen verbreitet sind. Mehr als 100 weitere kommen in mehr als einem Protein vor, aber weniger häufig als die erste Gruppe.

Die Identifizierung, Klassifizierung und phylogenetische Analyse dieser modularen Einheiten ist eine große Herausforderung. Die Forschung auf diesem Gebiet dürfte dazu beitragen, jegliche Aspekte der molekularen Evolution von Lebewesen besser zu verstehen.

Stress-Proteine

Bei unterschiedlichsten Belastungen bilden Zellen spezielle Eiweißstoffe, die einer Schädigung entgegenwirken. Als erstes wurden die sogenannten Hitzeschock-Proteine entdeckt; deren Wirkungsbereich umfaßt aber wesentlich mehr Funktionen als Schutz in Stress-Situationen. Man hofft sogar, sie für neue Therapien gegen Infektions- und Autoimmunkrankheiten sowie gegen Krebs nutzen zu können.

Von William J. Welch

Wenn die Temperatur plötzlich steigt, ergreifen Zellen sofort Gegenmaßnahmen: Sie produzieren vermehrt eine bestimmte Klasse von Molekülen, die sie vor Schaden bewahren. Dies gilt für sämtliche Arten und Typen von Zellen, vom einfachsten Bakterium bis zur hochdifferenzierten Nervenzelle.

Als dieses Phänomen vor 30 Jahren erstmals beobachtet wurde, nannte man es Hitzeschock-Antwort. Später stellte sich heraus, daß Zellen in dieser Weise auch auf diverse andere widrige Umgebungseinflüsse und Situationen reagieren – gegenüber giftigen Metallen, Alkoholen und vielen Stoffwechselgiften, aber auch etwa in Kultur bei mechanischer Belastung und im Organismus bei Fieber, einem Herzanfall oder einer Chemotherapie gegen Krebs. Weil der zelluläre Abwehrmechanismus immer der gleiche ist, spricht man heute allgemeiner von der zellulären Stress-Antwort und von Stress-Proteinen.

Nach dem, was man inzwischen über Struktur und Funktion dieser Eiweißstoffe weiß, kommen ihnen weit mehr Aufgaben zu, als nur die Zelle zu schützen. Viele haben während der gesamten Lebensdauer von Zellen an grundlegenden Stoffwechselvorgängen teil; dazu gehören auch die Reaktionen, bei denen die übrigen Zellproteine synthetisiert und korrekt zusammengefügt werden müssen. Manche Stress-Proteine scheinen gar die Moleküle für die Regulation von Zellwachstum und -differenzierung zu dirigieren.

Auch wenn manche Aspekte noch nicht voll verständlich sind, eröffnen sich bereits Möglichkeiten, die Stress-Antwort von Zellen gezielt praktisch einzusetzen. Sie dürfte sich zum Beispiel hervorragend dazu eignen, den Eintrag von Schadstoffen in die Umwelt zu überwachen; und als hochempfindliche Reaktion wäre sie auch für toxikologische Tests zu nutzen. Medizinische Anwendungen lassen sich vielleicht noch nicht so bald entwickeln, sind aber auch schon absehbar.

Hitzeschock-Proteine

Daran war gar nicht zu denken, als Anfang der sechziger Jahre erstmals die zelluläre Stress-Antwort beobachtet wurde – wie so oft in der Forschung eher zufällig. Schon lange war eines der bevorzugten Studienobjekte, an dem Biologen die genetischen Grundlagen der Tierentwicklung untersuchten, die Taufliege (*Drosophila melanogaster*), die sich auf faulendem Obst einfindet und in Kultur rasch vermehrt. Seine Beliebtheit bei den Forschern verdankt das nur zwei Millimeter große Insekt einer genetischen Besonderheit: In den Zellen der großen Speicheldrüsen ist die Erbsubstanz – die DNA – der vier Chromosomen tausendfach vervielfältigt, wobei die kopierten DNA-Fäden jeweils Seite an Seite als dicker Strang zusammenbleiben; man kann sie unter dem Lichtmikroskop gut sehen.

In jedem Entwicklungsstadium vom Embryo bis zum geschlechtsreifen Tier schwellen bestimmte Regionen auf diesen Riesenchromosomen deutlich an (man nennt die Verdickungen nach dem englischen Begriff Puffs). Dies ist ein Zeichen für intensive Genaktivität und bedeutet, daß die Zelle die dort codierten Proteine produziert (Bild 2).

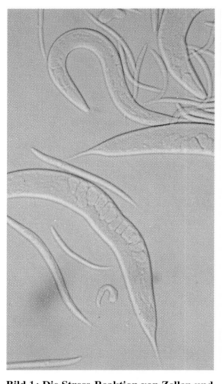

Bild 1: Die Stress-Reaktion von Zellen und vielzelligen Organismen kann zur Umweltüberwachung oder zu Toxizitätsprüfungen genutzt werden und eventuell Versuche an höheren Tieren ersetzen. So ist dieser bis etwa einen Zentimeter lange durchsichtige Fadenwurm an sich farblos (oben); nach einer gentechnischen Manipulation färbt er sich blau (rechts), wenn er Giftstoffen, Hitze oder anderen Belastungen ausgesetzt ist. Übertragen wurde ihm ein Gen, das nun an die Gene für Stress-Proteine gekoppelt ist und mit diesen aktiv wird. Es produziert unter Belastung ebenfalls vermehrt ein Protein, das sich leicht nachweisen läßt – in diesem Falle durch die Färbung. Dieses Reporter-Protein zeigt nicht nur eine Belastung an sich an, sondern durch die Tiefe der Blautönung auch deren Stärke.

Frederico M. Ritossa vom Internationalen Laboratorium für Genetik und Biophysik in Neapel beobachtete nun, daß in isolierten *Drosophila*-Speicheldrüsen ein neues Muster solcher Puffs entstand, als er sie einer Temperatur aussetzte, die nur wenig über der für Wachstum und Entwicklung optimalen lag. Die Aufblähungen waren innerhalb von ein bis zwei Minuten nach dem Temperaturanstieg erkennbar und wuchsen noch 30 bis 40 Minuten lang. Dieser Befund regte in den folgenden Jahren viele weitere Forschungen an.

Am California Institute of Technology in Pasadena wiesen 1974 Alfred Tissières, Gastwissenschaftler von der Universität Genf, und Herschel K. Mitchell nach, daß zugleich mit den Puffs eine bestimmte Gruppe von Proteinen in großer Menge gebildet wird; sie nannten sie

darum Hitzeschock-Proteine (Bild 3). Mithin repräsentieren diese Puffs die Orte auf der DNA, wo die genetische Information für diese Proteine liegt und zunächst auf Boten-RNA transkribiert wird (Übermittlermoleküle, die dann als Matrizen für die Protein-Synthese dienen).

Gegen Ende der siebziger Jahre mehrten sich die Anzeichen, daß es sich bei der Hitzeschock-Reaktion um einen allgemeinen Zellmechanismus handelt. Bei einem plötzlichen Temperaturanstieg produzieren nämlich auch Bakterien und Hefepilze sowie Pflanzen- und Tierzellen in Kultur vermehrt Proteine von gleicher Größe wie die Hitzeschock-Proteine der Taufliege. Außerdem können verschiedenste Arten von Stress die Reaktion auslösen, weshalb darin ein grundlegender zellulärer Schutz- und Abwehrmechanismus zu vermuten war.

Dies bestätigte sich in den nächsten Jahren, als man die Gene verschiedener Stress-Proteine identifizierte und isolierte: Bei Mutationen auf diesen Genen traten aufschlußreiche Zellanomalien auf. So war bei Bakterien die DNA- und RNA-Synthese gestört; eine normale Zellteilung und der Abbau von Proteinen gelangen offenbar nicht mehr richtig, und bei hohen Temperaturen stellten die Mutanten-Kulturen ihr Wachstum sogar gänzlich ein.

Wie sich herausstellte, hilft die Stress-Antwort auch tierischen Zellen, kurzzeitig hohe Temperaturen auszuhalten. Werden sie zunächst einem leichten Hitzeschock ausgesetzt, der gerade genügt, die Menge an Stress-Proteinen zu vermehren, sind sie anschließend besser gegen einen zweiten, stärkeren gefeit, den sie andernfalls nicht überleben würden. Die

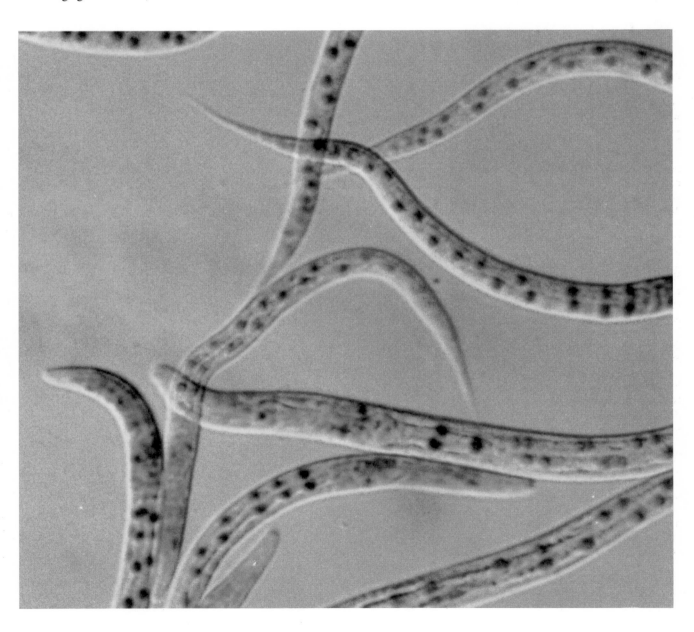

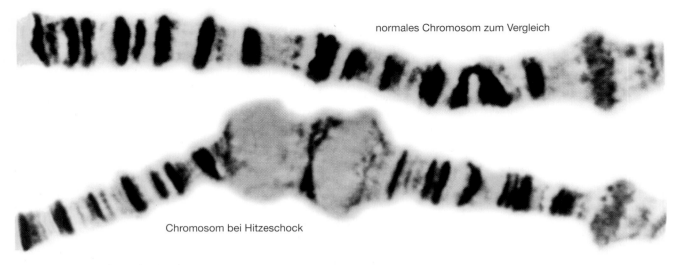

normales Chromosom zum Vergleich

Chromosom bei Hitzeschock

Bild 2: Auf den Riesenchromosomen in den Speicheldrüsen der Taufliege (*Drosophila melanogaster*; links) bewirken lokale Genaktivitäten starke Verdickungen. Das Muster dieser Puffs ändert sich mit dem Entwicklungsstadium in typischer Weise. Aber auch bei zu hohen Temperaturen entstehen charakteristische Puffs. Sie repräsentieren die Expression von Genen für Hitzeschock-Proteine der hsp 70-Familie.

hitzetoleranten Zellen waren zudem gegenüber anderen sonst schädlichen Einwirkungen weniger empfindlich.

Uralte Funktionen

Die weitere Forschung erbrachte zwei unerwartete Befunde. Zum einen sind viele der beteiligten Gene bei verschiedenen Organismen einander auffallend ähnlich. Wie Elizabeth A. Craig und ihre Kollegen an der Universität von Wisconsin feststellten, sind diejenigen für das häufigste Stress-Protein, hsp 70 (die Kurzbezeichnung steht für Hitzeschock-Protein mit der relativen Molekülmasse 70 Kilodalton), bei Bakterien, Hefen und der Taufliege zu mehr als 50 Prozent identisch. Offenbar wurden sie in der Evolution konserviert und spielen in allen Organismen eine ähnliche Rolle.

Zweitens werden Stress-Proteine überraschenderweise auch unter normalen Umständen gebildet. Man teilte sie darum in zwei Gruppen: solche, die nur in stressgeplagten Zellen auftreten, und jene, die auch unter gewöhnlichen Wachstumsbedingungen fortwährend exprimiert werden.

Wieso aber produzieren Zellen in so vielen verschiedenen lebensbedrohlichen Situationen immer nur die eine gleiche Sorte von Proteinen? Eine mögliche Erklärung fand 1980 Lawrence E. Hightower von der Universität von Connecticut in Storrs. Ihm war aufgefallen, daß unter all diesen Umständen Proteine denaturieren: Die langen Aminosäureketten sind in charakteristischer Weise gefaltet; wird die normale Konformation zerstört, kann das Protein seine biologische Funktion nicht mehr erfüllen. Deshalb vermutete Hightower, die Stress-Antwort werde durch die Häufung denaturierter oder abnorm gefalteter Proteine in der Zelle ausgelöst, und die Stress-Proteine hülfen dabei, solche störenden Moleküle aufzuspüren und zu beseitigen.

Diese These prüften und bestätigten Richard Voellmy von der Universität Miami (Florida) und Alfred L. Goldberg von der Harvard-Universität in Cambridge (Massachusetts) innerhalb der nächsten Jahre mit einem bahnbrechenden Experiment. Sie riefen in lebenden Zellen schon dadurch eine Stress-Antwort hervor, daß sie denaturierte Proteine injizierten.

Die Familie der Aufpasser

Nun machten verschiedene Forscher sich daran, die Stress-Proteine rein zu gewinnen und ihre biochemischen Eigenschaften zu beschreiben. Besonders hsp 70 wurde gründlich untersucht. Mit Hilfe molekularer Sonden fand man heraus, daß dieses Protein sich nach einem Hitzeschock im Zellkern in einer besonderen Struktur – dem Nucleolus oder Nebenkern – anreichert (dort werden die Ribosomen fabriziert, welche die Proteine entlang der Matrize aufbauen).

Dieser Befund war insofern aufschlußreich, als frühere Experimente gezeigt hatten, daß Zellen nach einem Hitzeschock die Produktion von Ribosomen einstellen und der Nucleolus von deren Resten geradezu überschwemmt ist. Hugh R. B. Pelham vom Laboratorium für Molekularbiologie des britischen Medizinischen Forschungsrates in Cambridge vermutete deshalb, hsp 70 könne denaturierte Moleküle erkennen und ihnen wieder zu ihrer korrekten Faltung und damit zur biologisch aktiven Struktur verhelfen.

Pelham und seinem Kollegen Sean Munro gelang es 1986, mehrere Gene für Proteine zu isolieren, die allesamt dem hsp 70 verwandt sind. Eines dieser Proteine ist mit dem Schwerketten-Bindeprotein (BiP) identisch, das sich an eine Komponente – die lange Kette – von Immunglobulinen anlagert und diese Antikörper wie auch andere Proteine für die Sekretion bereit macht. An solche Proteine bindet es sich, kurz nach deren Synthese, während sie ihre funktionsfähige, dreidimensional aufgeknäulte Form erlangen, was bei einigen auch bedeutet, daß mehrere Stränge oder Abschnitte sich in spezifischer Weise zusammenlagern (Bild 4). Treten bei diesem Vorgang Fehler auf, bleiben die Moleküle an BiP gebunden und werden schließlich wieder abgebaut. Wenn sich jedoch unter bestimmten Bedingungen verkehrt gefaltete Proteine anhäufen, bilden die Zellen sogar mehr BiP. Alles in allem scheint

BiP bei der Vorbereitung der Proteinsekretion zu gewährleisten, daß nur korrekt gefaltete Proteine freigegeben und alle fehlerhaften zurückgehalten werden.

Seither hat man noch mehr Gene für Proteine gleich dem hsp 70 und BiP gefunden – eine regelrechte Proteinfamilie. Deren Mitgliedern sind bestimmte Eigenschaften gemein, so eine starke Affinität zu Adenosintriphosphat (ATP), das im Zellstoffwechsel als Energieträger fungiert. Mit einer Ausnahme kommen sie alle auch unter regulären Wachstumsbedingungen vor; doch bei Stoffwechselstress produzieren die Zellen sie in viel größerer Menge. Wie BiP steuern auch die anderen die Reifung von zellulären Proteinen. Diejenigen dieser Moleküle, die außerhalb des Zellkerns – im Cytoplasma – wirken, kümmern sich beispielsweise um diverse Proteine, die gerade an Ribosomen zusammengebaut werden (Bild 5).

Solange die Zellen wohlauf sind, hält der Kontakt der unreifen Proteine mit dem hsp 70-Partner nur kurze Zeit an und hängt vom ATP-Angebot ab (bei ATP-Gabe wird die Bindung wieder gelöst – ein Zeichen, daß ein energieabhängiger Prozeß abläuft). In Stress-Situationen dagegen, die eine normale Reifung von neuen Proteinen erschweren, bleiben die beteiligten Moleküle fest aneinander gebunden.

Die Hilfe der hsp 70-Familie bei der frühen Proteinreifung hat eine Parallele in einer anderen Familie von Stress-Proteinen. Wegweisenden Arbeiten etwa von Costa Georgopoulos von der Universität von Utah in Salt Lake City zufolge können in Bakterien, bei denen die Gene für die beiden verwandten Stress-Proteine groEL und groES mutiert sind, bestimmte kleine Viren sich nicht mehr vermehren: Die Zellmaschinerie, auf welche die Viren angewiesen sind, fügt dann viele der viralen Proteine nicht mehr korrekt zusammen.

Ähnliche Stress-Proteine wie groEL und groES wurden mittlerweile in Pflanzen, Hefepilzen und tierischen Zellen gefunden und hsp 10 beziehungsweise hsp 60 genannt. Sie waren jeweils nur in Mitochondrien – den Kraftwerken von Zellen – nachzuweisen oder in Chloroplasten, in denen bei Pflanzen die Photosynthese stattfindet (Bild 5). In anderen Zellkompartimenten scheinen aber nach neueren Befunden weitere Formen vorzukommen.

Hsp 10 und hsp 60 sind, wie man inzwischen weiß, für die Faltung und den Zusammenbau von Proteinen unerläßlich. Hsp 60 besteht aus zwei siebenteiligen, übereinanderliegenden Ringen. Das Molekül ist sozusagen eine Werkbank,

auf die sich noch ungefaltete Proteine heften, um ihre dreidimensionale Struktur zu erhalten.

Nach derzeitigen Vorstellungen ist der Ablauf außerordentlich dynamisch. Mehrfach wird die Bindung gelöst und wieder neu geknüpft. Jeder dieser Schritte verbraucht Energie, die durch enzymatische Spaltung von ATP bereitgestellt wird, und erfordert die Mitarbeit der kleinen hsp 10-Moleküle. Dabei ändert das reifende Protein Zug um Zug seine Konformation, bis es korrekt und stabil gefaltet ist.

Vermutlich arbeiten die hsp 60- und die hsp 70-Moleküle bei der Proteinherstellung zusammen. Der eben an einem Ribosom entstehende Aminosäurestrang könnte sich gleich im freien Cytoplasma oder in einem der Zellkompartimente an hsp 70 binden. Dies würde verhindern, daß er sich vorzeitig faltet, während er an einem Ende noch wächst (Bild 5, links oben). Wenn er fertig ist, so die Modellvorstellung, bliebe er zunächst an hsp 70 gebunden und würde nun an spezifisches hsp 60 überführt. In diesem Verband begänne dann die Faltung des Proteins beziehungsweise auch sein Zusammenbau mit anderen Komponenten.

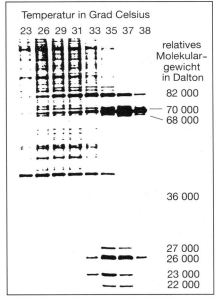

Bild 3: Mit steigender Temperatur nimmt die Menge an Hitzeschock-Proteinen zu. Bei dem hier dargestellten Verfahren wurden die Proteine von Zellen der Taufliege in einem Gel elektrophoretisch aufgetrennt. Jede horizontale Bande repräsentiert ein Protein, dessen Molekülmasse rechts angegeben ist. Wenn die Temperatur höher wird, stellen die Zellen die Produktion der meisten Proteine ein. Statt dessen bilden sie viel mehr Hitzeschock-Proteine; unter ihnen herrschen die Mitglieder der hsp 70-Familie mit einer relativen Molekülmasse von ungefähr 70 000 Dalton vor.

Chaperonine

Diese Befunde und Ideen gaben Anlaß, frühere Modelle der Proteinfaltung neu zu überdenken.

In den fünfziger und sechziger Jahren hatte sich herausgestellt, daß denaturierte Proteine sich spontan wieder richtig zusammenfalten können, sobald man das denaturierende Agens entfernt. So entstand das Konzept, daß Proteine ihre Konfiguration selbst organisieren; dafür erhielt der amerikanische Biochemiker Christian B. Anfinsen 1972 den Nobelpreis für Chemie. Demnach wird der Faltungsprozeß allein durch die Abfolge der Aminosäuren im Polypeptid bestimmt: Hydrophobe – wasserunlösliche – Aminosäuren sollten sich beim Aufknäulen nach innen drängen, hydrophile – wasserlösliche – nach außen, zum wäßrigen Milieu in der Zelle hin. Die Faltung würde mithin allein thermodynamischen Zwängen folgen (siehe auch „Die Faltung von Proteinmolekülen" von Frederic M. Richards in diesem Band, Seite 22).

Auch nach heutigem Wissen erlangen Proteine ihre endgültige Konformation zwar vor allem aus eigener Kraft. Zusätzlich aber, so vermuten viele Forscher, müssen weitere Agentien in der Zelle dabei unterstützend mitwirken, darunter die Mitglieder der hsp 60- und hsp 70-Familien der Stress-Proteine.

R. John Ellis von der Universität von Warwick in Coventry (England) und andere haben dafür den Begriff Chaperonine (sozusagen molekulare Behüter nach dem veralteten Wort Chaperone für Anstandsdame) eingeführt. Obgleich die Stress-Proteine keine Information für den Zusammenbau und die Faltung von anderen Proteinen übermitteln, stellen sie sicher, daß diese Vorgänge schnell und sehr präzise ablaufen: Sie sind förderlich, indem sie vor falschen Entscheidungen bewahren.

Dies scheint ihre normale Funktion zu sein. Warum aber stellen gestresste Zellen solche Chaperonine vermehrt her? Vielleicht erklärt sich dies wiederum aus der Stress-Situation selbst. Weil Temperaturen, die in der Zelle eine Stress-Antwort auslösen, auch Proteine denaturieren können, wären diese dann – wie noch ungefaltete neue Proteine – Bindungsziel für hsp 70 und hsp 60. Nach einiger Zeit dürften die meisten der vorhandenen Chaperonine für solche Bindungen beansprucht sein; sie fehlen nun der Zelle für die weitere Proteinsynthese. Diese erkennt offenbar den Engpaß und erhöht die Chaperonin-Produktion.

Man vermutet, daß die Zelle auch mehr Stress-Proteine braucht, um sich von einem Stoffwechselschock zu erholen. Sie muß dann Proteine, die durch Hitze oder andere Einwirkungen irreparabel geschädigt wurden, ersetzen. Produziert sie mehr Chaperonine, kann sie rascher regenerieren. Zudem vermag ein größeres Angebot an Stress-Proteinen eine weitere Zerstörung von Proteinen zu unterbinden oder wenigstens wesentlich einzuschränken.

Die Funktionen von hsp 90

Moleküle dieser Klasse wirken aber noch bei anderen grundlegenden Prozessen mit. So erregte die hsp 90 genannte Familie Aufmerksamkeit, als Berichte über einen Zusammenhang mit bestimmten krebsauslösenden Viren erschienen.

In den späten siebziger und frühen achtziger Jahren hatte die Krebsforschung sich verstärkt den Mechanismen zugewandt, nach denen solche Viren Zellen infizieren und sie entarten lassen. Beim Rous-Sarkom-Virus war ein Gen gefunden worden, das bei Geflügel Krebs erzeugt. Das von ihm codierte Enzym, pp 60 src, wirkt auf andere Proteine, die vermutlich das Zellwachstum regulieren. Unabhängig voneinander stellten drei Arbeitsgruppen fest, daß dieses Enzym sich nach seiner Fertigstellung im Cytoplasma rasch mit zwei anderen

Proteinen zusammenfügt; das eine heißt p 50, das andere ist hsp 90.

Solange diese Dreierbindung besteht, ist pp 60 src enzymatisch nicht aktiv. Gelangt das Konglomerat jedoch zur Plasmamembran (der äußeren Zellmembran), koppeln die beiden Begleiter ab. Das pp 60 src kann sich nun in der Membran verankern und wird aktiv.

Man kennt inzwischen den gleichen Vorgang – stets mit Beteiligung der beiden zusätzlichen Komponenten – von krebsauslösenden Enzymen verschiedener anderer Tumorviren. In Begleitung dieser beiden Moleküle scheinen sie nicht an den entscheidenden Stellen in der Zelle wirksam werden zu können, von denen die Entartung ausgeht.

Nach anderen Untersuchungen ist hsp 90 auch wichtig für die Wirksamkeit von Steroidhormonen. Sie haben bei Tieren vielfältige lebenswichtige Aufgaben. Die Glucocorticoide etwa helfen unter anderem Entzündungen unterdrücken; andere sind für die Geschlechtsdifferenzierung und die Sexualentwicklung maßgeblich. Wenn solche Hormone an oder in ihre Zielzellen gelangen, binden sie sich an spezifische Rezeptorproteine, die daraufhin die DNA veranlassen, die Expression bestimmter Gene anzukurbeln oder zu stoppen.

Lange wußte man nicht, wie Steroidhormon-Rezeptoren inaktiv gehalten

werden, solange ihre Hormone nicht vorhanden sind. Dies wurde erst klar, als man sowohl die aktive als auch die inaktive Form des Rezeptors für das Hormon Progesteron charakterisierte: Befindet sich in der Zelle kein Progesteron, bindet sein Rezeptor sich an verschiedene zelluläre Proteine, darunter auch hsp 90, die ihn inaktiv halten; erst wenn sich ein Hormonmolekül anlagert, löst das hsp 90 sich ab, und der Rezeptor kann die nötigen Schritte durchmachen, um mit der DNA in Kontakt zu treten. Somit dürfte hsp 90 außer der Aktivität von viralen Enzymen auch die von Steroidhormon-Rezeptoren steuern (Bild 6).

Medizinische Nutzanwendungen

Inzwischen zeichnen sich bereits praktische Anwendungen der zellulären Stress-Antwort ab. Besonders die Medizin könnte daraus Nutzen ziehen.

Bei einem Infarkt oder Schlaganfall werden Herz beziehungsweise Gehirn zeitweise nur mangelhaft mit Blut versorgt. Dadurch fehlt es an Sauerstoff und lebenswichtigem ATP für Stoffwechselprozesse. Doch auch die Reaktionen des Organismus, die eine Normalisierung gewährleisten sollen, können für die Zellen schädlich sein: Bei neuerlicher Durchblutung bilden sich durch das plötzlich erhöhte Sauerstoffangebot freie Radikale – hochreaktive Verbindungen, die ihrerseits die Zerstörung fortsetzen.

Die Induktion der Stress-Antwort in solchen Fällen hat man bei Tieren beobachtet. Dafür wurde die Blutversorgung von Herz oder Gehirn vorübergehend kurz unterbunden. Wie stark daraufhin die Stress-Reaktion ausfällt, scheint direkt mit dem Ausmaß der Schädigung zu korrelieren. Kliniker untersuchen jetzt, ob sich umgekehrt aus den jeweiligen Mengen von Stress-Proteinen bei Patienten auf die Schwere eines Infarkts oder Schlaganfalls schließen läßt.

Zellen, die Stress-Proteine in größerer Menge bilden, scheinen besser gegen Sauerstoffmangel gewappnet zu sein. Könnte man deren Produktion medikamentös erhöhen, böte dies vielleicht zusätzlichen Schutz zum Beispiel bei operativen Eingriffen oder bei Transplantationen, wenn Gewebe oder Organe isoliert und dann wieder an den Kreislauf angeschlossen werden müssen.

Faszinierende Entwicklungen zeichnen sich des weiteren für die Immunologie und die Bekämpfung von Infektionskrankheiten wie Tuberkulose, Malaria, Lepra oder Schistosomiasis ab, an denen Jahr für Jahr Millionen von Menschen erkranken. Es hat sich nämlich herausge-

ungefalteter Proteinstrang

Zusammenlagern mit Stress-Proteinen

selbständiges Zusammenlegen

Stress-Proteine

Zusammenlegen mit Hilfestellung

falsch gefaltete Proteine

richtig gefaltete Proteine

Bild 4: An sich knäulen Proteine sich spontan zu ihrer funktionstüchtigen dreidimensionalen Konformation zusammen – aufgrund von thermodynamischen Zwängen, die unter anderem von der Abfolge hydrophiler und hydrophober Aminosäuren herrühren. Bei diesem Vorgang treten allerdings manchmal Fehler auf. Offensichtlich sorgen Stress-Proteine dafür, daß die Faltung rasch und zuverlässig vonstatten geht.

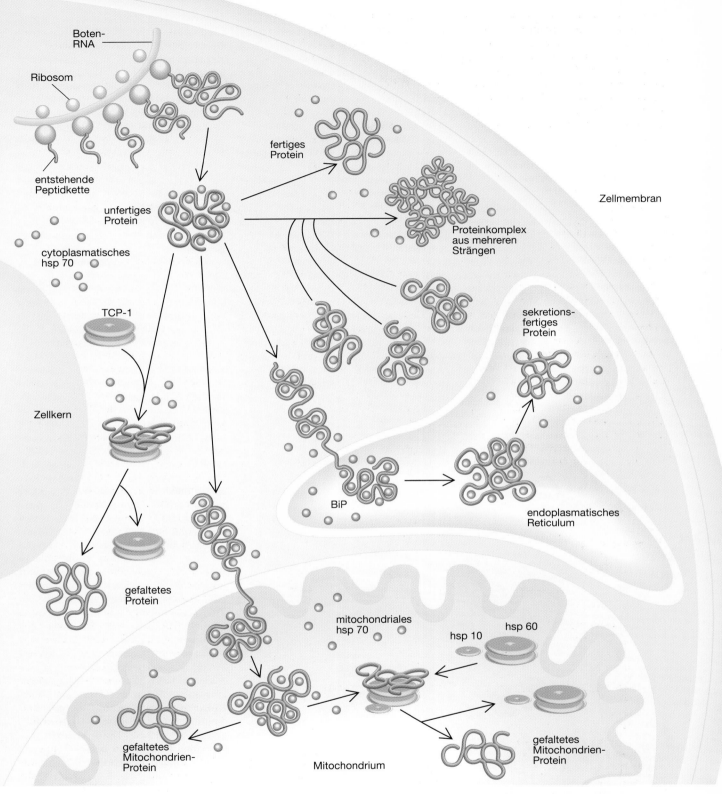

Boten-RNA

Ribosom

entstehende Peptidkette

unfertiges Protein

cytoplasmatisches hsp 70

TCP-1

Zellkern

gefaltetes Protein

fertiges Protein

Proteinkomplex aus mehreren Strängen

Zellmembran

sekretions-fertiges Protein

BiP

endoplasmatisches Reticulum

mitochondriales hsp 70

hsp 10   hsp 60

gefaltetes Mitochondrien-Protein

Mitochondrium

gefaltetes Mitochondrien-Protein

Bild 5: Stress-Proteine sorgen in mehrfacher Weise für die Fertigstellung und Weiterleitung von Proteinen. Teilweise scheinen sie einander mit verschiedenen Funktionen abzulösen. Die cytoplasmatische Form von hsp 70 bindet sich an Proteinstränge, die gerade an Ribosomen entstehen. Dies verhindert deren vorzeitiges Zusammenknäulen. Anschließend sind verschiedene Wege möglich. Hsp 70 kann sich von dem frischen Protein lösen, so daß dieses sich zu einem funktionsfähigen Molekül faltet (a) oder aber sich mit anderen Strängen zu einem größeren, mehrteiligen Gebilde zusammenschließt (b). Mitunter wird das neue Protein auch erst an ein anderes Stress-Protein, TCP-1, weitergereicht, bevor es seine endgültige Konformation annimmt (c). Proteine, die sezerniert werden sollen, gelangen ins endoplasmatische Reticulum, wo BiP oder ein verwandtes Stress-Protein sie übernimmt und die Faltung überwacht (d). Andere landen in den Mitochondrien oder anderen Zellorganellen (e). In den Mitochondrien hilft bisweilen eine weitere Form von hsp 70 bei der Faltung (f); vielfach wird das Protein allerdings einem Komplex aus hsp 60 und hsp 10 (g) übergeben. Das hsp 60-Molekül scheint gewissermaßen als Werkbank zu fungieren, auf der schließlich die endgültige Faltung geschieht.

stellt, daß die hauptsächlichen Antigene, an denen das Immunsystem die auslösenden Mikroorganismen erkennt und die es nutzt, um gegen sie vorzugehen, vielfach Stress-Proteine sind. Möglicherweise gibt unser Immunsystem ununterbrochen auf fremde Moleküle dieser Art acht. Das würde aber auch bedeuten, daß man sie gentechnisch gezielt als Impfstoffe herstellen könnte. Auch sollten sie sich unterstützend – gekoppelt an virale Proteine – verabreichen lassen, um die Abwehrkräfte gegen Virusinfektionen anzuregen.

Sogar zwischen Autoimmunerkrankungen und Stressproteinen meint man einen Zusammenhang entdeckt zu haben. Bei den meisten dieser Leiden wendet sich die körpereigene Abwehr gegen gesundes Gewebe. In einigen Fällen war zu beobachten, daß der Organismus Antikörper gegen eigene Stress-Proteine bildet, als wären es fremde Antigene, so bei rheumatoider Arthritis, der Bechterew-Krankheit (einer Wirbelsäulenversteifung) und dem systemischen Lupus erythematodes, bei dem unter anderem Blutzellen betroffen sind und Gefäßent-

zündungen charakteristische Veränderungen von Haut, Gelenken und inneren Organen zur Folge haben. Sollte sich herausstellen, daß diese Reaktion bei vielen der Betroffenen vorkommt, wäre das nicht nur für die Diagnose, sondern auch für die Entwicklung von Therapien hilfreich.

Wegen der hochgradigen strukturellen Ähnlichkeit von mikrobiellen und menschlichen Stress-Proteinen könnte das Immunsystem permanent gezwungen sein, noch geringste Unterschiede zwischen körpereigenen und fremden zu bemerken. Die Möglichkeit, daß solche Moleküle in einzigartiger Weise gerade in den Grenzbereich fallen, wo die Toleranz gegen Krankheitskeime aufhört und gegen körpereigene Antigene anfängt oder umgekehrt im Krankheitsfall die Aggression gegen Erreger nicht ausreicht beziehungsweise die gegen eigenes Gewebe überschießt, wird zur Zeit intensiv diskutiert.

Hilfreich für die ärztliche Diagnose wäre der Nachweis von Antikörpern gegen Stress-Proteine wie die von *Chlamydia trachomatis*. Dieser Mikroorganis-

mus verursacht unter anderem die Ägyptische Augenkrankheit, die weltweit häufigste Ursache von Blindheit durch eine Infektion, und eine Geschlechtskrankheit mit Entzündungen und Vernarbungen im Beckenbereich, auf die in vielen Fällen die Unfruchtbarkeit von Frauen zurückzuführen ist. Zwar produziert der befallene Organismus gegen Antigene des Erregers Antikörper, so auch gegen Stress-Proteine, und häufig vermag diese Immunreaktion die Chlamydien schließlich abzutöten; bei manchen Betroffenen aber – vor allem, wenn sie sich wiederholt angesteckt haben oder chronisch infiziert sind – reagiert die Abwehr zu heftig, so daß sich auch umliegende Gewebe entzünden.

Nach einer Erhebung von Richard S. Stephens und seinen Kollegen an der Universität von Kalifornien in San Francisco haben mehr als 30 Prozent der Patientinnen mit solchen Entzündungen im Unterbauch außergewöhnlich viele Antikörper gegen das Stress-Protein groEL von Chlamydien; bei denen mit einer Bauchhöhlenschwangerschaft sind es sogar mehr als 80 Prozent. Durch Bestimmen der Antikörper-Titer sollte sich feststellen lassen, ob eine Frau in diese Risikogruppe gehört.

Noch mehr ist von neuen Entdeckungen zu erwarten, die einen weiteren Zusammenhang zwischen Stress-Proteinen, Immunantwort und Autoimmunkrankheiten aufzeigen. Einige Mitglieder der hsp 70-Familie sind nämlich in ihrer Struktur und Funktionsweise den Histokompatibilitäts-Antigenen (kurz H-Antigenen) bemerkenswert ähnlich. Das sind Proteine auf der Zelloberfläche, die in sehr frühen Stadien der Immunantwort mitwirken, indem sie den Immunzellen Antigene präsentieren; sie dienen bei Transplantationen dazu, die Gewebeverträglichkeit (Histokompatibilität) des Transplantats zu prüfen.

Lange war rätselhaft, wie ein solches Protein verschiedenartigste Antigene anzulagern vermag. Vor einigen Jahren aber klärten Don C. Wiley und seine Kollegen an der Harvard-Universität die dreidimensionale Struktur der H-Proteine der Klasse I auf. Diese Moleküle haben eine Tasche, auf deren Grund sie Peptide binden können (siehe auch „Antigen-Erkennung", Seite 120). Zur gleichen Zeit berichtete James E. Rothman, der damals an der Universität Princeton (New Jersey) tätig war, daß Stress-Proteine der Familie hsp 70 ebenfalls an kleinere Peptide ankoppeln können – was dazu paßt, daß sie mit ungefalteten oder neu synthetisierten Polypeptidketten an bestimmten Stellen Bindungen einzugehen vermögen.

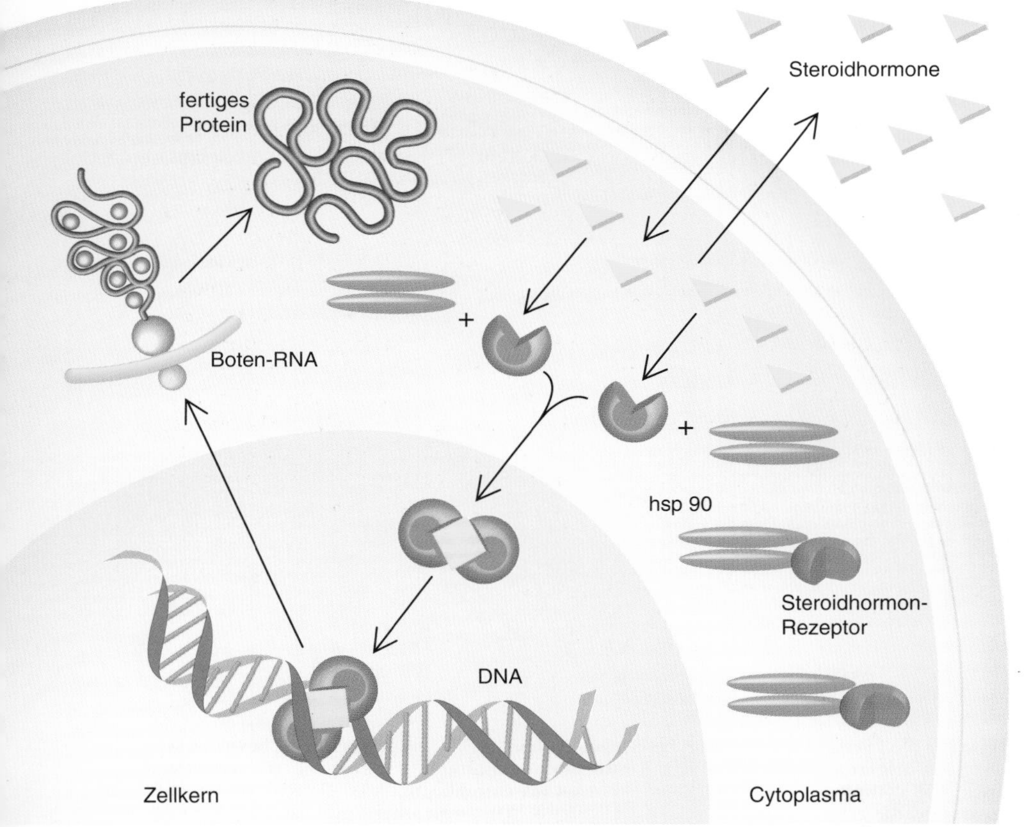

Bild 6: Teilweise regeln Stress-Proteine die zelluläre Wirkung von Steroidhormonen. Hsp 90 hilft, deren spezifische Rezeptoren in einer inaktiven Form zu halten. Falls aber Hormone vorhanden sind, binden sie sich an diese Rezeptoren, und das hsp 90 wird freigesetzt. Der nun aktivierte Rezeptorkomplex kann mit der DNA in Wechselwirkung treten und die Expression von Genen für bestimmte Proteine veranlassen.

Computermodelle zeigten, daß die Peptid-Bindungsstelle von hsp 70 wohl der von H-Antigenen der Klasse I analog ist. Die Ähnlichkeit ist um so interessanter, als manche der für hsp 70 codierenden Gene sehr dicht bei denen der H-Proteine liegen. Dies stützt die Vorstellung von Stress-Proteinen als integralen Komponenten des Immunsystems.

Eine Manipulation der Stress-Antwort könnte auch in der Krebstherapie Anwendung finden. Viele Tumoren sind gegen Hitze empfindlicher als gesundes Gewebe. Noch ist die Methode, bösartige Geschwülste durch Überwärmung zu zerstören, im Experimentierstadium. Doch erste Versuche haben gezeigt, daß eine lokale Hitzebehandlung – unter Umständen mit Bestrahlung oder anderen konventionellen Therapien kombiniert – bei bestimmten Tumoren eine Rückbildung bewirkt.

Allerdings ist die Stress-Antwort bei Krebszellen keineswegs wünschenswert. Wenn dieser zelleigene Schutzmechanismus nämlich gegen gewollte Therapieschäden wirksam wird, macht dies den Tumor unter Umständen gegen eine weitere Behandlung widerstandsfähiger. Man müßte vielmehr selektiv die Stress-Antwort der Krebszellen blockieren, so daß sie sich gegen den medizinischen Angriff nicht mehr wehren können.

Gentechnisch hergestellte Detektive

Ebenfalls erst im Frühstadium sind Untersuchungen, ob die Stress-Antwort sich für die Toxikologie nutzen ließe. Veränderte Mengen an Stress-Proteinen – speziell solcher, die ausschließlich in angegriffenen Zellen vorkommen – erlauben möglicherweise Aussagen über die Giftigkeit etwa von Pharmaka, Kosmetika oder Lebensmittelzusätzen. Einige Erfolge zeichnen sich auf diesem Gebiet bereits ab.

Gentechnisch wurden Zell-Linien gezüchtet, die Stress und mithin biologische Risiken besonders gut anzeigen.

Einige Bedingungen, unter denen Stress-Proteine gebildet werden

Umweltstressoren
- Hitzeschock
- Nebengruppen-Schwermetalle
- Hemmer der Energieversorgung
- Aminosäuren-Analoge
- Chemotherapeutika

Krankheitszustände
- Virusinfektionen
- Fieber
- Entzündung
- Durchblutungsstörungen
- Hypertrophie
- Sauerstoffschädigung
- Krebs

normales Zellgeschehen
- Zellteilung
- Wachstumsfaktoren
- Entwicklung und Differenzierung

Die DNA-Sequenzen, welche die Aktivität der für Stress-Proteine codierenden Gene steuern, werden mit einem Gen für ein Enzym gekoppelt, das als Indikator fungiert – etwa β-Galaktosidase. Unter Belastung bilden die Zellen dann außer Stress-Proteinen auch diesen sogenannten Reporter, der sich mit verschiedenen Verfahren leicht nachweisen läßt. Zum Beispiel verfärben die Zellen sich bei Zugabe eines bestimmten Stoffes blau, und die Farbintensität ist der Enzymkonzentration und damit der Menge an Stress-Proteinen direkt proportional. Auf solche Weise ließe sich mit wenig Aufwand erkennen, wie stark Kulturen von Zellen auf Chemikalien oder andere Einflüsse reagieren. Tierversuche zur Toxizitätsprüfung könnte man dann einschränken oder ganz absetzen.

Des weiteren böten sich solche Techniken dafür an, den Eintrag von Umweltschadstoffen zu überwachen, von denen viele eine Stress-Antwort auslösen. Auch zu diesem Zweck entwickelt man genetisch veränderte Reporter-Organismen. Eve G. Stringham und E. Peter M. Candido von der Universität von British Columbia in Vancouver (Kanada) haben – zusammen mit der Firma Stressgen Biotechnologies im benachbarten Victoria – Würmern ein Reporter-Gen für β-Galaktosidase übertragen, das von dem Promotor für ein Hitzeschock-Protein kontrolliert wird. (Von der Promotorregion auf der DNA her wird die Gentranskription gesteuert.) Bei Kontakt mit zahlreichen Umweltgiften bilden die Würmer das Reporter-Enzym und werden blau (Bild 1). Gegenwärtig prüft Candidos Arbeitsgruppe die Bandbreite der Reaktion auf mögliche Anwendungen hin.

Voellmy und Nicole Bournias-Vardiabasis, die damals am Nationalen Medizinischen Zentrum „City of Hope" im kalifornischen Duarte arbeitete, entwickelten mit einem ähnlichen Ansatz eine Linie transgener Taufliegen. In diesem Falle werden die Insekten blau, wenn sie mit Substanzen in Berührung kommen, die für die Keimesentwicklung gefährlich sind. Sie reagieren auf viele der Stoffe, die beim Menschen Mißbildungen hervorrufen. Somit eröffnen sich neue Möglichkeiten, für Umweltschutz und Schadstoffprüfungen nicht nur einzelne Zellen, sondern sogar vielzellige Organismen als Stress-Anzeiger heranzuzüchten.

Vor rund 30 Jahren hielten viele das Phänomen Hitzeschock- oder Stress-Antwort allenfalls für eine molekulare Eigenheit von Taufliegen. Mittlerweile beschäftigen sich maßgebliche Forschungszweige intensiv und sehr erfolgreich damit. Aber trotz aller Erkenntnisse haben wir nach meiner Einschätzung die Tragweite des Stress-Mechanismus in Zellen, der so alt ist wie das Leben, erst ansatzweise begriffen.

Chaperonin-60: ein Faß mit Fenstern

Wie falten sich die Aminosäureketten der frisch synthetisierten Proteine in der Zelle zu ihrer korrekten, kompliziert verknäulten dreidimensionalen Struktur? Mit der ersten erfolgreichen Röntgenstrukturanalyse eines Proteins, das bei diesem Vorgang assistiert, ist man der Antwort erheblich näher gekommen. Bis zur Aufklärung des genauen Mechanismus fehlen jedoch noch viele kleine Schritte.

Von Michael Groß

Proteine können ihre Aufgabe nur erfüllen, wenn sich die lange Aminosäurekette, aus der sie bestehen, in einem bestimmten Muster aus Schleifen und Windungen zusammenlegt. Bei diesem diffizilen Faltungsprozeß leisten andere Proteine, die Chaperone, wichtige Hilfestellung. Eine der bestuntersuchten molekularen Anstandsdamen (so die Bedeutung des englischen Wortes *chaperon*) ist das Chaperon-60 (Cpn-60). Obwohl in den letzten Jahren viel über seine Funktionsweise in Erfahrung gebracht worden war (Spektrum der Wissenschaft, März 1994, Seite 16), erhoffte man sich wesentliche zusätzliche Hinweise von der Struktur der Substanz.

Sie zu ermitteln erwies sich freilich als äußerst schwieriges, ja hoffnungsloses Unterfangen. Mehrere Arbeitsgruppen in aller Welt haben versucht, von Cpn-60 Kristalle zu züchten, die sich zur Röntgenstrukturanalyse eignen; doch wegen der siebenzähligen Drehsymmetrie der Doppelring-Struktur, die aus elektronenmikroskopischen Untersuchungen schon länger bekannt war, passen die Moleküle nicht zusammen und zeigen wenig Neigung, sich in einem regelmäßigen Gitter anzuordnen. Andererseits ist für Strukturuntersuchungen der gelösten Substanz mittels kernmagnetischer Resonanzspektroskopie (NMR, nach englisch *nuclear magnetic resonance*) bereits eine einzelne der 14 Untereinheiten mit einem Molekulargewicht von 57 200 um den Faktor zwei bis drei zu groß.

Durch einen glücklichen Umstand gelang der Arbeitsgruppe von Arthur L. Horwich an der Yale-Universität in New Haven (Connecticut) nun jedoch das fast unmöglich Scheinende. Bei dem Versuch, die von dem Bakterium *Escherichia coli* produzierte Menge an Cpn-60 durch Genmanipulation zu erhöhen, erhielten die Forscher eine Variante, bei der zwei Aminosäuren abgewandelt waren; obwohl sie sich in ihrer Funktion nicht von der normalen Version des Proteins unterschied, lieferte sie überraschend gute Kristalle. (Da jede der 547 Aminosäuren in der Sequenz von Cpn-60 durch 19 andere ersetzt werden kann, gibt es 10 393 mögliche Punkt- und 108 Millionen Doppelmutationen.)

Als weitere günstige Fügung erwies es sich, daß Horwichs Institutsnachbar der Proteinkristallograph Paul B. Sigler ist. Und so konnte „Nature" im vergangenen Oktober auf dem Titelblatt die röntgenographisch bestimmte Molekülstruktur von Cpn-60 präsentieren (Band 371, Heft 6498; der zugehörige Artikel beginnt auf Seite 578).

In Übereinstimmung mit den bisherigen Ergebnissen elektronenmikroskopischer und biochemischer Untersuchungen ist das Molekül ein faßartiges Gebilde aus zwei Ringen, die je sieben identische Einheiten (Monomere) enthalten. Diese erweisen sich in der höheren Auflösung freilich als so stark gekrümmt, daß zwischen ihnen jeweils ein Loch bleibt (Bild 1). Es ist an der engsten Stelle ungefähr zwei Nanometer (millionstel Millimeter) lang und einen Nanometer breit und erlaubt Wassermolekülen den Eintritt ins Faß-Innere, wo man das gebundene Substratprotein vermutet. Am Rande dieser Fenster befindet sich auch die Bindungsstelle für die Energieträger-

Bild 1: Raumfüllendes Modell der Struktur von Cpn-60. Der aus zwei Ringen zu je sieben identischen Untereinheiten bestehende faßartige Komplex ist links in Aufsicht und rechts von der Seite gezeigt. Zwei der 14 Untereinheiten sind mit ihren je drei Domänen farbig markiert: Die am oberen Rand des Fasses liegende (apikale) Domäne ist in der linken Untereinheit purpur, in der rechten blau gefärbt, die Zwischendomäne gold (rot) und die äquatoriale grün (gelb). Zwischen den Domänen befinden sich Öffnungen, welche an der engsten Stelle ungefähr zwei Nanometer (millionstel Millimeter) lang und ein Nanometer breit sind. Durch sie können Wassermoleküle ins Faß-Innere gelangen, in dem sehr wahrscheinlich das zu faltende Substratprotein gebunden wird.

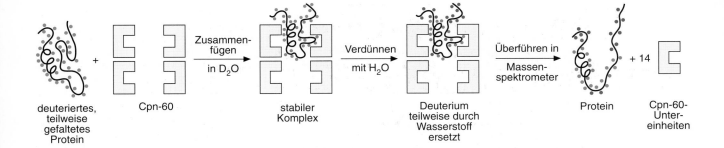

deuteriertes, teilweise gefaltetes Protein + Cpn-60 → Zusammenfügen in D₂O → stabiler Komplex → Verdünnen mit H₂O → Deuterium teilweise durch Wasserstoff ersetzt → Überführen in Massenspektrometer → Protein + 14 Cpn-60-Untereinheiten

Bild 2: Schematische Darstellung der Experimente zur Untersuchung des Wasserstoff-Isotopenaustauschs in Komplexen aus molekularem Chaperon und angelagertem Substratprotein. Den Ausgangspunkt bildet ein Substratprotein, in dem alle austauschbaren Wasserstoffatome (H, blaue Punkte) durch Deuterium (D, rote Punkte) ersetzt wurden. Es verbindet sich beim Zusammengeben mit dem Chaperon in schwerem Wasser (D₂O) zu einem stabilen Komplex. Wenn man die Lösung anschließend im Verhältnis zehn zu eins mit normalem Wasser verdünnt, beginnen dessen Protonen die nicht durch die Faltung abgeschirmten Deuteronen zu ersetzen. In regelmäßigen Zeitabständen werden nun Massenspektren nach dem Elektrospray-Ionisationsverfahren aufgenommen. Dabei zerstäubt man die Lösung zunächst in einem starken elektrischen Feld in feinste Tröpfchen, aus denen im Hochvakuum das Wasser verdunstet. Zurück bleiben nackte Protein-Ionen, deren Masse sich aus ihrer Flugbahn im elektrischen Feld bestimmen läßt.

substanz Adenosintriphosphat (ATP), die anhand von Mutationsexperimenten in der Sequenz lokalisiert werden konnte.

Bemerkenswert ist ferner, daß die beiden Enden des Aminosäurestrangs einer jeden Untereinheit sich offenbar in der Mitte des Fasses befinden. Sie sind zwar zu beweglich und ungeordnet, um in der Kristallstruktur identifizierbar zu sein, aber die nächsten noch lokalisierbaren Aminosäuren gehören alle zur äquatorialen Domäne und weisen ins Innere. Eventuell bilden die insgesamt 28 losen Enden in der Mittelebene einfach ein großes Knäuel, das den Zusammenhalt der ganzen Struktur sichern hilft.

Nachdem nun das Aussehen der molekularen Anstandsdame im Detail bekannt ist, sollte sich auch leichter klären lassen, wie sie ihre Aufgabe erfüllt. Bekannt ist, daß Cpn-60 nicht nur die Faltung des Substratproteins fördert, sondern in einem damit gekoppelten Prozeß zugleich ATP in Adenosindiphosphat und anorganisches Phosphat spaltet (hydrolysiert). Dieser ATPase-Funktion ist man schon recht dicht auf der Spur. So konnte die ATP-Bindungsstelle identifiziert werden, und die Teams von Horwich und Sigler sind gerade dabei, die Kristallstruktur der mit ATP beladenen Form des Proteins zu bestimmen. Aus elektronenmikroskopischen Untersuchungen des Chaperonins mit und ohne ATP schlossen Helen Saibil und ihre Mitarbeiter am Birkbeck-College in London, daß die Bindung des Nucleotids eine Öffnungsbewegung der randständigen (apikalen) Domänen auslöst („Nature", Band 371, Heft 6494, Seite 261).

Schwieriger ist dagegen die Frage, was das Cpn-60 mit dem Substratprotein macht. Selbst wenn die Kristallisation eines Komplexes aus Chaperonin und gebundenem Substrat gelänge, wäre letzteres nach den bisherigen Erkenntnissen höchstwahrscheinlich zu ungeordnet, als daß es sich scharf abbilden ließe. Und die NMR-Spektroskopie scheitert hier erst recht an dem zu hohen Molekulargewicht des Komplexes.

Um seine Struktur zu bestimmen, haben wir deshalb in Oxford im Rahmen

eines Projekts unter Federführung von Sheena E. Radford einen neuen Ansatz gewählt. Dabei analysieren wir den Austausch zwischen den Wasserstoff-Isotopen H (normaler Wasserstoff mit dem Molekulargewicht 1) und D (Deuterium, Molekulargewicht 2). Wo das Substratprotein nicht gefaltet ist, lassen sich nämlich insbesondere die an die Stickstoffatome des Peptid-Rückgrats gebundenen Wasserstoffatome (Amid-Protonen) sehr leicht austauschen. In gefalteten Regionen bilden sie dagegen Wasserstoffbrücken zu den Sauerstoffatomen des Peptid-Rückgrats, weswegen der Austausch – wenn überhaupt – 10 000- bis 100 000mal langsamer stattfindet.

Die Austauschgeschwindigkeit kann man mit verschiedenen Methoden messen. Bereits Anfang der fünfziger Jahre ließ Kaj Linderström-Lang am Carlsberg-Laboratorium in Kopenhagen Tröpfchen des von der Probe absublimierten Wassers in eine halbmeterhohe Röhre mit einem Dichtegradienten aus zwei organischen Lösungsmitteln einsinken. Aus der Höhe, in der die Tröpfchen ins Schwebegleichgewicht kamen, konnte er die Dichte der Lösung und somit das Verhältnis von schwerem zu leichtem Wasserstoff erschließen.

Heute verwendet man dagegen meist die sogenannte zweidimensionale NMR-Spektroskopie (Spektrum der Wissenschaft, Dezember 1991, Seite 24). Weil sie ortsspezifisch ist, lassen sich damit – zumindest bei kleinen Proteinen – die Austauschgeschwindigkeiten einzelner Amid-Protonen getrennt ermitteln. Ergänzend dazu liefert die Massenspektrometrie Aussagen über die Gesamtmasse jedes einzelnen Moleküls und damit über seinen Deuterierungsgrad. Somit kann man etwa herausfinden, daß zu einem bestimmten Zeitpunkt 60 Prozent der Moleküle in der Probe je 20 Deuteronen enthalten und 20 Prozent je 95. Durch Kombination dieser beiden Methoden ließ sich unter anderem feststellen, daß sich Lysozym-Moleküle aus Hühnereiweiß auf verschiedenen Wegen falten.

Der Komplex aus Cpn-60 und daran gebundenem Substratprotein ist allerdings so groß, daß er bei der herkömmlichen Massenspektrometrie zerfällt, wenn er ionisiert und in das Hochvakuum injiziert wird. Das erst Ende der achtziger Jahre entwickelte Verfahren der Elektrospray-Ionisation erlaubte uns jedoch überraschenderweise, den intakten Komplex in den Gaszustand zu überführen, wo er sich erst nach dem völligen Abdampfen des Lösungsmittels in Substrat und Cpn-Untereinheiten trennt (Bild 2).

Wir konnten so zeigen, daß das an Cpn-60 gebundene Substrat (in diesem Falle α-Lactalbumin aus Kuhmilch) keineswegs, wie manchmal behauptet wurde, gänzlich unstrukturiert ist ("Nature", Band 372, Heft 6507, Seite 646). Vielmehr sind die Amid-Protonen in einem Umfang gegen Austausch geschützt, der dem in einem kompakten, aber teilweise fehlgeordneten Zustand entspricht, den man als *molten globule* (geschmolzenes Kügelchen) bezeichnet. Neue massenspektrometrische Methoden, mit denen sich die gefalteten Bereiche lokalisieren lassen, werden gerade entwickelt.

Zu jedem ordentlichen Faß gehört freilich auch ein Deckel. Als solcher fungiert beim Cpn-60 das kleinere, aus sieben Untereinheiten aufgebaute Co-Chaperonin Cpn-10. Seine Funktion ist allerdings umstritten. Immerhin steht fest, daß manche Substrate nach der Faltung nur in Anwesenheit von Cpn-10 wieder freikommen. Nach Untersuchungen von Johannes Buchner an der Universität Regensburg und George Lorimer bei der Firma DuPont in Wilmington (Delaware) sind das all jene, die sich unter den gegebenen Reaktionsbedingungen ohne Hilfe der Anstandsdame nicht korrekt falten könnten.

Meist dockt nur ein Cpn-10 an einer der beiden Öffnungen des faßartigen Gebildes an. Unter gewissen Bedingungen setzt sich jedoch ein zweites auf die Gegenseite und ergänzt den Komplex zu einem Ellipsoid, das einem Rugbyball äh-nelt. Zur Zeit herrscht Uneinigkeit darüber, ob dieser Komplex aus Faß und zwei Deckeln für die Funktion der Anstandsdame von Bedeutung ist. Klarheit darüber ist schwer zu erlangen, weil Bindungsgleichgewichte empfindlich von Ionenkonzentrationen abhängen, die man in der lebenden Zelle nicht genau genug bestimmen kann.

Nachdem es gelungen ist, die Kristallstruktur des ligandenfreien Chaperon-Proteins zu ermitteln, und auch für den Komplex aus Cpn-60 und ATP die Röntgenstrukturanalyse kurz vor dem Abschluß steht, dürften wir schon bald mehr darüber erfahren, was denn genau Cpn-60 mit seinen Substraten anstellt. Außerdem wächst das Arsenal biochemischer und biophysikalischer Methoden, die teils speziell für dieses vertrackte Problem entwickelt wurden. Deshalb sollte das Rätsel noch bis zum Jahre 2000 zu lösen sein – notfalls wiederum mit etwas Nachhilfe Fortunas.

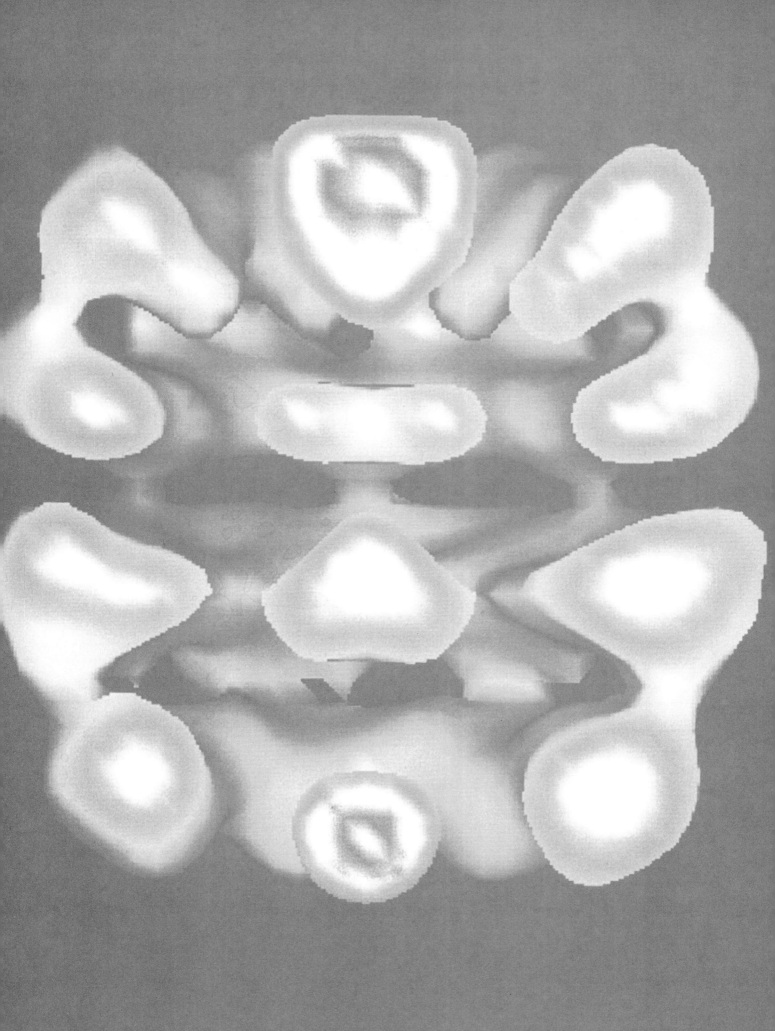

Protein-Kristalle

Der räumliche Aufbau komplizierter Makromoleküle läßt sich gut mittels Röntgenstrukturanalyse entschlüsseln. Voraussetzung ist, man kann aus der Substanz möglichst vollkommene Kristalle züchten.

Von Alexander McPherson

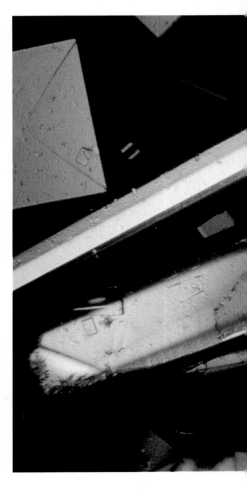

Durch die Entwicklung der Gentechnik und der DNA-Rekombinationsforschung vermögen Biochemiker und Molekularbiologen heute in die Synthese von Bausteinen des Lebens steuernd einzugreifen — von Molekülen also, welche die für Lebensvorgänge typischen chemischen Reaktionen herbeiführen und katalysieren. Zudem hat man wirkungsvolle analytische Methoden entwickelt, um außer herkömmlichen chemischen Verbindungen auch komplizierte Makromoleküle — vergleichsweise große Gebilde wie Proteine und Nukleinsäuren — zu untersuchen.

Das wichtigste dieser Verfahren ist die Röntgenstrukturanalyse; sie erschließt den räumlichen Aufbau von Molekülen aus den Mustern, die durch die Streuung von Röntgenstrahlen an Kristallen der jeweiligen Verbindung entstehen. Überdies kann man mit dieser Technik auch die Wechselwirkungen eines Makromoleküls mit anderen Molekülen anschaulich darstellen — zum Beispiel was passiert, wenn ein Enzym sich an ein Molekül des Substrats bindet und eine chemische Reaktion katalysiert oder wenn ein Antikörper mit einem Antigen-Molekül einen Komplex bildet.

Den Gedanken, daß Kristalle für Röntgenstrahlen als Beugungsgitter wirken und darum typische Interferenzmuster bilden, hatte der deutsche Physiker Max von Laue im Jahre 1912 (er erhielt 1914 den Nobelpreis); dies konnte er auch mit einem Photogramm bestätigen. Statt sogenannten weißen Röntgenlichts von vielen unterschiedlichen Wellenlängen verwendeten dann 1913 William Henry Bragg und sein Sohn William Lawrence monochromatische Strahlung — und hatten damit im Prinzip das bis heute angewandte Verfahren entwickelt (die beiden englischen Forscher erhielten für diese Leistung den Nobelpreis 1915).

Seither haben immer bessere Röntgenquellen, genauere Detektoren und schnellere Computer den Zeitaufwand für kristallographische Bilder drastisch reduziert. Dauerte es früher Jahre, die Strukturen gewöhnlicher Moleküle zu bestimmen, so gelingt dies heute in ein bis zwei Wochen. Innerhalb weniger Monate vermag man die Struktur eines Makromoleküls zu entschlüsseln, im Detail aufzuklären und räumlich darzustellen. Ist die Struktur eines Proteins bereits bekannt, lassen sich seine Komplexe mit anderen Molekülen oft in wenigen Tagen detailliert bestimmen.

Schwierige Kristallisation

Tatsächlich ist bei der Röntgenstrukturanalyse heute nicht mehr die Technik selbst das Problem, sondern der Mangel an geeigneten Makromolekül-Kristallen. Von den tausenden Proteinen, die man kennt, hat nur ein kleiner Bruchteil sich überhaupt jemals kristallisieren lassen (Bild 1). Die meisten Proteine und Nukleinsäuren bilden nur schwer Kristalle — und diese müssen für die Röntgenstrukturanalyse auch noch praktisch makellos sein. Also waren die Biochemiker auf das Untersuchen von Molekülen angewiesen, die sie kristallisieren konnten, zum Beispiel Enzyme wie das Lysozym aus Hühnereiern und das Pepsin aus dem Magensaft oder das Chromoprotein Hämoglobin, den Farbstoff der roten Blutkörperchen, der den Sauerstoff im Organismus transportiert.

Obwohl die ersten Protein-Kristalle schon vor mehr als hundert Jahren gezogen wurden, untersuchte man den Prozeß des Kristallwachstums selbst kaum genauer. Vor Entdeckung der Röntgenstreuung diente die Kristallzüchtung — da sie nur gelingt, wenn es keine Verunreinigungen gibt — bloß dazu, die Reinheit eines Präparats zu demonstrieren; das Verfahren galt als Mittelding zwischen Kunst und Wissenschaft. Selbst heute sind nur wenige Forscher im Züchten makromolekularer Kristalle geübt, und bei den spärlichen methodischen Ansätzen ist man über bloßes Erfahrungswissen nicht hinausgekommen.

Daß es nicht gelingt, aus bestimmten Proteinen und Nukleinsäuren Kristalle für die Strukturbestimmung zu gewinnen, erschwert aber nicht nur das grundlegende Verständnis der Wechselwirkungen natürlicher Makromoleküle; es behindert auch ganz erheblich die industriell angewandte Biotechnik. Im-

Bild 1: Die Pflanzenproteine Concanavalin B (oben) und Vicilin (rechts) gehören zu den wenigen Proteinen, die leicht kristallisieren. Man betrachtet die Kristalle unter polarisiertem Licht, um jede Inhomogenität zu entdecken, die eine Röntgenstrukturanalyse verfälschen könnte. Kristalle von Proteinen und Nukleinsäuren wie DNA lassen sich viel schwieriger züchten als solche von einfachen Verbindungen wie Kochsalz. Aber nur kristallisierte Makromoleküle lassen sich mittels Röntgenstrukturanalyse − einer der wirkungsvollsten Methoden zur Aufklärung von Molekülstrukturen − untersuchen.

mer neue Mittel und Verfahren zur Veränderung natürlicher und zur Erschaffung neuartiger Moleküle eröffnen ihr aber atemberaubende Perspektiven. Gelänge es, viel mehr und ganz unterschiedliche Makromoleküle in ihrer räumlichen Struktur darzustellen, so wäre das für diese Industrie von enormem Nutzen. Enzyme für die Lebensmitteltechnik, etwa zum Backen oder Brauen, könnten gleichsam maßgeschneidert werden, um ihre Löslichkeit, Hitze- oder Säurebeständigkeit zu verändern − vorausgesetzt, ihre dafür kritischen Bereiche ließen sich identifizieren. Ebenso könnte man den Nährwert von Getreide und Bohnen oder die Widerstandsfähigkeit von Feldfrüchten gegen Schädlinge oder extreme klimatische Bedingungen steigern. Arzneimittel, die auf Proteine und Nukleinsäuren einwirken, ließen sich systematisch und rationell entwickeln, sofern die Wechselwirkung zwischen dem Arzneimittel und seinem Zielmolekül bildlich darstellbar wäre.

Die Zukunft der Biotechnik hängt also entscheidend von der Entwicklung neuer und zuverlässiger Verfahren zur Züchtung von Protein- und Nukleinsäure-Kristallen für die Röntgenstrukturanalyse ab. Dafür muß man sich aber zunächst genauer mit den physikalischen und chemischen Grundlagen der Kristallisation von Makromolekülen beschäftigen.

Die Einheitszelle

Alle Kristalle, ob es sich nun um solche von Kochsalz oder die eines verwickelt aufgebauten Proteins handelt, sind geordnete, durch einen Satz von Parametern eindeutig gekennzeichnete Gruppierungen von Molekülen. Die Parameter beschreiben die Verteilung der Atome in der sogenannten Elementarzelle sowie die räumliche Anordnung dieser Elementarzellen, die sich immerfort wiederholen und so den Kristall aufbauen (Bild 2).

Der Grundbaustein des Kristalls ist die sogenannte asymmetrische Einheit − in der Regel ein einziges Molekül der Substanz, die den Kristall bildet. Mehrere asymmetrische Einheiten lagern sich zu einem symmetrischen Gebilde zusammen, das mathematisch als Raumgruppe bezeichnet wird. Es gibt 230 mögliche Raumgruppen; bei Protein-Kristallen sind allerdings nur 65 Raumgruppen möglich, da sich aus der Struktur der Aminosäuren, aus denen diese Verbindungen bestehen, gewisse Symmetriebeschränkungen ergeben. Häufig kann ein einziger Molekültyp mehrere symmetrische Anordnungen

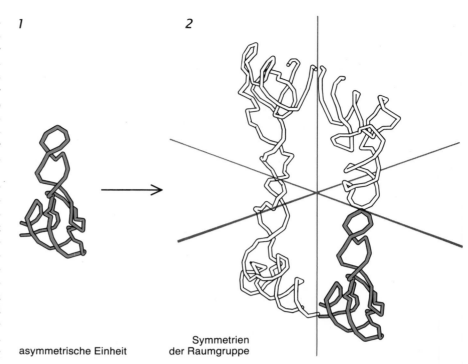

asymmetrische Einheit

Symmetrien der Raumgruppe

Bild 2: Die Kristallstruktur kann als eindeutige Verteilung einer asymmetrischen Einheit (1) − hier der Nukleinsäure Transfer-RNA − angesehen werden. Mehrere asymmetrische Einheiten sind zu einem symmetrischen Gebilde zusammengefügt; es ist durch eine Gruppe geometrischer Operationen definiert, die man Raumgruppe nennt (2). Die durch die Raumgruppe bestimmte Anordnung von Molekülen paßt gerade in einen fiktiven Kasten von minimalem Volumen, die Elementarzelle (3). Regelmäßig aneinandergereihte Elementarzellen ergeben schließlich einen Kristall (4).

3

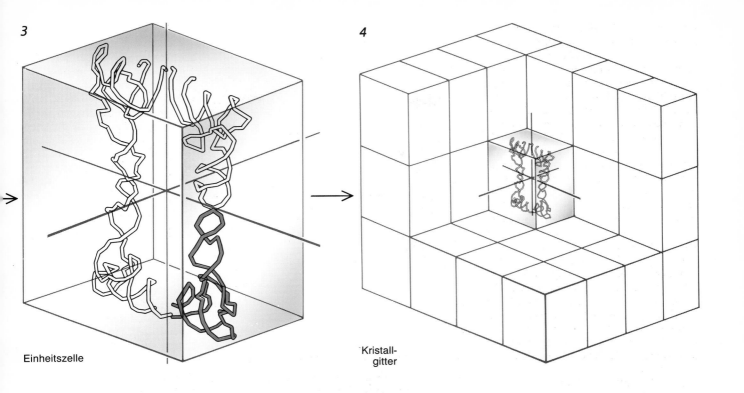

Einheitszelle

4

Kristall-
gitter

Bild 3: Das Lichtmikroskop macht unter polarisiertem Licht typische Kristallformen sichtbar, zum Beispiel ein rhomboedrisches Prisma mit einer Kantenlänge von mehr als einem Millimeter (links). Dies ist ein Kristall aus dem pflanzlichen Protein Canavalin. Züchtet man Canavalin-Kristalle unter leicht verändertem Säuregrad und bei etwas anderer *Temperatur, so entsteht ein Strauß von hexagonalen Prismenstäbchen (Mitte). Auch sogenannte monokline Plättchen sind häufig; sie lassen sich beispielsweise aus dem Enzym eines Obstschimmelpilzes züchten (rechts).*

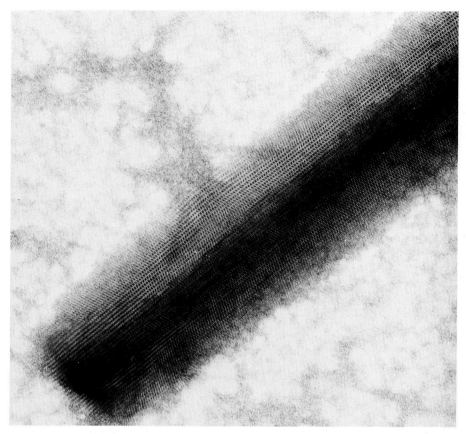

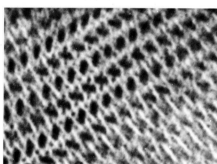

Bild 4: Die poröse Struktur makromolekularer Kristalle wird in dieser elektronenmikroskopischen Aufnahme des Kristalls eines bakteriellen Enzyms sichtbar (oben). Bei weiterer Vergrößerung erscheinen deutlich die dunklen Kanäle (links). Diese Kanäle machen die Kristalle äußerst zerbrechlich, bieten aber auch Pfade für die Diffusion kleiner Moleküle. Beispielsweise zeigt die untere Aufnahme, daß eine rote Substanz durch die Kanäle in den Kristall eingedrungen ist und sich an die Gittermoleküle gebunden hat.

bilden, die verschiedenen Raumgruppen entsprechen.

Die Elementarzelle umschließt wie ein fiktiver Kasten mit minimalem Volumen den Satz asymmetrischer Einheiten, der durch die Raumgruppe definiert ist. Elementarzellen haben sechs mögliche Formen; die Länge der Zellenkanten schwankt für die meisten Protein-Kristalle zwischen 5 und 15 millionstel Millimetern. Die Kristallstruktur ergibt sich durch die periodische Wiederholung der Elementarzelle (Bild 3).

Das spontane Zusammentreten von Molekülen zu einem geordneten Gitter scheint den zweiten Hauptsatz der Thermodynamik zu verletzen; er besagt ja, daß die Materie stets einem Zustand maximaler Entropie – also Unordnung – zustrebt. Wie sich zeigt, wird der Vorgang durch die Bildung stabiler chemischer Bindungen bei der Kristallisation angetrieben: Die beim Entstehen der Bindung freigesetzte Energie kompensiert den Zuwachs an Ordnung durch das Kristallisieren. Mit mathematischen und geometrischen Argumenten läßt sich beweisen, was auch unmittelbar einleuchtet: Das Maximum an Energie wird freigesetzt, wenn die Bindungen im Festkörper symmetrisch angeordnet sind und sich periodisch wiederholen.

Aber die Kristallbildung ist gewiß nicht unter allen Umständen energetisch vorteilhaft. Sie kann nur stattfinden, wenn von den Wechselwirkungen zwischen den Molekülen die anziehenden weit überwiegen und die abstoßenden großenteils ausgeschaltet sind. Praktisch gelten diese Bedingungen in übersättigten Lösungen; dort gibt es nicht genug Wasser, um die Hydratation (die Anlagerung von Wasser an die Moleküle) vollständig aufrechtzuhalten und die Moleküle voneinander gänzlich abzuschirmen. Um ein einfaches Beispiel zu nennen: Meersalz kristallisiert in Solebecken, wenn das Wasser daraus langsam verdunstet.

Leider verläuft die Kristallisation von Makromolekülen nicht so einfach. Die Zahl von Bindungen, die ein Makromolekül mit seinen Nachbarn in einem Kristall bildet, liegt relativ zum Molekulargewicht viel niedriger als bei Kristallen aus kleinen Molekülen, etwa denen von Kochsalz. Da aber gerade diese Gitterwechselwirkungen den Kristall zusammenhalten, sind Kristalle von Makromolekülen viel schwerer herzustellen und wesentlich empfindlicher als solche aus kleineren Molekülen.

Außerdem verlieren einzelne Proteine und Nukleinsäuren schon unter geringfügig verschlechterten Bedingungen sofort ihre natürliche Struktur; darum kann ein Makromolekül nur unter besonders günstigen Bedingungen, die seine Eigenschaften nicht verändern, Kristalle bilden.

Poröse Kristalle

Protein- und Nukleinsäure-Kristalle züchtet man aus sogenannten Mutterlaugen. In diesen Lösungen müssen Säuregrad, Temperatur und Stärke der Ionenbindungen in engen Grenzen gehalten werden. Wenn die Kristalle dehydratisieren, zerfallen sie; darum müssen sie immer in Mutterlauge schwimmen.

Am besten kann man sich die Kristalle von Makromolekülen als geordnete Gele mit vielen Kanälen und Hohlräumen vorstellen, die Lösungsmittel enthalten (Bild 4). Während die Kristalle kleiner Moleküle, etwa von Kochsalz, praktisch kein Lösungsmittel enthalten, bestehen Makromolekül-Kristalle zu etwa 50 Prozent daraus (der Wert schwankt zwischen 30 und 90 Prozent). Wegen der großen Zwischenräume und der schwachen Gitterkräfte in makromolekularen Kristallen liegen die Moleküle nicht immer auf exakt äquivalenten Positionen — das heißt, ihre Orte kön-

Bild 5: Unvollkommene Kristalle zeigen verschiedene Arten von Fehlern. Sprünge und Stufen durch unstetiges Wachstum entstellen das Prisma im rechten Bild. Verzerrungen und Furchen an der Oberfläche der Kristalle unten links spiegeln tieferliegende Unregelmäßigkeiten beim Wachstum und der Ordnung der Elementarzellen wider. Die unten rechts gezeigten rhombischen Plättchen sind zu dünn und zu klein für die Röntgenstrukturanalyse.

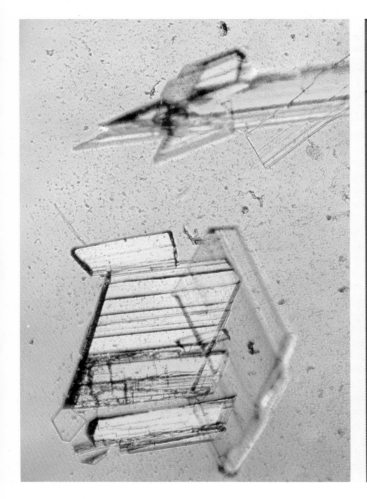

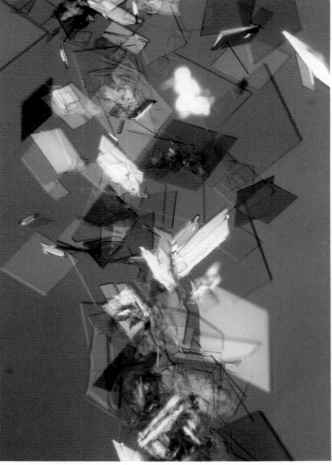

Bild 6: *Dasselbe Protein kristallisiert in einer bestimmten Mutterlauge oft zugleich in mehreren Modifikationen. Wie die verschiedenen Kristallformen zeigen, kann ein Protein-Molekül bei gleichen Bedingungen mehrere verschiedene Anordnungen bilden; jede Anordnung entspricht dann einer anderen Raumgruppe und einem anderen Kristalltyp.*

nen von einer Elementarzelle zur anderen leicht variieren.

Die Porosität von Protein- und Nukleinsäure-Kristallen erschwert auch die Röntgenstrukturanalyse: Wie exakt sich die Positionen einzelner Atome dadurch bestimmen lassen, hängt stark davon ab, wie geordnet der Kristall ist; jede Unregelmäßigkeit beeinträchtigt das Beugungsmuster. Makromolekül-Kristalle wachsen aber ihrer schwachen Gitterkräfte wegen leicht inhomogen (Bild 5). Während die Kristalle kleiner Moleküle fast bis an die theoretische Grenze der Auflösung genaue Beugungsbilder erzeugen, sind die Ergebnisse bei Protein- und Nukleinsäure-Kristalle meist schlecht.

Der hohe Lösungsmittelgehalt makromolekularer Kristalle ist aber nicht nur nachteilig. Wegen der Hydratation sind die Molekülstrukturen gegenüber ihrem Zustand im lebenden Organismus kaum verändert. Daher kann der Biochemiker viele Eigenschaften des Proteins oder der Nukleinsäure wie in ihrer natürlichen Umgebung beobachten.

Überdies sind die lösungsmittelhaltigen Kanäle in den Makromolekülen weit genug, auch Verbindungen aufzunehmen, die mit den Proteinen und

Nukleinsäuren wechselwirken können — etwa Ionen, Enzym-Substrate, Inhibitoren oder Pharmaka. Der Biochemiker kann also diese Wechselwirkungen untersuchen, indem er einfach die Mutterlauge — und damit den Kristall selbst — mit der gewünschten Verbindung versetzt.

Behutsame Behandlung

Kristalle aus Makromolekülen lassen sich nur züchten, wenn man ganz langsam vorgeht. Jeder plötzliche Wechsel des Sättigungsgrades läßt amorphen Stoff ausfällen, statt daß der Kristall geordnet weiterwüchse. Beim Standardverfahren zur makromolekularen Kristallisation bringt man eine hochkonzentrierte Lösung ins chemische Gleichgewicht mit einem ausfällenden Reagens; wird das Reagens langsam genug zugesetzt, etwa durch Dampfdiffusion, so löst es statt der Ausfällung die Kristallisation aus.

Solche Reagenzien sind Salze wie Ammoniumsulfat, organische Lösungsmittel wie Ethanol oder lösliche synthetische Polymere wie Polyethylenglykol. Diese drei Substanzklassen wirken etwas unterschiedlich, aber alle drei unterstützen die Wechselwirkung der Makromoleküle in Lösung: Da Salze mit den gelösten Makromolekülen um das Wasser konkurrieren, binden die Makromoleküle sich aneinander, statt der Hydratation zu unterliegen; organische Lösungsmittel verstärken das elektrostatische Feld, durch das Proteinmoleküle einander anziehen, und Polymere erzeugen beide Effekte — sie bilden außerdem mit dem Wasser ein Netzwerk, in das die Makromoleküle nicht recht passen.

Ausfällende Reagenzien können auch dazu dienen, eine hochkonzentrierte Lösung an einen Punkt gerade unterhalb der Übersättigung zu bringen; indem man dann einige physikalische Eigenschaften der Lösung wie den Säuregrad oder die Temperatur allmählich ändert, um die Löslichkeit des Proteins oder der Nukleinsäure herabzusetzen, führt man die Übersättigung herbei. Dieses Verfahren entspricht dem Herstellen von Kandiszucker; dabei sättigt man kochendes Wasser mit Zucker und kühlt es dann ab.

Bei keiner der gängigen Methoden ist der Verlauf der Kristallisation freilich vorhersagbar. Jedes Makromolekül ist ein einzigartiges räumliches Gebilde mit spezifischen Oberflächeneigenschaften, und physikalisch wie chemisch gleicht kein Makromolekül dem anderen. Deshalb läßt sich, was man beim einen gelernt hat, nur selten auf ein anderes übertragen.

Polymorphismus

Obendrein scheinen Proteine und Nukleinsäuren auch noch ziemlich wandelbar zu sein: Dasselbe Molekül kann unter denselben Bedingungen oder sogar in ein und derselben Lösung in mehreren verschiedenen Modifikationen existieren. Darum bilden viele Proteine und Nukleinsäuren mehrere Arten von Elementarzellen; dieser sogenannte Polymorphismus zeigt sich als Ausbildung höchst unterschiedlicher Kristallformen (Bild 7).

Oft hat eine Kristallform bessere Beugungseigenschaften als die anderen; um so ärgerlicher ist es, daß man einem bestimmten makromolekularen Kristall seine Morphologie nicht ohne weiteres vorschreiben kann.

Kürzlich haben mein Kollege Paul J. Shlichta vom Jet Propulsion Laboratory in Pasadena (Kalifornien) und ich versucht, den Verlauf der Kristallisation zu steuern, indem wir Proteinlösungen mit Körnchen von Mineralen impften. Angeregt dazu hatten uns Verfahren der Halbleiterherstellung; bei diesen Methoden wird die molekulare Struktur eines Siliciumträgers benutzt, um die Struktur einer aufgetragenen Schicht festzulegen.

Unsere Ergebnisse versprechen Fortschritte. Wir entdeckten, daß Mineralplättchen tatsächlich die Bildung von Kristallkeimen erleichtern und das Kristallwachstum auf eine morphologische Form beschränken können (Bild 6). In den meisten Fällen haben wir allerdings nicht feststellen können, wie eine bestimmte Protein-Kristallmorphologie mit der atomaren Struktur des Mineralsubstrats zusammenhängt.

In Zusammenarbeit mit mehreren Biochemikern in den USA entwickle ich außerdem Versuche zum Kristallwachstum unter Mikrogravitation, also fast vollkommener Schwerelosigkeit. Bislang fanden bei fünf Space-Shuttle-Flügen Experimente zur Protein-Kristallisation statt, und für dieses Jahr sind weitere geplant. Wir wollen herausfinden, ob Makromolekül-Kristalle regelmäßiger wachsen, wenn es keine durch Schwerkraft verursachte Turbulenz gibt. Die vorläufigen Ergebnisse sind zwar ermutigend, reichen aber noch nicht aus, wirklich einen Vorteil nachweisen zu können (Bild 8).

Im irdischen Labor besonders störend sind Verunreinigungen; sie können das Wachstum ganz verhindern oder fehler-

Bild 7: Ein Mineralsubstrat fördert das Wachstum von Protein-Kristallen, indem es eine geordnete Unterlage für die Keimbildung bietet. Hier dient ein Stück Magnetit als Plattform für Kristalle von Concanavalin B. Der Autor sucht mit Mineralsubstraten gezielt bestimmte Kristallformen zu züchten sowie die Keimbildung von schwer kristallisierbaren Makromolekülen zu fördern.

Bild 8: Diese Kristalle wurden im Weltraum
während eines Flugs der Raumfähre
»Discovery« im September 1988 gezüchtet.
Sie stammen aus einer noch nicht
abgeschlossenen Serie von Experimenten unter
Mikrogravitation. Ohne Schwerkraft gibt es in
der Mutterlauge weder Konvektion noch
Sedimentation; dadurch können sich nahezu
perfekte Kristalle bilden.

hafte Kristallisation bewirken. Man
braucht also extrem reine Proteine oder
Nukleinsäuren sowie Ausfällreagen-
zien. Deren Herstellung muß außerdem
standardisiert werden, damit die Ergebnisse sich exakt reproduzieren lassen.

Trotzdem wird die Bildung von Kristallkeimen auch heute noch eher von
Zufällen als von planmäßigem Vorgehen bestimmt. Die Kristallisation von
Makromolekülen bleibt also einstweilen
eine recht rätselhafte Prozedur und eine
Herausforderung — aber auch eine große Chance.

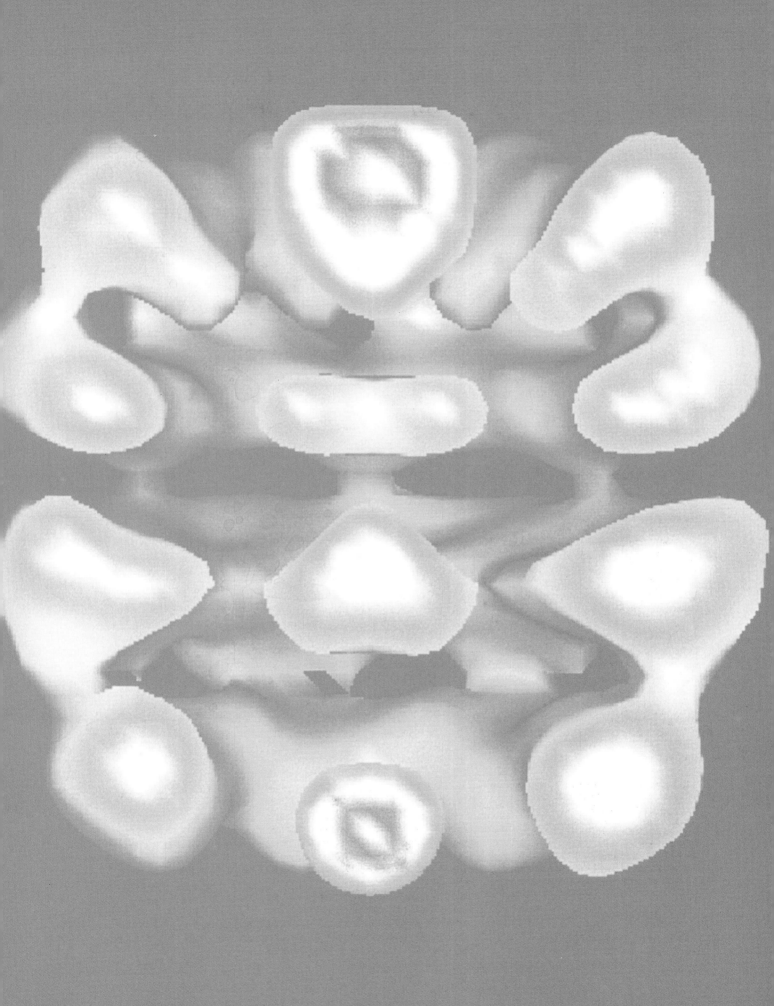

Die Rolle der Histone bei der Genregulation

Außer der Erbsubstanz enthält der Zellkern auch Eiweißstoffe,
die lange als bloßes Verpackungsmaterial für die DNA verkannt wurden. In Wirklichkeit
können diese Histone das Ablesen vieler Gene verhindern oder erleichtern.

Von Michael Grunstein

Noch vor fünf Jahren sprachen die meisten Biowissenschaftler den Histonen jegliche Bedeutung für die Genregulation ab. Zwar bilden diese niedermolekularen Proteine im Zellkern zusammen mit den langen DNA-Strängen, auf denen die Erbinformation liegt, das Chromatin, aus dem die Chromosomen bestehen; doch hatte man sie bei ersten Untersuchungen der Genfunktion im wesentlichen nur als zelleigenes Verpackungsmaterial kennengelernt. Ihr alleiniger Zweck schien zu sein, positiv geladene Spulen zu bilden, um die sich die negativ geladenen DNA-Stränge wickeln müssen, damit sie in den winzigen Zellkernen passen.

Inzwischen aber weist eine Untersuchung nach der anderen die fünf Chromosomenproteine als unentbehrliche Helfershelfer der Genregulation aus. Zumindest ein Histon trägt zur Genaktivierung bei: Es begünstigt den Start der Transkription, bei der die Abschnitte der DNA mit der jeweils benötigten Erbinformation in Boten-RNA-Moleküle umgeschrieben werden. (Diese Transkripte dienen dann sozusagen als Blaupausen für den Zusammenbau des betreffenden Proteins.) Manche Histone können die Transkription auch unterdrücken. Inzwischen wird immer deutlicher, daß sich bei Mißachtung dieser Proteine die Steuerungsmechanismen für die Gene nicht vollständig aufklären lassen.

Die Bedeutung der Genregulation

Die Frage, wie Gene an- und abgeschaltet werden, ist schon lange ein Lieblingsthema der Biologen – spielt die Genregulation doch eine zentrale Rolle bei der Embryonalentwicklung vielzelliger Lebewesen. Obwohl in einem heranwachsenden Organismus praktisch alle Zellen über die gleiche Genausstattung verfügen, differenzieren sich manche zu Neuronen, während andere beispielsweise zu Blut- oder Leberzellen werden. Entscheidend dafür ist, welche Gene zu welchem Zeitpunkt an- oder abgeschaltet werden; auf diese Weise entsteht jene charakteristische Mischung aus Enzymen und anderen Proteinen, die einer Zelle ihre ganz besonderen Eigenschaften verleiht.

Kennt man die Aktivierung und Repression von Genen genauer, so versteht man wahrscheinlich auch besser, wie und warum diese Prozesse manchmal in krank machender Weise entgleisen. Wenn zum Beispiel Gene, deren Produkte die Zellteilung erleichtern (oder unterdrücken), zu aktiv werden (oder nicht aktiv genug sind), kann Krebs entstehen.

Die Regulationsfunktion der Histone ist wohl nur deshalb so lange verborgen geblieben, weil sich auch an nackter, nicht an Histone gebundener DNA die Transkription in Gang setzen läßt; dazu muß man nur Zellextrakte zufügen, die bestimmte Regulatorproteine enthalten. Daß solche zellfreien Versuche gelangen, verleitete viele Fachleute zu dem Fehlschluß, die Histone seien an der Genregulation im lebenden Organismus nicht beteiligt.

Wenngleich diese Folgerung falsch war, verschafften solche und andere Experimente doch zumindest einen grundlegenden Einblick in die Mechanismen der Genaktivierung. In Verbindung mit Strukturanalysen des Chromatins ebneten sie zugleich den Weg für einen Großteil der Untersuchungen, die letztlich die Bedeutung der Histone aufdeckten.

Eine der ersten entscheidenden Entdeckungen war beispielsweise die Erkenntnis, daß die Gene der eukaryotischen (kernhaltigen) Zellen mindestens drei Abschnitte mit unterschiedlicher Funktion umfassen (Bild 2). Einer ist selbstverständlich die codierende Region, in der die Aminosäuresequenz des zugehörigen Proteins festgelegt ist; die anderen sind abgegrenzte Bereiche, die mit darüber entscheiden, ob der codierende Abschnitt in Boten-RNA umkopiert wird und wie viele dieser RNA-Moleküle entstehen.

Damit ein Gen angeschaltet wird, muß sich eine Gruppe von Eiweißstoffen an einer Steuerregion der DNA zusammenlagern, die man gewöhnlich als proximalen Promotor bezeichnet. Zunächst bindet sich ein Protein an einen Teil des Promotors, die *TATA*-Box; und an dieses heften sich dann weitere Proteine unter Bildung des sogenannten Präinitiations-Komplexes. Die *TATA*-Box heißt so, weil sie die Nucleotidsequenz *TATAAATA* oder eine leichte Abwandlung davon enthält. (Die Nucleotide, die Bausteine der DNA, unterscheiden sich in den Basen, die sie tragen: Thymin, Adenin, Guanin und Cytosin, abgekürzt *T, A, G* und *C*.)

Nachdem sich der Präinitiations-Komplex gebildet hat, rückt einer seiner Bestandteile, das Enzym RNA-Polymerase, an eine besondere Position innerhalb des proximalen Promotors. Von dieser sogenannten Transkriptions-Initiationsstelle wandert es dann (ähnlich wie ein Zug auf einem Gleis) an der

DNA entlang zur codierenden Region und weiter bis zu deren Ende; dabei synthetisiert es die Boten-RNA. Da die Proteine des Präinitiations-Komplexes für sich allein bereits, wenn sie sich im Reagenzglas unter den richtigen Bedingungen an die DNA anlagern, für ein niedriges Grundniveau der Transkription sorgen, bezeichnet man sie manchmal auch als Basisfaktoren.

Damit die Produktion der Boten-RNA ihren maximalen Umfang erreicht, müssen sich allerdings an einer zweiten Regulationsstelle, der stromaufwärts (in Ableserichtung vor den anderen Abschnitten) gelegenen Aktivierungssequenz, weitere Proteine – die Aktivatoren – festheften. (Bei vielen eukaryotischen Organismen nennt man derartige Aktivierungssequenzen nach dem englischen Wort für Verstärker auch Enhancer.)

Der Aufbau des Nucleosoms

Schon früher hatte man durch Analysen von Struktur und Chemie des Chromatins herausgefunden, daß es fünf grundlegende Arten von Histonen gibt: die Typen H1, H2A, H2B, H3 und H4. Später ergaben Röntgenstrukturanalysen und andere Verfahren, daß die Spulen, um die das DNA-Molekül gewickelt ist, Oktamere (Aggregate aus acht Molekülen) sind, in denen die Histone H4, H3, H2A und H2B jeweils doppelt vorkommen (Bild 1 und Kasten auf Seite 64). Um jedes dieser Oktamere oder Rumpfteilchen (*core particles*) ist ein DNA-Abschnitt aus etwa 146 Nucleotiden knapp zweimal herumgewunden; das resultierende Gebilde bezeichnet man als Nucleosom (siehe „Das Nucleosom" von Roger D. Kornberg und Aaron

Bild 1: Auf diesem kolorierten Schnitt durch die dreidimensionale Karte eines Nucleosoms, auf dem die Elektronendichte (wie auf einer Landkarte die Höhe) durch Konturlinien dargestellt ist, erkennt man, wie die Erbsubstanz DNA (gelb- bis rotbraun) außen um die Histone H3 (blau) und H4 (grün) gewunden ist. Nucleosomen sind bei allen eukaryotischen (kernhaltigen) Zellen **ein hervorstechendes Strukturelement der Chromosomen, in denen sich die Erbsubstanz der jeweiligen Organismen befindet. Darin sind die oft meterlangen DNA-Fäden so dicht aufgewickelt, daß sie in den nicht einmal ein hundertstel Millimeter messenden Zellkern passen. Nach neueren Erkenntnissen spielen die Histone allerdings auch eine Rolle bei der Regulation der Genaktivität.**

Die Struktur des Nucleosoms

Ein Nucleosom ist ein Komplex aus Histonen und DNA (*a*). Es besteht im wesentlichen aus einem Rumpfteilchen, um das der DNA-Strang knapp zweimal herumgewickelt ist. Das Innere dieses Teilchens bilden je zwei Moleküle der Histone H3 und H4, und dieses H3-H4-Tetramer wird auf beiden Seiten von einem H2A-H2B-Paar flankiert. Man vermutet, daß die Enden der acht Histone wie Schwänze aus dem Rumpf herausragen und mit anderen Molekülen in Wechselwirkung treten können (die genaue Form der Schwänze ist nicht bekannt). Bei vielen, aber möglicherweise nicht allen Organismen hilft das Histon H1, die DNA am Rumpfteilchen zu fixieren. Nucleosomen und die histon-freie DNA dazwischen bilden zusammen das Chromatin (*b* bis *d*), aus dem die Chromosomen bestehen. Das Histon H1 begünstigt eine dichte Packung der Nucleosomen, bei der das Chromatin spiralig zu 30 Nanometer dicken Fasern aufgespult ist (*b*). Wenn ein Gen auf einem DNA-Stück liegt, das sich innerhalb einer solchen Faser befindet, ist es wahrscheinlich inaktiv. Damit es abgelesen werden kann, muß das Chromatin wohl in den gestreckten Zustand übergehen, in dem es einer Perlenkette ähnelt (*c*). Das Anschalten des Gens schließlich erfordert, daß sich die DNA an den Regionen, die an der Genregulation beteiligt sind, teilweise abwickelt (*d*).

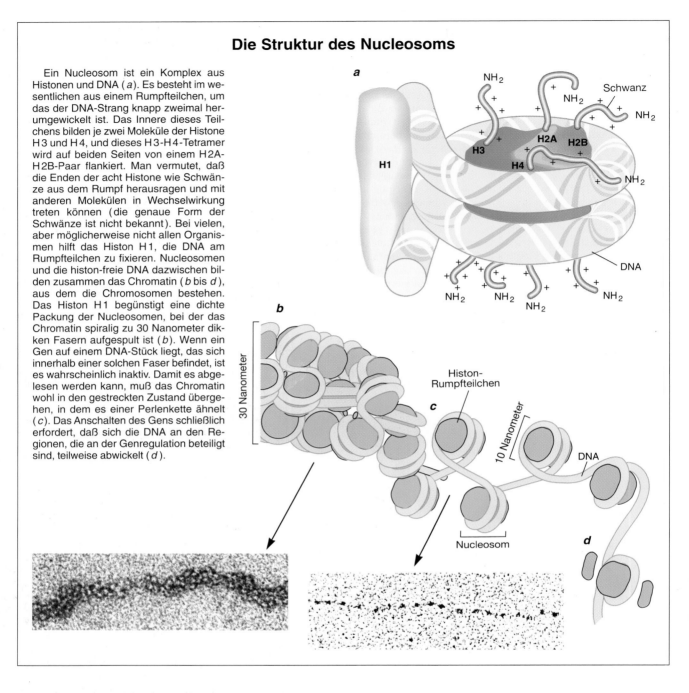

Klug, Spektrum der Wissenschaft, April 1981, Seite 28).

Bei den meisten eukaryotischen Organismen wird die DNA im Nucleosom außerdem durch ein einzelnes Molekül des Histons H1 an ihrem Platz gehalten. Dieses Protein bindet sich außen sowohl an die um das Oktamer gewickelte DNA als auch an das freie DNA-Stück, das sich als Linker (nach dem englischen Wort für Bindeglied) von einem Nucleosom zum nächsten erstreckt. Das Histon H1 ist aber für die Bildung der Nucleosomen nicht unbedingt erforderlich. So produziert die Bäcker- oder Bierhefe (*Saccharomyces cerevisiae*) – ein einzelliger Organismus, an dem viele Erkenntnisse über die Genregulation gewonnen wurden – offenbar nur sehr wenig oder gar kein H1, und dennoch enthalten ihre Chromosomen reichlich Nucleosomen.

Andererseits scheint H1 wesentlich zu der dichten, platzsparenden Packung der DNA in den Kernen vielzelliger Lebewesen beizutragen. Dort ist das Chromatin überwiegend spiralig zu Fasern mit einem Durchmesser von 30 Nanometern (millionstel Millimetern) aufgewunden, wobei jede Windung ungefähr sechs Nucleosomen enthält (siehe Kasten auf dieser Seite). Dagegen scheint das Chromatin bei der Hefe größtenteils in gestreckter Form vorzuliegen – als eine Art Perlenkette, deren Dicke von zehn Nanometer dem Durchmesser eines einzelnen Nucleosoms entspricht.

Vor dem Hintergrund dieser Erkenntnisse über die Struktur des Chromatins fragten sich Anfang der achtziger Jahre einige Wissenschaftler, ob *TATA*-Boxen, stromaufwärts gelegene Aktivierungssequenzen und die sich jeweils daran bindenden Proteine wirklich allein für die Genregulation verantwortlich seien. Läge es nicht nahe, daß auch die Histone eine Rolle spielten? Schon in den sechziger Jahre hatten einige Untersuchungen darauf hingedeutet, daß Histone möglicherweise die Transkription unterdrücken, aber die Befunde waren nicht besonders stichhaltig.

Knapp 20 Jahre später erlaubten die methodischen Fortschritte genauere Untersuchungen. Inzwischen hatte auch eine Entdeckung aus dem Bereich der Evolutionsbiologie aufhorchen lassen: Bei der Analyse der Aminosäuresequenzen von Histonen war herausgekommen, daß sie sich von einer Spezies zur anderen kaum unterscheiden – die Histone der Erbse etwa gleichen weitgehend denen des Rinds. Eine solche Übereinstimmung im Aufbau eines Molekültyps bei verschiedenen Arten ist aber im allgemeinen ein Hinweis, daß genau diese Aminosäuresequenz für das Funktionieren der Zellen von großer Bedeutung ist. Bestünde die Aufgabe der Histone nur darin, die negativ geladene DNA aufzuwickeln, käme nahezu jedes Protein mit vielen positiv geladenen Aminosäuren in Frage, und die Natur hätte nicht eine bestimmte Sequenz über Jahrmillionen hinweg strikt beibehalten müssen.

Erste Hinweise
aus Reagenzglas-Versuchen

Tatsächlich lieferte eine Reihe von Experimenten in zellfreien Systemen eindrucksvolle Belege für eine Beteiligung der Histone an der Genregulation (siehe Kasten auf Seite 97). Joseph A. Knezetic und Donal S. Luse von der Medizinischen Fakultät der Universität Cincinnati (Ohio) brachten im Jahre 1986 Histonproteine mit DNA-Molekülen zusammen, die Gene eines menschlichen Adenovirus enthielten. Wenn die Wissenschaftler anschließend Fraktionen aus menschlichen Zellen mit den Basisfaktoren (darunter RNA-Polymerase) hinzufügten, hinderten die gebildeten Nucleosomen diese Faktoren daran, die Transkription in Gang zu setzen.

Etwas später zeigte die Arbeitsgruppe von Roger D. Kornberg an der Stanford-Universität (Kalifornien), daß der Transkriptionsstart bereits unterbunden wird, wenn man gezielt nur die TATA-Boxen in Nucleosomen einschließt. Andererseits wird, wie Kornbergs Team und unabhängig davon auch Donald D. Brown und seine Mitarbeiter an der Carnegie-Institution in der US-Bundeshauptstadt Washington feststellten, die Transkription nicht blockiert, wenn dafür gesorgt ist, daß sich nur in der codierenden Region Nucleosomen ausbilden. (In späteren Untersuchungen erwies sich allerdings, daß Nucleosomen die vorbeilaufende RNA-Polymerase abbremsen können.)

Dementsprechend sollten Histone imstande sein, auch in normalen, vollständigen Zellen die Transkription von Genen zu unterdrücken, indem sie die Anlagerung der Basisfaktoren an die DNA verhindern. Damit das Gen aktiv werden kann, müssen sich die Nucleosomen-Rumpfteilchen offenbar von der TATA-Box lösen.

Andere Experimente an zellfreien Systemen ließen vermuten, daß Aktivatorproteine, die sich an die Enhancer binden, die Nucleosomen destabilisieren. Wie Beverly M. Emerson und Gary Felsenfeld von den National Institutes of Health (NIH) in Bethesda (Maryland) schon 1984 gezeigt hatten, können Proteine, die sich an Regulationssequenzen der DNA heften, die Bildung von Nucleosomen an diesen Stellen verhindern. Ergänzend dazu fanden Luse, Robert G. Roeder von der Rockefeller-Universität in New York und andere später unabhängig voneinander heraus, daß Histone und Basisfaktoren um den Zugang zur TATA-Box konkurrieren.

Die genannten Forscher setzten der DNA in unterschiedlicher Reihenfolge Histone und Basisfaktoren zu. Die Transkription kam nur dann in Gang, wenn die Basisfaktoren sich an die TATA-Elemente heften konnten, bevor die Histone hinzukamen. Wurden dagegen alle Proteine gleichzeitig zugegeben, setzten sich die Histone durch.

Bei ähnlichen In-vitro-Experimenten machten Jerry L. Workman, Roeder und ihre Kollegen an der Rockefeller-Universität eine merkwürdige Entdeckung. Nach ihren Befunden gewinnen, wenn man der DNA gleichzeitig sowohl Hi-

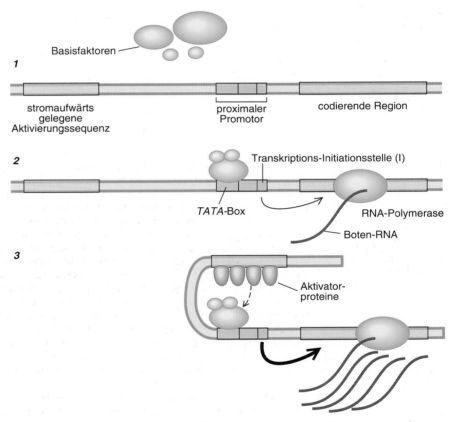

Bild 2: Das Standardmodell der Genaktivierung geht von nackter, histon-freier DNA aus. Jedes Gen enthält eine codierende Region, welche die Aminosäuresequenz eines Proteins festlegt, sowie zwei wichtige Regulationsabschnitte: den proximalen Promotor und die stromaufwärts gelegene Aktivierungssequenz (1). Diese beiden Abschnitte bestimmen darüber, ob und in welchen Mengen das Protein hergestellt wird. Zur Aktivierung eines Gens (2) müssen sich nach diesem Modell mehrere Proteine, die sogenannten Basisfaktoren, an der TATA-Box im Promotor zusammenlagern. Dadurch gelangt einer von ihnen, das Enzym RNA-Polymerase, an die Transkriptions-Initiationsstelle (I) und kann, an der codierenden Region entlangwandernd, die genetische Information in eine Boten-RNA umschreiben (transkribieren). Diese dient dann gleichsam als Blaupause für die Synthese des zugehörigen Proteins. Durch Anlagerung der sogenannten Aktivatorproteine an die stromaufwärts gelegene Aktivierungssequenz (3) wird der Basiskomplex stärker angeregt (gestrichelter Pfeil), so daß die Transkription ihre größte Geschwindigkeit erreicht (dicker Pfeil).

Entscheidende Experimente im Reagenzglas

In den späten achtziger Jahren ergaben Untersuchungen an Extrakten aus menschlichen Zellen, daß die Histone mit den Basisfaktoren um den Zugang zu den *TATA*-Boxen konkurrieren und dabei erfolgreich sind (Experiment 1), sofern nicht besondere Umstände vorliegen (Experimente 2 und 3). Nach diesen Befunden könnten die Aktivatoren oder von ihnen beeinflußte Proteine auch in intakten Zellen bewirken, daß die *TATA*-Boxen sich von den Nucleosomen lösen und die Transkription in Gang kommt.

Experiment 1

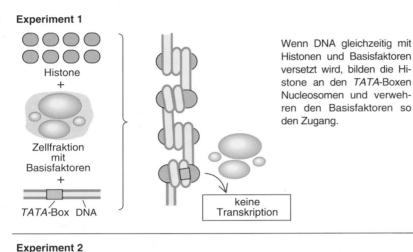

Wenn DNA gleichzeitig mit Histonen und Basisfaktoren versetzt wird, bilden die Histone an den *TATA*-Boxen Nucleosomen und verwehren den Basisfaktoren so den Zugang.

Experiment 2

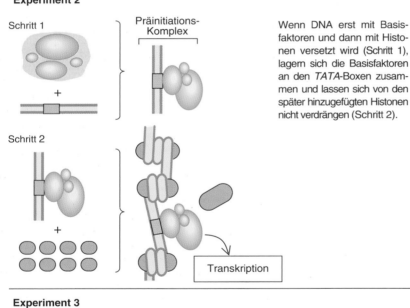

Wenn DNA erst mit Basisfaktoren und dann mit Histonen versetzt wird (Schritt 1), lagern sich die Basisfaktoren an den *TATA*-Boxen zusammen und lassen sich von den später hinzugefügten Histonen nicht verdrängen (Schritt 2).

Experiment 3

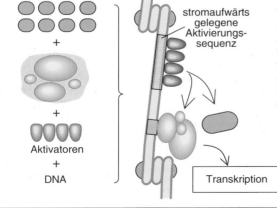

Wenn DNA gleichzeitig mit Histonen, Basisfaktoren und Aktivatorproteinen versetzt wird, ermöglichen die Aktivatoren den Basisfaktoren, sich an die *TATA*-Boxen zu heften und den Histonen den Zugang zu verwehren.

stone als auch Zellextrakte mit Basisfaktoren und Aktivatorproteinen zusetzt, die Basisfaktoren die Oberhand. Ungeachtet der Histone heften sie sich an die *TATA*-Boxen, so daß diese nicht in Nucleosomen aufgenommen werden. Dazu passen Untersuchungen von James T. Kadonaga und seinen Mitarbeitern an der Universität von Kalifornien in San Diego, wonach die Aktivatoren in zellfreien Systemen verhindern, daß das Histon H1 die Transkription blockiert.

Dies führte auf eine interessante Vermutung: Vielleicht sorgen die Aktivatorproteine direkt oder indirekt dafür, daß sich die Bindungen zwischen Histonen und DNA im Zellkern lockern. Beispielsweise könnte ein Aktivator einen Basisfaktor im Präinitiations-Komplex so modifizieren, daß dieser die Nucleosomen aufzulösen und sich Zugang zum *TATA*-Element zu verschaffen vermag.

Experimente an lebenden Zellen

Untersuchungen mit Zellextrakten sind äußerst nützlich, aber ihre Ergebnisse spiegeln nicht unbedingt die tatsächlichen Abläufe in den Zellen eines vollständigen Organismus wider. Parallel zu den Arbeiten mit zellfreien Extrakten – und manchmal dadurch angeregt – beschäftigten sich deshalb mehrere Labors, darunter meines an der Universität von Kalifornien in Los Angeles, auch mit der Rolle der Histone in lebenden Zellen. Wir stellten uns Fragen wie: Werden *TATA*-Boxen normalerweise in Nucleosomen verpackt? Verhindern die Histon-Rumpfteilchen an derart gebundenen *TATA*-Elementen die Transkription? Wie lassen sich die Bindungen zwischen den Histon-Oktameren und der DNA in bestehenden Nucleosomen schwächen?

Einige besonders überzeugende Belege dafür, daß sich an *TATA*-Boxen häufig Nucleosomen bilden, erbrachten Dennis E. Lohr von der Arizona State University in Tempe sowie Wolfram Horz von der Universität München und ihre Mitarbeiter. Danach stecken bei der Bierhefe viele Gene – etwa die für die Enzyme Galaktokinase (*GAL1*) und saure Phosphatase (*PHO5*) – mit ihren *TATA*-Boxen stets in Nucleosomen.

Wie diese Untersuchungen ferner ergaben, wird bei der Aktivierung solcher Gene zugleich die DNA an den Nucleosomen im Bereich der *TATA*-Boxen entzwirnt; denn zugesetzte Nucleasen – Enzyme, die DNA spalten – können bei aktiven Genen die Abschnitte mit den *TATA*-Boxen leichter schneiden. Das aber setzt voraus, daß sich das DNA-Molekül weit genug aufgefaltet hat, um für die Nucleasen zugänglich zu sein.

Dennoch war damit die grundlegende Frage nach Ursache und Wirkung noch nicht beantwortet. Sind Strukturveränderungen in den Nucleosomen Voraussetzung oder lediglich Folge der Transkription?

Auf der Suche nach einer Antwort veränderten meine Mitarbeiter und ich Ende der achtziger Jahre die Histongene lebender Hefezellen. Wie viele Biologen bevorzugten wir diesen einfachen, einzelligen Organismus. Zum einen hatten Forscher in der Brauerei-Industrie und anderswo seine genetische Ausstattung schon zum großen Teil entschlüsselt; zum anderen waren Methoden entwickelt worden, die genetischen Elemente der Hefe zu experimentellen Zwecken nach Belieben aus dem Erbmaterial herauszutrennen, neu zu kombinieren und wieder einzusetzen.

Wenn wir die Histonsynthese abschalten konnten – so unsere Überlegung –, würden die *TATA*-Boxen vieler normalerweise inaktiver Gene nicht mehr in Nucleosomen eingeschlossen. Unter diesen Umständen sollte sich, falls die Entfernung der Histone nicht nur im Reagenzglas, sondern auch in der lebenden Zelle die Transkription ermöglicht, die diesen Genen entsprechende Boten-RNA nachweisen lassen. Dies wäre ein deutliches Zeichen, daß die Kernproteine auch in der intakten Zelle Gene abschalten können.

Zum Unterbinden der Histonsynthese bedienten sich meine Doktoranden Min Han und Ung-Jin Kim einer Methode, die Mark Johnston von der Medizinischen Fakultät der Columbia-Universität in St. Louis (Missouri) entwickelt hatte. Sie ersetzten die normalen Histongene durch solche, bei denen sie die Steuerelemente gegen jene des Gens für Galaktokinase ausgetauscht hatten. In einem glucose-reichen Nährmedium verhindert die Galaktokinase-Regulationssequenz, daß die mit ihr verknüpften Gene transkribiert werden. Um bei den genmanipulierten Zellen die Histonsynthese abzuschalten, mußten Han und Kim sie also nur in ein glucose-haltiges Medium bringen.

Zu Beginn dieses Experiments befanden sich die Zellen in verschiedenen Stadien ihres Vermehrungszyklus. Anders als viele Zellen von ausgewachsenen Tieren (zum Beispiel Nervenzellen) wachsen und teilen sich Hefezellen – durch Knospenbildung – so lange immer weiter, wie die Umgebungsbedingungen das Überleben der Tochterzellen gewährleisten. Bei der Mitose werden die

Chromosomen verdoppelt und auf die sich trennenden Zellhälften verteilt. Der eine Chromosomensatz gelangt dabei in die werdende Knospe, die sich anschließend abschnürt und zu einer eigenständigen Zelle wird.

Nachdem die Histonsynthese blockiert war, konnten die genetisch veränderten Hefezellen ihr Erbgut noch einmal ohne Schwierigkeiten verdoppeln. Aber die entstehende DNA enthielt nur noch etwa halb so viele Nucleosomen wie normal. Außerdem zeigte sich bei Zusatz von DNA spaltenden Nucleasen, daß die verbliebenen Nucleosomen größtenteils nicht ihre übliche Position einnahmen, sondern mehr oder weniger zufällig verteilt waren. Deswegen lagen auch *TATA*-Boxen, die normalerweise in Nucleosomen eingeschlossen sind, nun in freier Form vor. Damit ähnelten die Chromosomen nackter DNA, wie wir sie für unsere experimentellen Zwecke brauchten.

Als nächstes ermittelten Han und Kim, in welchen Mengen die Boten-RNA vieler verschiedener Gene in den nucleosomen-armen Hefezellen gebildet wird. Wie sich dabei zeigte, war die Aktivität der sogenannten konstitutiven Gene, deren Produkte die Zelle zur Aufrechterhaltung ihrer Lebensfunktionen andauernd benötigt, nicht erhöht. Falls Nucleosomen die Transkription unterdrücken, ist dies auch nicht weiter verwunderlich. Da Gene, die laufend gebraucht werden, wohl schon vor Beginn des Experiments an ihren *TATA*-Boxen keine vollständigen Nucleosomen besitzen, wirken sich Methoden, mit denen man die Histone von der DNA entfernt, bei ihnen nicht aus.

Einen noch stärkeren Beleg für die Repressionshypothese lieferte die genauere Untersuchung der induzierbaren Gene, die ohne äußeren Reiz (etwa die Änderung der Konzentration eines Zukkers oder einer Aminosäure im Nährmedium) normalerweise stumm bleiben. Wie Han und Linda K. Durrin mit diversen genetischen Manipulationen feststellten, läßt sich bei vielen derartigen Genen durch Entfernen der Nucleosomen von der *TATA*-Box die Synthese von Boten-RNA in Gang setzen. Die Transkription findet sogar ohne stromaufwärts gelegene Aktivierungssequenzen statt – ein Hinweis, daß man lediglich die Histone von der *TATA*-Box entfernen muß, damit sich die Basisfaktoren daran anlagern und die Transkription ihr Grundniveau erreicht. Bei manchen Genen lief die Transkription allerdings nur dann mit maximaler Geschwindigkeit ab, wenn die Verstärkersequenzen wieder eingefügt wurden.

Auf der Grundlage dieser Befunde und der Ergebnisse von *In-vitro*-Untersuchungen haben meine Kollegen und ich ein neues Modell entwickelt (Bild 4). Danach ist das Anschalten von Genen ein zweistufiger Vorgang. Am Anfang, im histon-abhängigen Aktivierungsstadium, sorgen Aktivatorproteine an der stromaufwärts gelegenen Aktivierungssequenz direkt oder indirekt dafür, daß das Histon-Rumpfteilchen sich von der *TATA*-Box löst, so daß sich die Basisfaktoren an sie anlagern und den Präinitiations-Komplex bilden können, was eine Transkription auf dem Grundniveau ermöglicht. Im zweiten, von den Histonen unabhängigen Stadium bringen die Aktivatoren durch Stimulation des Präinitiations-Komplexes die Transkription auf Maximalgeschwindigkeit.

Im Jahre 1988 fanden Fred Winston und seine Mitarbeiter von der Medizinischen Fakultät der Harvard-Universität in Cambridge (Massachusetts) an lebenden Zellen weitere Indizien dafür, daß Histone an der Genregulation beteiligt sind. Grundlage ihrer Untersuchungen war die Entdeckung von Gerald R. Fink und seinen Mitarbeitern am Whitehead-Institut in Cambridge (Massachusetts), daß sich in manchen mutierten Hefezellen ein bewegliches (transponierbares) genetisches Element namens *Ty* in der Nähe der *TATA*-Box des Gens *HIS 4* einbaut. (*HIS 4* codiert kein Histon, sondern ein Enzym, das an der Verwertung der Aminosäure Histidin beteiligt ist.) Durch diesen Einbau beginnt die Transkription im *Ty*-Element und nicht am Anfang des Gens *HIS 4*; als Folge davon entsteht ein sinnloses Transkript, das nicht als Vorlage für die Synthese des Proteins *HIS 4* dienen kann.

Wie Winstons Arbeitsgruppe nun herausfand, wird die Wirkung von *Ty* aufgehoben, wenn man mehr Kopien der Gene für die Histone H2A und H2B ins Hefegenom einführt; dann entstehen normale Transkripte von *HIS 4*. Dies ließ erahnen, daß die Histone für die Genregulation wichtiger sein könnten als bis dahin angenommen.

Die Rolle der Histon-Schwänze

Wenn die Aufhebung der histon-abhängigen Repression bei Eukaryoten der unentbehrliche erste Schritt zum Anschalten eines stummen Gens ist, erhebt sich als nächstes die Frage, wie die Bindungen zwischen den Histonen und der *TATA*-Box gelockert werden. Meine Kollegen und ich glauben, daß dafür spezifische Bindungen zwischen Aktivatorproteinen oder Zwischenstufen und

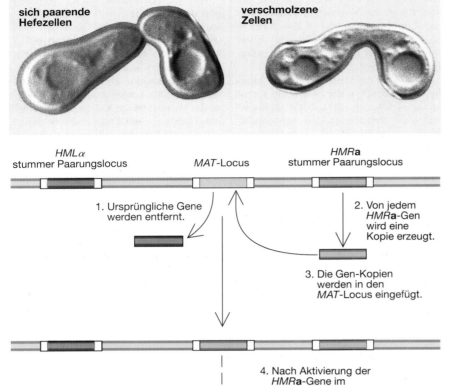

sich paarende
Hefezellen

verschmolzene
Zellen

*HML*α
stummer Paarungslocus

MAT-Locus

*HMR*a
stummer Paarungslocus

1. Ursprüngliche Gene
werden entfernt.

2. Von jedem
*HMR*a-Gen
wird eine
Kopie erzeugt.

3. Die Gen-Kopien
werden in den
MAT-Locus eingefügt.

4. Nach Aktivierung der
*HMR*a-Gene im
MAT-Locus produziert
die Zelle den
Paarungsfaktor **a**.

Faktor **a**

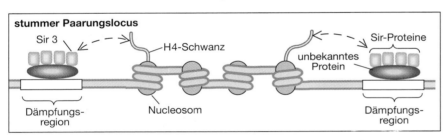

stummer Paarungslocus

Sir 3

H4-Schwanz

Sir-Proteine

unbekanntes
Protein

Dämpfungs-
region

Nucleosom

Dämpfungs-
region

Bild 3: Hefezellen verschmelzen bei der Paarung miteinander (Photos oben). Damit diese Fusion stattfinden kann, muß der Paarungstyp (gewissermaßen das Geschlecht) bei der einen Zelle a und bei der anderen α (alpha) sein. Drei genetische Loci mit den Bezeichnungen *HML*α, *MAT* und *HMR*a auf ein und demselben Chromosom ermöglichen es den Hefezellen, von einem Paarungstyp zum anderen umzuschalten (Zeichnung in der Mitte). Bei einem solchen Wechsel werden die am *MAT*-Locus sitzenden Gene entfernt (1) und durch eine Kopie der Gene aus den Loci *HML*α oder *HMR*a ersetzt (2 und 3). Die
ursprünglichen Gene in diesen sogenannten stummen Paarungsloci bleiben immer abgeschaltet; transkribiert wird nur die in den *MAT*-Locus eingebaute Kopie (4). Hier wurde eine Kopie der *HMR*a-Gene eingesetzt, so daß die Zelle den Paarungstyp a annimmt. In dem Kasten (unten) ist gezeigt, wie ein Abschnitt im Schwanz des Histons H4 dazu beiträgt, die stummen Paarungsloci inaktiv zu halten. Der Schwanz tritt irgendwie mit Sir 3 in Wechselwirkung (gestrichelte Pfeile), einem von mehreren Sir-Proteinen, die im Verein mit den Dämpfer-Sequenzen an beiden Enden der Loci die Gene zwischen ihnen reprimieren.

---

dem „Schwanzabschnitt" des Histons H4 verantwortlich sind. Jedes Histon in der Spule aus acht Molekülen ist in zwei Domänen unterteilt. Die Kopfdomäne enthält das Carboxyl-Ende (–COOH) des Proteins und ist zu zwei hydrophoben (wasserabstoßenden) Spiralstruktu-

ren aufgewickelt; durch Verzahnung dieser Spiralen entsteht das Hauptgerüst des Histon-Oktamers. Die Schwanzdomäne mit dem Amino-Ende ($-NH_2$) ist dagegen hydrophil (wasseranziehend) und nicht aufgewunden, sondern ähnelt einem biegsamen Seil.

Auf die Idee, daß die Histon-Schwänze an der Regulation beteiligt sein könnten, brachten uns unter anderem Befunde aus den Labors von Harold Weintraub, der heute am Fred-C.-Hutchinson-Krebszentrum in Seattle arbeitet, und von James P. Whitlock sowie Robert T. Simpson an den NIH, wonach diese Seile kaum etwas mit dem Zusammenbau und der Stabilität der Nucleosomen zu tun haben. Andererseits könnten sie, da sie aus dem Spiralbereich herausragen, leichter als die Kopfdomänen mit Molekülen in der Umgebung des Chromatins in Kontakt treten.

Auch andere aufschlußreiche Berichte lenkten unser Interesse auf die Histon-Schwänze. Wie Vincent G. Allfrey und seine Kollegen an der Rockefeller-Universität schon 1977 beobachtet hatten, werden im Verlauf der Transkription oft Acetylgruppen (CH_3CO-) an diese Schwänze angehängt. Dadurch sollte deren positive Ladung neutralisiert werden, was die elektrostatische Anziehung zwischen ihnen und der negativ geladenen DNA aufheben und dazu beitragen könnte, daß sich die Histone von den *TATA*-Boxen lösen. Allerdings ist bis heute nicht geklärt, ob die Acetylgruppen vor oder nach der Transkription angefügt werden.

Einen direkten Hinweis, daß die Schwänze bei der Lösung der *TATA*-Boxen von den Nucleosomen eine Rolle spielen, fand Linda Durrin 1991. Indem sie aus dem Schwanz des Histons H4 die Aminosäuren Nummer 4 bis 23 entfernte, konnte sie die Transkription mehrerer normalerweise induzierbarer Hefegene – darunter solche, deren Produkte am Stoffwechsel des Zuckers Galaktose beteiligt sind – stark hemmen. Das ließ vermuten, daß der künstlich entfernte Abschnitt oder ein Teil davon normalerweise mit dem Transkriptionsapparat in Wechselwirkung tritt und so das Ablesen des Gens ermöglicht.

Linda Durrins Entdeckung veranlaßte meine Kollegen und mich, unser Modell für die Genregulation um detailliertere Aussagen zum ersten Stadium, also der histon-abhängigen Aktivierung, zu ergänzen. Danach heften sich die Aktivatoren oder andere, von ihnen beeinflußte Proteine zwischen den Aminosäuren 4 und 23 an den Schwanz des Histons H4 und verdrängen so die Histone von der *TATA*-Box (Bild 4).

Inzwischen haben wir auch eine Vorstellung davon, wie das im einzelnen geschehen könnte. Sie gründet sich unter anderem auf genauere Erkenntnisse darüber, wie sich Nucleosomen bilden und auflösen. Zum Teil stammen diese Einsichten schon von Abraham Worcel, der seinerzeit an der Princeton-Universität (New Jersey) arbeitete. Nach seiner Theorie lagern sich im ersten Schritt der Nucleosombildung je zwei Moleküle der Histone H3 und H4 zu einer Vierergruppe zusammen. Um dieses Tetramer wickelt sich bereits DNA, die dabei mit allen vier Molekülen in Kontakt kommt. (Felsenfeld und Alan P. Wolffe von den NIH sowie Kensal E. Van Holde von der Oregon State University in Corvallis konnten nachweisen, daß das Tetramer stabil ist und sich in vieler Hinsicht wie ein vollständiges Nucleosom verhält.)

Experimentellen Befunden zufolge sorgt die Viererstruktur anschließend dafür, daß sich zwei Paare (Dimere) der Histone H2A und H2B an das Tetramer heften, was weitere DNA dazu bringt, sich um das Rumpfteilchen zu wickeln. Wie Bradford B. Baer und Daniela Rhodes vom Forschungslaboratorium für Molekularbiologie des britischen Medizinischen Forschungsrates in Cambridge feststellten, blockieren Nucleosomen ohne die H2A-H2B-Dimere die Transkription nicht so wirksam wie das vollständige Oktamer. Zudem lassen Untersuchungen von Vaughn Jackson, Roger Chalkley und ihren Mitarbeitern an der Universität von Iowa in Iowa City darauf schließen, daß sich die Histone H2A und H2B leicht von dem restlichen Tetramer lösen und von einem Nucleosom zum anderen überwechseln können.

Demnach wäre es denkbar, daß die Anlagerung der Aktivatorproteine oder ihrer Hilfsfaktoren an eine bestimmte Stelle seines Schwanzes das Histon H4 dazu veranlaßt, seine Konformation (Gestalt) zu ändern. Dies könnte die vorübergehende Abspaltung von H2A und H2B vom Nucleosom zur Folge haben. Dadurch aber würde möglicherweise ein Teil der DNA vom Nucleosom abgespult und für die Basisfaktoren zugänglich. Nach dem Durchgang der RNA-Polymerase könnten sich die H2A-H2B-Dimere erneut an das H3-H4-Tetramer anlagern, so daß das Nucleosom wieder komplett wäre.

Histone mit Hemmfunktion

Als wir den Schwanz des Histons H4 eingehender untersuchten, machten wir die befremdliche Entdeckung, daß seine einzelnen Abschnitte unterschiedliche, sich teils widersprechende Aufgaben haben. So sind zwar einerseits bestimmte Aminosäuren zwischen den Positionen 4 und 23 für die Transkription mehrerer Gene erforderlich, zugleich

aber ist ein Teil des Schwanzes an der Repression anderer Gene beteiligt.

Eine wichtige solche Hemmfunktion identifizierte Paul S. Kayne, ein Doktorand in meinem Labor; danach hat der H4-Schwanz mit der Repression der stummen Paarungsloci zu tun (Bild 3). In jeder Zelle der Bierhefe gibt es zwei solche genetischen Regionen. Sie dürfen nie aktiv werden – sonst können sich die betreffenden Zellen nicht mehr paaren (miteinander verschmelzen). Hefezellen vereinigen sich im haploiden Zustand, wenn sie nur über einen einzigen Chromosomensatz verfügen. Die Verschmelzung zweier haploider Zellen ergibt wieder eine diploide Zelle – ganz ähnlich wie bei der Vereinigung von Ei- und Samenzelle ein diploider Embryo mit je einem väterlichen und einen mütterlichen Chromosomensatz entsteht.

Wie Kayne herausfand, geht die Paarungsfähigkeit der Hefe stark zurück, wenn man die Aminosäuren Nummer 15

bis 19 aus dem Schwanz des Histons H4 entfernt; denn dadurch werden in zuvor reprimierten Regionen Gene aktiviert. Wie in unserem Labor sowie in denen von M. Mitchell Smith an der Universität von Virginia in Charlottesville und von Jack Szostak an der Harvard-Universität gezeigt wurde, genügt es sogar, eine einzelne Aminosäure zwischen den Positionen 16 und 19 gegen eine andere auszutauschen. Demnach sind alle Aminosäuren, die normalerweise in diesem Bereich liegen, für die Repression der stummen Paarungsloci erforderlich.

Lianna M. Johnson aus unserem Labor bewies kürzlich, daß auch die meisten Aminosäuren an den Positionen 21 bis 29 für die Repression dieser Gene vonnöten sind. Wie sie weiter herausfand, kann der Austausch einer von zwei Aminosäuren in einem Protein namens Sir 3 die betreffenden Loci wieder verstummen lassen und den durch die H4-Mutation hervorgerufenen Paarungsde-

1. histon-abhängiges Aktivierungsstadium

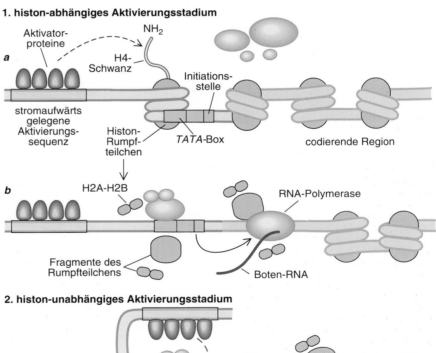

2. histon-unabhängiges Aktivierungsstadium

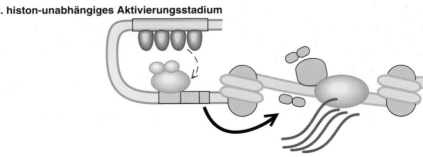

Bild 4: Im erweiterten Modell der Genaktivierung sind an der Transkription in lebenden Zellen auch die Histone beteiligt. Danach müssen, damit die Transkription beginnen kann (1a), die Aktivatorproteine direkt oder indirekt mit dem Schwanz des Histons H4 an der TATA-Box in Wechselwirkung treten (gestrichelter Pfeil). Dadurch löst sich das Nucleosom-Rumpfteilchen – möglicherweise unter Abspaltung von H2A und H2B – teilweise auf (1b). Das aber erlaubt den Basisfaktoren, sich an die TATA-Box zu heften, so daß die Transkription in geringem Umfang beginnen kann. Ihre maximale Geschwindigkeit erreicht sie wie im Modell für nackte DNA (2).

fekt ausgleichen. Das spricht dafür, daß die Proteine H4 und Sir 3 bei der Repression der stummen Paarungsloci zusammenwirken (Bild 3).

Diese liegen auf dem Hefechromosom Nummer III in der Nähe der Telomere. Daniel E. Gottschling und seine Mitarbeiter an der Universität Chicago haben die Schwänze des Histons H4 auch mit der Repression anderer Gene in der Nähe der Telomere in Verbindung gebracht. Der überraschende Befund: Dieselben Mutationen in H4, welche die stummen Paarungsloci aktivieren, können teilweise auch die Repression von Genen aufheben, die künstlich in der Nähe der Telomere eingebaut wurden. Analoges gilt für Mutationen in manchen Sir-Proteinen. Demnach scheinen also Gene, die in der Nähe der Telomere liegen, im wesentlichen auf die gleiche Weise abgeschaltet zu werden wie die stummen Paarungsloci.

Die Analyse der Paarung von Hefezellen hat nicht nur konkrete neue Details über die Funktionsweise der Histone enthüllt, sondern auch ein Hilfsmittel für deren weitere Untersuchung geliefert. Genetische Defekte einer besonderen Art, die man zusammenfassend als *swi*-Mutationen (nach englisch *switch*, Schalter) bezeichnet, blockieren bei der Hefe die Aktivierung des Gens für ein Enzym, das für die Ausprägung des Paarungstyps unentbehrlich ist (bei der Hefe gibt es zwei Paarungstypen: **a** und alpha). Wie Ira Herskowitz von der Universität von Kalifornien in San Francisco und seine Mitarbeiter feststellten, wirken bestimmte andere Mutationen (*sin*-Mutationen genannt) dieser Blockade entgegen. Dazu zählt eine in dem Gen für das Histon H3, was dafür spricht, daß der betreffende Abschnitt von H3 die Genaktivität beeinflussen kann. Von der Entdeckung neuer *sin*-Mutationen darf man sich also weitere Hinweise auf Histonabschnitte erhoffen, die an der Genregulation beteiligt sind. Solche Mutationen sollten zudem helfen, Proteine aufzuspüren, die über Einflüsse auf die Histone Gene steuern.

Wichtig in diesem Zusammenhang ist auch eine Entdeckung aus Winstons Labor: Manche sogenannten *snf*-Mutationen, die Marian Carlson von der Columbia-Universität in New York erzeugt hat, ähneln in ihrer Wirkung den *swi*-Mutationen. Mit Hilfe der Proteine, die aus der Normalform der mutierten Gene hervorgehen, dürften die Nucleosomen so weit aufgeschnürt werden, daß die Transkription stattfinden kann. Die Erforschung von Mutationen wie *swi*, *snf* und anderen, die sich auf die Chromatinstruktur auswirken, entwickelt sich zu einem immer wichtigeren Aspekt bei der Aufklärung der Genregulation.

Da H3 in vieler Hinsicht (etwa in seinem Acetylierungsmuster und seiner Funktion bei der Bildung und Stabilisierung der Nucleosomen) dem Histon H4 ähnelt, sollte man vernünftigerweise erwarten, daß sein Schwanz in gleicher Weise Gene steuert wie der von H4 –

also beispielsweise ebenfalls die stummen Paarungsloci reprimiert. Das ist jedoch nicht der Fall. Außerdem hat Randall K. Mann aus meinem Labor festgestellt, daß der Schwanz von H3 in vielen Fällen für die Repression solcher Gene erforderlich ist, die den Schwanz von H4 für ihre Aktivierung benötigen.

Um zu erklären, warum H3 und H4 so unterschiedliche Funktionen erfüllen, muß man mehr darüber in Erfahrung bringen, wie sie mit anderen Proteinen und mit der DNA in Wechselwirkung treten. Noch kaum bekannt ist auch, welche Funktionen H2A und H2B innerhalb der Zelle haben; fest steht nur, daß es andere sind als bei H3 und H4.

Unser Wissen darüber, wie Histone Gene regulieren, stammt großenteils aus Untersuchungen an der Hefe. Bei diesem Organismus scheinen die stromaufwärts gelegenen Aktivierungssequenzen dauerhaft nucleosomenfrei zu sein. In menschlichen Zellen dagegen liegt das Chromatin gewöhnlich überwiegend in Form der 30-Nanometer-Faser vor. Daher müssen menschliche Zellen während der Embryonalentwicklung vermutlich einige Gene aktivieren, deren Enhancer in Nucleosomen verpackt sind. Wie könnten sie das bewerkstelligen?

Eine plausible Antwort gründet sich auf Entdeckungen von Helen M. Blau von der Stanford-Universität, wonach bestimmte Proteine (die vielleicht nicht mit den Aktivatoren identisch sind) in menschlichen Zellen die Nucleosomen von den Enhancern zu verdrängen vermögen. Möglich wäre aber auch, daß die Enhancer von Genen, welche die Zelle von einem Augenblick auf den anderen an- oder abschalten muß (wie die meisten Gene der Hefe), andauernd in Bereitschaft – und das heißt, frei von Nucleosomen – gehalten werden.

Noch bleibt viel zu tun, bis man alle Aufgaben der Histone bei der Hefe und bei anderen Organismen kennt. Aber schon die bisherigen Entdeckungen haben die alte Lehrmeinung widerlegt, wonach Histon-Rumpfteilchen nichts weiter als reaktionsunfähige molekulare Spulen sind. Histone oder einzelne Domänen daraus können Gene gleichermaßen reprimieren wie aktivieren. Vielleicht üben bestimmte Regulationsproteine im Zusammenwirken mit Aktivatoren ihre Steuerfunktion aus, indem sie sich in spezifischer Weise gleichzeitig an die DNA und an kritische Domänen der Histone heften.

Als nächstes gilt es nun, einerseits mehr darüber in Erfahrung zu bringen, welche Aufgaben die Natur den kleinen Abschnitten in den Histondomänen zugedacht hat, und andererseits die Regulationsproteine zu ermitteln, die mit diesen Abschnitten in Wechselwirkung treten. An solchen Bemühungen beteiligen sich heute zahlreiche Wissenschaftler, die sich früher von den Histonen nicht viel versprachen. Die Erforschung der Chromatinstruktur ist plötzlich zu einem aufregenden neuen Gebiet an der vordersten Front der Genetik geworden.

Zinkfinger

Von Hefen über Frösche bis zum Menschen spielen diese Strukturen von Proteinen eine Schlüsselrolle bei der Regulierung der Genaktivität. Mit ihrer fingerartigen, durch Zink-Ionen zusammengehaltenen Form können sie sich regelrecht in die Erbsubstanz krallen.

Von Daniela Rhodes und Aaron Klug

Eine der faszinierendsten Fragen der Biologie ist, wie in vielzelligen Organismen Gene angeschaltet werden. Wie man inzwischen weiß, müssen sich dazu mehrere Proteine, die Transkriptionsfaktoren, an einen speziellen Abschnitt für das abzulesende Gen heften. Das richtige Ensemble bildet eine Art Ein-Schalter an der Erbsubstanz DNA, der ein Abschreiben der genetischen Information – die Transkription – ermöglicht. (Es gibt freilich auch Faktoren, die als Aus-Schalter fungieren.) Rätselhaft blieb aber, wie ein Transkriptionsfaktor seine spezielle Bindungsstelle innerhalb der Unmenge von DNA in der Zelle ausmachen kann.

Antworten beginnen sich jetzt abzuzeichnen. Viele Transkriptionsfaktoren haben sich als ausgesprochene Spürnasen erwiesen: Ihre Aminosäurekette ist so gefaltet, daß sich mehrere – wegen ihrer Funktion und eines formbestimmenden Zink-Ions – als Zinkfinger bezeichnete Vorsprünge ergeben, die sich bestens für die Erkennung von DNA eignen.

Entdeckt hat diese Strukturen unsere Gruppe am Molekularbiologischen Laboratorium des britischen Medizinischen Forschungsrates in Cambridge 1985, und zwar an einem Transkriptionsfaktor eines Froschs. Seither wurden bei mehr als 200 Proteinen, darunter vielen Transkriptionsfaktoren, derartige Zinkfinger nachgewiesen. Zudem fanden sich verwandte Strukturen bei verschiedenen anderen Transkriptionsfaktoren. In letzter Zeit haben nun einige Laboratorien – darunter unseres – auch mehr darüber herausbekommen, wie Zinkfinger und verwandte Proteinstrukturen ihre spezielle Bindungsstelle auf der DNA zu erkennen und dann regelrecht zu ergreifen vermögen.

Sie sind freilich nicht die einzigen Strukturen für solche Interaktionen von Transkriptionsfaktoren mit der DNA. Weitere wichtige Beispiele sind das Helix-Knick-Helix-Motiv (bereits 1981 entdeckt), die Homöodomäne und der Leucin-Reißverschluß (siehe „Molekulare Reißverschlüsse bei der Genregulation" von Steven Lanier McKnight, Spektrum der Wissenschaft, Juni 1991, Seite 55, sowie „Intelligente Gene" von Tim Beardsley, Spektrum der Wissenschaft, Oktober 1991, Seite 64). Der Zinkfinger ist jedoch das bei weitem häufigste DNA-bindende Strukturmotiv.

Letztlich sollte man mit der Erforschung der DNA-Erkennung auch der Lösung der umfassenderen Frage näherkommen, wie aus einem befruchteten Ei ein vielzelliger Organismus entsteht. Obwohl alle Zellen des sich entwickelnden Embryos dieselben Gene tragen, werden manche zu Neuronen (Nervenzellen), andere etwa zu Hautzellen. Je nach ihrer Bestimmung werden während der Embryonalentwicklung unterschiedliche Kombinationen von Genen angeschaltet – für eben jene Proteine, die den ausdifferenzierten Zellen ihre charakteristischen Eigenheiten verleihen. Um diese selektive Genaktivierung zu verstehen, muß man wissen, wie Transkriptionsfaktoren ihre speziellen DNA-Bindungsstellen erkennen.

Die Entdeckung

Auf die Spur der Zinkfinger brachten uns Ergebnisse aus den Laboratorien von Robert G. Roeder, der damals an der Washington-Universität in Saint Louis (Missouri) arbeitete, und Donald D. Brown von der Carnegie-Institution von Washington in Baltimore (Maryland). Um 1980 hatten beide Gruppen erstmals bei einem höheren Organismus als einem Bakterium die Schritte herausgearbeitet, über die ein bestimmtes, nicht für ein Protein codierendes Gen in RNA transkribiert wird. So hatten sie beim südafrikanischen Krallenfrosch (*Xenopus laevis*) festgestellt, daß mindestens drei Faktoren nötig sind, um das Gen für die 5S-RNA zu aktivieren (diese ist ein Bestandteil der Ribosomen, der Proteinfabriken der Zelle). Einer davon, der Transkriptionsfaktor IIIA, kurz TFIIIA, dockte an ein relativ langes Stück DNA an, das etwa 45 Basenpaare umfaßte. (Die Basenpaare entsprechen den Sprossen der wie eine gewendelte Strickleiter aussehenden DNA-Doppelhelix; in ihrer Abfolge ist die genetische Information verschlüsselt; Bild 1.)

Die Länge der Bindungsregion überraschte uns, weil der Faktor selbst ziemlich klein ist. Bei Transkriptionsfaktoren ähnlicher Größe, die man einige Zeit zuvor bei Bakterien identifiziert hatte, betrug sie nur etwa ein Drittel. Wie konnte das TFIIIA-Molekül dennoch einen so ausgedehnten DNA-Bereich überspannen?

Dies zu erkunden schien glücklicherweise nicht abschreckend mühsam. Transkriptionsfaktoren werden gewöhnlich nur in Spuren produziert, von TFIIIA aber gibt es in den unreifen Eizellen von Fröschen einen Speichervorrat; er liegt dort als Komplex mit der 5S-RNA vor, an deren Erzeugung er beteiligt ist. Darum waren wir zuversichtlich, so viel von dem Komplex gewinnen zu können, daß sich daraus das Protein für die eigentlichen Untersuchungen isolieren ließ. Das Projekt lief dann zwar weniger glatt als gedacht, aber das gleich zu Anfang auftauchende Problem eröffnete direkt den Weg zur Entdeckung der Zinkfinger.

Zunächst versuchte Jonathan Miller, der 1982 als Forschungsstudent in unserem Labor arbeitete, mit einem bekannten Verfahren den Komplex zu extrahieren. Die Ausbeute war jedoch enttäuschend. Wie sich herausstellte, wurden durch die verwendete Methode Metall-Ionen entfernt, die für den Zusammenhalt des Komplexes unentbehrlich waren. Nachdem Miller die Extraktionsmethode entsprechend verändert und eine hinreichende Menge des Komplexes gewonnen hatte, konnte er das Metall als Zink identifizieren; und zwar enthielt jede Einheit aus TFIIIA und 5S-RNA zwischen sieben und elf Zink-Ionen, ungewöhnlich viele also.

In weiteren Experimenten zerlegten wir TFIIIA mit einem proteinspaltenden Enzym in immer kleinere Stücke. Dabei schrumpfte jedes Fragment in Schritten von rund 3000 Dalton, bis am Ende nur noch Unterfragmente dieser Größe vorlagen (Dalton ist die Maßeinheit des Molekulargewichts). Sie widerstanden dem weiteren enzymatischen Angriff, vermutlich weil sie kompakt gefaltet waren.

All dies legte nahe, daß TFIIIA fast gänzlich aus hintereinandergeschalteten Abschnitten von jeweils drei Kilodalton besteht und daß jeder dieser Bereiche von etwa 30 Aminosäuren Länge um ein Zink-Ion zu einer kleinen kompakten DNA-bindenden Domäne gefaltet ist. Wenn diese Annahme stimmte, waren wir auf eine neue Art Transkriptionsfaktor gestoßen. Alle anderen, die man bis dahin ähnlich detailliert untersucht hatte, lagerten sich paarweise – also als Dimere – an der DNA an, wobei jedes Einzelprotein zu ihr über nur ein Bindungsmotiv Kontakt herstellte. Unsere Befunde bedeuteten, daß TFIIIA sich längs der Doppelhelix erstrecken und mit ihr an mehreren Punkten – statt nur an einem – Kontakt haben sollte.

Während wir überlegten, wie unser Modell zu beweisen sei, publizierte Roeders Gruppe die Aminosäuresequenz von TFIIIA, und die stützte unsere Vorstellung: Neun ähnliche Einheiten zu je rund 30 Aminosäuren bildeten aneinandergereiht die ersten drei Viertel der linearen Kette. Mehr noch, alle enthielten je ein Paar der Aminosäuren Cystein und Histidin in nahezu identischen Positionen (siehe untere Bildhälfte im Kasten auf Seite 74). Und dies wieder-

um stimmte mit unserem Modell überein, wonach jede Einheit ein eigenes Zink-Ion enthält; Zink ist nämlich in Proteinen im allgemeinen an vier Aminosäuren gebunden, oft an vier Cysteine oder eine Kombination aus Cysteinen und Histidinen.

Daraufhin veröffentlichte einer von uns (Klug) 1985 als Strukturvorschlag, die unveränderlichen Histidine und Cysteine veranlaßten jede Einheit, sich unabhängig von den anderen zu einer DNA-bindenden Mini-Domäne zu falten. Und zwar sollten das Cystein-Paar dicht am Anfang und das Histidin-Paar am Ende dasselbe Zink-Ion in einer Weise binden, daß der dazwischenliegende Abschnitt sich zu einer Schleife ausstülpt. Von den rund 30 Aminosäuren einer Einheit würden sich demnach 25 zu einer strukturierten Domäne falten –

eben jener, die später Zinkfinger genannt wurde, weil sie dazu dient, die DNA-Doppelhelix zu ergreifen. Die restlichen müßten sozusagen als Verbindungssehne zwischen aufeinanderfolgenden Fingern fungieren (siehe obere Bildhälfte im Kasten Seite 74).

Kombinationsfähige Module

Kurz darauf bewiesen Messungen in Zusammenarbeit mit Gregory P. Diakun vom Laboratorium des britischen Forschungsrates für Wissenschaft und Technik in Daresbury bei Manchester, daß tatsächlich jede der neun Einheiten ein Zink-Ion in der vorgeschlagenen Bindungskonstellation enthält. TFIIIA war demnach in der Hauptsache eine Reihung von neun Zinkfingern. Alle zeigten

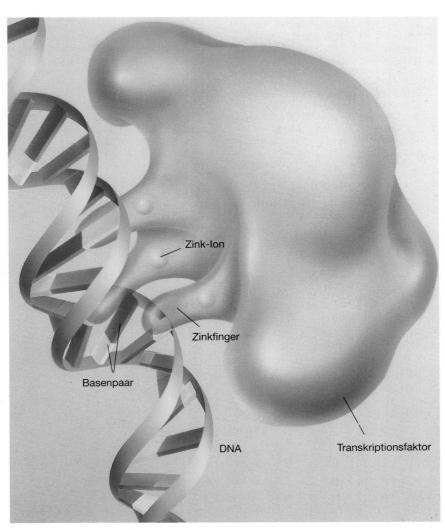

Bild 1: Drei Zinkfinger eines Transkriptionsfaktors (rot), die sich in der breiteren der beiden Furchen einer DNA-Doppelhelix verankert haben. Solche Proteine regeln die Aktivität bestimmter Gene. Hauptankerstelle der Zinkfinger sind jeweils gewis-

se Abfolgen von Basenpaaren, gewissermaßen Sprossen der gewendelten DNA-Leiter. Ihren Namen verdanken diese Proteinvorsprünge dem Umstand, daß sie wie Finger in die DNA-Helix greifen und daß ein Zink-Ion entscheidend die Form bestimmt.

73

denselben Grundbauplan, waren aber chemisch unterscheidbar, weil sie in ihren nicht am Grundgerüst des Moduls beteiligten Aminosäuren voneinander abwichen.

Stimmte nun auch unsere Annahme, daß jeder für sich Kontakt mit der DNA aufnimmt? Um das herauszufinden, benutzten Louise Fairall in unserer Gruppe sowie andere Wissenschaftler die sogenannte Fußabdruck-Methode (nach dem englischen Begriff dafür als Footprinting bezeichnet). Dazu läßt man das interessierende Protein sich an die DNA binden und wendet anschließend Enzyme oder andere Agenzien an, die das Rückgrat der DNA-Stränge spalten. Davon verschont bleiben dann nur die Stellen, an die sich Teile des Proteins geheftet haben. Wie vermutet, hatte TFIIIA Mehrfachkontakt zur DNA. Mit seinen aneinandergereihten unabhängigen DNA-Bindungsmodulen repräsentierte das Molekül einen neuartigen Typ von Transkriptionsfaktor.

Die Modulbauweise ist ausgesprochen ökonomisch. Wie man damals bereits wußte, erhalten Zellen ein umfangreiches Repertoire von Genschaltern schon allein dadurch, daß sie eine begrenzte Zahl von Transkriptionsfaktoren auf alle möglichen Arten miteinander kombinieren. Das heißt, ein Gen kann etwa durch die Kombination der Faktoren a, b und c aktiviert werden, ein anderes Gen durch a und b und wieder ein anderes durch a, b und d. Somit muß nicht für jedes der vielen aktiven Gene einer Zelle ein eigener Transkriptionsfaktor hergestellt werden (der dann wiederum von einem eigenen Gen codiert sein müßte).

Wie die Zinkfinger-Studien enthüllten, kann das kombinatorische Prinzip auch innerhalb eines Transkriptionsfaktors verwirklicht sein. Eine Zelle vermag eine umfassende Kollektion unterscheidbarer Faktoren hervorzubringen, indem sie Auswahl, Anordnung und Zahl der unabhängigen DNA-bindenden Module im Molekül variiert. Die spezielle Kombination von Zinkfingern in einem Faktor bestimmt dann, welche DNA-Sequenz er erkennt.

Weil eine solche Kombinatorik für Organismen sehr ökonomisch ist, vermuteten wir, daß das Zinkfinger-Motiv bei vielen Proteinen zu finden sein würde. Doch das tatsächliche Ausmaß seines Vorkommens bei Eukaryonten, bei allen über den Bakterien stehenden Organismen, ist verblüffend. Nach Schätzungen von Peter F. R. Little vom Imperial-College in London codiert allein 1 Prozent der menschlichen DNA für Zinkfinger; bei Chromosom 19 liegt der Anteil sogar bei 8 Prozent. Die bislang identifizierten Zinkfinger-Proteine enthalten zwischen zwei und 37 ihrer namensgebenden Strukturen hintereinander.

Die Architektur

Wie erkennt nun ein Zinkfinger eine spezielle Abfolge von Basenpaaren, die ja eine bestimmte räumliche Anordnung im DNA-Molekül haben? Um das zu verstehen, muß man wiederum den genauen räumlichen Aufbau des Fingermoduls kennen. Bei den meisten Proteinen gibt es lokale Bereiche, in denen das gefaltete Rückgrat der Aminosäurekette eine charakteristische Sekundärstruktur aufweist (die Aminosäuresequenz selbst nennt man Primärstruktur). Die verbreitetsten Sekundärstruktur-Elemente sind die Alpha-Helix – dort ist das Rückgrat schraubig gewunden – und der Beta-

---

Das erste Zinkfinger-Modell

Einer der Autoren (Klug) schlug 1985 das dargestellte Faltschema für bestimmte hintereinandergeschaltete Abschnitte des Transkriptionsfaktors TF III A vor. In ihnen sollte sich die Aminosäurekette (graue Linie) jeweils um ein Zink-Ion (gelb) falten, so daß eigenständige Module entstünden – später bekannt geworden als Zinkfinger. Die farbig unterlegten Buchstaben in den Kreisen sind jene Aminosäuren, von denen Klug zu Recht annahm, sie seien für die Faltung wichtig. Gestützt wurde das Faltschema vor allem durch die ermittelte Aminosäuresequenz von TF III A (unten). Der größte Teil des Proteins läßt sich in neun aufeinanderfolgende Abschnitte unterteilen (hier entsprechend durchnumeriert), die sich in wichtigen Punkten gleichen. Die Aminosäuren sind gemäß dem Einbuchstaben-Code angegeben; Sternchen stehen dort, wo Abschnitte andere Aminosäuren enthalten. In allen Segmenten finden sich – wie man bei dieser Form der Darstellung leicht sieht – in nahezu identischer Position je ein Paar der Aminosäure Cystein (goldgelb unterlegte Cs) und der Aminosäure Histidin (rot unterlegte Hs) sowie (möglicherweise mit Ausnahme des siebten Abschnitts) drei hydrophobe – wassermeidende – Aminosäuren (grün unterlegte Buchstaben). Aus diesem Umstand sowie biochemischen Befunden schloß Klug, daß das Cystein- und das Histidin-Paar in jedem Modul sich mit einem Zink-Ion verbinden und dadurch die dazwischenliegende Aminosäurekette veranlassen, sich wie dargestellt auszustülpen. Gleichzeitig würden die drei hydrophoben Aminosäuren zur Stabilisierung der Anordnung beitragen.

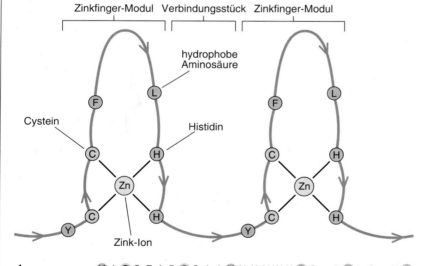

Zinkfinger-Modul Verbindungsstück Zinkfinger-Modul

hydrophobe Aminosäure

Cystein   Histidin

Zink-Ion

```
1          Y I C S F A D C G A A Y N K N W K L Q * A H L C * K H
2 T G E K * P F P C K E E G C E K G F T S L H H L T * R H S L * T H
3 T G E K * N F T C D S D G C D L R F T T K A N M K * K H F N R F H
4 N I K I C V Y V C H F E N C G K A F K K H N Q L K * V H Q F * S H
5 T Q Q L * P Y E C P H E G C D K R F S L P S R L K * R H E K * V H
6 A G * * * * Y P C K K D D S C S F V G K T W T L Y L K H V A E C H
7 Q D * * * L A V C * * D V C N R K F R H K D Y L R * D H Q K * T H
8 E K E R T V Y L C P R D G C D R S Y T T A F N L R * S H I Q S F H
9 E E Q R * P F V C E H A G C G K C F A M K K S L E * R H S V * V H
```

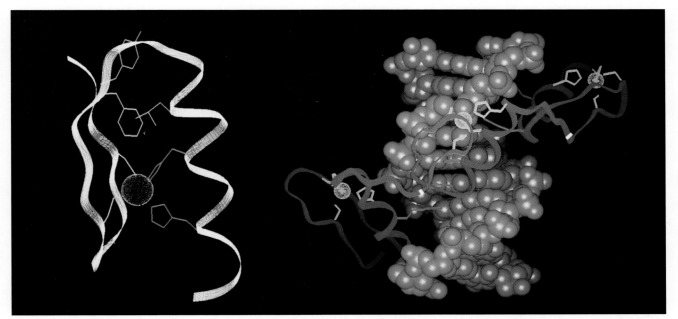

Bild 2: Die genaue Struktur von Zinkfingern (links) ist seit den späten achtziger Jahren bekannt. Das weiße Band dieser Computerdarstellung repräsentiert das Kohlenstoff-Stickstoff-Rückgrat der Aminosäurekette. Dessen linke Hälfte faltet sich haarnadelartig zurück und bildet eine als Beta-Faltblatt bezeichnete Unterstruktur (v-förmiger Bereich). Die rechte Hälfte windet sich zu einer Alpha-Helix, einer schraubenartigen Unterstruktur. Bindungen zwischen dem Zink-Ion (gelbe Kugel) und den beiden Cysteinen des Beta-Faltblatts (gelbe Linien) sowie den beiden Histidinen der Helix (rote Linien) halten die Hälften an der Wurzel des Fingers zusammen. Dadurch werden auch die hydrophoben Aminosäuren (grün) an der Fingerspitze zusammengebracht, wo ihre wechselseitige Anziehung die Struktur stabilisieren hilft. Rechts ist zu sehen, wie drei hintereinandergeschaltete Zinkfinger des genregulatorischen Proteins Zif268 (weiß unterteiltes rotes Band) zu den Basen in der großen Furche der DNA (blau) Kontakt haben. Zusammen umschließen die drei fast eine volle Windung der Doppelhelix. Fünf ihrer sechs Basenkontakte sind in dieser Darstellung sichtbar (magentarote Linien). Gelbe Linien und Fünfecke repräsentieren die mit den Zink-Ionen (gelbe Kugeln) verbundenen Cysteine und Histidine der Zinkfinger. Die Computerdarstellung von Zif268 beruht auf röntgenkristallographischen Untersuchungen von Nikola Pavletich und Carl O. Pabo an der Johns-Hopkins-Universität in Baltimore (Maryland).

Strang; in ihm ist die Kette gestreckt (siehe auch „Die Faltung von Proteinmolekülen, Seite 22).

Jeremy M. Berg von der Johns-Hopkins-Universität in Baltimore hat die entscheidenden Merkmale der dreidimensionalen Finger-Architektur 1988 auf theoretischer Grundlage herausgearbeitet. Sein Modell wurde aber erst 1989 bestätigt, als Peter E. Wright und seine Mitarbeiter ·an der Scripps-Klinik und Forschungsstiftung in La Jolla (Kalifornien) direkt die Struktur eines Zinkfingers aus einem *Xenopus*-Protein namens Xfin bestimmten. Ermittelt wurde sie durch Kernresonanz-Spektroskopie, kurz NMR-Spektroskopie (nach englisch *nuclear magnetic resonance*). Mit ihr lassen sich kleine Proteine in Lösung untersuchen (man braucht also nicht wie für eine Röntgen-Strukturanalyse erst hinreichend große Proteinkristalle zu erzeugen). Wenig später stellten unsere und andere Arbeitsgruppen dieselbe Bauweise auch bei weiteren Zinkfinger-Proteinen fest.

Wie Berg vorausgesagt hatte, faltet sich die erste Hälfte der charakteristischen Fingersequenz (die für eine Flanke des Fingers) zu einem kleinen Beta-Faltblatt, indem sich Beta-Strangab-

schnitte haarnadelförmig aneinanderlegen (Bild 2 links). Die zweite Hälfte der Sequenz (die für die andere Flanke) verwindet sich zu einer Alpha-Helix. Die beiden Cysteine sitzen am Fuß des Beta-Faltblatts, die beiden Histidine am Fuß der Helix. Alle vier Aminosäuren sind über ein Zink-Ion miteinander gekoppelt, das auf diese Weise beide Flanken regelrecht zusammenheftet.

Die NMR-Analyse half auch, die Rolle einiger weiterer Aminosäuren zu klären. Bereits bei der ersten Durchmusterung der TFIIIA-Sequenz waren uns bei den hypothetischen Fingern je drei hydrophobe Aminosäuren in nahezu identischen Positionen aufgefallen. (Hydrophobe, also wassermeidende Aminosäuren lagern sich bevorzugt mit ihresgleichen im Innern von Proteinen zusammen, wo sie nicht dem meist wäßrigen Milieu der Umgebung ausgesetzt sind.) Dies sprach für eine strukturell bedeutsame Rolle dieser Bausteine. Sie liegen zwar in der linearen Abfolge recht weit auseinander, doch war durchaus denkbar, daß sie im dreidimensionalen Molekül irgendwie miteinander wechselwirken und so zur Faltung der Mini-Domäne beitragen. Wie dann die NMR-Ergebnisse im Einklang mit dem Bergschen

Modell zeigten, kommen bei der Faltung des Zinkfinger-Moduls die hydrophoben Aminosäuren einander tatsächlich so nahe, daß ihre gegenseitige Anziehung wirksam werden kann: Sie bilden zusammen einen hydrophoben Kernbereich, der dem Modul seine Form bewahren hilft.

Getrennte Leseköpfe

Parallel zu unseren Bemühungen, die Architektur der Zinkfinger zu verstehen, versuchten wir und andere ein allgemeineres Problem zu lösen. Aus vielen Experimenten war zu schließen, daß die Zinkfinger des TFIIIA, die ja seinen überwiegenden Teil ausmachen, allein für sein Erkennungsvermögen verantwortlich sind; doch wurden mehr und mehr große Proteine entdeckt, die nur einige wenige Zinkfinger enthielten. Konnten diese vergleichsweise kurzen Zinkfinger-Bereiche ihre Proteine ohne Mitwirkung anderer Teile zu den richtigen Promotoren lotsen? (An diese DNA-Abschnitte müssen die Transkriptionsfaktoren andocken, um dem abschreibenden Enzym sozusagen Ankerhilfe zu geben.) Wir haben dies in erster Linie an einem dreifingrigen Transkriptionsfaktor der Hefe zu klären versucht, der SWITCH 5 (wörtlich: Schalter 5; SWI 5) genannt wird.

Mit unserem Kollegen Kyoshi Nagai isolierten wir die Region, welche die Finger enthält; sie band sich so begierig an den Promotorabschnitt des zugehörigen Zielgens, daß wohl die Zinkfinger allein für die DNA-Bindung verantwortlich sind. Interessanterweise mußten mindestens zwei Finger hintereinander vorhanden sein, damit sich das SWI5-Protein hinreichend fest an die richtige Zielstelle auf der DNA binden konnte. Gemeinsame NMR-Untersuchungen mit unseren Kollegen David Neuhaus und Yukinobu Nakeseko an den zwei ersten Zinkfinger-Motiven von SWI5 bestätigten, daß benachbarte Zinkfinger sich nicht zu einer gemeinsamen Struktur zusammenschließen: Sie sind vollkommen unabhängige Leseköpfe, gekoppelt durch flexible Zwischenstücke.

Die genauen Berührungspunkte zwischen Zinkfingern und DNA mußten jedoch noch identifiziert werden. Der erste Durchbruch gelang 1991 an Zif 268, einem Transkriptionsfaktor mit ebenfalls drei Zinkfingern hintereinander, der während der Frühentwicklung von Mäusen wirksam ist. Nikola P. Pavletich und Carl O. Pabo konnten damals an der Johns-Hopkins-Universität Kristalle von dem Komplex aus DNA und DNA-bindender Domäne des Faktors für eine Röntgenstrukturanalyse herstellen. Sie ergab, daß die Zinkfinger-Region von Zif268 fast eine volle Windung der DNA-Helix umschlingt und sich dabei in deren große Furche einschmiegt (diese ist die breitere der beiden parallel verlaufenden Rillen, die sich wie bei einem Schraubengewinde um die Längsachse der DNA-Doppelhelix winden; Bild 2 rechts). Die Zinkfinger treten mit aufeinanderfolgenden, je drei Basenpaare langen Stellen der DNA in Kontakt; ihre Alpha-Helix weist zur großen Furche, deren eine Seitenwand sie berührt.

Der erste und der dritte Finger von Zif268 heften sich nun, wie sich im einzelnen ergab, in genau gleicher Weise an die DNA: Eine Aminosäure in der ersten Windung der Alpha-Helix stellt Kontakt zum ersten Basenpaar der zugehörigen Bindungsstelle auf der DNA her und eine Aminosäure aus der dritten Windung zum dritten Basenpaar derselben Bindungsstelle. Bei dem zweiten Finger sind es hingegen je eine Aminosäure der ersten und zweiten Windung, die dann mit dem ersten beziehungsweise zweiten Basenpaar der Bindungsstelle Kontakt aufnehmen. Zusätzlich heften sich sowohl die Alpha-Helix als auch das Beta-Faltblatt der Finger an Phosphatgruppen im Zucker-Phosphat-Rückgrat der DNA-Stränge (die Rückgrate bilden die Holme der gewendelten DNA-Leiter). Diese Bindungen sorgen für eine stabilere Verankerung der Zinkfinger an der Erbsubstanz.

Seither hat man noch von keinem anderen derartigen Komplex die Struktur röntgenkristallographisch klären können. Immerhin fand Grant H. Jacobs in unserem Labor einen guten Hinweis darauf, daß viele Zinkfinger sich in sehr ähnlicher Weise wie die von Zif268 an die DNA binden: Bei einem Vergleich der Aminosäuresequenzen von mehr als 1000 Zinkfinger-Motiven erwiesen sich die Aminosäuren in drei Positionen als besonders variabel – und sie entsprechen exakt jenen in der ersten, zweiten und dritten Windung der Alpha-Helix von Zif268, die für Kontakt zur Erbsubstanz sorgen.

Hier tut sich eine interessante Perspektive auf. Vielleicht lassen sich Zinkfinger-Module einmal maßgeschneidert herstellen, so daß sie jeweils gewünschte DNA-Sequenzen erkennen. Solche molekularen Werkzeuge könnten sowohl für die Erforschung der Genregulation als auch für medizinische Zwecke bedeutsam sein.

Freilich sind die Erkenntnisse aus dem Zif268-Modell und den statistischen Analysen nicht beliebig übertragbar. So dürften Proteine mit vielen Zinkfingern etwas anders mit der DNA interagieren. Träfe zum Beispiel das Bindungsschema von Zif268 auch auf TFIIIA zu, müßte dieses Protein mit seinen neun Zinkfingern sich über drei Windungen in der großen Furche um die DNA herumschlingen. Man kann sich gut vorstellen, wie hinderlich eine solche Dreifachwick-

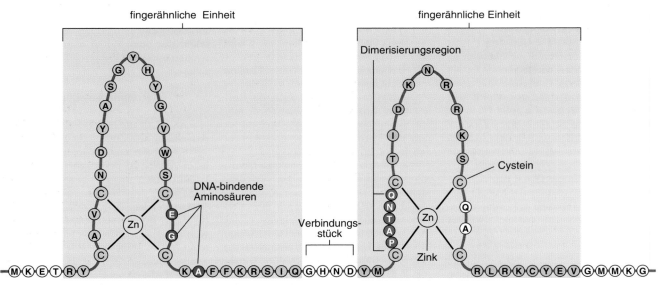

Bild 3: Die DNA-bindende Domäne des Östrogen-Rezeptors – eines Transkriptionsfaktors, der das Hormon Östrogen anbinden muß, bevor er auf ein Gen einwirken kann. Sie besteht aus einer Abfolge von Aminosäuren (Großbuchstaben), die zwei zinkfingerartige Einheiten enthält (blaue und grüne Abschnitte der Kette). Ursprünglich dachte man, die beiden Einheiten würden wie klassische Zinkfinger jeweils getrennte Basensequenzen in der DNA erkennen. Offenbar treten aber nur die drei dunkelblau hervorgehobenen Aminosäuren mit DNA-Basen in Wechselwirkung, was bedeutet, daß hauptsächlich das erste Modul Kontakt zur DNA herstellt. Das zweite Modul erfüllt eine andere Funktion: Es enthält fünf Aminosäuren (dunkelgrün), die es einem Rezeptormolekül ermöglichen, sich mit einem zweiten zu verbinden (zu dimerisieren). Eine solche Paarbildung ist erforderlich, damit der Östrogen-Rezeptor seine spezielle zweiteilige Bindungsstelle auf der DNA (Bild 4) korrekt erkennen und besetzen kann.

Raummodell der DNA-bindenden Domäne des Östrogen-Rezeptors

Die Struktur dieser Domäne wurde 1990 von der Autorin Daniela Rhodes und ihren Mitarbeitern John W. R. Schwabe und David Neuhaus im Detail bestimmt. Daraus und aus biochemischen Befunden ließen sich jene Teile des Rezeptormoleküls ermitteln, die für die entscheidenden Funktionen – DNA-Erkennung sowie Paarbildung mit einem zweiten Rezeptormolekül – zuständig sind.

Die beiden Untereinheiten der Domäne (hellblau und hellgrün) sind ähnlich gefaltet: Auf eine unregelmäßig geschlungene Schleife (schraffiert) mit dem ersten Cystein-Paar (C) – sie steht anstelle des Beta-Faltblatts der klassischen Zinkfinger – folgt eine Alpha-Helix (punktiert) mit dem zweiten Cystein-Paar. Dadurch, daß die vier Cysteine ein Zink-Ion (gelbe Kugel) binden, ziehen sie Abschnitte der Schleife zum Anfang der Helix hin.

Die beiden Untereinheiten verschmelzen – anders als bei typischen Zinkfingern – zu einer gemeinsamen Struktur, in der sich ihre Helices rechtwinklig kreuzen. Die Aminosäuren, die für die Erkennung bestimmter DNA-Basen verantwortlich sind (dunkelblau), liegen auf einer Flanke der Helix in der ersten Einheit, jene hingegen, die für die Dimerbildung zuständig sind (dunkelgrün), in der Schleife der zweiten Einheit.

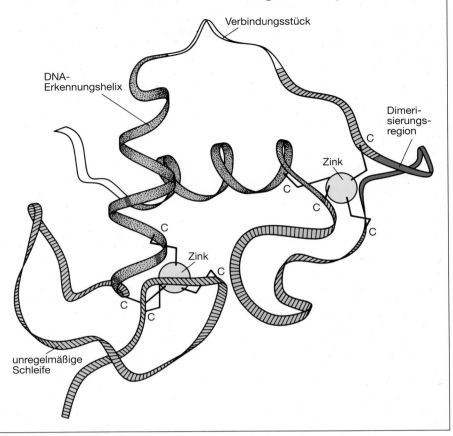

lung wäre, wenn der Faktor sich wieder lösen soll. Tatsächlich legen unsere und andere Footprint-Ergebnisse nahe, daß TFIIIA nicht wie ein Faden auf die DNA aufgespult ist. Seine ersten drei Finger, das ist nahezu sicher, umklammern eine einzelne Windung der DNA, und seine letzten drei Finger tun sehr wahrscheinlich dasselbe. Da aber der Hauptteil des Proteinmoleküls nur auf einer Seite der Doppelhelix liegt, muß es die kleine Furche (sie verläuft parallel zur großen) mindestens zweimal kreuzen. Das abweichende DNA-Bindungsmuster einzelner Bereiche spiegelt vermutlich den Umstand wider, daß sich beim TFIIIA die Aminosäuresequenzen der Finger stärker voneinander unterscheiden als bei Proteinen, die Zif268 ähnlich sind.

Entwicklungsgeschichtlich gibt es gute Gründe anzunehmen, daß vielfingrige DNA-bindende Domänen durch mehrfache Verdoppelung eines urtümlichen Gens entstanden sind, das für ein kleines Protein aus etwa 30 Aminosäuren codierte. Wir glauben ferner, daß diese Kette aus 30 Aminosäuren einer der frühesten von der Evolution hervorgebrachten Eiweißstoffe sein könnte. Zum einen wäre

ein solches Protein einfach zu erzeugen gewesen. Zum anderen hätte die lineare Kette, wäre sie erst synthetisiert gewesen, leicht und zielsicher Zink (das ein relativ reaktionsträges Metall ist) aus der Umgebung aufnehmen und dann ohne äußere Hilfe eine stabile räumliche Konformation annehmen können; und die Faltung hätte dem Protein die Fähigkeit verliehen, DNA oder RNA zu binden.

Solche Eigenschaften bieten sicherlich eine Erklärung dafür, warum Zinkfinger heute im gesamten Tier- und Pflanzenreich verbreitet sind. Mit jeder genetischen Bauanweisung für einen neuen sich autonom faltenden Zinkfinger hätte jede Spezies zugleich die Fähigkeit erworben, einen neuen DNA-Abschnitt zu regulatorischen Zwecken zu besetzen. Dies wiederum konnte zuvor nicht ausführbare zelluläre Funktionen ermöglichen, etwa die, ein noch stummes Gen zu transkribieren, das für ein neuartiges Enzym oder ein anderes nützliches Protein codiert.

Noch während der laufenden Forschungen an den gewissermaßen klassischen Zinkfingern zeichnete sich ab, daß das Motiv, das wir ursprünglich beim

TFIIIA entdeckt hatten, nicht die einzige zink-zentrierte Struktur zur DNA-Erkennung ist.

Varianten bei Rezeptoren

Um 1987 hatte man die Aminosäuresequenzen von mehreren Mitgliedern einer großen Familie von Transkriptionsfaktoren geklärt, die als Kern-Hormonrezeptoren bezeichnet werden. Solche Faktoren können ein Gen erst aktivieren, wenn sie – je nach ihrer Funktion – spezifisch ein Steroid- oder ein Schilddrüsenhormon oder ein Vitamin gebunden haben. Alle neu ermittelten Sequenzen enthielten eine konservierte, also evolutiv kaum veränderte Domäne mit etwa 80 Aminosäuren, und in ihr gab es stets genau zwei Abschnitte mit einer Sequenz, die an den Zinkfinger erinnerte. Jeder davon enthielt zwei Paare potentiell zink-bindender Aminosäuren; anders als beim Zinkfinger aber waren es ausschließlich Cysteine. Die Ähnlichkeit zum Zinkfinger-Motiv von TFIIIA ließ darauf schließen, daß das cysteinreiche, 80 Aminosäuren umfassende Segment der Kern-Hormonrezeptoren die DNA-bindende Domäne ist.

Bestätigt haben dann diese Vermutung Pierre Chambon und Stephen Green vom französischen Nationalen Institut für Gesundheit und medizinische Forschung in Straßburg Ende der achtziger Jahre. Wenig später bewiesen Paul B. Sigler, damals noch an der Universität Chicago (Illinois), und Keith R. Yamamoto an der Universität von Kalifornien in San Francisco mit ihren Mitarbeitern, daß jeder der beiden Abschnitte der DNA-bindenden Domäne ein Zink-Ion enthält (Bild 3).

Spontan erwarteten wir und andere, daß sich ihr räumlicher Aufbau gleichen würde und daß es sich um unabhängige DNA-bindende Module handelte. Diese Annahme erwies sich aber als teilweise falsch. Zwar zeigten spätere Strukturanalysen, daß die beiden Einheiten sich ähnlich falten; doch sie fungieren nicht als unabhängige DNA-Leseköpfe, wie zuvor durchgeführte Substitutionsanalysen erwiesen hatten (dabei wird eine Aminosäure durch eine andere ersetzt und die Auswirkung auf die DNA-Bindung geprüft). So fanden Chambon, Ronald M. Evans vom Salk-Institut für Biologische Forschung in San Diego (Kalifornien) und Gordon M. Ringold von der Universität Stanford (Kalifornien) mit ihren Mitarbeitern, daß das erste Motiv die primäre DNA-Erkennungseinheit ist. Und ungefähr gleichzeitig entdeckte Evans mit seinem Mitarbeiter Kazuhiko Umesono zumindest eine Funktion für das zweite Motiv.

Um diese zu verstehen, muß man zunächst generell einiges über die Interaktionen von Steroidrezeptoren mit der DNA wissen. Solche Rezeptoren heften sich sozusagen als Zwillingspaar an die DNA, als Dimer aus zwei identischen Molekülen. Jeder Partner erkennt eine Hälfte einer zweiteiligen Bindungsstelle mit sogenannter palindromischer Sequenz: In entgegengesetzter Richtung auf den jeweils gegenüberliegenden Strangabschnitten gelesen, sind beide Sequenzhälften identisch (Bild 4). Die Bindungsstellen für verschiedene Typen von Transkriptionsfaktoren – wie den Östrogen- und den Schilddrüsenhormon-Rezeptor – können genau dieselbe Erkennungssequenz haben; sie unterscheiden sich dann allein in der Zahl der Basenpaare, welche die beiden palindromischen Hälften trennen.

Demzufolge muß ein Transkriptionsfaktor, um die richtige Bindungsstelle auf der DNA zu finden, auch Bereiche enthalten, die den Abstand zwischen den Hälften sozusagen messen können. Wie Evans und Umesono nun festgestellt haben, ist ein Teil des zweiten Motivs dafür zuständig.

Wie aber solche Rezeptorproteine die palindromische Sequenz erkennen, ließ sich aus all dem nicht ableiten. Nur aus dem räumlichen Aufbau ihrer DNA-bindenden Domänen würde man ersehen können, wo die funktionell wichtigen Aminosäuren dann liegen. Für den Glucocorticoid-Rezeptor der Ratte (er bindet das Hormon Cortison) klärten Robert Kaptein und seine Kollegen von der Universität Utrecht (Niederlande) 1990 NMR-spektroskopisch die Struktur der DNA-bindenden Domäne. Wenig später gelang dies in unserem Labor John W. R. Schwabe, Neuhaus und mir (Daniela Rhodes) für den menschlichen Östrogen-Rezeptor.

Vereinigte Leseköpfe

Wie aufgrund ihrer ähnlichen Aminosäurezusammensetzung zu erwarten, hatten die DNA-bindenden Domänen beider Rezeptoren weitgehend dieselbe Struktur. Jeder der beiden zinkfinger-ähnlichen Motive einer Domäne besteht aus zwei Teilen: einer unregelmäßig gewundenen Schleife anstelle des Beta-Faltblatts in klassischen Zinkfingern, gefolgt von einer Alpha-Helix (siehe Kasten auf Seite 77). Zwei Zinkbindungsstellen sitzen in der Schleife, die beiden anderen hingegen am Anfang der Helix. Aber anstatt nun getrennt zu bleiben wie die Standard-Zinkfinger, vereinigen sich die beiden Motive zu einer Struktureinheit: Darin bilden die Helices ein rechtwinkliges Kreuz. Zustande kommt diese Konstellation durch die wechselseitige Anziehung unveränderlicher sowie relativ unveränderlicher hydrophober Aminosäuren.

Nun konnten wir auch Lage und Orientierung jener drei Aminosäuren in dem ersten fingerartigen Motiv ermitteln, die nach Ergebnissen der Arbeitsgruppen von Chambon, Evans und Ringold für die DNA-Erkennung entscheidend sind. Wie sich herausstellte, sind diese Aminosäuren auf einer Flanke der Alpha-Helix angesiedelt, die deshalb von uns DNA-Erkennungshelix genannt wurde. Zugleich ließ sich aus dieser Lage auch etwas über die Funktion des zweiten Motivs sagen: Indem seine Helix die DNA-Erkennungshelix kreuzt, hält sie wie eine Stützstrebe diese am Platz. Die Aufgabenteilung zwischen den beiden Motiven legt nahe, daß das zweite zwar durch Verdoppelung aus dem ersten entstanden ist, dann aber in eine neue Rolle gedrängt wurde.

Die dreidimensionale Kartierung zeigte uns ferner, wie das zweite Motiv dafür sorgt, daß der richtige Abstand zwischen den beiden Halbstellen auf der DNA erkannt wird. Die dafür verantwortlichen Aminosäuren liegen nach Evans und Umesono zwischen den ersten beiden

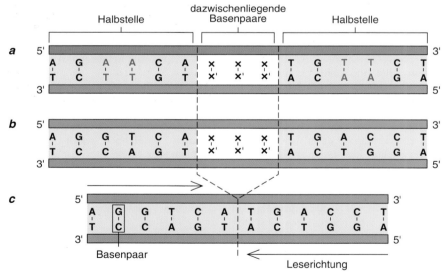

Bild 4: Zweizählig symmetrische Bindungsstellen auf der DNA für den Glucocorticoid-, Östrogen- und Schilddrüsenhormon-Rezeptor (a, b und c). Die Basenabfolgen (Buchstaben) ihrer beiden Hälften sind in Leserichtung der gegenläufigen DNA-Stränge (Pfeile) gleich. An die DNA heften sich die Rezeptoren, wenn sie ihr Hormon gebunden haben, stets paarweise – ein Molekül an jede Hälfte der Bindungsstelle. Um Verwechslungen zu vermeiden, müssen sie sowohl die Basensequenz als auch den Abstand zwischen den Hälften erkennen können. Die Unterschiede sind teilweise subtil: Element b unterscheidet sich von a nur in zwei Basenpaaren (rote Buchstaben) und von c nur in der Zahl der Basen zwischen den Halbstellen.

Cysteinen des zweiten Motivs und somit in der Schleife vor der Alpha-Helix, wo sie für das Ankoppeln des Partnermoleküls verfügbar wären. Durch computergestützte Modellierung der Wechselwirkung zwischen der DNA und den DNA-bindenden Regionen des Dimers konnte Kapteins Gruppe für den Cortison-Rezeptor feststellen, daß eine Paarbildung über diese vorhergesagten Kopplungsstellen das Dimer in die richtige Orientierung bringen würde. Seine beiden Erkennungshelices hätten dann den passenden Abstand für die zugehörigen Halbstellen der DNA. Gleiches ermittelte unsere Arbeitsgruppe für den Östrogen-Rezeptor.

Bestätigt hat sich diese Konstellation dann in Röntgenstrukturanalysen, die Sigler inzwischen an der Yale-Universität zusammen mit Yamamoto und dessen Kollegen Leonard P. Freedman durchgeführt hat (Bild 5). Anhand der Daten war überdies zu erkennen, daß jedes Molekül des Dimers zu mehreren Phosphatgruppen beiderseits der großen Furche Kontakt aufnimmt. Dadurch wird die DNA-Erkennungshelix tief in diese breite Rinne eingesenkt, so daß sie dort Bindungen mit Basenpaaren der Halbstelle einzugehen vermag.

Alles in allem zeigen die Untersuchungen an den Zinkfinger-Motiven bei der Klasse der Kern-Hormonrezeptoren, daß sie – trotz struktureller Ähnlichkeit mit den Zinkfingern vom TFIIIA-Typ – eher wie die DNA-Erkennungsmotive anderer Transkriptionsfaktoren funktionieren: etwa wie das Helix-Knick-Helix-Motiv oder der Leucin-Reißverschluß. Indem sie sich bei der Faltung zusammenlagern, statt getrennt zu bleiben, ermöglichen sie den Kern-Hormonrezeptoren, Dimere auszubilden und damit ihre spezifischen Bindungsstellen auf der DNA zu erkennen.

Defekte Zinkfinger –
Ursache für Erkrankungen

So wie die Kenntnis der Struktur eines Moleküls etwas über dessen Wirkweise verrät, kann diese Information wiederum zu Einsichten in Krankheitsprozesse verhelfen. Im Falle der Zinkfinger hat man herausgefunden, daß der Wilms-Tumor, eine spezielle Form von Nierenkrebs, im Gefolge einer Mutation entsteht, durch die sich die Zinkfinger-Region eines bestimmten Proteins nicht mehr korrekt an die DNA zu heften vermag. Des weiteren lassen sich einige der Symptome, die infolge unzureichender Zinkzufuhr mit der Nahrung auftreten können, wie etwa eine Verzögerung der sexuellen Entwicklung, nunmehr der Unfähigkeit von Östrogen- und Androgen-Rezeptoren zuschreiben, in Abwesenheit von Zink die richtigen Strukturen auszubilden.

Die beiden vorgestellten Klassen von Zinkfingern unterscheiden sich grundlegend sowohl in der Struktur als auch in der Art, wie sie mit DNA wechselwirken. Wir sind überzeugt, daß die umfangreiche Familie der Zinkfinger-Proteine mit noch mehr Vielfalt aufzuwarten hat; denn die Natur ist schließlich erfinderisch.

Tatsächlich stößt man bei immer mehr Aminosäuresequenzen auf mutmaßlich zinkbindende Motive, in denen allerdings der Abstand zwischen den Cystein- und Histidin-Paaren oder die Anzahl der Paare gegenüber gängigen Zinkfingern abweicht. Ein ungewöhnliches Beispiel ist das Hefe-Protein GAL4: Es enthält sechs Cysteine, die sich um zwei Zink-Ionen falten. Wir erwarten auch, daß manche Zinkfinger oder verwandte Molekülstrukturen an anderen Aktivitäten als der Transkription beteiligt sind, etwa am Transport oder der Bearbeitung (der

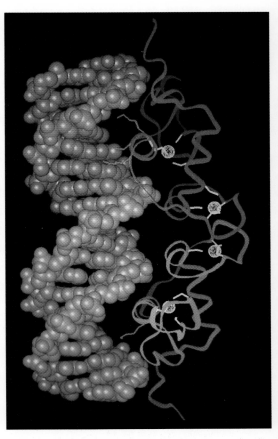

Bild 5: Die DNA-bindenden Domänen (rote und violette Bänder) eines Dimers des Glucocorticoid-Rezeptors an der DNA (blau). Eine hier nur in Stirnansicht sichtbare Alpha-Helix jeder Domäne nimmt Kontakt (dünne violette Linien) zu Basen auf einer Seite der DNA-Doppelhelix auf. Das Computerbild beruht auf einer Röntgenstrukturanalyse von Ben F. Luisi, Paul Sigler und ihren Kollegen an der Yale-Universität in New Haven (Connecticut).

Prozessierung) von DNA oder sogar von RNA. Denn TFIIIA vermag sich an RNA ebensogut zu binden wie an DNA.

Reversible Phosphorylierung

Das Anhängen von
Phosphatgruppen an Enzyme und andere Proteine ist
zusammen mit dem Wiederabkoppeln für die Steuerung
des Zellstoffwechsels und vieler Funktionen von enormer
Bedeutung. Für die Entdeckung dieses Mechanismus
erhielten Edmond H. Fischer und Edwin G. Krebs,
beide an der Universität von Washington in Seattle,
den Nobelpreis für Medizin und Physiologie.

Von Ernst J. M. Helmreich

Wenn Weltklasseläufer und -läuferinnen die 100 Meter in etwa 10 bis 12 Sekunden schaffen, verdanken sie das ihrer hochtrainierten schnellen, weißen Muskulatur, die hauptsächlich Glykogen – eine Speicherform des Traubenzuckers – als Energiereserve nutzt. In gespannter Erwartung des Starts schüttet ihre Nebenniere Adrenalin aus. Unterstützt von dem Stress-Hormon signalisiert der arbeitende Muskel dann den Enzymen des Glykogenabbaus seinen Energiebedarf. Hier, mit der Frage nach den Signalen und den Mechanismen, welche die Aktivität jenes Enzyms regulieren, das für den Glykogenabbau speziell im Muskel verantwortlich ist, beginnt die Geschichte der Entdeckungen der beiden Nobelpreisträger.

Das erste Kapitel wurde schon in den vierziger Jahren im Laboratorium von Carl F. Cori und Gerty T. Cori an der Washington-Universität in St. Louis geschrieben. Bei ihren Forschungen über den Stoffwechsel des Glykogens im Muskel, die 1947 mit dem Nobelpreis ausgezeichnet wurden, entdeckten die Coris die Glykogen-Phosphorylase; das Enzym spaltet aus den langen Zuckerketten des Glykogens unter Einbau von Phosphat Traubenzucker ab, der ein Lieferant für chemische Energie ist.

Die Gewinnung des Enzyms in Reinform erwies sich als schwierig, da es in zwei ineinander umwandelbaren Varianten vorkommt: einer voll aktiven (Phosphorylase *a* genannt) und einer gewöhnlich inaktiven *(b)*, die nur unter besonderen physiologischen Bedingungen Aktivität entfaltet. Für die Umwandlung der *b*- in die *a*-Form war anscheinend ein weiteres Enzym verantwortlich. Fischer und Krebs entdeckten es schließlich 1955; es überträgt eine energiereiche Phosphatgruppe von ATP (Adenosintriphosphat) auf eine bestimmte Aminosäure der Phosphorylase *b* – phosphoryliert also dieses Protein seinerseits. Nach dem griechischen Wort *kinein* für bewegen wurde das neue Enzym als Phosphorylase-Kinase bezeichnet.

Bei der mit der Phosphatgruppe verknüpften Aminosäure handelte es sich um ein Serin – und zwar nur jenes an der 14. Position in der Kette. Andere Proteine mit phosphorylierten Serinen (wie auch Threoninen) waren bereits bekannt, aber erst jetzt begriff man, daß die Phosphorylierung von Eiweißstoffen durch Kinasen – beziehungsweise ihre Entphosphorylierung durch andere, als Phosphatasen bezeichnete Enzyme – ein Instrument zur Regulation des Stoffwechsels ist.

Die Kinasen können ihrerseits auf dieselbe Weise – durch Kinase-Kinasen – gesteuert werden und sind so Teil einer Kaskade biochemischer Reaktionen, welche die Wirkung von Hormonen in der Zelle vermittelt und zugleich verstärkt. Das wurde klar, als Krebs mit seinen Mitarbeitern eine Kinase entdeckte, welche die Phosphorylase-Kinase durch Anhängen einer Phosphatgruppe aktiviert und selbst direkt von cyclischem Adenosinmonophosphat (cAMP) angeschaltet wird. Dieser sogenannte zweite Bote entsteht beispielsweise in der Zelle, wenn außen ein erster Bote andockt – in diesem Fall die Hormone Adrenalin oder Glucagon, die beide den Glykogenabbau steigern.

Die Entdeckung von cAMP und seiner Funktionen war wiederum eng mit den Forschungen zur Glykogen-Phosphorylase *a* und *b* verknüpft. Mitte der fünfziger Jahre hatte Earl W. Sutherland, der wie Krebs seine Forscherlaufbahn im Laboratorium von Cori in St. Louis begann, festgestellt, daß auch die Glykogen-Phosphorylase der Leber in einer aktiven und einer inaktiven Form vorliegt und daß ihre Phosphorylierung und Entphosphorylierung wie im Muskel durch eine Kinase beziehungsweise eine Phosphatase katalysiert wird. Hormone wie Adrenalin und Glucagon könnten daher – so die Annahme von Sutherland, der damals an der Case Western Reserve University in Cleveland (Ohio) arbeitete – eine Phosphorylase-Kinase aktivieren, welche die *b*- in die Glykogen abbauende *a*-Form umwandelt.

Die Experimente hierzu gipfelten in der Entdeckung von cAMP und dem Beweis, daß Adrenalin und Glucagon die Bildung dieses Stoffes in den Leberzellen veranlassen und über ihn als Mittler letztlich ihre Wirkungen auf den Stoffwechsel ausüben. Dafür erhielt Sutherland 1971 den Nobelpreis. Drei Jahre zuvor hatten Krebs und seine Mitarbeiter eine durch cAMP aktivierte Kinase aus der Leber isoliert, welche die Wirkung der beiden Hormone weiter vermittelt, indem sie die Phosphorylase-Kinase in die aktive Form überführt.

Dank der begabten Schüler von Fischer und Krebs wurde dieses Forschungsgebiet bald auch im europäischen Raum heimisch: In Deutschland taten sich Ludwig Heilmeyer junior in Bochum und Franz Hofmann, jetzt in München, in Israel Shmuel Shaltiel und in England Philip Cohen in Dundee hervor. Die neuesten Ergebnisse dieser internationalen Forschung wurden jeweils in eigenen kleinen Konferenzen über „Metabolic Interconversion of Enzymes" bekanntgegeben, die sich eines großen Ansehens erfreuen.

Anfang der siebziger Jahre war die Rolle der Phosphorylierung-Dephosphorylierung bei der Kontrolle des Glykogenstoffwechsels durch Hormone im arbeitenden Muskel im wesentlichen geklärt (Bild). In den folgenden Jahren explodierte das Gebiet förmlich. Die Zahl der Veröffentlichungen schwoll exponentiell an. Zu den Phosphorylase-Kinasen und den cAMP-abhängigen Kinasen gesellten sich die cGMP-abhängigen, die 1970 im Laboratorium von Paul Greengard an der Yale-Universität in New Haven (Connecticut) entdeckt und von seinen Schülern Ulrich Walter und Suzanne Lohmann-Walter in Würzburg charakterisiert wurden.

Dem eingehenden Studium der Phosphorylase-Kinase b, an dem Heilmeyer früher in Würzburg, dann in Bochum maßgeblich beteiligt war, folgte die Aufklärung weiterer von Calcium-Ionen abhängiger Kinasen. Die Phosphorylase-Kinase erwies sich nämlich als ein sehr großes Protein aus mehreren Untereinheiten; eine davon ist das Calmodulin, ein calcium-bindendes Protein, das – wie sich zeigte – viele Enzyme reguliert. Eine hohe Konzentration an Calcium-Ionen kann daher die Phosphorylase-Kinase partiell aktivieren. Da der Befehl zur Muskelkontraktion bekanntlich mit einem Anstieg der Calcium-Konzentration einhergeht, ist die Kontraktion mit einem Glykogenabbau gekoppelt.

Diverse andere Kinasen folgten. Zusätzliche Impulse erhielt das Gebiet, als sich herausstellte, daß auch das Rhodopsin, das Rezeptorprotein für Licht in den Stäbchen der Netzhaut, sowie diverse Hormonrezeptoren in der Zellmembran direkt durch Phosphorylierung und Dephosphorylierung reguliert werden.

Anders als bei den Kinasen blieb die Frage zunächst umstritten, wie die Phosphatasen, die Phosphatgruppen von Serin- oder Threonin-Resten wieder abspalten können, selbst reguliert werden. Erst jüngst machten die Arbeiten im Laboratorium von Cohen in Dundee klar, daß die Aktivität dieser Enzyme durch verschiedene kleine, hitze- und säurestabile Inhibitorproteine kontrolliert werden kann. Sowohl die Inhibitoren als auch die Phosphatasen selbst sind wieder der Phosphorylierung unterworfen.

Alle bislang erwähnten Kinasen (wie auch zahlreiche andere) phosphorylieren Serin- oder Threonin-Reste ihrer Zielproteine; es gibt aber eine weitere Gruppe, die speziell Tyrosin-Reste abwandelt. Die ersten dieser Kinasen wurden in krebserregenden Retroviren gefunden, aber bereits 1980 erkannte Stanley Cohen an der Vanderbilt-Universität in Nashville (Tennessee), daß ein membrangebundener Rezeptor für den von ihm entdeckten epidermalen Wachstumsfaktor einen Abschnitt enthält, der als Tyrosin-Kinase wirkt und sich selbst phosphoryliert, wenn der Faktor gebunden wird. Für seine Arbeiten erhielt er im Jahre 1986 den Nobelpreis (siehe Spektrum der Wissenschaft, Dezember 1986 Seite 13). Ähnliches zeigte sich bald bei weiteren Rezeptoren für andere Wachstumsfaktoren sowie auch für Hormone wie Insulin.

Besondere Erwähnung verdienen jene als Gegenspieler fungierenden Tyrosin-Phosphatasen, die Wachstum und Vermehrung von Zellen mitregulieren oder das Zusammenspiel der Immunzellen kontrollieren. Da sie zehn- bis tausendmal aktiver sind als die Tyrosin-Kinasen, sollte von ihnen maßgeblich abhängen, wieviel Tyrosin in der Zelle noch phosphoryliert vorliegt.

Vor vier Jahren haben Fischer und seine Mitarbeiter gezeigt, daß das Oberflächenantigen CD45, das alle Zellen aus dem blutbildenden System tragen, als Tyrosin-Phosphatase wirkt. Eine bestimmte Gruppe weißer Blutkörperchen, T-Zellen genannt, spricht nicht mehr richtig auf eine Stimulierung ihres T-Zellrezeptors an, wenn das CD45 fehlt. Offenbar ist bei ihnen eine bestimmte Tyrosin-Kinase gehemmt, deren eigene Tyrosin-Reste in Abwesenheit der CD45-Tyrosin-Phosphatase phosphoryliert bleiben. Normalerweise aktiviert dieses Enzym die Kinase durch eine Dephosphorylierung (der Anschaltmechanismus ist hier genau umgekehrt wie bislang erläutert).

Die Abfolge aktivierender Schritte bis zum Abbau von Glykogen ist ein Beispiel für Enzymkaskaden, die mit ihren diversen Gliedern auf viele unterschiedliche Signale ansprechen und ein schwaches Signal vielfach verstärken; die einzelnen Glieder können jeweils zahlreiche Moleküle der nächsten Stufe umwandeln. Kinasen hängen eine Phosphatgruppe an ihr Zielprotein, Phosphatasen spalten das Phosphat dagegen ab. Dabei funktionieren die beiden Gegenspieler nicht nach dem Alles-oder-Nichts-Prinzip. Vielmehr muß man sich nach einem Modell von Earl Stadtman, Biochemiker an den Nationalen Gesundheitsinstituten in Bethesda (Maryland), die reversible zyklische Umwandlung eines von ihnen regulierten Enzyms als dynamischen Prozeß vorstellen, mit dem sich sehr fein abgestufte Fließgleichgewichte von aktivem und inaktivem, phosphoryliertem und dephosphoryliertem Enzym einstellen lassen, entsprechend den jeweiligen Bedürfnissen des Zellstoffwechsels. Reguliert werden die verschiedenen Kinasen der Zellen durch zelluläre Botenstoffe sowie durch Phosphorylierungskaskaden, an denen wiederum viele Kinasen beteiligt sind.

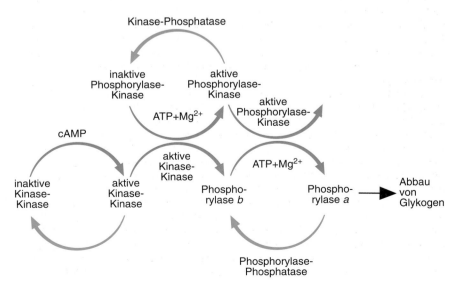

Ein weiterer interessanter Aspekt von Tyrosin-Phosphatasen ist, daß sie eine Serin-Threonin-Kinase regulieren, die bei allen über den Bakterien stehenden Organismen an der Kontrolle des Zellzyklus (Wachstum und Vermehrung der Zelle) beteiligt ist Die Aktivität der Kinase steigt dramatisch, wenn die Phosphatgruppen von einem Tyrosin und einem Threonin abgespalten werden.

Systeme, die durch Phosphorylierung von Serin- oder Threonin-Resten reguliert werden, unterscheiden sich wesentlich von solchen, wo dies an Tyrosin-Resten geschieht. Die Tyrosin-Phosphorylierung ist – wohl bedingt durch die hochaktiven, sie wieder aufhebenden Enzyme – kurzfristig, hat aber trotzdem große physiologische Wirkungen. Weil nun die meisten Zielproteine der Tyrosin-Kinasen auch an Serinen und Threoninen phosphoryliert werden, nimmt man an, daß beide Mechanismen miteinander kooperieren müssen, damit der gewünschte Effekt entsteht. Fischer glaubt, daß die flüchtige Phosphorylierung von Tyrosin-Resten dazu dienen könnte, die weitaus stabilere Phosphorylierung von Serin-Threonin-Resten durch Kinasen einzuleiten, und hat ein entsprechendes Modell entwickelt.

Die von Enzymen katalysierte reversible Phosphorylierung von Proteinen hat sich als weitverbreiteter, vielseitiger und anpassungsfähiger biologischer Kontrollmechanismus erwiesen, der – obwohl nicht der einzige – alle Aspekte der zellulären Regulation berührt: Stoffwechsel, Membrantransport und Sekretion, Transkription und Translation von Genen, Kontraktilität, Zellteilung. Befruchtung, Sinnes-Nervenleistungen sowie Wirkungen von Hormonen.

Es hat sich bewahrheitet, was Carl Cori prophezeite, als er das Gebiet der nachträglichen Modifikation von Proteinen mit einer unerschöpflichen Goldader verglich. Die wissenschaftliche Arbeit der beiden diesjährigen Nobelpreisträger für Medizin und Physiologie ist zugleich ein Triumph – vielleicht der letzte – der klassischen Enzymologie, der Kunst der vieltausendfachen Reinigung von Enzymen, die nur in kleinen Konzentrationen in Zellen und Geweben vorliegen. Erst die Reinigung bis zur Homogenität erlaubt die zweifelsfreie Charakterisierung von Enzymen und deren Funktion.

Diese Forschungen sind aber nicht nur beeindruckend, weil sie den Fortschritt auf dem Gebiet der Zellbiochemie zeigen; sie weisen zugleich in eine Zukunft, in der der größte Nutznießer dieser Forschung die Medizin sein wird. Krankheit ist Dysregulation: Abnorm phosphorylierte Proteine spielen bei vielen Krankheiten eine Rolle – bei gewissen Formen von Krebs ebenso wie bei Diabetes, Muskeldystrophie und Asthma.

Fischer studierte Chemie in Genf, wo er 1947 promovierte. Im Jahre 1953 ging er an die Universität von Washington in Seattle. Krebs promovierte 1943 an der Washington-Universität in St. Louis (Missouri) und begann seine Forschungen bei dem Biochemiker-Ehepaar Cori. Im selben Jahr wie Fischer wechselte er nach Seattle. Beide Forscher waren viele Jahre an dem berühmten, von Hans Neurath aufgebauten Biochemischen Institut tätig, Krebs (nach einem sechsjährigen Intermezzo an einer kalifornischen Universität) später am Pharmakologischen Institut der Universität von Washington. Dort führen sie auch heute noch ihre Forschungen weiter.

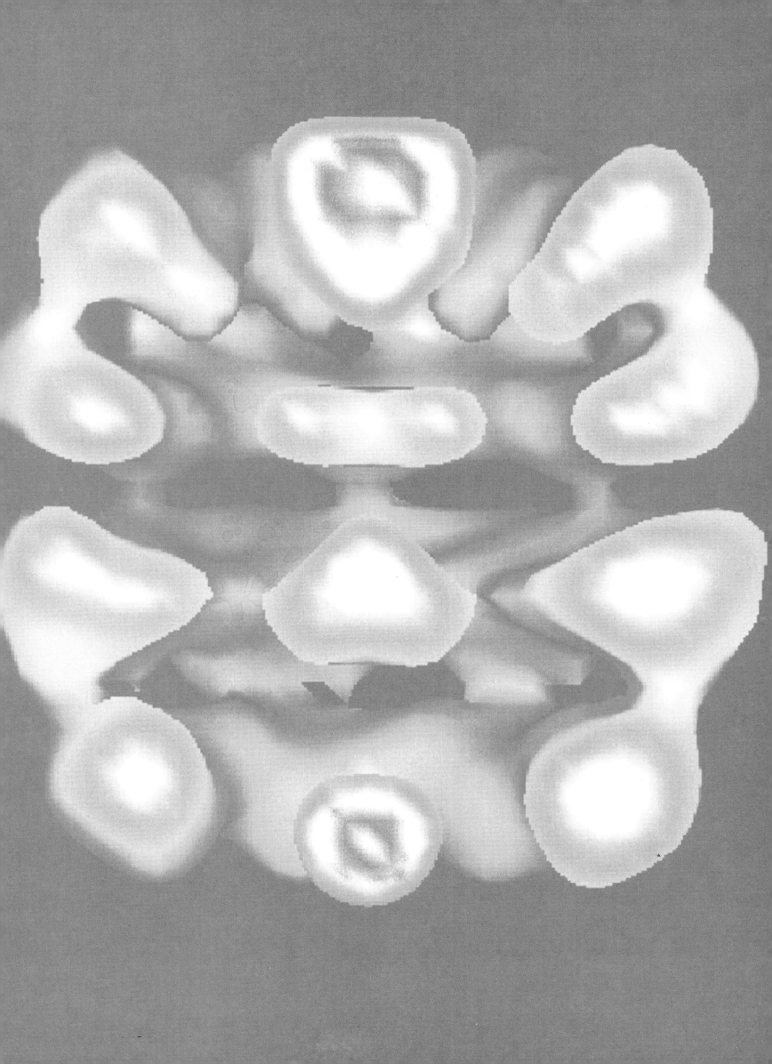

G-Proteine

Diese Moleküle an der Innenseite der Zellmembran
vermitteln eine Vielzahl einlaufender äußerer Signale weiter. Die Signalübertragungswege
beeinflussen sich gegenseitig und gewährleisten, daß eine Zelle auf Veränderungen
angemessen reagiert. Sie spielen auch bei Krankheitsprozessen eine Rolle.

Von Maurine E. Linder und Alfred G. Gilman

Damit ein Mensch denken und handeln, ja überhaupt existieren kann, müssen seine Zellen miteinander kommunizieren. Das tun sie über biochemische Botenstoffe: Hormone beispielsweise treffen im typischen Fall über den Blutweg ein, und Neurotransmitter werden als Signalüberträgersubstanzen von den Endigungen der Nervenzellen ausgeschüttet.

Überraschenderweise dringen aber nur wenige solcher Sendboten tatsächlich in die Zielzelle ein; vielmehr übermitteln die meisten ihre Informationen – nach Art des Spiels „Stille Post" – über mehrere Zwischenstationen. Sie docken außen an spezielle Rezeptorproteine an, die sich quer durch die Zellmembran zur Innenseite erstrecken. Diese Antennenmoleküle geben die Befehle über eine Reihe nachgeschalteter zellinterner Vermittler an die endgültigen Empfänger weiter. Der gesamte Prozeß wird als Signaltransduktion bezeichnet (nach lateinisch *traductio*, Hinüberführung).

Dutzende körpereigener Botenstoffe sind bekannt, und für jeden gibt es eigene Rezeptoren, über die er offenbar eine bestimmte Abfolge von molekularen Interaktionen auszulösen vermag. Trotzdem ist für den Signalfluß vom Rezeptor zur nächsten Instanz dann vielfach nur eine Klasse von Molekülen zuständig: die G-Proteine.

Benannt sind sie nach einer spezifischen Reaktion: Sie binden Guanyl-Nucleotide, die wie alle Nucleotide aus einer organischen Base (in diesem Falle Guanin; G), einem Zucker und bis zu drei Phosphatgruppen bestehen.

Daß G-Proteine unerläßliche Vermittler bei der Signaltransduktion sind, hat einer von uns (Gilman) mit seinen Mit-arbeitern in den späten siebziger Jahren an der Universität von Virginia in Charlottesville nachgewiesen und dann am Southwestern Medical Center der Universität von Texas in Dallas ein Gutteil dessen entschlüsselt, was heute über die Funktionsweise dieser bemerkenswerten Proteine bekannt ist. Ihre Mechanismen faszinieren uns als Forscher noch immer, ebenso ihre zentrale Rolle bei zahlreichen zellulären Aktivitäten; die immer länger werdende Liste reicht von der Paarung der Hefepilze über die chemisch induzierte Wanderung der Schleimpilze bis zum Sehen und Riechen sowie zur Hormonausschüttung, Muskelkontraktion und Kognition beim Menschen.

Im Laufe der Jahre hat man auch erkannt, daß signalübertragende G-Proteine zu einer großen Superfamilie von Eiweißstoffen gehören, die von Guanin-Nucleotiden reguliert werden. Und es hat sich gezeigt, daß Fehlfunktionen dieser G-Proteine und ihrer Verwandten zu Krankheiten beitragen können, darunter Cholera, Keuchhusten und Krebs. Medikamente, die auf die Regulation eines bestimmten G-Proteins abzielen, dürften eines Tages durchaus zum therapeutischen Standardrepertoire gehören.

Erste und zweite Boten

Die G-Protein-Forschung hat Theodore W. Rall und Earl W. Sutherland jr. viel zu verdanken – wegen ihrer bahnbrechenden Arbeiten über den zellulären Signaltransport, die sie in den fünfziger Jahren an der heutigen Case-Western-Reserve-Universität in Cleveland (Ohio) leisteten; Sutherland wurde 1971 mit dem Nobelpreis ausgezeichnet.

Heute weiß man, daß viele Rezeptoren die Anweisungen von Hormonen oder anderen außen ankommenden „ersten Boten" weitergeben, indem sie ein G-Protein aktivieren, das an die Innenseite der Zell- oder Plasmamembran gebunden ist. Es wirkt auf ein ebenfalls membrangebundenes Molekül ein, den Effektor. Oft ist das ein Enzym, das ein inaktives Vorläufermolekül in einen aktiven „zweiten Boten" umwandelt. Dieser kann dann in das Zellplasma diffundieren und so das Signal von der Membran weiter ins Zellinnere tragen. Dort löst er eine Kaskade chemischer Reaktionen aus, die letztlich das Verhalten der Zelle ändert; zum Beispiel könnte eine solche Zelle daraufhin ein Hormon ausschütten oder Glucose, also Traubenzucker, freisetzen.

In den fünfziger Jahren allerdings war kaum etwas über die Arbeitsweise der innerzellulären Signaltransportsysteme bekannt. Die vorherrschende Lehrmeinung besagte, die Wirkung von Hormonen ließe sich einzig an intakten Zellen beobachten. Rall und Sutherland aber beharrten darauf, daß man, um ein System zu verstehen, seine Bestandteile untersuchen müsse. Und dieses Prinzip verfolgten sie auch bei der Untersuchung der Frage, wie das Hormon Adrenalin Leberzellen zum Freisetzen von Glucose anregt.

Ihre Analysen von Fraktionen homogenisierter Leberzellen ergaben, daß Adrenalin ein Enzym in der Plasmamembran veranlaßt, das Nucleotid Adenosintriphosphat (ATP) in eine bis dahin unbekannte Substanz – cyclisches Adenosin-3', 5'-monophosphat (cyclo-AMP oder kurz cAMP) – umzuwandeln. Das ebenfalls neuartige Enzym nannten sie

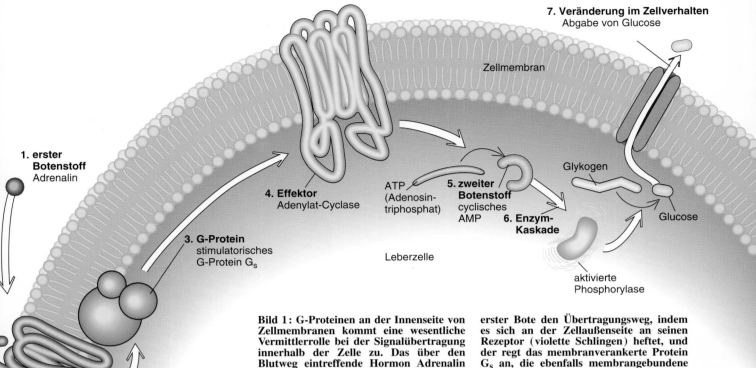

1. erster Botenstoff
Adrenalin

2. spezifischer Rezeptor
Adrenalin-Rezeptor

3. G-Protein
stimulatorisches G-Protein G_s

4. Effektor
Adenylat-Cyclase

ATP (Adenosintriphosphat)

5. zweiter Botenstoff
cyclisches AMP

6. Enzym-Kaskade

Leberzelle

7. Veränderung im Zellverhalten
Abgabe von Glucose

Zellmembran

Glykogen

Glucose

aktivierte Phosphorylase

Bild 1: G-Proteinen an der Innenseite von Zellmembranen kommt eine wesentliche Vermittlerrolle bei der Signalübertragung innerhalb der Zelle zu. Das über den Blutweg eintreffende Hormon Adrenalin beispielsweise (violette Kugel links oben) veranlaßt eine Leberzelle über eine Kaskade von Reaktionen, Glucose ins Blut abzugeben (gelbes Stäbchen rechts oben). Die Körperzellen werden dadurch besser mit dem Brennstoff versorgt. Der Übertragungsweg eines solchen Signals (Pfeile) ist typisch für viele andere, die ebenfalls durch ein G-Protein (roter Komplex) reguliert werden; Standardschritte sind numeriert und fett hervorgehoben. In diesem Falle eröffnet Adrenalin als sogenannter erster Bote den Übertragungsweg, indem es sich an der Zellaußenseite an seinen Rezeptor (violette Schlingen) heftet, und der regt das membranverankerte Protein G_s an, die ebenfalls membrangebundene Adenylat-Cyclase (grün) zu aktivieren. Dieses als Effektor fungierende Enzym verwandelt Adenosintriphosphat (ATP, braunes Stäbchen) in cyclisches AMP (cAMP, brauner Kringel). Als zweiter Bote wandert cAMP durch das Zellplasma und löst eine Serie enzymatischer Reaktionen aus, an deren Ende das Enzym Phosphorylase (blau) angeregt wird, Glykogen (gelber geknickter Balken) zu Glucose – also Traubenzucker – umzusetzen, die die Zelle schließlich nach außen abgibt.

Adenyl-Cyclase; später bezeichnete man es als Adenylat- oder Adenylyl-Cyclase.

Nach heutiger Terminologie hatten die beiden Forscher entdeckt, daß ein erster Botenstoff (Adrenalin) seine Wirkung teilweise dadurch erzielt, daß er einen Effektor (die Adenylat-Cyclase) zur Produktion eines zweiten Botenstoffs (cAMP) veranlaßt. Die Schritte zwischen der Signalwirkung von Adrenalin außerhalb der Zelle und der Aktivierung der Adenylat-Cyclase in der Membran blieben jedoch im dunkeln. Sutherland vermutete, das Enzym sei zugleich die Andockstelle für Adrenalin, was bedeutet hätte, daß es Rezeptor und Effektor in einer Funktion wäre und somit keinen Vermittler brauchte. In einigen Signalübertragungssystemen ist dies tatsächlich der Fall; aber Experimente in den frühen siebziger Jahren bewiesen, daß der Adrenalin-Rezeptor und die Adenylat-Cyclase getrennte, eigenständige Moleküle sind.

Wie kommunizierte er aber mit ihr? Aus zwei wichtigen Befunden, die auf eine Beteiligung von Guanyl-Nucleoti-

den hinwiesen, ergab sich ein neuer Forschungsansatz, durch den schließlich die Bedeutung von G-Proteinen bei der Signaltransduktion entdeckt wurde.

Der erste dieser Hinweise kam aus der Arbeitsgruppe von Martin Rodbell und Lutz Birnbaumer, die damals an den amerikanischen Nationalen Gesundheitsinstituten in Bethesda (Maryland) tätig waren. Sie hatten festgestellt, daß das Hormon Glucagon (das ebenfalls seine Wirkung über die Adenylat-Cyclase ausübt) das Enzym nur zu aktivieren vermag, wenn der Reaktionsansatz außer Rezeptoren noch Guanosintriphosphat (GTP) enthält.

Als zweites entdeckten Danny Cassel und Zvi Selinger von der Hebräischen Universität in Jerusalem, daß ein Zusatz von Adrenalin zu einer Plasmamembran-Präparation nicht nur die Adenylat-Cyclase aktiviert, sondern auch die Abspaltung einer Phosphatgruppe von GTP veranlaßt. Es entstand nämlich Guanosindiphosphat (GDP). Ein Enzym, das GTP hydrolysiert – also unter Einbau eines Wassermoleküls einen Phosphat-

rest abspaltet –, bezeichnet man als GTPase. Die Identität der GTPase und die spezifische Funktion von GTP waren zwar noch längst nicht geklärt, doch zeigten beide Befunde zumindest, daß Guanyl-Nucleotide an der Übertragung des Adrenalin-Signals beteiligt sind.

Ein Mittlermolekül

Mitte der siebziger Jahre gehörten auch einer von uns (Gilman) und sein Mitarbeiter Elliot M. Ross zu den Wissenschaftlern, welche die rätselhafte Verbindung zwischen Adrenalin-Rezeptoren, GTP und Adenylat-Cyclase zu ergründen suchten. Wie Rall und Sutherland sahen sie den besten Weg zum Verständnis eines biologischen Systems darin, es auseinanderzunehmen und schrittweise wieder zusammenzusetzen.

Gerne hätten sie die verschiedenen Proteine, die mit der Plasmamembran assoziiert sind, isoliert und einer künstlichen Phospholipidmembran nach Belieben eingebaut, um die Kombination von

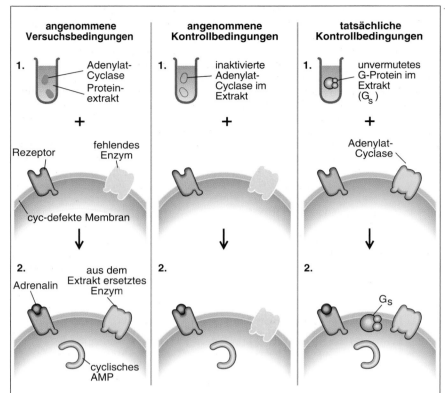

angenommene Versuchsbedingungen	angenommene Kontrollbedingungen	tatsächliche Kontrollbedingungen

1. Adenylat-Cyclase Proteinextrakt

1. inaktivierte Adenylat-Cyclase im Extrakt

1. unvermutetes G-Protein im Extrakt (G_s)

Rezeptor — fehlendes Enzym

cyc⁻-defekte Membran

+

Adenylat-Cyclase

2. Adrenalin — aus dem Extrakt ersetztes Enzym

cyclisches AMP

2.

2. G_s

Bei dem ursprünglich geplanten Versuch (links) gab Elliott M. Ross, Mitarbeiter des Autors, einen Extrakt von Membranproteinen zu sogenannten cyc⁻-Membranen (1). Sie entstammten mutierten Zellen, von denen man glaubte, sie besäßen keine Adenylat-Cyclase, da sie nach Adrenalin-Gabe kein cAMP herstellen. Nach dem Zusatz der Proteine vermochte Adrenalin aber wieder dessen Produktion auszulösen (2), was anzuzeigen schien, daß Adenylat-Cyclase-Moleküle (grün) aus dem Extrakt sich in die scheinbar enzymlosen Membranen integriert hatte. Für das Kontrollexperiment (Mitte, 1) wurde die im Extrakt

vorhandene Adenylat-Cyclase zuvor inaktiviert. Dennoch entstand cAMP (2). Dieses unvorhergesehene Ergebnis war Anlaß zu weiteren Untersuchungen. Dabei zeigte sich, daß die cyc⁻-Membranen in Wirklichkeit Adenylat-Cyclase enthalten hatten, ihnen aber zu deren Aktivierung eine dritte Komponente fehlte: ein G-Protein. Dieses hatte die Prozeduren zur Ausschaltung des Enzyms glücklicherweise unbeschadet überstanden (rechts, 1). Bei dem Kontrollexperiment konnte es sich in die Membranen integrieren und so der ansonsten wirkungslosen Adenylat-Cyclase die Produktion von cAMP ermöglichen (2).

Bild 2: Das für die Entdeckung des G_s-Proteins entscheidende Experiment.

Molekülen, die für die Aktivierung der Adenylat-Cyclase mindestens erforderlich ist, auszutüfteln und die Rolle von GTP in der Abfolge der Ereignisse bestimmen zu können. Damals aber ließen sich Membranbestandteile nicht ohne weiteres unbeschadet in Reinform isolieren. Daher versuchten Gilman und Ross auf verschiedenen Wegen, Proteine ohne vorherige Reinigung in Membranen einzubauen. Zufällig fand sich dabei auch die Lösung für das Signalübertragungsproblem.

Ross hatte sich ein Experiment ausgedacht, wie er Membranen aus einer mutierten Zell-Linie, die zwar den Adrenalin-Rezeptor besaß, aber anscheinend keine Adenylat-Cyclase mehr zu produzieren vermochte, wieder mit dem

Enzym ausstatten könnte (Bild 2). Die cyclase-defekten Zellen (cyc⁻) waren 1975 von Gordon M. Tomkins, Henry R. Bourne und Philip Coffino an der Universität von Kalifornien in San Francisco entdeckt worden. Ross hoffte, das Enzym werde sich, wenn er es in Form eines Proteinextrakts von normalen enzymhaltigen Membranen zufügte, in die isolierten defekten Membranen integrieren. Dann sollte in Gegenwart von Adrenalin – sowie von ATP und GTP, die sich für die Produktion des zweiten Botenstoffs als nötig erwiesen hatten – cAMP produziert werden. Das geschah tatsächlich.

Das Kontrollexperiment aber lief den Erwartungen völlig zuwider. Dazu hatte Ross die Adenylat-Cyclase des Extrakts

entweder durch mäßiges Erhitzen oder durch Zusatz von Chemikalien vor der Zugabe zweifelsfrei inaktiviert. Somit war keinerlei Effekt zu erwarten. Die behandelten Membranen stellten jedoch nach dem Zufügen von Adrenalin, ATP und GTP überraschenderweise cAMP her – als hätten sie aktive Adenylat-Cyclase aus dem Extrakt aufgenommen.

Die Erklärung wurde indes bald gefunden. Den mutierten Zellen fehlte nicht – wie angenommen – die Adenylat-Cyclase; sie war nur inaktiv und daher nicht an ihrer Wirkung zu erkennen gewesen. Was vielmehr fehlte, war eine andere Zellkomponente, die das Enzym zu seiner Aktivierung braucht. Diese hatte glücklicherweise die Maßnahmen zur Ausschaltung der Adenylat-Cyclase im Extrakt überstanden und konnte das quasi schlummernde Enzym der Mutanten in den Membranen wecken.

Ross und Gilman identifizierten wenig später die aktivierende Substanz als einen Eiweißstoff, der seinerseits durch GTP stimuliert wird. Da die Bezeichnung „guanyl-nucleotid-bindendes Protein" zu umständlich war, nannten sie es einfach G-Protein (auch der Begriff GTP-bindendes Protein ist geläufig).

Wie Adrenalin die Produktion von cAMP veranlaßt, war nun leicht zu erschließen: Sein Rezeptor gab offenbar die Information an ein G-Protein weiter, das, wenn es GTP gebunden hatte, die Adenylat-Cyclase anregte, ATP in cyclisches AMP umzuwandeln (Bild 1).

Bis 1980 hatten Paul C. Sternweis und John K. Northup in Gilmans Labor das stimulatorische G-Protein gereinigt; es ist heute als G_s bekannt. Später, nachdem auch der Adrenalin-Rezeptor und die Adenylat-Cyclase isoliert worden waren, stellten Gilman und Ross künstliche Zellmembranen aus Pospholipiden her, in die alle drei Proteine eingebettet waren. Nach Zugabe von Adrenalin, ATP und GTP entstand tatsächlich cyclisches AMP. Damit war Mitte der achtziger Jahre schlüssig bewiesen, daß man alle notwendigen Schritte vom Adrenalin bis zur Bildung des zweiten Botenstoffs cAMP erfaßt hatte.

Andere Arbeitsgruppen hatten inzwischen herausgefunden, daß cAMP wiederum Proteinkinasen aktiviert: Enzyme, die andere Proteine durch Anfügen von Phosphatgruppen phosphorylieren. Und sie hatten den weiteren Weg des Adrenalin-Signals in der Leberzelle verfolgen können, indem sie zeigten, daß cAMP über eine Kinasen-Kaskade die Glykogen-Phosphorylase aktiviert – jenes Enzym, das gespeichertes Glykogen, also tierische Stärke, zu Glucose abbaut (Bild 1). Über dieselben Kinasen kann es in anderen Zellen andere Effekte auslösen, bei Nebennieren und Keimdrüsen etwa die Synthese und Freisetzung von Steroidhormonen.

Rezeptoren und G-Proteine

Wie so oft in der Wissenschaft war die Zeit irgendwie reif für solche Entdeckungen. Ungefähr zu der Zeit, als Gilman und seine Mitarbeiter gerade G_s als Stimulator der Adenylat-Cyclase einkreisten, standen andere Forscher vor einer ähnlichen Entdeckung bei einem scheinbar grundverschiedenen Problem: wie die Stäbchenzellen in der Netzhaut des Auges auf Licht reagieren. Bei dessen Untersuchung stießen Mark W. Bitensky, damals an der Yale-Universität in New Haven (Connecticut), sowie Lubert Stryer und seine Mitarbeiter an der Universität Stanford (Kalifornien) unabhängig voneinander auf ein zweites G-Protein, das heute als Transducin oder G_t bekannt ist (siehe „Die Sehkaskade" von Lubert Stryer, Spektrum der Wissenschaft, September 1987, Seite 86).

Das Protein wirkt als Vermittler zwischen dem als chemischem Lichtrezeptor fungierenden Rhodopsin und einem Effektor-Enzym (einer spezifischen Phosphodiesterase), das den Gehalt eines zweiten Botens – in diesem Falle von cyclischem Guanosinmonophosphat (cyclo-GMP oder cGMP) – reguliert. Absorbiert das Rhodopsin Photonen, so aktiviert es das Transducin, das seinerseits die Phosphodiesterase veranlaßt, cGMP in GMP umzuwandeln. Da cGMP Natriumkanäle in der Zellmembran offenhält, bedeutet seine Umwandlung, daß sich die Kanäle schließen und keine positiv geladenen Natrium-Ionen (Na^+) mehr von außen in das demgegenüber negative Zellinnere einströmen lassen. Die Potentialdifferenz zwischen Innen- und Außenseite der Membran wird somit größer, und diese lichtinduzierte Hyperpolarisation breitet sich dann entlang der Membran zur synaptischen Endigung des Sehstäbchens aus. Von dort gelangt das Signal auf chemischem Wege zur nachgeschalteten Nervenzelle. (In ihr wird dann ein Nervensignal gerade durch Depolarisation der Zellmembran erzeugt, also hauptsächlich durch Einstrom von Natrium-Ionen.)

Wegen der verblüffenden Parallelen zwischen der hormonellen Stimulation der Adenylat-Cyclase und der lichtbedingten Aktivierung der Phosphodiesterase beteiligten sich bald auch andere Wissenschaftler an der Suche nach weiteren G-Proteinen. Ungeahnt voran kam man allerdings erst, nachdem 1984 die Gene für die ersten Mitglieder dieser Protein-Familie kloniert worden waren. Besonders produktiv bei der Isolierung von Genen für neue G-Proteine wurden Melvin Simon und seine Mitarbeiter am California Institute of Technology in

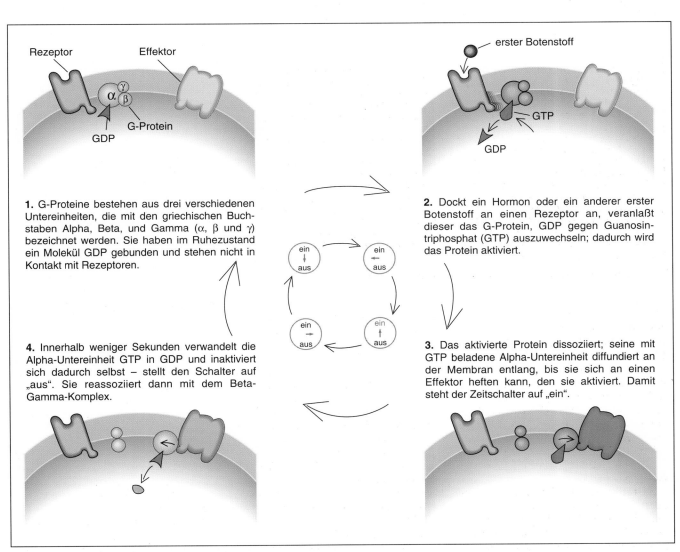

1. G-Proteine bestehen aus drei verschiedenen Untereinheiten, die mit den griechischen Buchstaben Alpha, Beta, und Gamma (α, β und γ) bezeichnet werden. Sie haben im Ruhezustand ein Molekül GDP gebunden und stehen nicht in Kontakt mit Rezeptoren.

2. Dockt ein Hormon oder ein anderer erster Botenstoff an einen Rezeptor an, veranlaßt dieser das G-Protein, GDP gegen Guanosintriphosphat (GTP) auszuwechseln; dadurch wird das Protein aktiviert.

4. Innerhalb weniger Sekunden verwandelt die Alpha-Untereinheit GTP in GDP und inaktiviert sich dadurch selbst – stellt den Schalter auf „aus". Sie reassoziiert dann mit dem Beta-Gamma-Komplex.

3. Das aktivierte Protein dissoziiert; seine mit GTP beladene Alpha-Untereinheit diffundiert an der Membran entlang, bis sie sich an einen Effektor heften kann, den sie aktiviert. Damit steht der Zeitschalter auf „ein".

Bild 3: Wie G-Proteine Effektoren an- und abschalten.

Pasadena; inzwischen bezeichnen sie neue Mitglieder der Familie nur mehr mit Zahlen statt mit Namen.

Bislang hat man bei mehr als 100 verschiedenen Rezeptoren – vielleicht sogar bei Tausenden, wenn man die diversen Geruchsrezeptoren mitzählt – eine Beteiligung von G-Proteinen festgestellt, und von diesen sind bereits mindestens 20 verschiedene isoliert. Auch mehrere von G-Proteinen abhängige Effektoren hat man identifiziert: außer der Adenylat-Cyclase sowie der Phosphodiesterase für cyclisches GMP noch weitere Enzyme sowie Membrankanäle, die den Ein- oder Ausstrom von Ionen regulieren.

Ein Enzym, die Phospholipase C, ist dabei von besonderem Interesse. Es baut ein Phospholipid in der Plasmamembran zu gleich zwei zweiten Botenstoffen ab, von denen einer wiederum aus Speichern in Zellinnerem einen noch anderen Botenstoff freisetzt: Calcium-Ionen.

Zeitschalter und Verstärker

Mit der aufdämmernden Erkenntnis, daß G-Proteine in praktisch allen Zellen von Bedeutung sind, wollte man auch unbedingt mehr darüber erfahren, wie sie den Informationsfluß zwischen Rezeptor und Effektor regulieren. Binnen weniger Jahre nach der Entdeckung von G_s und Transducin waren die Grundstruktur und die Wirkungsweise von G-Proteinen geklärt.

Die an der Signaltransduktion beteiligten G-Proteine sind an die Innenseite der Plasmamembran gebunden und setzen sich aus drei Untereinheiten zusammen, die in der Reihenfolge ihrer abnehmenden Größe mit Alpha, Beta und Gamma bezeichnet werden. Die Alpha-Untereinheit (die Alpha-Aminosäurekette) ist bei allen bisher isolierten G-Proteinen verschieden, der Beta-Gamma-Komplex hingegen kann gleich sein. Bisher hat man fünf unterschiedliche Beta- und möglicherweise mehr als zehn Gamma-Ketten gefunden, was zusammen mit den mindestens 20 verschiedenen Alpha-Ketten mehr als 1000 Kombinationsmöglichkeiten bedeutet.

G-Proteine üben ihre Funktion auf eigenartige Weise aus (Bild 3). Im Ruhezustand bilden alle drei Ketten einen Komplex, in dem die Alpha-Untereinheit ein Molekül GDP trägt. Sobald ein Hormon oder ein anderer erster Bote an einem Rezeptor angedockt hat, ändert dieser seine Konformation, seine Gestalt, und kann so das G-Protein binden. Die Alpha-Untereinheit gibt daraufhin ihr GDP frei; dessen Stelle wird nun von GTP besetzt, das in der Zelle in höheren Konzentrationen vorliegt. Die Umbesetzung verändert die Form der Alpha-Untereinheit und aktiviert sie.

Als Folge davon trennt sie sich mit ihrem GTP von den anderen beiden Untereinheiten und wandert an der Innenseite der Plasmamembran entlang, bis sie sich an einen Effektor wie die Adenylat-Cyclase koppeln kann. Sie hydrolysiert – üblicherweise binnen weniger Sekunden – ihr GTP zu GDP und schaltet sich dadurch selbst ab. (Das erklärt, warum Cassel und Selinger in den siebziger Jahren bei ihren Plasmamembran-Präparationen nach Gabe von Adrenalin eine GTPase-Aktivität entdeckt hatten.) Die nun wieder inaktive Alpha-Untereinheit dissoziiert vom Effektor und lagert sich erneut mit freien Beta- und Gamma-Untereinheiten zusammen.

G-Proteine dienen somit als Schalter und Zeituhr; sie bestimmen, wann und für wie lange Signalübertragungswege an- und ausgeschaltet sind. Der Schalter springt an, wenn sich die GTP-beladene

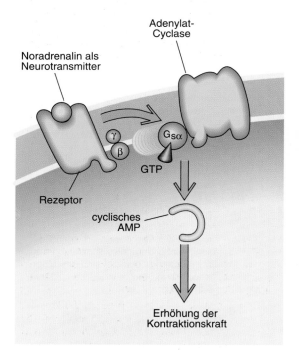

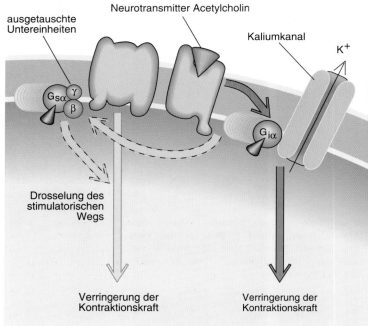

stimulatorischer Weg   **hemmende Wege**

Bild 4: Der Übertragungsweg für stimulatorische Signale (links; grüne Pfeile) wird in Herzmuskelzellen möglicherweise teilweise durch Austausch von Untereinheiten zwischen verschiedenen G-Proteinen gehemmt (rechts; linker Teil). Die Kontraktionskraft der Herzmuskelzellen erhöht sich, wenn Nervenendigungen Noradrenalin als Neurotransmitter – also als Überträgerstoff eines Nervensignals – ausschütten. In der Zelle weitervermittelt wird das Signal dann von der Alpha-Untereinheit des G-Proteins G_s ($G_{s\alpha}$), **die das Enzym Adenylat-Cyclase aktiviert. Die Kontraktionskraft vermindert sich nach Ankunft des Transmitters Acetylcholin (durchgezogene Pfeile), wenn die Alpha-Untereinheit des G-Proteins G_i ($G_{i\alpha}$) Kanäle öffnet, die Kalium-Ionen ausströmen lassen. Der Austausch von Untereinheiten könnte eine weitere Abnahme (unterbrochene rote Pfeile) bewirken, wenn sich der Beta-Gamma-Komplex von G_i (rotes Kugelpaar) mit der Alpha-Untereinheit von G_s verbände und diese quasi abfangen würde.**

Alpha-Kette an einen Effektor heftet, und er schaltet sich ab, wenn GTP zu GDP hydrolysiert wird. Die Geschwindigkeit der Hydrolyse bestimmt die Zeit, die vom Ein- bis zum Ausschalten vergeht.

G-Proteine können Signale zugleich verstärken. Beim hocheffizient arbeitenden visuellen System aktiviert ein Molekül Rhodopsin nahezu gleichzeitig mehr als 500 Moleküle Transducin. Im Falle von G_s kann eine Alpha-Untereinheit, die sich an ein Molekül Adenylat-Cyclase gebunden hat, viele Moleküle cyclischen AMPs herstellen lassen, bevor die Zeituhr abläuft, also GTP wieder in GDP umgewandelt ist.

Interessanterweise regulieren auch viele Proteine, die nicht an der Übertragung von außen kommender Signale beteiligt sind, ihre Aktivität durch Hydrolyse von an sie gebundenem GTP. Diese Proteine bilden zusammen mit den Signalvermittlern die Superfamilie der GTPasen. Einige Mitglieder haben mit der Proteinbiosynthese an den Ribosomen zu tun. Andere, insbesondere die Produkte der *ras*-Gene, helfen die Geschwindigkeit der Zellteilung zu kontrollieren (*ras*-Gene zählen zu den Onkogenen, die in mutierter Form Krebs auslösen können).

Hemmung durch Partnertausch

Die Alpha-Untereinheit spielt also fraglos eine entscheidende Rolle bei der Informationsübermittlung an den Effektor. Ob aber auch Beta-Gamma-Komplexe Efektoren regulieren, wird noch lebhaft debattiert.

Manche Wissenschaftler schließen diese Möglichkeit aus. Wir und andere hingegen haben Indizien dafür zusammengetragen, daß Beta-Gamma-Komplexe, die stets verbunden bleiben und als eine Einheit wirken, ebenfalls für die Signalübermittlung wichtig sein können. Ergebnisse aus unserem Labor legen nahe, daß der Beta-Gamma-Komplex einige Signalwege mehr beeinflußt als andere und daß er manchmal stimulierend, manchmal hemmend wirkt. So hat Wei-Jen Tang kürzlich gezeigt, daß der Beta-Gamma-Komplex mit der Alpha-Kette des G_s-Proteins kooperieren kann, um bestimmte Formen der Adenylat-Cyclase zu aktivieren; dagegen vermag er einen Adenylat-Cyclase-Typ, der bei einigen Neuronen vorkommt, zu hemmen – vermutlich indem er sich direkt an dieses Enzym bindet.

Auf gewisse andere Typen wiederum scheint er keinen direkten, unter Umständen aber einen indirekten Einfluß

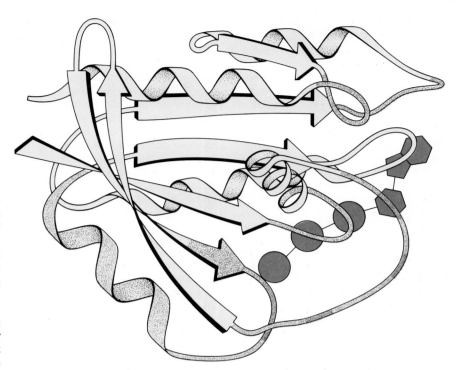

Bild 5: Struktur eines ras-Proteins, das von GTP (rot) aktiviert wird (es wird von sogenannten *ras*-Onkogenen codiert). In seiner GTP-bindenden Region ähnelt es, wie man annimmt, sehr stark der Alpha-Untereinheit signalübertragender G-Proteine; deren dreidimensionale Struktur ist aber bisher noch nicht entschlüsselt worden. Schrauben, Pfeile und Schleifen bedeuten jeweils, daß die Kette helikal, gestreckt oder anderweitig gefaltet ist. Die blauen Bereiche sorgen für die Umwandlung von GTP in GDP. Daraufhin ändern die grünen Bereiche ihre Gestalt (Konformation) und inaktivieren so das Molekül. (Blaugrüne Bereiche sind ebenfalls an der Formänderung beteiligt und interagieren mit den G-Nucleotiden.) Die Struktur des Proteins, das ein Molekulargewicht von 21000 hat, haben Alfred Wittinghofer vom Max-Planck-Institut für medizinische Forschung in Heidelberg sowie unabhängig davon Sung-Hou Kim von der Universität von Kalifornien in Berkeley bestimmt.

auszuüben. Das könnte das Rätsel lösen, auf welchem Wege das inhibitorische G-Protein G_i die Fähigkeit der Adenylat-Cyclase zur Erzeugung von cAMP beeinträchtigt. Zunächst vermuteten Gilman und seine Kollegen, daß das 1982 entdeckte G_i – analog wie das stimulatorische G_s und Transducin – mit seiner freigesetzten Alpha-Untereinheit operiert. Aber als Northup und Toshiaki Katada aus Gilmans Arbeitsgruppe die Hemmfähigkeit gereinigter Alpha- und Beta-Gamma-Untereinheiten an Plasmamembranen untersuchten, entpuppte sich die Alpha-Einheit als ein erheblich schwächerer Inhibitor als der Beta-Gamma-Komplex.

Merkwürdigerweise wirkte dieser aber nur in Gegenwart von G_s hemmend. Das brachte Gilman auf die Idee, hier sei möglicherweise ein Austausch von Untereinheiten im Spiel. Nach seiner Hypothese verbinden sich aus aktivierten G_i-Molekülen stammende Beta-Gamma-Komplexe möglicherweise mit abdissoziierten Alpha-Untereinheiten von G_s-Molekülen, was durchaus geschehen

könnte, wenn G_s und G_i identische Komplexe hätten. Der inhibitorische Beta-Gamma-Komplex würde dann die stimulierende Alpha-Untereinheit blokkieren und sie so daran hindern, mit der Adenylat-Cyclase zu interagieren.

Herzmuskelzellen bieten ein Beispiel dafür, wie ein solcher Austausch von Untereinheiten das Zellverhalten beeinflussen könnte (Bild 4). Noradrenalin erhöht, wenn es als Neurotransmitter – als Überträger eines Nervensignals – dient, über die drei Zwischenstationen G_s-Alpha-Untereinheit, Adenylat-Cyclase und cAMP die Kontraktionskraft und -rate des Herzens. Wenn außerdem der Neurotransmitter Acetylcholin auf die Zellen einwirkt, dämpft er die Kontraktion über zwei Mechanismen. Zum einen regt Acetylcholin die Alpha-Untereinheit von G_i – wie Birnbaumer und Arthur M. Brown mit ihren Kollegen am Baylor-College für Medizin festgestellt haben – zur Öffnung von Membrankanälen an, die positiv geladene Kalium-Ionen aus der Zelle strömen lassen; und das beeinträchtigt letztendlich die Kontraktion. Zum anderen hemmt es die Adenylat-Cyclase und unterbricht dadurch die von G_s ausgehende Stimulationskette.

Diese Hemmung könnte durchaus die Alpha-Untereinheit von G_i selbst bewerkstelligen, aber einiges deutet darauf hin, daß ihr Beta-Gamma-Komplex dafür verantwortlich ist. Er könnte sich an die Alpha-Untereinheit von G_s heften und damit deren Zugang zur Adenylat-Cyclase blockieren.

Wir sind keineswegs in die Idee verrannt, daß ein solcher Austausch von Untereinheiten stattfindet. Sie lebt weiter, weil sie mit vielen Versuchsergebnissen konsistent ist und weil bisher niemand nachgewiesen hat, daß die Alpha-Untereinheit von G_i das Enzym direkt zu hemmen vermag.

Erkenntnisse über die Struktur

Für ein eingehenderes Verständnis dessen, wie Signale vom Rezeptor über G-Proteine zum Effektor übermittelt werden, muß erst die räumliche Struktur solcher Moleküle durch Röntgenkristallographie geklärt sein; die Form verrät, welche Teile eines Moleküls gut mit anderen Reaktionspartnern zusammenpassen könnten.

Anhaltspunkte dafür erhält man aber auch schon aus der Aminosäuresequenz und ihrem Vergleich mit Sequenzen verwandter Proteine, deren Raumstruktur bekannt ist. So weiß man, daß Rezeptoren, die mit G-Proteinen wechselwirken, zumeist in ihrer Kette sieben getrennte Bereiche aufweisen, die reich an hydrophoben – wassermeidenden – Aminosäuren sind. Mit ziemlicher Sicherheit faltet sich ein solches Molekül in einer Weise, daß diese Abschnitte jeweils quer durch die fettige Plasmamembran zu liegen kommen (da sie so das wäßrige Zellplasma meiden können) und außen eine Bindungstasche für den jeweiligen ersten Boten entsteht. Innen gibt es unter ihren Verbindungsstücken eine oder mehrere Schleifen, die vermutlich bestimmte G-Proteine binden.

Bisher ist allerdings weder bekannt, mit welchen Stellen signalübertragende G-Proteine Kontakt zum Rezeptor aufnehmen, noch wie ihre Untereinheiten das untereinander tun. Jedoch hat man eine gute Vorstellung davon, wo die Alpha-Untereinheit GTP und GDP bindet und welche Konformation sie im aktiven und im inaktiven Zustand hat. Die Grundlage dafür lieferte die Kristallstruktur eines von *ras*-Genen codierten Proteins, die Alfred Wittinghofer vom Max-Planck-Institut für medizinische Forschung in Heidelberg und Sung-Hou Kim von der Universität von Kalifornien in Berkeley unabhängig voneinander ermittelt haben (Bild 5). Die Bindungsregion des Proteins für Guanyl-Nucleotide ähnelt sehr stark derjenigen signalübertragender G-Proteine, so daß sich aus ihr auf die Verhältnisse bei den G-Proteinen schließen läßt.

Anders als Rezeptoren scheinen G-Proteine keine stark hydrophoben Ketten-Abschnitte zu enthalten, welche die Art ihrer Anbindung an die Plasmamembran erklären würden. Doch haben Susanne M. Mumby und Patrick J. Casey in unserem Labor sowie John A. Glomset und seine Mitarbeiter an der Universität von Washington in Seattle unabhängig voneinander einen möglichen „Klebstoff" entdeckt: ein Lipidmolekül, ein sogenanntes Isoprenoid, das an ein Ende der Gamma-Kette gebunden ist. Es könnte, wie wir glauben, G-Proteine einfach deshalb in der Zellmembran verankern, weil es wassermeidend ist und sich daher dort einbettet. Es könnte aber auch G-Proteinen helfen, sich an andere Membranproteine zu heften. Die Alpha-Untereinheiten mancher signalübertragender G-Proteine sind wahrscheinlich ebenfalls mit Hilfe eines Lipids, nämlich der Myristinsäure (Tetradecansäure), an der Membran gebunden.

Über die Konformationen der von G-Proteinen gesteuerten Effektoren ist erst wenig bekannt, aber im Falle der Adenylat-Cyclase sind wir in unserem Labor etwas vorangekommen. Auf der Grundlage der Aminosäuresequenzen

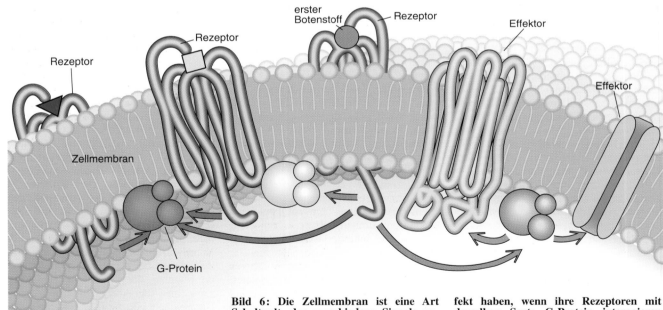

Bild 6: Die Zellmembran ist eine Art Schaltpult, das verschiedene Signale zusammenführen oder auch ähnliche Signale wahlweise in mehrere Übertragungswege einspeisen kann, je nach den Bedürfnissen der Zelle. Zum Beispiel können Botenstoffe (violette Dreiecke, Kreise und Quadrate), die außen an verschiedenen Rezeptoren eintreffen, einen einzigen gemeinsamen Ef- **fekt haben, wenn ihre Rezeptoren mit derselben Sorte G-Protein interagieren (violette Pfeile). Umgekehrt kann eine Botschaft, die an einem einzigen Rezeptortyp einläuft, mehr als eine Antwort hervorrufen, wenn dieser mit verschiedenen Arten von G-Proteinen interagiert (rote Pfeile) oder wenn das G-Protein auf verschiedene Effektoren wirkt (grüne Pfeile).**

Reiz	betroffener Zelltyp	G-Protein	Effektor	Effekt
Adrenalin, Glucagon	Leberzellen	G_s	Adenylat-Cyclase	Abbau von Glykogen
Adrenalin, Glucagon	Fettzellen	G_s	Adenylat-Cyclase	Abbau von Fett
luteinisierendes Hormon	Eifollikel	G_s	Adenylat-Cyclase	verstärkte Synthese von Östrogen und Progesteron
antidiuretisches Hormon	Nierenzellen	G_s	Adenylat-Cyclase	verringerte Wasserausscheidung durch die Niere
Acetylcholin	Herzmuskelzellen	G_i	Kaliumkanäle	verlangsamte Kontraktionsrate und verminderte Kontraktionskraft
Enkephaline, Endorphine, Opioide	Hirnneuronen	G_i/G_o	Calcium- und Kaliumkanäle, Adenylat-Cyclase	veränderte elektrische Aktivität von Neuronen
Angiotensin	glatte Muskulatur der Blutgefäßwände	G_q	Phospholipase C	Muskelkontraktion; Erhöhung des Blutdrucks
Duftstoffe	Neuroepithelzellen der Nase	G_{olf}	Adenylat- Cyclase	Wahrnehmung von Gerüchen
Licht	Stäbchen und Zapfen der Netzhaut	G_t	cGMP-Phosphodiesterase	Erkennung visueller Reize
Pheromone	Backhefe	GPA1	unbekannt	Paarung der Zellen

Bild 7: Beispiele physiologischer Effekte, die durch G-Proteine vermittelt werden.

verschiedener solcher Moleküle schlagen wir eine ziemlich komplizierte Gestalt für das Enzym vor: Zwölf Transmembran-Abschnitte bilden, ähnlich wie bei den Ionenkanälen der Zellmembran, zusammen einen Tunnel. Zwei hydrophile – wasserliebende – Domänen, die ins Cytoplasma ragen, sind für die Synthese von cAMP erforderlich. Zur Zeit können wir nur darüber spekulieren, warum die Struktur so verzwickt ist. Vielleicht ist die Adenylat-Cyclase mehr als ein Enzym und dient auch als Transportweg irgendwelcher Art. (*Anmerkung der Redaktion*: Inzwischen hat die Arbeitsgruppe von Joachim E. Schultz an der Universität Tübingen für die Adenylat-Cyclase des Pantoffeltierchens nachgewiesen, daß sie zugleich als Kaliumkanal dient; sie wird allerdings nicht durch ein G-Protein kontrolliert).

Komplexes Wechselspiel

Bis zu diesem Punkt haben wir uns hauptsächlich auf einzelne Signalwege konzentriert. Die von G-Proteinen gesteuerten Signalübertragungssysteme beeinflussen sich jedoch gegenseitig, wie schon die Komplexität der Aktivität in Herzmuskelzellen nahelegt (Bild 6).

Wenn Übertragungswege konvergieren, weil etwa verschiedene Rezeptoren mit denselben G-Protein-Typen interagieren oder verschiedene solcher Typen dann auf dieselbe Sorte Effektor einwirken, reagiert die Zelle möglicherweise mit einer einzigen, wenn auch abgestuften Antwort auf verschiedene erste Boten. Wenn hingegen Übertragungswege divergieren, weil etwa eine Sorte Rezeptor auf verschiedene G-Protein-Typen oder ein G-Protein auf mehr als einen Effektor einwirkt, kann eine Zelle gleichzeitig mehrere Antworten auf eine einzige von außen kommende Botschaft hervorbringen. Die Versatilität von Rezeptoren, G-Proteinen und Effektoren bedeutet auch, daß eine Zelle zu unterschiedlichen Zeiten unterschiedlich reagieren kann – indem sie ein Signal mal über den einen und mal über einen etwas anderen Übertragungsweg leitet.

Offensichtlich ist die Zellmembran eine Art hochkomplexes Schaltpult; sie empfängt Signale, beurteilt ihre relative Stärke und gibt die aufsummierten Signale an zweite Boten weiter, die gewährleisten, daß die Zelle auf eine sich verändernde Umgebung angemessen reagiert. Die genaue Art dieser Reaktion hängt von vielem ab: von der jeweiligen Kombination der einlaufenden äußeren Signale, der zelleigenen Mixtur an Rezeptoren, G-Proteinen und Effektoren sowie dem Repertoire an anderen spezialisierten Proteinen, welche die Zelle produziert. Von besonderer Bedeutung sind dabei die für einen Zelltyp spezifischen Proteine. Deshalb reagieren Leberzellen, die Phosphorylase enthalten und viel Glykogen speichern, auf Adrenalin – über G_s – mit der Freisetzung von Glucose. Herzzellen hingegen, die spezialisierte Kanäle und kontraktile Proteine produzieren, reagieren über G_s mit stärkeren und häufigeren Kontraktionen.

G-Proteine bei Krankheitsprozessen

Die Erforschung der Signaltransduktion befriedigt nicht nur das wissenschaftliche Interesse, sondern erweist sich auch als praktisch nützlich. Sie hat bereits zu einem besseren Verständnis mehrerer Krankheiten beigetragen, was ein erster Schritt zu deren gezielter Bekämpfung ist.

So gibt das für die Cholera verantwortliche Bakterium einen Giftstoff ab, der in die Darmzellen eindringt und dort die Alpha-Untereinheit von G_s daran hindert, GTP in GDP umzuwandeln, sich also selbst abzuschalten. Der entstehende Überschuß an cAMP veranlaßt die Zelle, große Mengen an Elektrolyten und Wasser in den Darm auszuscheiden. Diese schwere Diarrhöe verursacht eine potentiell tödliche Dehydratation (siehe „Fortschritte bei der oralen Rehydratation" von Norbert Hirschhorn und William B. Greenough, Spektrum der Wissenschaft, Juli 1991, Seite 98).

Der Keuchhusten-Erreger stellt einen verwandten Giftstoff her, der Rezeptoren daran hindert, G_i zu aktivieren. In Abwesenheit eines Inhibitors bleiben die stimulierenden Übertragungswege wiederum zu lange in Aktion. Dieses Toxin beeinflußt viele Zelltypen und trägt offenbar zu der Immunschwäche bei, die mit dem charakteristischen Husten einhergehen kann.

Schließlich scheinen Mutationen in G-Proteinen, darunter G_s und G_i, an der Entwicklung einiger Krebsarten beteiligt zu sein. Beispielsweise haben Bourne und seine Kollegen in San Francisco in den Zellen von Tumoren der Hypophyse (Hirnanhangdrüse) Mutationen im Gen für die Alpha-Untereinheit von G_s gefunden. Dadurch wirkt sie minuten- statt nur sekundenlang auf Effektoren ein, was eine ungehemmte Vermehrung der Hypophysenzellen begünstigen kann. Eine solche Proliferation von Zellen resultiert auch aus Defekten, welche die Fähigkeit der ras-Proteine zur Umwandlung von GTP in GDP beeinträchtigen.

Da G-Proteine die hochspezialisierten Funktionen der meisten Zellen kontrollieren (Bild 7), beginnt man auch zu untersuchen, ob Störungen ihrer eigenen Funktion zu so verschiedenen Krankheitsbildern wie zum Beispiel Herzversagen, Diabetes und Depressionen beitragen. Mit wachsendem Wissen über Struktur und Aktivität von G-Proteinen sollte es möglich sein, Medikamente zu entwickeln, die gezielt an einem bestimmten Typ angreifen; dadurch ließe sich in kranken Zellen die Funktionsstörung korrigieren, ohne die gesunden zu beeinträchtigen.

Eines Tages werden Wissenschaftler einen vollständigen Schaltplan der Plasmamembran für die vielen verschiedenen Zelltypen des menschlichen Organismus zusammengestellt haben. Dann werden sie für jeden Zelltyp wissen, wie dort Dutzende Arten von Rezeptoren, G-Proteinen und Effektoren miteinander verknüpft sind, und vorhersagen können, wie er auf irgendeine Kombination von Signalen reagiert. Das wäre für jene, die medikamentöse Therapien zu entwickeln suchen, so wertvoll wie für einen Safeknacker der Schaltplan des installierten Alarmsystems.

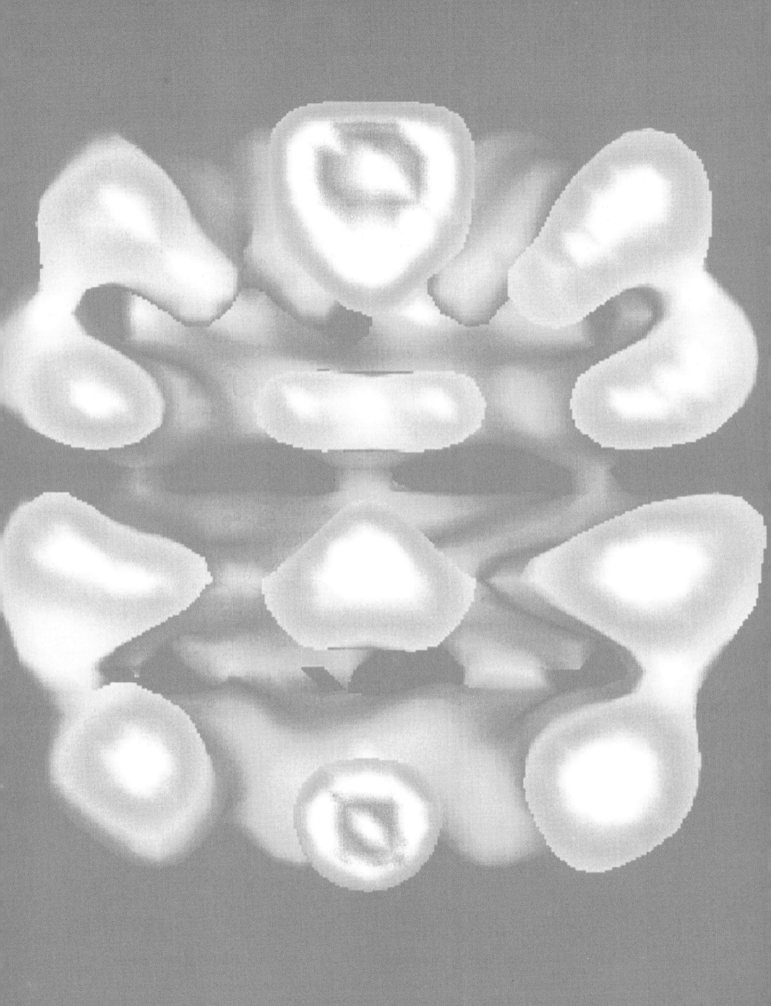

Wie Proteine
den Zellzyklus steuern

Die Prozesse, durch die neue Zellen entstehen, sind zwar seit langem bekannt,
aber erst allmählich gewinnt man Einblick in ihre Regulation: Offenbar ist allen über den
Bakterien stehenden Organismen ein universeller Kontrollmechanismus
mit einem zentralen Protein gemein.

Von Andrew W. Murray und Marc W. Kirschner

Noch vor kurzem war erst wenig darüber bekannt, wie der Zellzyklus – Wachstum und schließlich Teilung – gesteuert wird. Dabei ist er unerläßlich für den gesamten Lebenszyklus von Organismen: Körperwachstum und Fortpflanzung hängen ebenso davon ab wie die Erneuerung und Heilung von Geweben, die Abwehr von Krankheitserregern und vieles mehr.

Seit etwa 20 Jahren spüren Biochemiker und Physiologen an Eizellen, Genetiker hingegen an einzelligen Hefepilzen den Regelmechanismen nach. Im Laufe der letzten fünf Jahre haben nun die beiden grundverschiedenen Versuchsansätze überraschenderweise dasselbe Ergebnis erbracht: daß die Regulation des Zellzyklus bei allen über den Bakterien stehenden Organismen großenteils auf Aktivitätsveränderungen eines Eiweißstoffes in Kombination mit anderen zu beruhen scheint – des cdc2-Proteins (benannt nach englisch *cell-division cycle*, Zellteilungszyklus).

Diese Entdeckung ist nicht nur bemerkenswert, weil man damit bei einem seit Jahrzehnten umrätselten Problem der Zellbiologie endlich weiterkommt – sie könnte auch weitreichende medizinische Bedeutung haben. So ließe sich vielleicht die Vermehrung erwünschter oder sogar sonst nicht mehr teilungsfähiger Zellen anregen, um so geschädigte Gewebe und Organe wiederherzustellen. Umgekehrt mögen sich auch Wege finden lassen, die ungezügelte Vermehrung von Krebszellen zu hemmen oder gar zu stoppen.

Kernteilungen:
Mitose und Meiose

Anfang des 19. Jahrhunderts wurde erstmals die Teilung von Zellen, wie sie im Mikroskop zu beobachten ist, beschrieben und gut dreißig Jahre später dann die Beteiligung des Zellkerns an der Zellteilung nachgewiesen. Um 1875 konnten drei deutsche Professoren – der Botaniker Eduard Straßburger, der Zoologe Otto Bütschli und der Anatom Walther Flemming – die einzelnen Phasen der Kernteilung bei tierischen und pflanzlichen Zellen klären.

Die Kernteilung, die Mitose (ein von Flemming geprägter Begriff), ist Voraussetzung für die Zellteilung – und neben der Interphase eine der beiden Hauptetappen des Zellzyklus (Bild 1). Nicht jeder Mitose muß allerdings eine Zellteilung folgen.

Während der Interphase, auch Arbeitsphase genannt, ist der Kern durch eine Membran gegen das Zellplasma abgegrenzt. Das genetische Material in seinem Inneren ist aktiv, und die Zelle wächst, bis ihre Masse für zwei ausreicht. Kurz zuvor werden die fädigen Chromosomen im Kern verdoppelt, bleiben aber wie siamesische Zwillinge noch vereint. Sie tragen die genetische Information in Form von DNA-Molekülen (Desoxyribonucleinsäure).

Mit Beginn der Mitose verdicken und verkürzen sich die Chromosomen zu den bekannten, im Lichtmikroskop sichtbaren Strukturen, und die Kernmembran löst sich auf. Sobald sich der sogenannte

Spindelapparat zwischen beiden Zellpolen ausgebildet hat, ist auch deutlich zu sehen, daß jedes Chromosom aus zwei Spalthälften – den Chromatiden – besteht. Die Spindelfasern trennen die beiden voneinander und verteilen sie so auf die künftigen Tochterkerne, daß jeder ein Exemplar eines jeden Chromosoms erhält (siehe „Die Mitosespindel" von J. Richard McIntosh und Kent L. McDonald, Spektrum der Wissenschaft Juli 1990). Dann wird um jeden der beiden kompletten Chromosomensätze eine neue Kernhülle aufgebaut.

Dem folgt in der Regel die eigentliche Zellteilung, die Cytokinese, bei der sich zwischen den beiden Kernen eine neue Zellmembran bildet: Zwei genetisch identische Tochterzellen sind entstanden.

Organismen verfügen gewöhnlich über einen doppelten – diploiden – Chromosomensatz; ein einfacher Satz stammt von der Mutter, der andere vom Vater. Hätten Ei- und Samenzelle den normalen doppelten Satz, würde sich bei ihrer Vereinigung die Zahl der Chromosomen von Generation zu Generation verdoppeln.

Halbiert wird die Chromosomenzahl durch die als Meiose bezeichnete Reduktionsteilung: Die Vorläufer der Geschlechtszellen durchlaufen dabei in rascher Folge zwei Chromosomen-Aufteilungsrunden, zwischen die keine Verdopplung eingeschaltet ist. Vor der ersten Runde jedoch liegen die Chromosomen – wie am Ende der Interphase – verdoppelt vor.

Das Ergebnis der Meiose und der sie begleitenden Zellteilungen sind beim männlichen Geschlecht je vier Vorstufenzellen (Spermatiden), die sich zu reifen Spermien weiterentwickeln. Beim weiblichen Geschlecht teilen sich die Vorläuferzellen asymmetrisch; jede ergibt nur eine große Eizelle plus – gewöhnlich – drei Rumpfzellen, die aber als sogenannte Polkörper zugrunde gehen.

MPF: ein Steuerfaktor

Der Zellzyklus verlangt zweifellos eine hochgradig differenzierte Regulation, beispielsweise eine Kontrolle der Zellgröße. Nach der Mitose haben neu gebildete Körperzellen (nicht die Keimzellen) dieselbe Größe wie anfangs ihre Mutterzelle. Das bedeutet, daß sich diese genau dann teilen muß, wenn sie ihre Masse verdoppelt hat.

Zellen müssen zudem verschiedene Etappen ihres Lebenszyklus koordinieren. So muß sichergestellt sein, daß keine Kernteilung einsetzt, bevor die Verdopplung der Chromosomen abgeschlossen ist. Sonst können Zellen entstehen, denen ein Chromosom fehlt – ein Verlust, der den Untergang dieser Zellen bedeuten kann oder unter Umständen Krebs fördert. Die Steuerungsmechanismen aber, welche die Aufteilung der

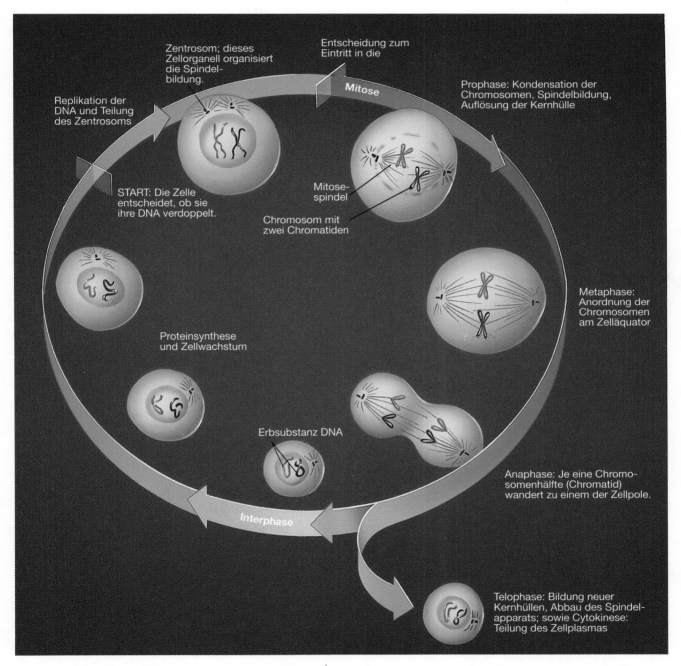

Bild 1: Der Zellzyklus umfaßt im typischen Falle zwei Hauptphasen: die Interphase (blau), auch Arbeitsphase genannt, mit dem Wachstum der Zelle sowie die Mitose (grün) mit der Teilung des Kerns und danach der gesamten Zelle. Die Dauer der Phasen ist unterschiedlich – bei frühembryonalen Zellen entfallen 40 Prozent des Zyklus auf die Mitose, bei den meisten anderen Zellen sind dies weniger als 10 Prozent. Der Zyklus weist zwei wichtige Kontrollpunkte auf: Am ersten, START genannt, entscheidet die Zelle, ob ihre Erbsubstanz – die Desoxyribonucleinsäure (DNA) – verdoppelt wird, am zweiten hingegen, ob eine Mitose eingeleitet wird. Vor allem die Proteine Cyclin und cdc2 regulieren hier den Fortgang des Zyklus. Weitere Proteine greifen zudem noch modulierend ein.

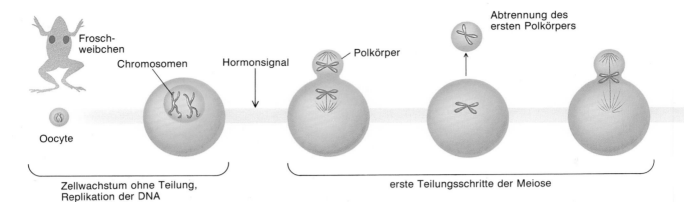

Frosch-
weibchen

Chromosomen

Hormonsignal

Polkörper

Abtrennung des
ersten Polkörpers

Oocyte

Zellwachstum ohne Teilung,
Replikation der DNA

erste Teilungsschritte der Meiose

Bild 2: Bei geschlechtlicher Fortpflanzung werden zwei verschiedene Arten von Zellzyklen durchlaufen, wie hier beispielhaft an der Entwicklung eines Frosches erläutert ist. In den Eierstöcken entstehen Oocyten als Vorläufer der Eizellen. Sie verdoppeln dort ihre DNA und wachsen heran. Später löst ein Hormonsignal die Reduk- **tionsteilung, die Meiose, aus: eine spezielle Form der Kernteilung, in deren Verlauf der doppelte (von Vater und Mutter stammende) Chromosomensatz auf einen einfachen reduziert wird. Die Oocyten selbst teilen sich dabei asymmetrisch; die kleinere Zelle, die eine Hälfte der Chromosomen erhält, geht später als Polkörper zu-**

Chromosomen und ihre spätere Replikation kontrollieren und mit dem Zellwachstum koordinieren, waren vor zwanzig Jahren unbekannt.

Im Jahre 1971 gelang jedoch Yoshio Masui, damals an der Yale-Universität in New Haven (Conneticut), und L. Dennis Smith vom amerikanischen Argonne-Nationallaboratorium bei Chicago (Illinois) ein entscheidender Durchbruch. Beide fanden unabhängig voneinander in Eizellen von Fröschen eine Substanz, die den Start von Mitose und Meiose zu kontrollieren schien.

Zum besseren Verständnis ihrer Ergebnisse möchten wir zunächst die grundlegenden Schritte der Entwicklung von Froscheizellen erläutern (Bild 2). Ihre Vorläufer, die Oocyten, entstehen als kleine Zellen in den Eierstöcken; hier verdoppeln sie ihre Chromosomen und wachsen auf das Vielfache ihrer ursprünglichen Größe heran, ohne sich zu teilen. In diesem Stadium bleiben sie dann auf unbestimmte Zeit quasi eingefroren, bis ein Hormonsignal die weitere Entwicklung anregt. Daraufhin durchlaufen die Oocyten die ersten Schritte der Meiose und verlassen die Eierstöcke schließlich als befruchtungsfähige Eizellen.

Erst bei einer Besamung wird die Meiose abgeschlossen. Nachdem auch die beiden Kerne von Ei- und Samenzelle miteinander verschmolzen sind, beginnt die befruchtete Zelle mit ihren mitotischen Teilungen zur Embryonalentwicklung.

Masui und Smith fanden nun in Frosch-Oocyten, die gerade die Meiose durchliefen, einen Wirkstoff, der in unreifen Oocyten denselben Vorgang auslösen konnte. (Unreife Zellen sind zwar zur vollen Größe herangewachsen, haben aber noch keinen Hormonstimulus

erhalten.) Da die Meiose auch als Reifeteilung bezeichnet wird, nannte Masui die Substanz reifefördernder Faktor oder kurz MPF (nach englisch *maturation promoting factor*).

Andere Wissenschaftler entdeckten später, daß dieses Agens in allen untersuchten Zellen auch während der Mitose aktiv ist – bei Säugetieren ebenso wie bei marinen Wirbellosen oder auch bei Hefepilzen. Deshalb nahm man an, der – übrigens erst 1988 isolierte – Wirkstoff sei ein entscheidender Steuerfaktor für beide Formen der Kernteilung: Mitose und Meiose.

Die Uhrwerk-Hypothese

In Anbetracht der dabei zahlreichen Veränderungen am Kern schien es naheliegend, daß Vorgänge in ihm selbst die Maschinerie des Zellzyklus einschließlich der Aktivität des MPF beeinflussen. Dagegen sprachen jedoch gewisse Indizien, auf die Koki Hara und Peter Tydeman, beide vom Hubrecht-Institut in Utrecht (Niederlande) gemeinsam mit einem von uns (Kirschner) dann stießen.

Unser Team suchte damals die auffällig starke Kontraktion, die an Froscheiern stets bei Eintritt in die Mitose zu beobachten ist, ursächlich zu klären. Zunächst wurde sie als Teil des Zellzyklus angesehen, aber zu aller Überraschung wiederholte sie sich auch dann regelmäßig, als die Mitose experimentell blockiert wurde (Bild 3). Die periodische Wiederkehr ließ sich weder durch eine Blockade der Spindelbildung noch durch vollständiges Entfernen des Zellkerns unterbinden.

Die Folgerung daraus war, daß der Zellzyklus der Froscheier nicht durch

Vorgänge im Zellkern kontrolliert wird, sondern durch einen davon unabhängigen Oszillator: eine Abfolge chemischer Reaktionen im Zellplasma, die mit der Regelmäßigkeit eines Uhrwerks die periodischen Kontraktionen der Eizelle bewirkt und vermutlich auch andere Erscheinungen der Mitose steuerte.

Sollte diese innere Uhr wirklich die Aktivität von MPF kontrollieren? Tatsächlich stellten John C. Gerhart, Michael Wu und einer von uns (Kirschner) an der Universität von Kalifornien in Berkeley fest, daß dessen Aktivität schwankte: Der wirksame Faktor ließ sich stets während der Mitose, nie jedoch in der Interphase nachweisen. Und seine Aktivität oszillierte auch dann, wenn alle Kernprozesse unterbunden wurden.

Wie der MPF reguliert wird, deutete sich bei anschließenden Vorexperimenten an. Sie zeigten, daß gerade befruchtete Froscheier das für die DNA-Replikation und den Aufbau des Spindelapparates notwendige Material bereits gespeichert haben – und zwar ausreichend für mehrere mitotische Teilungen. Damit diese jedoch jeweils beginnen können, müssen die Zellen gewisse Proteine während der Interphase in ihrem Plasma herstellen; eine Blockade der Proteinproduktion unterbricht den Zellzyklus. Eine anschließende Injektion mit einem Rohextrakt des – wohlgemerkt aktiven – MPF konnte die Mitose jedoch wieder anwerfen; die zelleigene Proteinsynthese war dann überflüssig geworden.

Dies bestätigte wiederum den MPF als den normalen Induktor der Mitose, deutete zugleich aber auch darauf hin, daß irgendeines der Proteine, die während der Interphase im Zellplasma synthetisiert werden, ihn normalerweise erst aktivieren muß.

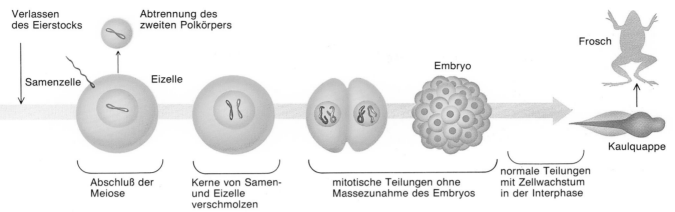

Verlassen des Eierstocks

Abtrennung des zweiten Polkörpers

Frosch

Samenzelle

Eizelle

Embryo

Kaulquappe

Abschluß der Meiose

Kerne von Samen- und Eizelle verschmolzen

mitotische Teilungen ohne Massezunahme des Embryos

normale Teilungen mit Zellwachstum in der Interphase

grunde. Die Oocyte beginnt dann mit einem zweiten Teilungszyklus und verläßt in diesem Stadium den Eierstock fertig zur Befruchtung. Erst wenn eine Samenzelle in die abgesetzte Eizelle eindringt, schließt ihre Meiose ab, wobei ein zweiter Polkörper abgeschnürt wird. Schließlich verschmelzen die Kerne von Ei- und Sa-

menzelle; die Befruchtung ist damit endgültig vollzogen. Unzählige mitotische Teilungszyklen folgen bis zur Entwicklung der Larve, also der Kaulquappe, und deren Verwandlung in einen Frosch bis schließlich zur Ausbildung eines geschlechtsreifen Tieres. Mitosen und Meiosen werden von denselben Molekülen gesteuert.

Die Domino-Hypothese

Während Zellbiologen Belege für die Vorstellung sammelten, eine Art Uhrwerk in Form eigenständiger zyklischer chemischer Reaktionen im Zellplasma bestimme den Wechsel zwischen Interphase und Mitose, kamen Genetiker zu einem gänzlich anderen Bild. Ihren Ergebnissen nach sollte der Zellzyklus als präzise gesteuerte Taktstraße angesehen werden, die immer dann vorrückt, wenn ein Fertigungsschritt abgeschlossen ist.

In einem solchen linearen System wäre der Abschluß eines Vorgangs, beispielsweise die DNA-Replikation im Zellkern, Voraussetzung und Auslöser für den nächsten Schritt: hier das Einsetzen der Mitose — ganz ähnlich wie in einer Reihe von Dominosteinen immer erst das Umfallen eines Steins den nächsten zum Kippen bringt.

Diese beiden Sichtweisen, manchmal als Uhrwerk- und Domino-Theorie einander gegenübergestellt, schienen unver-

einbar. Schließlich wurde aber doch der Grund für die Gegensätzlichkeit ihrer Ergebnisse gefunden.

Pionier bei der genetischen Erforschung des Zellzyklus, deren Ergebnisse für das Domino-Prinzip sprachen, war Leland H. Hartwell von der Universität des Bundesstaates Washington in Seattle vor etwa 20 Jahren mit seinen Versuchen an der Bierhefe (*Saccharomyces cerevisiae*). Dieser einzellige Hefepilz vermehrt sich anders als die meisten Zelltypen nicht durch Zweiteilung, sondern durch Sprossung: Nachdem die Mutterzelle in der Interphase mit der Replikation ihrer DNA begonnen hat, bildet sie eine kleine blasige Ausstülpung — Sproßzelle oder Knospe genannt — aus und leitet damit die Mitose ein (Bild 4 oben). Während die Mutterzelle mitsamt ihrem Sproß kontinuierlich wächst, wandert einer der beiden mitotisch entstandenen Tochterkerne in ihn ein; schließlich schnürt er sich ab und beendet damit einen Zellzyklus.

Hartwell suchte nun nach Hefezellen, die zufällig so mutiert waren, daß sie — unter gewissen Bedingungen — in bestimmten Phasen des Zellzyklus regelrecht steckenblieben (Bild 4 unten). Jede der verschieden Mutanten mußte in irgendeinem der Gene verändert sein, die für essentielle Proteine des Zellzyklus codieren. Eben diese für den Zellteilungzyklus wichtigen Gene werden heute als *cdc*-Gene bezeichnet.

Die gefundenen Mutanten ordnete Hartwell dann nach dem Zeitpunkt, in dem ihr Zellzyklus aufgehalten worden war. So erhielt er Aufschluß über die Reihenfolge, in der die *cdc*-Gene normalerweise aktiviert werden. Dabei konnte er auch zeigen, daß zur Auslösung bestimmter Schritte mindestens ein vorangegangener Schritt abgeschlossen sein mußte. Zum Beispiel war die Ausbildung der Spindel Voraussetzung für den Abschluß der Mitose.

Angeregt durch Hartwells Entdeckungen führten Paul Nurse und seine Kolle-

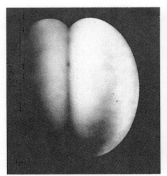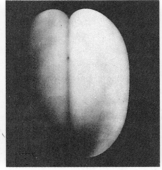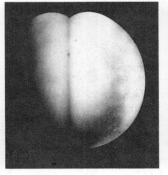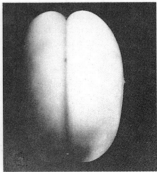

Bild 3: Zu Beginn einer Mitose zieht sich das befruchtete Froschei — hier bereits einmal geteilt — deutlich zusammen, in der Interphase entspannt es sich wieder. Es tut dies auch dann, wenn man den Kern entfernt — ein Hinweis darauf, daß der Zellzyklus zumindest bei be- stimmten Eizellen von einem autonomen Oszillator geregelt wird. Ein solcher vom Kern unabhängiger Zeitgeber besteht aus einer Abfolge sich selbständig fortsetzender chemischer Reaktionen im Zellplasma, welche die periodischen Kontraktionen dann bewirken.

gen damals an der Universität Edinburgh in Großbritannien ähnliche Experimente mit der Spalthefe *Schizosaccharomyces pombe* durch. Deren Zellzyklus gleicht eher dem von Körperzellen der Säuger: Während der Interphase wachsen diese zylindrischen Hefezellen zur doppelten Ausgangsgröße heran; am Ende der Mitose teilen sie sich dann in zwei gleich große Tochterzellen.

Wie schon zuvor Hartwell identifizierte Nurse Mutanten, die an bestimmten Stellen des Zellzyklus steckenblieben, und leitete daraus die Reihenfolge ab, in der die entsprechenden *cdc*-Gene normalerweise aktiviert werden.

Eines dieser Gene, *cdc2*, war besonders interessant, weil seine korrekte Funktion Voraussetzung für das Einsetzen der Mitose zu sein schien. Bestimmte Mutationen darin, die das zugehörige Protein wirkungslos machten, verhinderten den Eintritt in die Mitose; andere Mutationen hingegen ließen eine Variante des Proteins entstehen, die vorzeitig eine Mitose auslöste.

Das vom *cdc2*-Gen codierte Protein (entsprechend mit cdc2 bezeichnet — zur besseren Unterscheidung wird bei solchen Kennzeichnungen die des Proteins nicht kursiviert) schien als Hauptregulator der Mitose in Frage zu kommen — vielleicht war es sogar mit dem MPF identisch. Der Faktor war seinerzeit noch nicht isoliert, ein direkter chemischer Vergleich also nicht möglich. Nurse konnte aber prüfen, ob das *cdc2*-Gen auch in Zellen anderer Organismen vorkam und eine solche Bedeutung hatte. Dies wäre ein gutes Indiz dafür gewesen, daß das cdc2-Protein durchaus ein universeller Regulator der Mitose sein könnte.

Nurse und David H. Beach begannen damals an der Universität von Sussex in Brighton die Gene von Sproßhefen daraufhin zu überprüfen, ob sie die Blockade bei Spalthefen, die im *cdc2*-Gen mutiert waren, aufzuheben vermochten. Tatsächlich kam nach Einschleusung eines bestimmten Gens die Mitose in Gang. Es erwies sich als eines der von Hartwell identifizierten *cdc*-Gene der Sproßhefe.

Nurse ging sogar noch weiter: Er übertrug Bruchstücke menschlicher DNA in Spalthefezellen mit defektem *cdc2*-Gen. Ein bestimmtes Stück brachte tatsächlich die Mitose in Gang — ein deutlicher Hinweis, daß selbst menschliche Zellen mit einer Art *cdc2*-Gen ausgerüstet sind. Als schließlich 1987 von beiden Proteinen die Aminosäuresequenz — also die Abfolge ihrer Bausteine in der Kette — geklärt war, zeigten sich bemerkenswerte Übereinstimmungen: Trotz einer Mil-

liarde Jahre getrennter Entwicklung ist dieses Schlüsselprotein bei Hefen und Menschen mit nur gerinfügigen Abwandlungen seiner Struktur und ohne Änderung seiner Funktion erhalten geblieben.

Wie man heute weiß, ist dieses Protein entscheidend für die Mitose aller Eukaryonten, also aller Organismen, deren Zellen — anders als die von Bakterien — einen echten Zellkern enthalten. Sämtliche Varianten werden als *cdc2*-Proteine bezeichnet, gleich in welchem Organismus sie sich finden.

Ihren chemischen Eigenschaften nach sind diese Stoffe Proteinkinasen: Enzyme, die Phosphatgruppen von Adenosintriphosphat (ATP), dem Hauptenergieträger der Zellen, auf Proteine übertragen. Das Hinzufügen oder Abspalten von Phosphatgruppen ist eine wichtige Möglichkeit, die Aktivität von Zellproteinen zu regulieren; das Abspalten besorgen Enzyme, die man Phosphatasen nennt.

MPF — ein Faktor, zwei Proteine

Auch die Erforschung des MPF war inzwischen vorangeschritten. Manfred J. Lohka und James L. Maller von der Me-

dizinischen Fakultät der Universität von Colorado in Boulder gelang 1988, worum viele sich zuvor vergeblich bemüht hatten: eine kleine Menge MPF zu isolieren; sie konnten außerdem zweifelsfrei belegen, daß der Faktor aus zwei Proteinen und nicht aus einem besteht.

Zu diesem Zeitpunkt waren die Aminosäuresequenzen der beiden Bestandteile noch nicht bekannt, aber einer schien das cdc2-Protein zu sein. Dafür sprach einiges — etwa sein Molekulargewicht und daß Antikörper, die spezifisch auf cdc2-Proteine von Hefe und Mensch reagieren, sich auch an diesen Bestandteil banden.

Etwa zur selben Zeit wiesen in England Beach und seine Kollegen nach, daß das cdc2-Protein in Laborkulturen menschlicher Zellen während der Mitose aktiv ist. Später belegten mehrere Arbeitsgruppen unabhängig voneinander und mit verschiedenen Methoden, daß es tatsächlich ein Bestandteil von MPF ist.

Diese Erkenntnis war der Kreuzpunkt zweier Entwicklungen, der die Forschungen an Fröschen und Hefen vereinte. Jetzt schien denkbar, daß die grundlegende Regulation des Zellzyklus bei allen Eukaryonten ziemlich gleich ist. Nicht befriedigend erklärt war aber da-

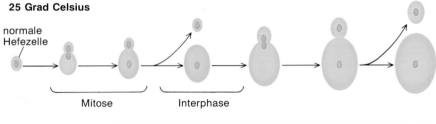

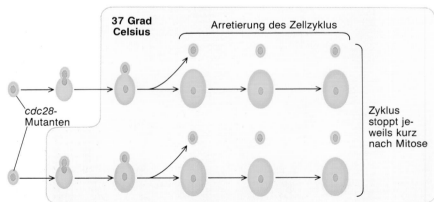

Bild 4: Die Bier- oder Brauhefe, ein einzelliger Hefepilz, vermehrt sich durch Knospung (Sprossung), nicht durch Zweiteilung (oben). Gewisse temperaturempfindliche Mutanten können aber ihren Zellzyklus nicht über einen bestimmten Punkt hinaus vollenden, wenn man sie einer Temperatur von 37 Grad Celsius aussetzt. Bei ihnen ist ein Gen defekt, dessen Produkt für das Überschreiten dieses Punktes gebraucht wird. Die in den beiden unteren Reihen **dargestellte Mutante beispielsweise bleibt stets an einem bestimmten Punkt der Interphase stecken — unabhängig davon, ab wann vorher die Temperatur erhöht worden war. Mittels solcher Mutanten hat man die Genfamilie identifiziert, die entscheidend an der Kontrolle des Zellzyklus beteiligt ist — die cdc-Gene (benannt nach englisch *cell-division cycle*, Zellteilungszyklus).**

In der Bildgrafik: 25 Grad Celsius / normale Hefezelle / Mitose / Interphase / 37 Grad Celsius / Arretierung des Zellzyklus / cdc28-Mutanten / Zyklus stoppt jeweils kurz nach Mitose

mit, warum der MPF nur während der Mitose und nicht in der Interphase aktiv ist. Denn bei allen untersuchten Zellarten blieb die intrazelluläre Konzentration an cdc2-Molekühlen während des gesamten Zellzyklus konstant. Also mußte ein anderer Faktor, vielleicht die zweite Komponente von MPF, die Aktivität von cdc2 und damit auch die des MPF regulieren. Vermuten konnte man, daß diese Substanz in jeder Interphase neu hergestellt wird, denn ohne Proteinsynthese war – wie erwähnt – die Aktivierung des MPF unterblieben.

Hieraus folgte zwar ein logischer Ansatz für die weitere Erforschung. Doch die Identifizierung des aktivierenden Moleküls ergab sich aus einer mehrere Jahre zurückliegenden glücklichen Zufallsbeobachtung.

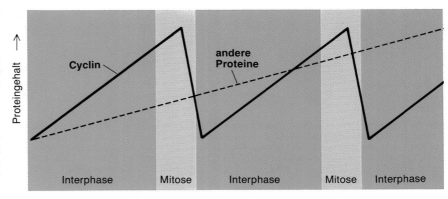

Bild 5: An Seeigeleiern wurden die Oszillationen im Gehalt des Proteins Cyclin entdeckt – er steigt in der Interphase (blau) und sinkt während der Mitose (grün). Da Cyclin der einzige Eiweißstoff mit solchen regelmäßigen Schwankungen im Verlauf des Zellzyklus ist, lag die Vermutung nahe, es könnte an der Auslösung der Mitose beteiligt sein. Tatsächlich ist Cyclin ein solcher Regulator: Es beeinflußt die Aktivität des cdc2-Proteins, das zusammen mit ihm den Beginn der Mitose veranlaßt.

Cyclin-Oszillationen im Zellzyklus

In den frühen achtziger Jahren leitete Tim Hunt von der Universität Cambridge in England den jährlichen Physiologiekurs am amerikanischen Meeresbiologischen Laboratorium in Woods Hole (Massachusetts). Mit seinen Studenten untersuchte er die dramatischen Änderungen der Proteinsyntheseraten von Seeigeleiern, nachdem diese befruchtet worden waren.

Die Menge fast aller neu synthetisierten Proteine stieg dann kontinuierlich – eines aber verschwand plötzlich bei jeder Mitose, reicherte sich indes während der Interphase wieder an (Bild 5). Hunt nannte die merkwürdige Substanz Cyclin.

Das Protein wurde jedoch entgegen dem Anschein, wie die Gruppe ferner zeigen konnte, während des ganzen Zellzyklus in gleichbleibender Menge hergestellt. Es verschwand gegen Ende der Mitose nur deshalb, weil es rasch abgebaut wurde; in der Interphase hingegen sammelte es sich an, da es dann langsamer abgebaut als neu hergestellt wurde. Diese Schwankungen im Proteinumsatz ließen vermuten, Cyclin könne das Molekül sein, das die Aktivität von MPF reguliert.

Gestützt wurde dies durch Arbeiten von Joan V. Ruderman und ihrem Team an der Harvard-Universität in Cambridge (Massachusetts). Sie hatten 1986 aus Trogmuscheln (großen marinen Flachwassermuscheln der Gattung *Spisula*) die Boten-Ribonukleinsäure für das Cyclin isoliert, also RNA-Kopien des Cyclin-Gens, die als Vorlagen für die Proteinsynthese dienen. Unreife Frosch-Oocyten, die diese Boten-RNA dann injiziert bekamen, durchliefen die Meio-se. Dies bedeutete zweierlei: Sie hatten offensichtlich die in der Boten-RNA verschlüsselte Bauanweisung abgelesen und Cyclin synthetisiert, und das Protein konnte tatsächlich zur Regulation des Zellzyklus beitragen.

Heute wissen wir, daß Cyclin die zweite Komponente von MPF ist und an der Aktivierung der anderen – des cdc2-Proteins und somit auch von MPF – beteiligt ist. Seine genaue Aufgabe im Zellzyklus war damals allerdings noch zu ermitteln.

Um hier weiter voranzukommen, mußte der Zellzyklus der experimentellen Manipulation erst einmal leichter zugänglich gemacht werden. Eine geeignete Methode fanden um 1987 außer uns auch Christopher C. Ford und seine Kollegen an der Universität von Sussex. Beide Arbeitsgruppen hatten unabhängig voneinander Zellextrakte aus Froscheiern hergestellt; dem daraus isolierten Zellplasma wurden Zellkerne aus Spermien zugegeben. Die Kerne durchliefen dann mehrere vollständige Zellzyklen: mit Mitosen und Interphasen sowie entsprechender DNA-Replikation und den Schwankungen der MPF-Aktivität (Bild 6).

Angenommen, der Zyklus wäre so einfach reguliert, daß sich nur ein einziges oszillierendes Protein – eben Cyclin – jedesmal anreichern müßte, um ihn in Gang zu halten. Dann sollte er weiterlaufen, wenn die Synthese aller Proteine bis auf die von Cyclin blockiert würde; und umgekehrt müßte ihn die ausschließliche Blockade der Cyclin-Produktion in der Interphase stoppen.

Wir haben daher die gesamte Boten-RNA der Froschei-Extrakte und damit alle Vorlagen zum Bau von Proteinen zerstört. Mitosen unterblieben daraufhin. Als wir nun Boten-RNA für Seeigel-Cyclin (die Hunt uns dazu überlassen hatte) zufügten, waren tatsächlich wieder Mitosen zu beobachten. Erhöhten wir die Menge an Cyclin-RNA, stieg auch die Syntheserate des Proteins, und die Interphase verkürzte sich.

Hunt und seine Studenten prüften das Umgekehrte: Verhinderten sie die Herstellung von Cyclin, nicht aber die anderer Proteine in den Froschei-Extrakten, kam tatsächlich der Zellzyklus in der Interphase zum Stillstand.

An unserem System konnten wir – wie schon Hunt an seinen Seeigeleiern – feststellen, daß Cyclin sich in der Interphase ansammelt und während der Mitose rasch zerstört wird. Unser Verdacht, die Zellen könnten vielleicht erst dann ihre Mitose abschließen, wenn das Cyclin verschwunden ist, bewahrheitete sich. Als wir unversehrte Froscheier wie auch unsere Zellextrakte dazu brachten, eine Art gestutzte Cyclin-Form herzustellen, die zwar die Mitose auslösen konnte, aber nicht mehr wie die normale abzubauen war, blieben beide Systeme in der Mitose stecken.

So ließen die bis 1989 zusammengetragenen Forschungsergebnisse wenig Zweifel daran, daß der Zerfall des Cyclins für den störungsfreien Ablauf der Mitose unerläßlich ist und daß die Substanz während jeder Interphase aufgebaut werden muß, um den MPF zu aktivieren, den Beginn der Mitose auszulösen und somit den gesamten Zellzyklus zu dirigieren.

Modifikatoren von MPF

Wie kann nun Cyclin den MPF, genauer dessen cdc2-Komponente, aktivieren? Die bloße Verbindung beider Kompo-

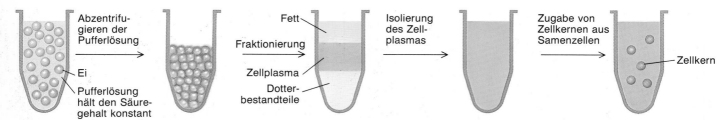

Abzentrifugieren der Pufferlösung

Ei

Pufferlösung hält den Säuregehalt konstant

Fraktionierung

Fett

Zellplasma

Dotterbestandteile

Isolierung des Zellplasmas

Zugabe von Zellkernen aus Samenzellen

Zellkern

Bild 6: Zellkerne von Froschspermien lassen sich in Zellplasma-Extrakten von Froscheiern (obere Reihe) dazu anregen, einige Mitosen und Interphasen zu durchlaufen. Die Eizellen wurden aktiviert, in Pufferlösung gewaschen, aufgebrochen und durch Zentrifugation in einzelne Fraktionen aufgetrennt. Die Gültigkeit dieser Methode für die Erforschung des Zellzyklus belegen Aufnahmen der Zellkerne (rechts): Die Chromosomen erscheinen weiß und blau; die Mitosespindel, welche die Chromosomen während der Mitose trennt, hingegen rot. Die Aufnahmen zeigen Interphase, Metaphase, Anaphase und schließlich die geteilten Tochterkerne.

nenten erwies sich als nicht ausreichend, den Komplex zu aktivieren; sie müssen erst durch weitere Reaktionen abgewandelt werden.

Mit Hilfe genetischer und biochemischer Methoden wurden Proteine identifiziert, die bei diesen Modifikationen mitspielen. Ein besonders interessantes, auf genetischem Wege aufgespürtes Enzymmolekül ist das cdc25. Seine Anreicherung – und nicht die von Cyclin – bestimmt in gewissen Zellen den Übergang zur Mitose, etwa bei Fliegenembryonen im Spätstadium ihrer Entwicklung sowie bei Spalthefen. Zwar ist die Synthese von Cyclin auch hier erforderlich, aber nur die Anreicherungsgeschwindigkeit des cdc25-Proteins bestimmt, wann cdc2 aktiv wird. Das Protein 25 aus der cdc-Familie ist somit hier der sogenannte geschwindigkeitsbestimmende Faktor für den Beginn der Mitose.

Dieses Ergebnis führt uns zu einem wichtigen Punkt. Obwohl das cdc2-Protein als Phosphokinase der zentrale Regulator des Zellzyklus aller eukaryontischen Zellen ist und obwohl die Moleküle, die es in seine aktive Form umwandeln, offensichtlich in allen Zellen dieselben sind, können die Details seiner Regulation von Organismus zu Organismus und sogar von Zelle zu Zelle eines Organismus verschieden sein.

In einigen Fällen dürfte das cdc25 die Aktivierung des Cyclin-cdc2-Komplexes kontrollieren, in anderen hingegen mag das Cyclin selbst dies tun; in wieder anderen scheinen heute noch unbekannte Modulatoren die Schlüsselstellung einzunehmen.

Ein Modell
der Mitose-Kontrolle

Wir können zur Zeit die Regulation des Zellzyklus noch nicht im Detail beschreiben, aber für den einfachsten Fall – die Teilung des gerade befruchteten Froscheies – haben wir zumindest einen Modellvorschlag (Bild 7).

Die Konzentration des cdc2-Proteins bleibt dort stets auf konstantem Niveau. Cyclin selbst wird ständig produziert, aber – bedingt durch eine sich ändernde unterschiedliche Abbaurate – steigt sein Gehalt während der Interphase und fällt in der Mitose. Während der Anreicherung lagern sich Cyclin-Moleküle mit cdc2-Molekülen zu einer inaktiven Vorstufe von MPF zusammen, die man Prä-MPF nennen könnte: Sie ist weder imstande, Phosphatgruppen auf Proteine zu übertragen noch die Mitose zu induzieren. Dieser Prä-MPF wird durch Enzyme wie cdc25 in die aktive Form überführt.

Der aktivierte MPF spielt sozusagen eine Doppelrolle als Herr und Diener, indem er direkt und indirekt den Anstoß zu allen Schritten der Mitose gibt – beispielsweise initiiert er den Abbau der Kernhülle. In seiner Rolle als Diener phosphoryliert er selbst bestimmte Proteine der Kernmembran, die Lamine (Bild 8). Als Herr teilt er anderen Molekülen ihre Aufgaben zu und löst eine Kaskade molekularer Interaktionen aus, die schließlich in einer weiteren Übertragung von Phosphatgruppen auf die Lamine gipfelt. Die Folge: Die Lamine trennen sich in ihre Grundeinheiten, die Kernmembran beginnt mithin zu zerfallen.

Außer solchen Vorgängen wie den Aufbau der Kernspindel, die in der Teilung von Zellkern und übriger Zelle münden, kontrolliert der aktive Faktor auch Enzyme, die das Cyclin abbauen; und zwar aktiviert er sie (Bild 7). Die Mitose endet, wenn der Cyclin-Gehalt unter einen bestimmten Schwellenwert fällt. Ohne Cyclin können das cdc2-Protein und damit der MPF nicht aktiv bleiben.

Wenn der Faktor an Einfluß verliert, gewinnen Phosphatasen die Oberhand und beseitigen alle Phosphatgruppen, deren Anlagerung an Proteine er im Laufe der Mitose bewirkt hat. Im Fall der Lamine bildet sich daraufhin spontan eine neue Kernhülle. Inaktiviert werden auch

Enzyme, die der MPF durch seine Tätigkeit gewissermaßen angeschaltet hatte, darunter solche, die Cyclin abbauen. Zusammen mit der kontinuierlichen Neusynthese von Cyclin läßt dies dessen Gehalt während der Interphase wieder ansteigen – und damit beginnt der Zellzyklus von neuem.

In Froscheiern schwankt die Cyclin-Konzentration gänzlich unabhängig von irgendwelchen Ereignissen im Kern – und dies stützt die Existenz eines autonomen Taktgebers, der als treibende Kraft hinter dem Zellzyklus steht. In den meisten anderen Zellen jedoch modulieren, wie aus den genetischen Studien zu schließen ist, im Kern ablaufende Vorgänge die des Zellzyklus.

Hefezellen wie auch die Körperzellen vielzelliger Organismen verfügen über Mechanismen, den Übergang in die Mitose so lange aufzuschieben, bis die DNA repliziert ist und eventuelle Schäden darin repariert worden sind. Entsprechend teilen diese Zellen während der Mitose auch erst dann ihre Chromosomen auf, wenn alle korrekt an den Fasern des Spindelapparats befestigt und ausgerichtet sind.

Somit ist sowohl die Uhrwerk- als auch die Domino-Theorie richtig – je nachdem, um welchen Zelltyp es sich handelt. Auf Körperzellen scheint eher die Domino-Theorie zuzutreffen; der Taktgeber, der bei Froscheiern selbständig den Zellzyklus reguliert, ist hier einem komplizierten Kontroll- und Ausgleichssystem unterworfen.

Wir können bis jetzt nur darüber spekulieren, wie in solchen Zellen Vorgänge im Kern die Aktivität des MPF beeinflussen. Eine unvollständige DNA-Replikation während der Interphase könnte zum Beispiel ein Stoppsignal für die weitere Anhäufung von Cyclin, cdc25 oder einem verwandten cdc-Molekül erzeugen. Denkbar ist auch, daß eine fehlerhafte Anheftung am Spindelapparat während der Mitose ein Signal produziert, das den Abbau von Cyclin vorübergehend stoppt.

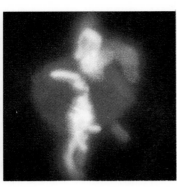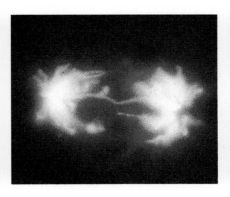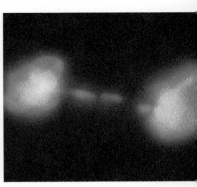

START-Punkt:
Entscheidung zur DNA-Replikation

Solche Regelkreise und die ihnen zugrundeliegenden biochemischen Prozesse sind allerdings immer noch nicht alles, was in ein vollständiges Modell der Kontrollmechanismen für den Zellzyklus einbezogen werden muß. So weiß man inzwischen, daß in nicht-embryonalen Körperzellen von Organismen sowie in Zellen während der späten Embryonalphase die Entscheidung zur DNA-Replikation in der Interphase nicht minder präzise reguliert wird wie die zum Eintritt in die Mitose. Auch dies gilt es, bei einem vollständigen Modell zu berücksichtigen.

Diesen zweiten Kontrollpunkt hat erstmals Hartwell identifiziert und *START transition*, START-Übergang, genannt (Bild 1). An Sproßhefe wies er nach, daß die Zelle an diesem Übergangspunkt prüft, ob sie schon ausreichend gewach-

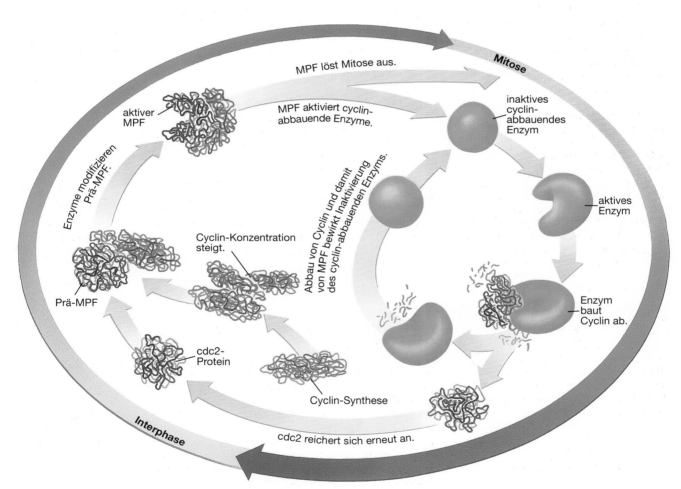

Bild 7: Modell der Mitosesteuerung in befruchteten Froscheiern, die sich nun teilen. Während der Interphase (blau) reichert sich eine bestimmte Variante von Cyclin in der Zelle an. Es vereinigt sich mit dem cdc2-Protein zu einer inaktiven Vorstufe des MPF (englisch *maturation promoting factor*, reifungsfördernder Faktor). Diese wird dann von Enzymen in die aktive Form überführt. Erst sie löst die Mitose aus und aktiviert Enzyme, die Cyclin abbauen. Mit der Zerstörung von Cyclin verschwindet auch der MPF. Die es abbauenden Enzyme werden ruhiggestellt, so daß sich schließlich Cyclin erneut in der Zelle anreichern kann. Bei einer Vielzahl anderer Zelltypen ist das Durchschreiten des START-Punktes, die Entscheidung zur Verdopplung ihrer Erbsubstanz, ebenfalls ein präzise gesteuerter Vorgang – hierbei übt ein Komplex aus cdc2 und einer anderen Cyclin-Variante die Kontrollfunktion aus.

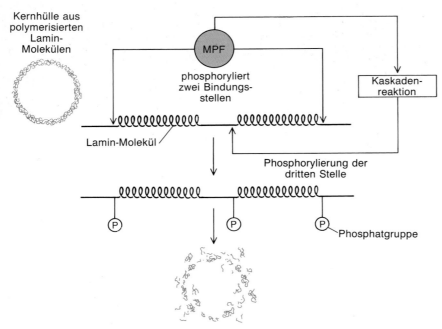

Kernhülle aus polymerisierten Lamin-Molekülen

MPF

phosphoryliert zwei Bindungs-stellen

Kaskaden-reaktion

Lamin-Molekül

Phosphorylierung der dritten Stelle

P

P

P Phosphatgruppe

Lamin-Moleküle trennen sich in Grundeinheiten, Kernhülle löst sich auf

Bild 8: MPF löst die Mitose unter anderem dadurch aus, daß er die Kernmembran abbaut. Teils direkt, teils indirekt überträgt er Phosphatgruppen auf Lamine, polymerisierte Proteine der Kernhülle. Selbst phosphoryliert er zwei Phosphat-Bindungsstellen auf dem Lamin-Molekül; die dritte läßt er, indem er eine Kaskade von Reaktionen anstößt, von einem anderen Enzym phosphorylieren. Danach zerfällt das Lamin.

sen ist, um problemlos mit der DNA-Replikation beginnen und danach in die Mitose eintreten zu können. Bei Nährstoffmangel stoppt ihr Zyklus charakteristischerweise am START-Punkt.

Das Überschreiten des START-Punktes wird ganz ähnlich kontrolliert wie der Eintritt in die Mitose — es hängt wieder von der Aktivierung des cdc2-Proteins ab, und diese von der Anreicherung von Cyclin. Aber das hier involvierte Cyclin ist nicht identisch mit dem an der Mitose beteiligten. Es gibt tatsächlich zwei Klassen von Cyclinen: Eine reguliert den Eintritt in die Mitose und Meiose, die andere, strukturell sehr ähnliche hingegen die DNA-Replikation.

Das Überschreiten des START-Punktes wird auch von Nährstoffen, Hormonen und Wachstumsfaktoren beeinflußt, indem sie die Anreicherung von Cyclin schon vor dem START-Punkt regulieren. Anders als bei Froscheiern, die in der Regel nach Vollendung eines Mitosezyklus einfach in den nächsten übergehen, unterbrechen die meisten Zellen in der Interphase automatisch den Zyklus, bis sie besondere Anweisungen von außen bekommen, den START-Kontrollpunkt erneut zu passieren.

Es ist nicht überraschend, daß die meisten Zellen über vielschichtige Kontrollen ihres Zyklus verfügen. Gerade vielzellige Organismen brauchen Kontroll-

und Ausgleichsmöglichkeiten, um Vorgänge innerhalb des Zellzyklus zu koordinieren und mit den Bedürfnissen des Gesamtorganismus abzustimmen. Regulieren zu können, wann Zellen wachsen, sich teilen und spezialisieren, ist für eine geordnete Entwicklung des Embryos ebenso entscheidend wie für die Gesundheit und letztlich das Überleben des ausgewachsenen Organismus.

Die wissenschaftlichen Fortschritte auf diesem Gebiet, insbesondere in den letzten fünf Jahren, sind bemerkenswert. Cyclin, cdc2 und Modulatoren wie cdc25, die den Zellzyklus von Froscheiern und Hefezellen regulieren, scheinen demnach für alle eukaryontischen Zellen grundlegend zu sein.

Doch sind die Zellen, denen wir die wichtigsten Einblicke verdanken, in vielerlei Hinsicht als Spezialfälle anzusehen. Froscheier sind praktisch immun gegenüber äußeren Einflüssen, die den Zyklus vieler anderer Zellen steuern, und Hefezellen sind nun einmal selbständige Organismen. Daher muß man durch weitere Forschungen über diese einfachen Systeme hinaus zu verstehen suchen, wie cdc2, Cyclin und ihre Modulatoren in vielzelligen Organismen mit extrazellulären Signalen interagieren. Erst dann wird es möglich, Krankheiten wie Krebs, bei dem diese Regulationsmechanismen irgendwie versagen, vollständig zu verstehen.

Es gilt auch, genauer zu klären, wie der Cyclin-cdc2-Komplex an den verschiedenen Ereignissen des Zellzyklus beteiligt ist. Worin zum Beispiel besteht sein genauer Beitrag beim Auslösen der Spindelbindung oder der Kondensation der Chromosomen? Welche Enzyme werden von ihm beeinflußt, und was genau machen diese während der Mitose? Welche Signale beeinflussen seine Aktivität, wenn während der Mitose im Kern etwas schiefläuft? Mit etwas Glück wird die Zellzyklus-Forschung auch diese Fragen in naher Zukunft beantworten können.

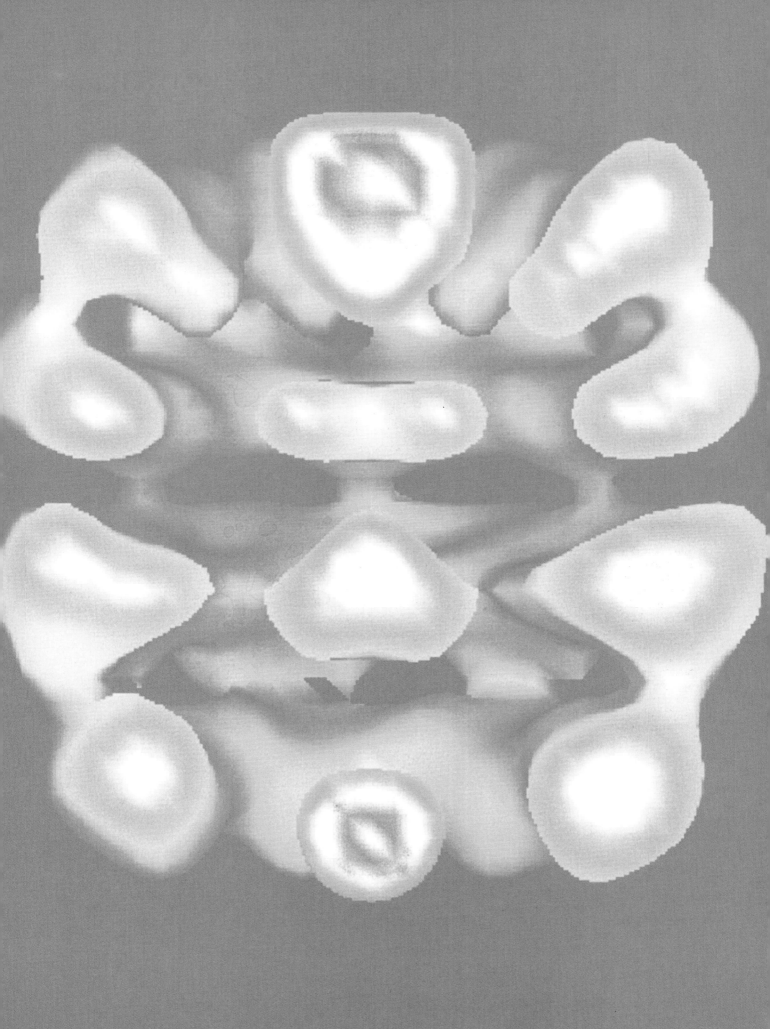

Der Acetylcholin-Rezeptor

Die Aufklärung eines der wichtigsten Empfängermoleküle
für Neurotransmitter ermöglicht tieferen Einblick in die Steuerung der chemischen
Signalübertragung zwischen Nervenzellen. Viele der gefundenen Eigenschaften sind weit
verbreitet; sie treten zum Beispiel im Säugetiergehirn ebenso auf wie im elektrischen Organ
des Zitterrochens, und sie gelten ähnlich auch für etliche andere Rezeptorarten.

Von Jean-Pierre Changeux

Schon 1904 meinte der britische Wissenschaftler T. R. Elliot, Nervenzellen würden außer elektrischen auch chemische Signale austauschen und auf diese Weise zudem mit anderen Zelltypen Kontakt haben. Der elektrische Impuls (das Aktionspotential) eines erregten Neurons sollte es veranlassen, bestimmte Substanzen freizusetzen.

Heute nennt man diese Stoffe Neurotransmitter, und man weiß, daß die dadurch angeregte Empfängerzelle bestimmte Ionen (elektrisch geladene Moleküle) aufnimmt oder ausstößt. Daraufhin ändert sich die elektrische Ladung an ihrer Außenmembran, und schließlich entsteht ein neuer elektrischer Impuls.

Ungefähr 50 verschiedene solche Überträgerstoffe sind bislang identifiziert, wobei das einzelne Neuron gleich mehrere davon ausschütten kann. Es war nicht einfach, den Wirkmechanismus dieser Botenmoleküle zu ergründen, besonders was ihre Funktionsweise im Gehirn betrifft. Wie beeinflussen sie den Ionentransport, und wie kommt infolgedessen das neue Signal zustande?

Allmählich hat man in den letzten 25 Jahren aber doch immer mehr Aspekte dieser komplizierten Vorgänge aufklären können, unter anderem in meinem Laboratorium am Pasteur-Institut in Paris. So kennt man inzwischen die herausragende Rolle, die dabei Rezeptormolekülen zukommt, die aus der Zellmembran der Empfängerzelle ragen und helfen, die chemische Botschaft wieder in ein elektrisches Signal zu verwandeln. Wir wissen sogar bereits teilweise, wie manche wichtigen Rezeptoren dies bewerkstelligen. Sie gehören – auch dies war eine überraschende Erkenntnis – zu einer bedeutenden Überfamilie: den sogenannten neurotransmitter-kontrollierten Ionenkanälen, denn sie alle reagieren zum einen auf die Botenstoffe und haben zum anderen einen Tunnel, den Ionen passieren können.

Hilfe durch Gifte und Drogen

Viele der Erkenntnisse über diese Moleküle stammen aus den siebziger und achtziger Jahren, insbesondere solche über einen Rezeptor, der zuerst aus dem elektrischen Organ von Fischen isoliert worden war (Bild 2). Eigentlich begann die Aufklärung aber schon Jahrzehnte früher, denn bereits 1906 hatte John Newport Langley von der Universität Cambridge in England vermutet, Körpergewebe enthielte Rezeptoren für Arzneimittel, Drogen und Gifte. Damit legte er den Grundstein für die Erforschung der Wirkung von Neurotransmittern.

Langley hatte die Angriffsweise des Pfeilgiftes Curare untersucht, das die Atmung des Opfers lähmt. Die Frage war, ob es die motorischen Nerven für die Atemmuskeln oder die Muskeln selbst blockiert. So stimulierte Langley ein Skelettmuskelpräparat eines Huhns zunächst mit Nikotin, und zwar an einer Stelle, wo sonst motorische Nerven ansetzen, die den Muskel aktivieren. Er löste dadurch wie erwartet eine heftige Kontraktion aus. Dann verabreichte er an derselben Stelle Curare, und der Muskel erschlaffte. Daraus folgerte der Forscher, das Pfeilgift wirke direkt auf das Muskelgewebe; dieses müsse auf der Oberfläche „eine besonders erregbare Komponente" tragen, eine „rezeptive (empfängliche) Substanz", die sich sowohl mit Curare als auch mit Nikotin zu verbinden vermag.

Mittlerweile ist bekannt, daß beide Stoffe sich gerade dort anlagern, wo – an der Verbindungsstelle zwischen Nerv und Muskel (der motorischen Endplatte) – an sich der Neurotransmitter Acetylcholin an seinen Rezeptor andockt. Ebenso wie dieser im Körper produzierte Botenstoff wirkt Nikotin stimulierend, als Aktivator oder Agonist, das Curare hingegen als Blocker oder Antagonist; selbst erzeugt das Gift keinerlei Erregung im Muskel, unterbindet aber die Wirkung der stimulierenden Stoffe.

So bestechend das Rezeptor-Konzept war – seine tatsächliche Bedeutung wurde lange nicht erkannt. Es fehlten die Techniken, um Rezeptoren zu isolieren. Vor allem aber konnte man sich schwer vorstellen, wie ein Stoff dadurch, daß er sich an Rezeptormoleküle auf einer Zelloberfläche anlagert, den Ionenfluß durch Membrankanäle beeinflussen sollte.

Während meiner Doktorarbeit Mitte der sechziger Jahre fand ich einen ersten theoretischen Ansatz zur Lösung des Problems. Wenige Jahre zuvor hatten Strukturuntersuchungen des Blutfarbstoffs Hämoglobin und einiger Enzyme erkennen lassen, daß diese Moleküle wohl mehrere verschiedene Bindungsstellen zum Anlagern anderer Substanzen haben. Zusammen mit meinen Lehrern Jacques Monod und François Jacob (Nobelpreisträgern von 1965) sowie ihrem Kollegen Jeffries Wyman schlug ich als Erklärung vor, daß bestimmte Enzyme indirekt, nämlich allosterisch, aktiviert würden: Durch eine Bindung an einer Stelle des Moleküls sollte eine andere Stelle neue Eigenschaften erhalten, ohne daß zusätzliche Energie erforderlich wäre. Nach dieser Vorstellung ändert die erste Bindung die Konformation, also die räumliche Struktur des Enzyms, so daß die zweite Bindungsstelle – die für das vom Enzym umzusetzende Substrat – reaktionsbereit wird.

In meiner Dissertation deutete ich kurz an, daß Rezeptoren für Neurotransmitter möglicherweise ähnlich funktionierten – daß sie vielleicht sowohl eine transmitterbindende Region hätten als auch eine, die einen Ionenkanal bildet. Wenn der Neurotransmitter an die Bindungsstelle andockt, würde dadurch das Molekül seine Konformation so ändern, daß die Kanalkomponente sich öffnet.

Diese These ließ sich nur prüfen, wenn man den Aufbau eines Rezeptors im Detail kannte. Bis dahin war solch ein Molekül aber nicht einmal isoliert worden, was also zunächst zu tun war.

Welchen Rezeptor sollten wir wählen? Aus den Arbeiten von David Nachmansohn, der Ende der dreißiger Jahre nach seiner Flucht aus Deutschland an der Sorbonne in Paris forschte, wußten wir, daß Acetylcholin nicht nur Muskeln zur Kontraktion bringt, sondern auch die elektrischen Organe (umgewandelte Muskelzellen) bestimmter Fische dazu veranlaßt, Stromstöße zu erzeugen. Die Spannung aufbauenden Zellen, die Elektrocyten, sind sehr groß und deshalb vergleichsweise gut experimentell zu handhaben. Außerdem trägt jedes elektrische Organ Unmengen von Acetylcholin-Rezeptormolekülen dicht bei dicht.

Wir beschlossen, diesen Rezeptor aus dem elektrischen Organ des Zitteraals (*Elektrophorus electricus*) zu isolieren. Dabei arbeitete ich mit Michiki Kasai zusammen, der nun an der Universität

Osaka (Japan) tätig ist. Für die chemische Analyse mußten wir das Gewebe zunächst zerkleinern und dann Membranstücke der innervierten Regionen heraussuchen. Günstigerweise schließen solche Membranfetzen sich von selbst zu winzigen Bläschen – Vesikeln – zusammen, die man mit radioaktiven Natrium- und Kalium-Ionen anfüllen kann, um dann die elektrischen Vorgänge an der Membran zu beobachten und experimentell zu untersuchen.

Die Präparate funktionierten wunschgemäß: Wie bei einem intakten Elektrocyten änderte sich der Ein- und Ausstrom von Ionen durch die Membran nach Zugabe von Acetylcholin auch bei den Vesikeln drastisch. Die Rezeptoren schienen also unversehrt geblieben zu sein. Wir konnten zudem nachweisen, daß der zweite Schritt – die Öffnung des

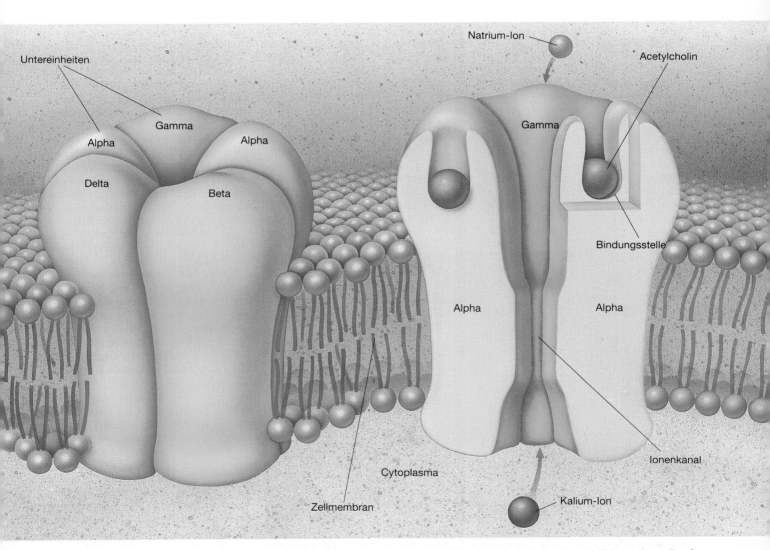

Bild 1: Von allen Empfängermolekülen für Neurotransmitter auf Zellmembranen wurde als erster der Acetylcholin-Rezeptor isoliert. Daraufhin ließ sich auch seine Struktur bestimmen. Er besteht aus fünf Protein-Untereinheiten, darunter zwei gleichen (links) und hat zwei Bindungsstellen für den Neurotransmitter sowie in der Mitte einen Ionenkanal, der die Zellmembran durchquert (rechts; beides angeschnitten). Solange sich kein Botenstoff-Molekül anlagert, bleibt der Rezeptor inaktiv und der Kanal geschlossen. Finden sich gleichzeitig zwei Acetylcholin-Moleküle ein, geht der Kanal unverzüglich auf und schleust Ionen durch.

Ionenkanals – tatsächlich keine zusätzliche Energie verbrauchte, mithin ein allosterischer Effekt vorlag.

Damals war die einzig mögliche Methode, ein Molekül auf einer Membran kenntlich zu machen und von anderen zu unterscheiden, es mit einer sich daran anlagernden radioaktiven Substanz zu markieren. Allerdings mußte sie sich fester daran binden als das Acetylcholin.

Im Frühjahr 1970 war gerade Chen-Yuan Lee von der Staatlichen Universität Taiwan in Taipeh in unserem Labor und berichtete von seinen Studien über Chemie und Wirkungsweise von Schlangengiften. Bestimmte Moleküle im Gift einer Kobra etwa oder eines Bungars (diese auch Kraits genannten, meist bunt geringelten Nattern leben in Südostasien) blockieren, ähnlich wie Curare, die Signalübertragung von den Motoneuronen auf die Muskulatur. Zu ihnen gehören die Alpha-Toxine. Wie Lee erläuterte, vermag das Alpha-Bungarotoxin des Vielbindenbungars bei höheren Wirbeltieren die Wirkung von Acetylcholin an den Muskeln praktisch irreversibel zu unterbinden. Dieses extrem starke Gift war für unsere Experimente der geeignete Markierungsstoff. Die Proben, die Lee uns zur Verfügung stellte, legten sich vorzüglich an die Rezeptoren an.

Damit ließen diese sich nun rein darstellen und schließlich auch näher bestimmen. Daß der Rezeptor ein Protein war, hatten wir bald herausgefunden. Im Jahre 1974 war dann auch seine Struktur

grob aufgeklärt, wozu andere Arbeitsgruppen beitrugen. Wir selbst wandten die Affinitätschromatographie an, eine spezifische Form der Adsorptionschromatographie: Wir entwickelten unlösliche Kügelchen mit molekularen Armen, an deren Ende ein Strukturanaloges von Curare hing, das sich an die Rezeptormoleküle fest anheften sollte. Mit diesen Kügelchen wurden die Trennsäulen beschickt. Bevor wir die Membranvesikel hinzugaben, behandelten wir sie mit einem Detergens, damit die verschiedenen Sorten von Molekülen sich voneinander lösten. Bei dem Trennverfahren wurden dann die Rezeptoren in der Säule festgehalten, alle übrigen Membranbestandteile hingegen durchgespült – wir brauchten jetzt nur noch die gesuchten Moleküle auszuwaschen, indem wir die Kügelchen mit einer zusätzlichen Dispersion des Curare-Analogen spülten, so daß die Rezeptoren sich an diese Moleküle in Lösung banden, und den Curare-Rezeptor-Aufschluß dann durch eine Membran zu filtern, die nur das Curare-Analoge durchließ. Somit hatten wir reine Acetylcholin-Rezeptoren gewonnen.

In einer ersten Untersuchung im Elektronenmikroskop, die Jean Cartaud vom Jacques-Monod-Institut in Paris durchführte, sah das Molekül von oben aus wie eine Rosette mit vertiefter Mitte. Wie Arthur Karlin von der Columbia-Universität in New York und Michael Raftery vom California Institute of Technology (Caltech) in Pasadena herausfan-

den, setzt es sich aus fünf Proteinketten (oder -untereinheiten) zusammen: zwei Alpha-Ketten mit identischer Masse und je einer Beta-, Gamma- und Delta-Kette von unterschiedlichem Molekulargewicht (Bild 1 und Kasten auf Seite 107). Karlin konnte zudem nachweisen, daß primär die Alpha-Untereinheiten für die Erkennung von Acetylcholin zuständig sind. (Heute steht fest, daß der Ionenkanal sich nur öffnet, wenn die Bindungsstelle beider Alpha-Ketten besetzt ist.)

Ordneten sich die fünf Untereinheiten etwa rund um einen zentralen Ionenkanal, der quer durch die Membran führt? Sah man im elektronenmikroskopischen Bild quasi in den Tunneleingang außen auf der Zelle? Um dies zu klären, mußten wir wissen, ob die isolierten acetylcholin-bindenden Moleküle überhaupt gleichzeitig Ionenkanäle waren.

Gerald L. Hazelbauer und ich bauten also 1974 in Vesikel aus Lipid-Membranen, die Lösungen von radioaktivem Natrium beziehungsweise Kalium einschlossen, zunächst gereinigte Membranstücke mit den Rezeptoren ein, später dann auch die gereinigten Rezeptormoleküle allein. In beiden Versuchen löste die Zugabe von Acetylcholin einen Ionenfluß aus, der sich durch Curare sowie Alpha-Bungarotoxin wieder blockieren ließ. Im Jahre 1980 stand somit endlich fest, daß der Rezeptor tatsächlich eine Doppelfunktion hat: Außer den Bindungsstellen für Acetylcholin weist er einen Ionenkanal auf, und er verfügt offenbar über einen Mechanismus, die beiden Funktionen zu verbinden.

Genetische Analysen

Um diese Prozesse genauer zu verstehen, mußte man die Sequenz der Bausteine kennen – des Strangs von Aminosäuren, der sich zu einem Protein zusammenknäult. Schon diese Anordnung läßt wegen des unterschiedlichen Verhaltens der einzelnen Aminosäuren auf die räumliche Konfiguration des Moleküls schließen und gleichzeitig auf bestimmte chemische Eigenschaften des gefalteten Proteins. Auch kann man daran einiges über die Funktion von einzelnen Domänen erkennen.

Zu der Zeit standen bereits Techniken zur Verfügung, die solche Analysen wesentlich erleichtern. So konnten Anne Devillers-Thiéry, Donny Strosberg und ich 1979 die ersten 20 Aminosäuren an einem Ende (dem sogenannten Aminoende) der Alpha-Untereinheit aufklären, und zwar vom Acetylcholin-Rezeptor des Marmor-Zitterrochens (*Torpedo marmorata*). Im wesentlichen die glei-

Bild 2: Zitterrochen dienten dazu, Struktur und Funktionsweise des Acetylcholin-Rezeptors aufzuklären. Ihr elektrisches Organ trägt die Moleküle milliardenfach.

Überraschend war, daß sie weitgehend den nikotinischen Acetylcholin-Rezeptoren in der Muskulatur höherer Tiere und sogar denen im menschlichen Gehirn gleichen.

Die Struktur des Acetylcholin-Rezeptors

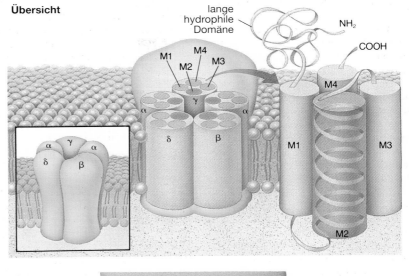

Der nikotinische Acetylcholin-Rezeptor ist ein komplexes Proteinmolekül aus fünf zylindrischen Untereinheiten (Alpha bis Delta, wobei Alpha zweimal eingebaut ist), das beidseits aus der Zellmembran (grün) herausragt. In der Mitte liegt ein durch die Membran ziehender Tunnel: der Ionenkanal (oben). Jede Untereinheit endet am Aminoende (NH_2) in einer langen hydrophilen (wasserliebenden) Region, die in den Zellaußenraum ragt. Außerdem enthält sie vier hydrophobe (wasserabstoßende) Segmente, welche die Membran durchspannen: M1 bis M4. Das Segment M2 (lila) liegt zum Ionenkanal hin.

Die beiden Bindungsstellen für den Neurotransmitter befinden sich in der hydrophilen Region am Aminoende der Alpha-Untereinheiten (Mitte, in Aufsicht von außerhalb der Zelle). Die hier als gelbe Kugeln markierten Aminosäuren formen zusammen eine Tasche, in der das Acetylcholin-Molekül sich anbindet. Dabei helfen Aminosäuren von anderen Untereinheiten (rosa).

Wie der Ionenkanal biochemisch aussieht, ist unten rechts am Beispiel eines spezifischen Rezeptors dargestellt. Bestimmte Aminosäuren der fünf M2-Untereinheiten bilden gewissermaßen Ringe. Drei von ihnen (blau) haben im Innern eine negative elektrische Ladung, so daß positiv geladene Ionen hindurchgeschleust werden können. In der Mitte des Tunnels befindet sich ein Ring ohne Ladung aus der Aminosäure Leucin (grün). Wahrscheinlich bewegt sich das Molekül an dieser Stelle, wenn der Ionenkanal geöffnet oder geschlossen wird. Dieser Leucinring ist für die Desensibilisierung des Rezeptors wichtig.

Die Elektronendichtekarte des Rezeptors im Längsschnitt (links unten) zeigt die mutmaßliche Lage von zwei M2-Segmenten. Sie stammt von Nigel Unwin vom britischen Medizinischen Forschungsrat in Cambridge.

Bindungsstelle für Neurotransmittler

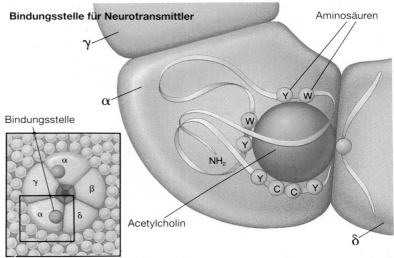

Ionenkanal

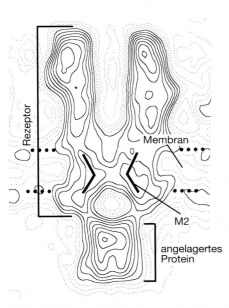

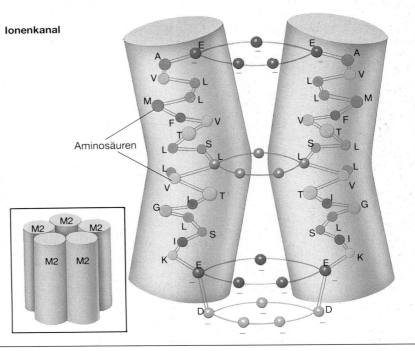

che Abfolge bestimmten später Raftery, Leroy E. Hood und ihre Kollegen vom Caltech für den Kalifornischen Zitterrochen (*T. californica*). Mehr noch: Die 54 endständigen Aminosäuren am Aminoende der vier Typen von Untereinheiten waren, wie sie feststellten, wider Erwarten zu 35 bis 50 Prozent identisch, also homolog.

Dies bedeutet vermutlich, daß die für diese Untereinheiten codierenden Gene ursprünglich auf ein- und dasselbe Erbmolekül zurückgehen, das sich später zweimal verdoppelt haben muß, und die Abkömmlinge sind dann im Verlauf der Generationen mutiert. Die sich immer noch sehr ähnlichen Genprodukte arrangieren sich heute symmetrisch um eine zentrale Achse, eben den Ionenkanal.

Im Jahre 1983 hatte das Team von Shosaku Numa an der Universität Kioto (Japan) die gesamten Sequenzen der vier Sorten von Untereinheiten des Rezeptors vom Kalifornischen Zitterrochen aufgeklärt. Die Sequenz der Gamma-Kette hatten auch drei andere Labors gefunden, darunter wir.

Diese Gruppen steuerten zudem die Sequenz der Alpha-Untereinheit vom Marmor-Zitterrochen bei. Später veröffentlichte Numa auch die Sequenzen aller Untereinheiten des Acetylcholin-Rezeptors im menschlichen Muskel; wie sich zeigte, unterscheidet das Molekül sich wenig von dem im elektrischen Organ von Rochen.

Jede der Untereinheiten enthält einen langen hydrophilen Abschnitt am Aminoende sowie vier getrennte hydrophobe Segmente aus je ungefähr 20 Aminosäuren (M1 bis M4, vom Aminoende aus gezählt; Kasten auf Seite 107). Hydrophobe Bereiche stoßen Wasser ab und haben eine Affinität zu Lipiden, aus denen etwa Zellmembranen aufgebaut sind; hydrophile Bereiche verhalten sich umgekehrt, tendieren also hin zu wäßrigen Lösungen, wie sie im Innern und in den Zwischenräumen von Zellen vorliegen. Demnach war zu vermuten, daß sich die Kette mit den wasserabstoßenden Abschnitten viermal quer durch die Membran legt und das hydrophile Ende herausragt.

Nach einem Modell, das sich später bestätigte, sollte die lange hydrophile Region am Anfang der Kette außerhalb der Zelle liegen. Diese Stelle an den beiden Alpha-Ketten, die ja hauptsächlich für das Ergreifen des Acetylcholinmoleküls zuständig sind, wäre damit eine ideale Bindungsstelle für den Neurotransmitter. Es schien zudem plausibel, daß von den vier die Membran durchziehenden Segmenten aus jeder Untereinheit jeweils eines in der Mitte der Roset-

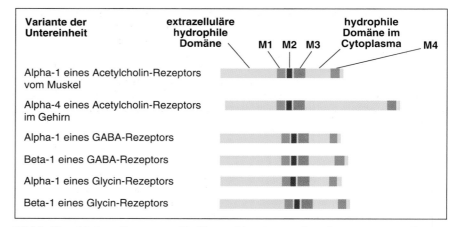

Variante der Untereinheit	extrazelluläre hydrophile Domäne	M1	M2	M3	hydrophile Domäne im Cytoplasma	M4
Alpha-1 eines Acetylcholin-Rezeptors vom Muskel						
Alpha-4 eines Acetylcholin-Rezeptors im Gehirn						
Alpha-1 eines GABA-Rezeptors						
Beta-1 eines GABA-Rezeptors						
Alpha-1 eines Glycin-Rezeptors						
Beta-1 eines Glycin-Rezeptors						

Bild 3: Verschiedene Rezeptoren für Neurotransmitter ähneln sich in ihrem molekularen Aufbau so außerordentlich, daß sie vermutlich in eine Superfamilie mit gemeinsamem evolutivem Ursprung gehören. Wenn man die Proteine entrollt (rechts im Schema dargestellt), erkennt man die weitgehende Übereinstimmung in der Abfolge von bestimmten Regionen. So weisen die hier dargestellten Rezeptoren sämtlich an ihrem einen Ende – dem Aminoende – einen langen hydrophilen (wasserliebenden) Abschnitt auf, der aus der Zelle herausragt und offenbar den Botenstoff bindet. Auch die vier mutmaßlich die Membran durchspannenden separaten Segmente (M 1 bis M 4) aus hydrophoben (wassermeidenden) Aminosäuren sind ihnen allen eigen.

te liegt und mit den vier anderen – gleichen – zusammen den Ionenkanal bildet; es entstünde quasi ein schlankes Faß aus fünf Dauben.

Unterschiedliche Reaktionen

Die Sequenzierung der Untereinheiten half die Verwirrung lösen, die bis dahin über das Verhalten von Acetylcholin-Rezeptoren herrschte, die man Anfang der achtziger Jahre im Gehirn höherer Wirbeltiere gefunden hatte. Von den auf Nikotin ansprechenden (nikotinischen) Rezeptoren ließ sich merkwürdigerweise offenbar nur ein Teil mit Alpha-Bungarotoxin blockieren. Auch ein anderes Gift derselben Schlange, das neuronale Bungarotoxin, verhielt sich selektiv, indem es sich nur an bestimmte Gehirnrezeptoren band. (An sich verhält es sich noch komplizierter: Das Gehirn enthält außerdem muscarinische Acetylcholin-Rezeptoren – sie sprechen auf Muscarin, ein Pilzgift, an, bestehen lediglich aus einem einzelnen Proteinfaden und haben keinen Ionenkanal. Sie benutzen zur Signalübermittlung intrazelluläre Botenstoffe wie G-Proteine.)

James W. Patrick, Stephen F. Heinemann und ihre Kollegen am Salk-Institut für Biologische Forschung in San Diego (Kalifornien) sowie Marc Ballivet von der Universität Genf konnten auch von diesen Gehirnrezeptoren die Aminosäuresequenzen ermitteln. Dabei leitete sie die Vermutung, daß die Abfolge trotz teilweise unterschiedlichen Verhaltens ähnlich sein könnte wie die der Rezepto-

ren von Muskeln oder elektrischen Organen. Falls das zutraf, müßten auch die für die Proteine codierenden Gene sich ähneln. Dann aber wäre es nicht schwierig, diese Gene aus Gehirnaufschlüssen herauszufischen: Als Angel sollten die genetischen Sequenzen dienen, die man aus der Abfolge der Proteinbausteine in den Rezeptormolekülen vom elektrischen Organ des Rochens bereits kannte.

Die Methode heißt DNA-Hybridisierung. Man macht sich dabei zunutze, daß die Nucleotid-Bausteine der DNA eine Kette bilden, die sich bereitwillig mit einer zweiten – komplementären – zu einem Doppelstrang zusammenlegt. (Im Genom gibt es deshalb praktisch nur Doppelstränge.) Gleiches geschieht im Experiment, wenn der andere Strang von einem verwandten Gen herrührt. Tatsächlich fanden sich in Wirbeltiergehirnen einschließlich denen von Menschen sieben Typen der Alpha-Untereinheit sowie drei weitere, die meist als Beta-Untereinheit klassifiziert werden. Die unterschiedliche Reaktion auf Schlangengift hing vermutlich mit dieser Variationsbreite zusammen: mit geringen Abweichungen in der Abfolge der Aminosäuren in einer oder auch mehreren der Untereinheiten eines Rezeptors.

Als man die Gene für die Untereinheiten einzeln oder wahlweise kombiniert in Zellen einpflanzte (in der Regel nimmt man Eizellen des südamerikanischen Krallenfrosches), entstanden durchaus funktionsfähige, typisch rosettenförmige Rezeptoren aus fünf Untereinheiten. Wie sich zeigte, gelingt dies mit fast allen Untereinheiten – vorausgesetzt, wenigstens eine Alpha-Variante und eine andere sind vorhanden.

Man konnte so auch experimentell austesten, wie die Rezeptoreigenschaften sich ändern, wenn man Varianten von Untereinheiten gegeneinander austauscht. Zum Beispiel blockierte das zweite (neuronale) Bungarotoxin zwar Rezeptoren, die aus Beta-2- sowie entweder aus Alpha-3- oder aus Alpha-4-Untereinheiten bestanden, nicht aber solche aus Beta-2- und Alpha-2-Untereinheiten.

Verwandtschaft unter Rezeptoren

Gleichzeitig wurden damals Rezeptoren für andere Neurotransmitter chemisch analysiert. Zu aller Erstaunen glichen der Rezeptor für Gamma-Aminobuttersäure (GABA) und der für Glycin in vielem dem für Acetylcholin. Denn schließlich schleust der erregte nikotinische Acetylcholin-Rezeptor positiv geladene Ionen (Kationen wie das Natrium- und das Kalium-Ion) durch die Membran, die Rezeptoren für GABA und Glycin sind hingegen für das negativ geladene Chlorid-Anion zuständig; außerdem verhindert der Einstrom von Chlorid-Ionen in die Zelle gerade, daß ein elektrischer Impuls entsteht – diese Rezeptoren können somit den Effekten erregender (exzitatorischer) Rezeptoren entgegenwirken.

Trotzdem haben sowohl der GABA- als auch der Glycin-Rezeptor nicht nur ebenfalls mehrere Untereinheiten (was noch nicht so verblüffend wäre), sondern die hydrophoben und hydrophilen Domänen sind auffallend ähnlich darin verteilt wie im nikotinischen Acetylcholin-Rezeptor (Bild 3). Dies stellten Heinrich Betz, der damals an der Universität Heidelberg arbeitete, und Eric A. Barnard vom britischen Medizinischen Forschungsrat in Cambridge fest, als sie die vollständigen Sequenzen entschlüsselten. Es lag nahe, daß auch diese Moleküle sich so verknäulen, daß sie viermal die Membran durchspannen. Auch schienen sie gleichermaßen eine Bindungsstelle für den Neurotransmitter und einen Ionenkanal zu haben.

Neueren Arbeiten zufolge dürften auch einige Serotonin-Rezeptoren so aussehen. Sie wirken wie der für Acetylcholin erregend auf die Zelle, schleusen mithin Kationen durch die Membran. All diese Rezeptoren faßt man heute in einer Überfamilie von genetisch und strukturell verwandten neurotransmitter-kontrollierten Ionenkanälen zusammen. (Die Rezeptoren für den häufigen Neurotransmitter Glutamat scheinen entfernter zu

stehen: Auch sie haben eine Bindungsstelle für den Neurotransmitter und einen Ionenkanal, unterscheiden sich aber im Aufbau.)

Es gibt jetzt auch konkrete Hinweise auf das allosterische Verhalten dieser Proteine. Wie man in dem Fall erwarten sollte, liegen Neurotransmitter-Bindungsstelle und Ionenkanal sehr weit auseinander – etwa 30 Ångström (3 millionstel Millimeter). Und die Untereinheiten variieren: Ein GABA-Rezeptor mag in der einen Hirnregion etwas anders aussehen und funktionieren als in einer anderen. So verstärken Benzodiazepine (etwa das Beruhigungsmittel Valium) die hemmende Wirkung des aktivierten Rezeptormoleküls auf die Zelle nur bei bestimmten Rezeptorsorten; sie binden sich dazu an eine andere Region im Molekül als die Gamma-Aminobuttersäure.

Je besser man all diese Details kennt, desto eher dürfte es möglich sein, spezifisch wirksame Medikamente zur Behandlung verschiedenster hirnorganischer Störungen und seelisch-geistiger

Erkrankungen zu entwickeln. Außerdem ließen sich vielleicht auch neue Mittel etwa gegen die Zerstörung von Hirngewebe nach einem Schlaganfall oder sogar gegen den geistigen Zerfall bei der Alzheimer-Krankheit finden.

Dazu muß man wiederum einen Rezeptor in allen Einzelteilen kennen. Um eine bestimmte Bindungsstelle oder eine sonstwie wirksame Struktur in einem Molekül auszumachen, kann man zum Beispiel ein sich dort fest anlagerndes Molekül markieren und so die beteiligten Aminosäuren identifizieren. Michael Dennis, Jérôme Giraudat, Jean-Luc Galzi und mir gelang das an dem von uns isolierten Acetylcholin-Rezeptor des Zitterrochens mit einer Substanz namens DDF oder p-(N,N-Dimethyl)aminobenzoldiazoniumfluoroborat. Für deren Bindung sind, wie wir dabei herausfanden, mehrere aromatische Aminosäuren bedeutsam (solche Aminosäuren enthalten Ringstrukturen). Gleichzeitig konnten wir Karlins Beobachtung bestätigen, daß eine (Disulfid-)Bindung von zwei Cysteinmolekülen vorliegt. Die markierten

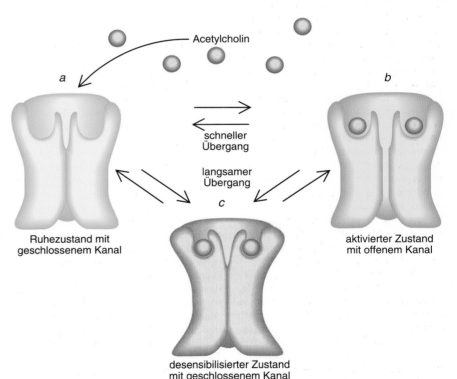

Bild 4: Der nikotinische Acetylcholin-Rezeptor kann mehrere Konformationen annehmen und ist dann in unterschiedlichem Maße reaktiv. Im Ruhezustand (*a*) ist der Ionenkanal geschlossen; zugleich ist die Affinität für den Transmitter Acetylcholin schwach. Ist der Rezeptor nun kurzzeitig einer hohen Konzentration des Botenstoffs ausgesetzt, nimmt er, indem er das Acetylcholin bindet, den aktivierten Zustand mit geöffnetem Ionenkanal ein (*b*); es dauert aber nur Millisekunden, bis das Acetylcholin wieder frei wird. Anders verhält sich ein Rezeptor, wenn er dem Acetylcholin kontinuierlich ausgesetzt ist: Dann bindet er die Signalmoleküle sekunden- oder sogar minutenlang, und sein Ionenkanal bleibt derweil geschlossen; der Rezeptor spricht in diesem Zustand nicht auf neu freigesetztes Acetylcholin an (*c*).

Aminosäuren befinden sich in drei getrennten Abschnitten in der langen hydrophilen Domäne am Aminoende der Untereinheiten. Sie bilden zusammen eine Einsenkung mit negativer Ladung, so daß der positiv geladene Bereich des Acetylcholinmoleküls darin aufgenommen werden könnte (Kasten auf Seite 107 Mitte).

Daß die markierten Aminosäuren tatsächlich für die Rezeptorfunktion entscheidend sind, wiesen wir dann zusammen mit Daniel Bertrand von der Universität Genf nach. Ein künstlich hergestellter Rezeptor nur aus Alpha-7-Untereinheiten aus dem Gehirn des Huhns (eine der Ausnahmen der Regel, daß auch noch irgendwelche anderen Untereinheiten enthalten sein müssen) reagierte nicht mehr mit Acetylcholin, als wir die beim Zitterrochen – und offenbar auch beim Huhn – bindenden Aminosäuren austauschten. Dies alles bestätigte endgültig, daß das lange hydrophile Ende der Alpha-Untereinheit aus der Zelle herausragen muß, dort das von der signalisierenden Nervenzelle ausgeschüttete Acetylcholin abfängt und das Öffnen des Ionenkanals steuert.

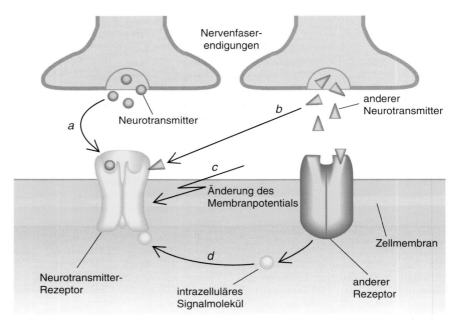

Bild 5: Die augenblickliche Reaktionsbereitschaft eines Acetylcholin-Rezeptors dürfte von vielen Faktoren gleichzeitig beeinflußt sein – sowohl vom chemischen Geschehen im Innern und außerhalb der Zelle als auch von den elektrischen Vorgängen an der Zellmembran. Besonders wichtig außer der Konzentration und Freiset- **zungsrate des spezifischen Transmitters (*a*) sind vermutlich andere von außen kommende Neurotransmitter oder sonstigen Wirkstoffe, die sich unter Umständen anlagern (*b*), Spannungsänderungen über der Zellmembran (*c*) sowie bestimmte Signalstoffe in der Zelle, die mit dem Rezeptor interagieren, zum Beispiel Ionen (*d*).**

Der Ionenkanal

Mit ähnlichen Markierungsverfahren wurde auch – und zwar zuerst beim Rezeptor am elektrischen Organ des Zitterrochens – die Struktur des Ionenkanals von Acetylcholin aufgeklärt. Es kostete einige Mühe, bis wir Ende 1985 zeigen konnten, daß das dämpfende Neuroleptikum Chlorpromazin sich an Aminosäuren des hydrophoben Segments M2 zumindest der Delta-Untereinheit anlagert. Dies und ein ähnlicher Befund von Ferdinand Hucho und seinen Mitarbeitern an der Freien Universität Berlin ließen vermuten, daß der Ionenkanal wohl von den M2-Segmenten der fünf Untereinheiten ausgekleidet ist.

Dies bestätigten Numa und Bert Sakmann, der damals am Max-Planck-Institut für biophysikalische Chemie in Göttingen arbeitete, indem sie gezielt Aminosäuren austauschten. (Sakmann, nun am Max-Planck-Institut für medizinische Forschung in Heidelberg tätig, erhielt 1991 zusammen mit seinem ehemaligen Göttinger Kollegen Erwin Neher den Nobelpreis für Physiologie oder Medizin.) Sie fanden im Kanal mindestens drei Ringe aus fünf negativ geladenen Aminosäuren, die offenbar zum Transport der (positiven) Ionen beitragen. Die Aminosäuren gehören, wie erwartet, zu den M2-Regionen. Sie ordnen sich jeweils parallel zur Zellmembran an, wo-

bei je ein Ring direkt am Ein- beziehungsweise Ausgang des Kanals zu liegen kommt (der innere heißt intermediärer Ring) und der dritte nahe vor der inneren Öffnung bereits im Zellinnenraum (Kasten auf Seite 87 unten rechts; siehe auch „Die Erforschung von Zellsignalen mit der Patch-Clamp-Technik" von Erwin Neher und Bert Sakmann, Spektrum der Wissenschaft, Mai 1992, Seite 48).

Wäre bei den anderen, doch offenbar ähnlich konstruierten Rezeptorarten – für GABA, Glycin und Serotonin – der Ionenkanal ebenfalls aus den M2-Segmenten gebildet? Wie unsere Nachforschung erbrachte, ist dies tatsächlich der Fall, obwohl sie negativ statt positiv geladene Ionen durchlassen. Anscheinend kommt das unterschiedliche Verhalten durch wenige andere Aminosäuren zustande: Als Bertrands und meine Arbeitsgruppe in den Alpha-7-Rezeptor drei Aminosäuren von der M2-Untereinheit eines GABA-Rezeptors – dabei die für den intermediären Ring – einfügten, verwandelte der Kationenkanal sich in einen Anionenkanal.

Die wichtigste Funktion eines solchen Rezeptors ist, mag er nun für Anionen oder Kationen durchlässig sein, daß der Ionenkanal sich auf das Signal des Neurotransmitters hin öffnet – und auch hier gab es eine Überraschung. Offenbar vermag das Molekül seine Konformation so

zu ändern, daß es auf den Botenstoff verschieden stark anspricht. Dies scheint ein Mechanismus zu sein, um das Angebot an Rezeptoren, die gegenüber bestimmten Außenreizen empfindlich sind, und somit die Effizienz der Signalübertragung zu regulieren.

Wir stießen auf dieses Phänomen, als wir untersuchen wollten, wieso die Rezeptoren eigentlich in verschiedenen Situationen so unterschiedlich reagieren: Ein einzelner hochdosierter Stoß Acetylcholin hat einen anderen Effekt als eine stets vorhandene geringe Konzentration. Diese schon länger beobachtete Erscheinung konnte sich bis dahin niemand recht erklären.

Der erste Fall ist der normale bei Nervenimpulsen. Das erregte Neuron entläßt auf einen Schub eine größere Menge des Transmitters in den Spalt der Synapse, an der das Signal an die nachfolgende Nervenzelle weitergegeben wird, und viele dieser Moleküle treffen dann auf Rezeptoren auf der gegenüberliegenden Seite des Spaltes. Normalerweise haben die Rezeptoren nur eine schwache Affinität zu dem Transmittermolekül, so daß dieses sich gleich wieder löst, wenn der Kanal sich geöffnet hat. Der Transmitter wird dann unverzüglich abgebaut. Es dauert nur Millisekunden, bis die Kanäle wieder geschlossen und die Rezeptoren erneut reaktionsbereit sind.

Setzt man dagegen im Experiment die Rezeptoren unablässig dem Botenstoff aus, verlieren sie allmählich ihre Reaktionsbereitschaft. Zunächst antworten sie noch mit Öffnen des Kanals, doch bald werden sie gleichsam träge: Sekunden- oder auch minutenlang sprechen sie kaum noch an. In diesem desensibilisierten Zustand lagern sie zwar durchaus bereitwillig Acetylcholin an, lassen den Kanal aber geschlossen. Selbst wenn die Botenstoffmoleküle nur in geringen Mengen vorhanden sind, bleiben sie nun lange haften.

Demnach nehmen Acetylcholin-Rezeptoren mindestens drei ineinander umwandelbare Zustände ein: die Ruhe, in der sie leicht zu aktivieren sind, indem der Kanal sich sofort öffnet, wenn sich an beide Alpha-Untereinheiten ein Botenmolekül anbindet, ferner die Phase bei geöffnetem Kanal und schließlich die desensibilisierte, geschlossene Konformation trotz Vorhandensein von Acetylcholin (Bild 4). Zwischen diesen drei Positionen wechselt der Rezeptor auch spontan, jedoch bei vorhandenem Transmitter in anderem Ausmaß.

An der Desensibilisierung scheint die Aminosäure Leucin beteiligt zu sein. Wir konnten mit Chlorpromazin einen Ring von ungeladenen Leucinresten nahe beim Zentrum des Ionenkanals markieren (Kasten Seite 107 unten). Zusammen mit der Gruppe von Bertrand haben wir den Ring durch einen mit einer kleineren, ungeladenen Aminosäure ersetzt. Der neue Rezeptor ging eine feste Bindung mit Acetylcholin ein, nicht anders als ein normales desensibilisiertes Molekül – nur war sein Ionenkanal im Gegensatz zu diesem permanent geöffnet. Vermutlich hält normalerweise der Leucinring den Ionenkanal im desensibilisierten Zustand verschlossen.

Anpassungsfähigkeit

Warum sind Rezeptoren flexibel? Sicherlich schützt dies vor Übererregung.

Aber vielleicht – diese Idee äußerten 1982 mein Kollege Thierry Heidmann und ich – dient die Fähigkeit zum allmählichen Wechsel der Konformation normalerweise auch dazu, die Signalübertragung an der Synapse bei Bedarf langsam zu steigern oder zu drosseln. Dann wären die Rezeptoren womöglich an Lernprozessen beteiligt, für die viele Wissenschaftler in Anlehnung an ein Modell des Lernforschers Donald O. Hebb von der McGill-Universität in Montreal (Kanada) annehmen, daß sich unter bestimmten Bedingungen die Stärke der Signalübertragung an Synapsen ändert (Spektrum der Wissenschaft, November 1992, Seite 66, und November 1993, Seite 54).

Diese Hypothese ist bisher reine Spekulation, aber falls die Flexibilität der Rezeptorantwort für die Kontrolle der Signalübertragung tatsächlich bedeutsam ist, müßte gleiches eigentlich auch bei anderen Rezeptorarten vorkommen. Und wirklich scheinen GABA-, Glycin- und Serotonin-Rezeptoren ebenfalls einen desensibilisierten Zustand zu haben.

Dort, wo die Rezeptormoleküle sitzen, und so wie sie sitzen, vermögen sie die Antwortstärke ohnehin jederzeit besonders gut zu kontrollieren: Weil sie zu beiden Seiten aus der Zellmembran ragen, sind sie chemischen und elektrischen Signalen sowohl von inner- wie außerhalb der Zelle ausgesetzt (Bild 5). Man könnte sich vorstellen, daß jedes dieser Signale das Molekül in eine bestimmte Konformation drängt und daß der schließlich eingestellte Zustand aus der Verrechnung all der teils gegenläufigen Einflüsse resultiert.

Unter anderem wirken auf die Rezeptoren die Calcium-Ionen-Konzentration in der Zelle und Änderungen des elektrischen Potentials über der Zellmembran. Eine Hyperpolarisation der Membran (die nach einer elektrischen Erregung und der dadurch bedingten Umkehr der Spannung auftritt) und die Erhöhung der Calciumkonzentration im Muskel bewirken, daß die Desensibilisierung des Ace-

tylcholin-Rezeptors rascher geschieht. 1986 beobachteten Richard L. Huganir und Paul Greengard von der New Yorker Rockefeller-Universität gleiches, wenn der Rezeptor phosphoryliert wird (wobei sich energieübertragende Phosphatgruppen anlagern).

Ein flexibel reagierender Rezeptor sollte gegenüber dem Transmitter nicht nur unempfindlicher, sondern umgekehrt auch sensibler werden können, und dies hat man in der Tat beobachtet. Extrazelluläres Calcium beispielsweise verstärkt die Reaktion des nikotinischen Acetylcholin-Rezeptors im Gehirn, Glycin die von Glutamat-Rezeptoren. Auch sonst dürfte sich die momentane Erregbarkeit eines Rezeptors auf die jeweiligen chemischen oder elektrischen Signale einpendeln und bei deren Wechsel immer wieder verändern.

Unser Verständnis der chemischen Signalübertragung zwischen Neuronen im Gehirn hat sich in den letzten Jahrzehnten und besonders in jüngster Zeit enorm vertieft. Sicherlich war es ein Wagnis, mit der Erforschung des Acetylcholin-Rezeptors bei elektrischen Fischen zu beginnen. Aber das Unterfangen war schließlich viel lohnender, als sich damals absehen ließ. Es gelang, den Rezeptor erstmals zu isolieren und seinen chemischen Aufbau zu bestimmen. Im weiteren Verlauf war die Gentechnologie eine entscheidende Hilfe. Ihren Methoden ist zu verdanken, daß man nun die teils eng verwandten Rezeptoren in Muskulatur und Gehirn des Menschen schon recht gut versteht und daß man selbst funktionell andere Rezeptorarten untersuchen konnte, die dem Acetylcholin-Rezeptor überraschend ähneln.

Nicht zuletzt für die medizinische Anwendung ist die Erkenntnis wichtig, daß selbst ein bestimmter Rezeptortyp in benachbarten Gehirnteilen unterschiedlich funktionieren kann. Wahrscheinlich wird man bald sehr gezielt Medikamente entwickeln können, die hochselektiv ganz bestimmte Hirnfunktionen unterstützen beziehungsweise bei Störungen helfen.

Der Kriechmechanismus
von Zellen

Körperzellen wandern, indem sie Pseudofüßchen vorstrecken, sich daran
weiterziehen und diese dann wieder einholen. Das Cytoplasma darin wird vorübergehend
zu einem elastischen Gel mit einem festen Proteingerüst. Die Dynamik
des Vorgangs beruht auf dem fein abgestimmten Auf- und Abbau
der beteiligten Komponenten in der Zellrinde.

Von Thomas P. Stossel

Menschen sind oft erstaunt, sogar erschrocken, wenn sie hören, daß viele ihrer Körperzellen beweglich sind und umherzukrabbeln pflegen. Dabei ist diese Mobilität für uns lebensnotwendig: Sonst würden Wunden nicht heilen, das Blut könnte nicht verklumpen und verletzte Äderchen verschließen, und das Immunsystem vermöchte nicht infektiöse Eindringlinge zu attackieren.

Manchmal allerdings ist das Kriechen von Zellen auch an nicht erwünschten krankhaften Prozessen beteiligt, etwa an fortschreitenden gewebezerstörenden Entzündungen und an der arteriosklerotischen Verengung von Blutgefäßen, welche die Gefahr eines Infarktes heraufbeschwören. Ebenfalls hängt damit zusammen, daß Krebszellen sich im Körper verbreiten: Würden die entarteten Zellen nur unkontrolliert wachsen, entstünden also keine Metastasen, könnte man die Patienten heilen, indem man den kompakten Tumor chirurgisch entfernt.

Um das Kriechen von Zellen ranken sich, seit man davon weiß, alle möglichen merkwürdigen Vorstellungen. Im Jahre 1786 beschrieb der dänische Biologe Otto F. Müller eine vorwärtsstrebende Zelle als ein „durchsichtiges, gelatinöses Körperchen mit einem glasartigen Ausläufer". (Die Begriffe Gel, Gelatine kommen vom lateinischen *gelare* für „erstarren", „einfrieren".) Diese Beobachtung – daß der mechanische Zustand der Zelle stellenweise verschieden sein und wechseln kann (heute spricht man

von einer Sol-Gel-Transformation) – hat sich als sehr hilfreich erwiesen, um den Mechanismus von Zellbewegungen zu erforschen und die beteiligten molekularen Komponenten besser zu erkennen.

Neuerdings zeichnen sich sogar Möglichkeiten ab, daraus neue Behandlungsstrategien für einige schwer bekämpfbare Krankheiten zu entwickeln. Auf jeden Fall zählen Infektionen und Krebs dazu, aber womöglich auch die Mucoviscidose oder cystische Fibrose, eine angeborene schwere Stoffwechselstörung mit Absonderung zähen Schleims, die sich besonders in Lunge und Verdauungsdrüsen bemerkbar macht.

Verschiedene Zelltypen – gleiches Prinzip

Krebszellen wandern vergleichsweise langsam, mit 0,1 bis 1 Mikrometer (tausendstel Millimeter) pro Stunde. Ähnlich gemächlich kriechen die Zellen in abheilenden Wunden. Die Abwehrzellen des Immunsystems dagegen ebenso wie diejenigen Blutzellen, die für einen raschen Wundverschluß sorgen müssen, bewegen sich wesentlich schneller.

Gegen eindringende Erreger produziert ein Mensch pro Tag mehr als 100 Milliarden bestimmte weiße Blutkörperchen (neutrophile Granulocyten). Sie entstammen dem Knochenmark, aus dem sie auswandern, um für einige Stunden mit dem Blut durch den Körper zu fließen, bis sie aus den Kapillaren her-

auskriechen und in andere Gewebe vordringen. Sie können 30 Mikrometer in der Minute wandern, während sie Haut, Atemwege und Verdauungstrakt nach Mikroben abgrasen (Bild 1). Insgesamt legt solch eine Abwehrzelle an ihrem Bestimmungsort mehrere Millimeter zurück. Addiert ergibt der gesamte Weg aller neutrophilen Granulocyten im Körper am Tag den doppelten Erdumfang.

Die Blutplättchen oder Thrombocyten, die den raschen Verschluß verletzter Blutgefäße besorgen, wandern zwar nicht regelrecht, aber sie verändern mit behenden Bewegungen ähnlich wie eine kriechende Zelle ihre Gestalt, wenn sie mit ihrem Körper eine Wunde verstopfen. Solange sie im Blut treiben, sind sie ziemlich kompakte kleine Scheibchen. Am Bestimmungsort verwandeln sie sich rasch in flachere Gebilde und entwickeln zahlreiche Auswüchse; sie sehen nun fast aus wie ungleichmäßig ausgewalzte Pfannkuchen. So sind sie bestens geeignet, verletzte Blutgefäße abzudichten (Bild 4).

Im Lichtmikroskop sieht man, daß Zellen beim Kriechen Ausläufer ihrer Rinde vorstrecken und diese später wieder einschmelzen. Solche Fortsätze wirken wie der Rindenbereich (der Zellcortex) klar und homogen, anders als das Zellinnere, das von vielerlei Organellen durchsetzt ist.

Zellen, die wandern, sind durch – oftmals spezifische – Außenreize stimuliert. Weiße Blutkörperchen zum Beispiel folgen den Spuren aller möglichen Signalstoffe aus Mikroorganismen oder aus infizierten und verletzten Geweben. Auch Wachstumsfaktoren, die Zellteilungen auslösen, können eine gerichtete Zellbewegung anregen. Die Gestaltänderung der Blutplättchen verursacht der Gerinnungsfaktor Thrombin.

Die meisten dieser Signalstoffe binden sich an Rezeptoren auf der Zelloberfläche. Daraufhin läuft in der Zelle eine Kette molekularer Reaktionen ab, die das Signal in Anweisungen übersetzen, darauf zu reagieren. Dieses Geschehen löst Umbauten in der Rinde aus – und die Zelle beginnt zu kriechen.

Offenbar können manche Reize solche Umgestaltungen auch veranlassen, ohne daß Membranrezeptoren eingeschaltet werden. Ein solcher Reiz sind zum Beispiel tiefe Temperaturen. Blutplättchen verändern bei Kälte irreversibel die Gestalt, was für die Aufbewahrung in Blutbanken ein Problem ist: Benötigt man sie für Transfusionen, darf man sie vorher nicht kühlen.

Wenn eine Zelle zu kriechen anfängt, fließt die Rinde scheinbar aus, und in Fortbewegungsrichtung – am Leitsaum – entsteht ein durchsichtiges, blattähnliches Füßchen, Lamellipodium genannt. Dafür, daß die Zellmembran für ein solches Füßchen wachsen kann, sind zusätzlich feine, haarförmige Ausläufer (Filopodien) zuständig, die außerdem die Aufgabe haben, einverleibte Objekte zum Zellkörper hin zu ziehen.

Die Füßchen gewinnen am Substrat Halt mittels spezieller Anheftungsproteine (Membran- oder Zell-Adhäsionsmoleküle, die mit anderen Molekülen reagieren). Dies gibt der Zelle genügend Zugkraft, um ein Stückchen vorwärts zu kommen. Dann löst der Fortsatz sich wieder vom Untergrund und schiebt sich ein wenig weiter vor. Jedoch sind all die Einzelschritte der Fortbewegung – Ausläuferbildung, Anheftung, Kontraktion und Ablösung – oft so fließend aufeinander abgestimmt, daß es aussieht, als würde die Zelle dahingleiten wie ein Wölkchen vor einem Berg.

Der Zellkörper wirkt dabei wie ein Flüssigkeitströpfchen – ein Sol –, das einer Kraft nachgibt. Stößt man das Füßchen allerdings mit einer feinen Nadel an, oder versucht man, es in eine Kanüle zu saugen, widersetzt es sich der Verformung; es verhält sich zugleich wie ein Gel, also wie eine Flüssigkeit mit elastischen Eigenschaften. Gleiches gilt für die ganze Zelle. Sie deformiert sich unter mechanischer Spannung, hat aber sozusagen ein Gedächtnis der früheren Form, die sie wieder annimmt, sobald die deformierende Kraft aussetzt. Das Verhältnis aus wirkender Spannung und gemessener Dehnung ist der Elastizitätsmodul.

Ein Gel hat noch weitere wichtige Eigenschaften. So hält es Flüssigkeit, in der seine Komponenten im Solzustand gelöst waren, in den Zwischenräumen seines molekularen Gerüsts – ähnlich

wie ein Schwamm das Wasser in seinen Poren – und verzögert die Passage. Beide Eigenschaften, die Elastizität und die Wasserrückhaltefähigkeit, verdankt die Zellrinde wasserlöslichen Polymeren des Zellplasmas. Das sind dieselben kettenförmigen Proteine, die das Gerüst für die Kontraktionskräfte bei der Bewegung abgeben.

Dennis C. H. Bray vom britischen Medizinischen Forschungsrat hat ein hydrostatisches Modell für den Mechanismus der Zellbewegung entwickelt, in dem Übergänge zwischen dem Sol- und dem Gel-Zustand im Zentrum stehen: Die Zelle ist demnach praktisch ein Sol, das in einer Gelschicht eingeschlossen ist. Der stabilere Rand wird bei einer Reizung kontraktil verspannt. Weil das Zellinnere sich aber insgesamt nicht komprimieren läßt, geschieht zunächst an Formveränderungen nichts – bis die Außenschicht an der zuerst oder an der am stärksten stimulierten Stelle schwach wird; dort beult der hydrostatische Druck aus dem Inneren nun die Zellmembran sanft nach außen. Weil der Inhalt der Ausbuchtung jedoch sofort geliert und das neue Füßchen stabilisiert, wird es gleich klar durchsichtig (Bild 2). Entsteht die Störung in der Gelschicht nicht ganz außen am Leitsaum, sondern mehr an der Basis, dann zieht die Beule sich wieder in den Zellkörper zurück.

Das Modell kann das Kriechen von Zellen, soweit es sich mikroskopisch be-

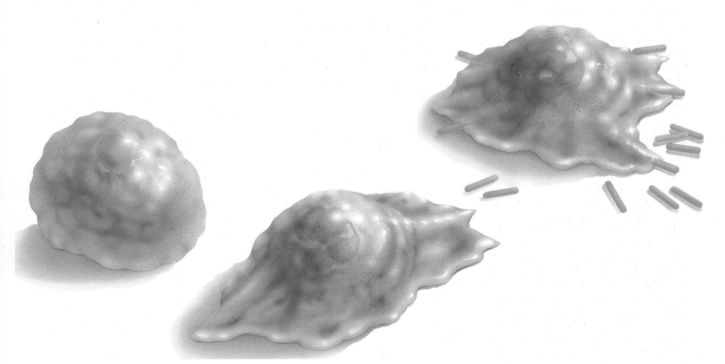

Bild 1: In vielen Situationen kriechen Zellen im Körper vorwärts. Die weißen Blutkörperchen, die Jagd auf Bakterien und andere Erreger machen, reagieren so auf von diesen ausgesandte chemische Signale. Sie strecken flache Füßchen – Lamellipodien – vor, mit denen sie sich weiterziehen. Ähnliche Bewegungen machen Zellen bei der Wundheilung oder beim Metastasieren von Krebs.

obachten läßt, gut erklären. Wie aber ist ein solches Gel aufgebaut, und wie vermag die beteiligte Zellsubstanz sich rasch und gleichmäßig vom einen in den anderen Zustand zu verwandeln?

Parallelen zur Muskelkontraktion

Als die Erforschung dieses Phänomens in den frühen siebziger Jahren an vielen Orten begann, standen an erster Stelle der Kandidatenliste für kontraktile Elemente in der Zellrinde die Proteine Actin und Myosin. Man wußte schon seit den vierziger Jahren, daß dies die entscheidenden beweglichen Komponenten in den Skelettmuskeln sind, und hatte sie dann auch in anderen, amöboid beweglichen Zellen nachgewiesen. So macht Actin in neutrophilen Blutkörperchen 10 Prozent, in Blutplättchen sogar 20 Prozent der Proteine aus; es findet sich hauptsächlich in der Rinde und in den Lamellipodien.

Actin liegt in zwei Formen vor: als globuläres Protein und als fadenförmiges Polymer aus zwei umeinandergewundenen Strängen globulärer Untereinheiten (Bild 3 a). Myosin (in Bild 3 stark schematisiert) sieht wesentlich komplizierter aus. Dieses schwerste und längste bekannte natürliche Protein trägt auf einem langen Schaft globuläre, bewegliche Köpfchen, die sich an Actinfilamente binden und vom Rest des Moleküls abgespalten werden können; im Muskel aggregieren solche Moleküle zu Bündeln, die zwischen den Actinfilamenten liegen und daran ziehen. Wie 1963 gezeigt wurde, bindet das Myosin sich mit den Köpfchen in einem spitzen Winkel an Actin, so daß ein damit besetztes Filament im Elektronenmikroskop aussieht

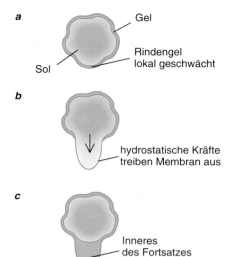

Bild 2: Ein einfaches hydrostatisches Modell kann erklären, wie eine Zelle kriecht. Ihr flüssiges – solartiges – Inneres ist von einer zähen Rinde, einem Gel, eingeschlossen. Durch Reizung an einer Stelle der Oberfläche wird die Rinde dort weich (a), und aufgrund des hydrostatischen Drucks drängt das Sol hier nach außen (b). Der Inhalt des Ausläufers geliert sofort, so daß ein stabiles Lamellipodium entsteht (c).

wie eine Harpune, weshalb das eine Ende spitz, das andere hakig oder bärtig – oder Harpunenende – genannt wird.

Bei einer Muskelkontraktion gleiten die beiden Filament-Typen in gegenläufiger Richtung aneinander entlang, wobei das Actin sich in Richtung seiner Spitze vorwärtsschiebt. Die Energie dafür liefert Adenosintriphosphat (ATP), das die Myosinköpfchen spalten. Für die Muskelkontraktion sind Calcium-Ionen wichtig, die auf zwei am Actin haftende Regulatorproteine – Troponin und Tropomyosin – wirken.

Wie sich Mitte der siebziger Jahre herausstellte, kontrolliert Calcium auch die mechanochemische Aktivität von Myosin. Es steuert in nichtmuskulären Zellen indirekt die Phosphorylierung (Anbindung von Phosphatgruppen) an die Myosinköpfchen, die daraufhin Zugkraft auf das Actin ausüben können. Andere Enzyme inaktivieren Myosin durch Entzug des Phosphats.

All diese Befunde ließen uns damals vermuten, daß kriechende Zellen in Reaktion auf einen Stimulus das Actin-Netzwerk in der Rinde kontrahieren, und zwar indem der Calciumspiegel sich ändert und Myosin aktiviert wird.

Meine ersten eigenen Arbeiten auf diesem Gebiet galten der Struktur des Actingels. Ich begann damit an der Medizinischen Fakultät der Harvard-Universität in Cambridge (Massachusetts) 1974 zusammen mit John H. Hartwig. Als erstes entdeckten wir, daß beim Verrühren eines Extrakts weißer Blutkörperchen unter bestimmten Bedingungen große Mengen Actin ausfielen – zusammen mit einem unbekannten Protein mit hohem Molekulargewicht, das wir reinigten und Actin-Bindungsprotein (ABP) nannten.

Etwa zur gleichen Zeit berichtete Robert E. Kane von der Universität von Hawaii in Manoa, daß flüssige Extrakte von Seeigeleiern nach einiger Zeit gelieren. Die so gewonnene Substanz war angefüllt mit Actinfilamenten. Wie sich später herausstellte, verhalten Extrakte ganz verschiedener Zelltypen sich ähnlich; und zusammen mit viel Actin fanden sich immer geringe Mengen des Actin-Bindungsproteins, so daß wir dieses vorläufig für das Gelieren verantwortlich machten.

Tatsächlich gelang es uns nachzuweisen, daß das ABP die Elastizität einer

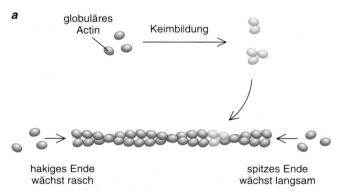

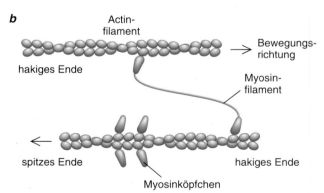

Bild 3: Die Hauptkomponente, welche die Festigkeit eines Zellrinden-Gels ausmacht, ist Actin. Die Moleküle dieses Proteins ordnen sich zu Filamenten, die sich etwa rechtwinkelig aneinanderlagern und so das elastische Gerüst bilden. Anfangs legen sich globuläre Actine zu einem Keim zusammen, an den sich rasch weitere Untereinheiten binden (a), und es entsteht ein in sich gewundener Doppelstrang. Die eine Seite (das Plus-Ende) wächst schneller; man nennt es wegen seines Aussehens im Elektronenmikroskop hakiges Ende. Myosinköpfchen liegen dann nämlich so am Actinfilament, daß in die andere Richtung (zum spitzen Ende hin) lauter kleine Pfeile zu weisen scheinen. Myosin ist ein komplexes Protein, welches die Actinfilamente aneinander entlang zieht (b).

Actinlösung abrupt zu erhöhen vermag: Schon bei lediglich einem Molekül auf 1000 Actinglobuline, die als Filamente vorliegen, wird die Flüssigkeit gelatinöser. Kein anderes actinbindendes Molekül war auch nur entfernt so wirksam.

Wir überlegten nun, wie die Gelbildung zustande kommt. Wenn man viele steife Stäbchen in einen Behälter gibt und diesen kräftig schüttelt, werden sie sich aus energetischen Gründen von alleine zu parallelen Bündeln formieren. Ähnliches, meinten wir, würde mit sich selbst überlassenen Actinfilamenten in der Zellrinde geschehen, wobei verschiedene Zellproteine dem Skelett durch Querversteifungen zusätzlich Halt geben könnten. Solche fest verknüpften parallelen Streben aus Actin verleihen wohl den schon erwähnten feinen Filopodien ihre Zugfestigkeit. Zudem können quervernetzte Actinbündel mit Zell-Adhäsionsmolekülen Komplexe bilden, Adhäsionsplaques, die den Halt eines Zellfortsatzes auf dem Substrat verstärken. Zum Aufbau eines gleichmäßigen Gels in einem Lamellipodium wäre diese Struktur aber wohl nicht geeignet.

Das würde jedoch einem Protein leicht gelingen, das die Filamente zwänge, sich in gleichförmigen Maschen rechtwinklig dreidimensional zu vernetzen. Da unser Bindungsprotein so stark gelierend wirkte, mußte es gerade das können (Bild 5 links). Als wir unser Konzept 1981 im Elektronenmikroskop überprüfen konnten, fanden wir es bestätigt (Bild 5, Photo). Darauf werde ich gleich noch genauer zurückkommen.

Platzanweiser im Actingerüst

Weiteren Aufschluß über die Eigenschaften des Bindungsproteins erbrachte seine Struktur. Es handelt sich um ein sehr großes, fadenförmiges Molekül, das sich mit seinesgleichen zu einem Strang doppelter Länge verbindet (Bild 5 links). Das eine Ende jeder Einheit koppelt sich an das Actin, das andere tendiert dazu, sich an den gleichen Part eines Geschwister-Moleküls anzulagern, so daß beide einen großen Winkel bilden. Ansonsten enthalten die Untereinheiten entlang des Stranges verschiedentlich sich überlappende Abschnitte, die ihnen mehr Festigkeit geben und sie befähigen, die vernetzten Actinfilamente auf Abstand zu halten.

Paul A. Janmey von der Harvard-Universität hat die mechanischen Eigenschaften von Gelen aus diesen Bausteinen gemessen. Wird das Actingerüst von ABP zusammengehalten, ist es außerordentlich stark und elastisch; die üblichen

Konzentrationen beider Komponenten in Zellen dürften leicht genügen, die Steifigkeit eines vorgestreckten Lamellipodiums zu erklären. Schon bei geringer Konzentration von ABP vermag ein solches Gel zudem Wasser zurückzuhalten, wie Tadanao Ito von der Universität Kioto (Japan) während eines Aufenthalts bei uns nachwies. Eine weitere Bestärkung für die vermutete Funktion des Bindungsproteins war, daß es in weißen Blutkörperchen hauptsächlich in der Rinde konzentriert ist; dies wies ein anderer Gastforscher in unserem Labor, Olle I. Stendahl von der Medizinischen Fakultät der Universität Linköping (Schweden), mit fluoreszenzmarkierten Antikörpern nach.

Um mehr über die mikroskopische Struktur von ABP-vernetzten Actingelen zu erfahren, untersuchte Hartwig sie mit einer hochauflösenden Technik. Dabei läßt man die Probe in flüssigem Helium schockgefrieren, damit die Zellstrukturen erhalten bleiben. Das mitgefrorene Wasser entfernt man anschließend durch Sublimation im Vakuum. Der Rest wird mit Edelmetallen bedampft, so daß die Texturen im Elektronenmikroskop sichtbar sind.

Wie erwähnt, ließ sich erkennen, daß sich die Actinfäden – zumindest im Reagenzglas – in Gegenwart von ABP mehr oder weniger rechtwinklig und regelmäßig zu einem Netzwerk arrangieren, wobei die Ausrichtung der Filamentspitzen zufällig ist. Durchschnittlich waren die Actinfäden einen Mikrometer lang, und Seitenäste zweigten etwa alle hundert Nanometer (millionstel Millimeter) ab. Das Netzwerk in Füßchen weißer Blutkörperchen sah dann fast genauso aus.

Die ABP-Moleküle sitzen tatsächlich an den Kreuzungsstellen der Actinfilamente und ragen in beide Arme hinein. In den Filopodien dagegen sind, wie gesagt, alle Actinfilamente parallel angeordnet und weisen mit dem bärtigen Ende vom Zellkörper weg.

Ob ABP für das Gerüst der Lamellipodien tatsächlich so wichtig ist wie wir glaubten, konnten wir am besten an Zellen prüfen, die kein Bindungsprotein haben. Unsere Mitarbeiterin C. Casey Cunningham leitete eine Untersuchung über die Proteinzusammensetzung von Zellen aus sechs Kulturen von Melanomen, dem aggressivsten Hautkrebs. Drei der Zell-Linien enthielten ABP, die drei anderen nicht. Erstere verhielten sich genauso wie kriechende Zellen sonst: Sie streckten Fortsätze aus und wanderten auf Signalstoffe zu. Die anderen konnten zwar normale Filopodien bilden; ansonsten aber schien ihre Rinde instabil zu sein, denn Lamellipodien sandten sie nicht

aus, und sie schoben sich bei Stimulation auch nicht vorwärts. Es sah aus, als sei ihnen jede Koordination unmöglich: Überall kamen Bläschen zum Vorschein und verschwanden gleich wieder (Bild 6). Auch normale Zellen machen das gelegentlich, aber nie ununterbrochen.

Wir vermuteten, daß das Gel in der Rinde defekter Melanomzellen zu schwach sei, um den Innendruck bei einer Kontraktion zu beherrschen und in gelenkte Bahnen zu zwingen. Das Resultat ist ein offenbar unkontrolliertes Wabern oder Blubbern der Oberfläche. Die Actinfilamente können zwar in solch unbeständigen Bläschen kein gleichmäßiges Netz bilden, wie es für ein Gel Voraussetzung wäre. Doch entsteht zumindest eine genügend kohärente Masse, daß die Vorstülpung sich wieder einziehen läßt. Wir verpflanzten nun in diese Zellen ein aktives Gen, das für ABP-Einheiten codiert, und erreichten damit tatsächlich, daß die Blasenbildung aufhörte oder zumindest deutlich nachließ und die Zellen zu kriechen begannen (Bild 6).

Die Baukolonne

Damit eine Zelle wandern kann, muß das Actingel sich umorganisieren: Das Gerüst ist in Bewegungsrichtung hinten ab- und vorne anzubauen (Bild 8). In der Regel ist etwa die Hälfte des Actins einer ruhenden Zelle nicht polymerisiert; die Moleküle sind dann im Sol frei beweglich. Filamente entstehen nur – in Reaktion auf passende Signale – an bestimmten Orten. Ihre Menge, also der Anteil polymerisierten Actins, kann in einer kriechenden Zelle ungefähr konstant bleiben, denn der Aufbau an einer Stelle

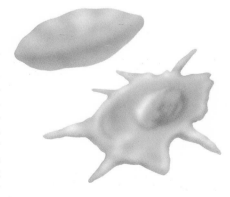

Bild 4: Auch Blutplättchen vollführen eine Art Kriechbewegung. Sie dient allerdings nicht zum Vorwärtskommen, sondern ermöglicht den Zellen, von der ursprünglichen kompakteren Form (oben) in eine ausgedehnte flache mit vielen feinen Fortsätzen (unten) zu wechseln. In dieser Gestalt können sie am besten ihre Funktion erfüllen: verletzte Blutgefäße abzudichten.

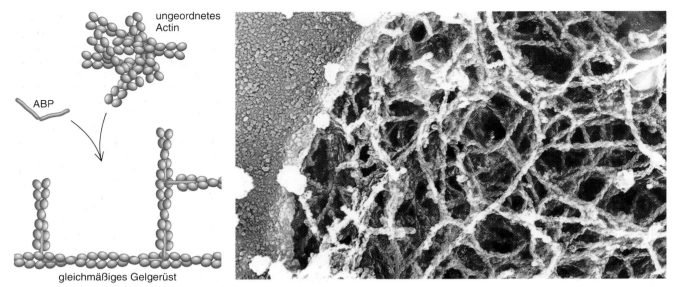

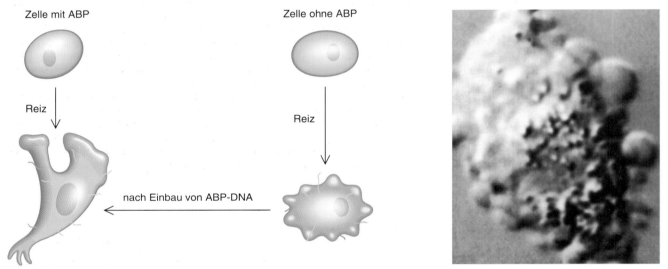

ungeordnetes Actin

ABP

gleichmäßiges Gelgerüst

Bild 5: Für die regelmäßige dreidimensionale Vernetzung der Actinfilamente im Gel sorgt das actinbindende Protein (ABP). Es klinkt sich so in die Stränge, daß die Streben in etwa rechtwinkelig abzweigen, und läßt sie auch einen gleichmäßigen Abstand zueinander einhalten. Das Photo zeigt ein Präparat vom schwammartigen Inneren des Lamellipodiums eines weißen Blutkörperchens.

Zelle mit ABP

Zelle ohne ABP

Reiz

Reiz

nach Einbau von ABP-DNA

Bild 6: Ohne das actinbindende Protein können Zellen nicht kriechen. Die Zelle links produziert das Protein und bewegt sich mit Lamellipodien fort. Die Zelle rechts dagegen ist genetisch defekt; sie kann kein ABP bilden und läßt nur viele kleine Bläschen entstehen und wieder verschwinden (Photo). Verpflanzt man in solche Zellen nun die DNA für ABP, verhalten auch sie sich normal.

pflegt sich durch den Abbau an anderer auszugleichen.

Zur spontanen Polymerisation, so fand Fumio Oosawa von der Universität Nagoya (Japan) heraus, müssen sich zwei oder drei Globuline zu einem Kern – gleichsam einem Kristallisationskeim – zusammenschließen. Dies geschieht nicht allzuoft; ist ein Keim aber erst vorhanden, dann entsteht daran rasch ein Filament, indem sich an beiden Seiten weitere Globuline anlagern. Allerdings wächst es am bärtigen Ende wesentlich schneller – deshalb nennt man dieses Plus-, das andere Minus-Ende (Bild 3 a).

Für den Ab- wie für den Neuaufbau sorgen zwei generelle Gruppen von Kon-

trollproteinen. Die eine – von ihr kennt man drei Unterklassen – bindet sich hauptsächlich oder nur an die Actinuntereinheiten. Vivianne T. Nachmias und Daniel Safer von der Universität von Pennsylvanien in Philadelphia stellten fest, daß diese Proteine die spontane Keimbildung des Actins wie auch die Anlagerung weiterer Untereinheiten am spitzen Ende eines Filaments verhindern. Zudem verlangsamen sie das Anwachsen des hakigen Endes, unterbinden diesen Vorgang jedoch nicht gänzlich; dort ist die zweite Gruppe zuständig.

Das erste dieser Proteine fanden Helen Lu Yin, die jetzt an der Universität von Texas in Dallas arbeitet, und ich

1979 in Extrakten weißer Blutkörperchen. Bei einem Calciumspiegel, wie er in stimulierten kriechenden Zellen herrscht, legt es sich über das bärtige Ende wie eine schützende Kappe, was die Anlagerung weiterer Einheiten unmöglich macht. Es löst aber auch die Bindungen der Globuline im Filament, zerlegt dieses also und umfängt auch das neuerlich freiliegende hakige Ende (Bild 7 oben). Weil es die Actinfilamente drastisch verkürzt, vermag es aus dem Gel ein Sol zu machen – wir nennen es deswegen Gelsolin.

In der Folge entdeckten etliche Arbeitsgruppen eine Reihe weiterer Proteine, die Actinfilamente zerlegen, deren

116

bärtiges Ende blockieren oder auch beides zugleich machen. Man ordnet sie inzwischen ebenfalls drei Unterklassen zu: Die der ersten – einer weitläufigen Familie mit einer ähnlichen Grundstruktur wie Gelsolin, das dazugehört – sitzen dem Ende kappenartig auf, und einige zerschneiden auch das Filament. Die der zweiten – man nennt sie gewöhnlich Cap-Z-Proteine – sind anders gebaut; Kontrollsubstanzen dieser Art wurden zuerst in Amöben und in Blutplättchen gefunden. Ein Protein der dritten Unterklasse wurde wiederum zunächst in Hirngewebe entdeckt; diese mittlerweile vier Verbindungen – ADF, Cofilin, Depactin und Actophorin – sind häufig und wirken auf Actinfilamente schwach zersetzend.

Die Mitglieder der Gelsolin-Familie lassen sich durch Calcium aktivieren. Allerdings bewirkt dessen Entzug nicht, daß sie das Actin wieder loslassen. Lange wußte man nicht, wie die Bindung sich wieder löst, bis Janmey und ich 1987 von einer Beobachtung der schwedischen Forscher Ingrid Lassing und Uno Lindberg von der Universität Stockholm erfuhren: Polyphosphoinositide – Phospholipide, die zur Zellmembran gehören und an der Signalumwandlung in der Zelle beteiligt sind – setzen die Affinität von Profilin zu globulärem Actin herab. (Profilin, das Lindberg 1977 entdeckt hatte, isoliert durch seine Anbindung Actinglobuline und verhindert dadurch die Keimbildung für neue Filamente.) Wir konnten zeigen, daß diese Phospholipide Gelsolin in zweierlei Weise stoppen, indem sie nämlich gezielt seine Abbauaktivität an den Fasern beenden und indem sie es veranlassen, das Filamentende loszulassen (Bild 7). Wie inzwischen Experimente auf der ganzen Welt ergeben haben, blockieren die Phospholipide die Bindungsaktivität nahezu aller solcher Proteine, die Actinfilamente zerlegen und sich ihrem bärtigen Ende aufsetzen.

Wie das Puzzle sich zusammenfügt

Aus alldem läßt sich somit ein Modell entwerfen, welches das Kriechen von Zellen erklärt und dabei sowohl die Signalumwandlung bei einem Reiz als auch die Umgestaltung des Actingels in der Zellrinde einbezieht (Bild 8). Wird eine Zelle zum Beispiel durch einen Signalstoff stimuliert, beginnen Enzyme in der Zellmembran Polyphosphoinositide zu synthetisieren beziehungsweise an anderer Stelle zu zerstören. Als Folge des Abbaus wird unter anderem Calcium ins Sol der Zelle freigesetzt (es ist in mem-

branumhüllten Vesikeln gespeichert), das nun jene Mitglieder der Gelsolin-Familie aktiviert, die sich auf Actinfilament-Enden aufzusetzen pflegen. Diese Ereigniskette läßt also das Actingerüst zerfallen. Umgekehrt bewirken neu synthetisierte Phospholipide, daß sich die Kappen von Filamentstücken nahe der Zellmembran lösen, so daß die wieder wachsen können. Wie effektiv dieses Entdeckeln ist, hängt vom chemischen Milieu ab. Im Falle der Blutplättchen wäre denkbar, daß bei Kälte Phasenänderungen in der Zellmembran erfolgen, die Phospholipide sich für immer anders orientieren und die Actinmasse sozusagen irreversibel geliert.

Bislang haben wir kaum etwas über die Mitwirkung von Myosin gesagt. Damit eine Zelle kriecht, genügt es nicht, daß sich das Actingel umorganisiert. Es muß sich auch kontrahieren, und dazu muß Myosin am Actin ziehen (wie in Bild 3 rechts). Wie erwähnt, spielt dabei Calcium mit, indem es Myosin phosphoryliert, ihm also Energie bereitstellt, und zugleich das Actingerüst stellenweise – durch Aktivierung von Gelsolin und verwandten Abtrennungsproteinen – auflöst, denn das Gel muß sich ja so weit verflüssigen, daß die Actinfasern bewegt werden können; andererseits darf es auch wieder nicht zerfließen.

D. Lansing Taylor, der jetzt an der Carnegie-Mellon-Universität in Pittsburgh (Pennsylvania) arbeitet, nennt diese Koordination „Solbildungs-Kontrak-

tions-Kopplung". Er und seine Mitarbeiter haben die Plausibilität des Konzeptes mit Mischungen aus Actinfilamenten, Actin-Bindungsprotein und Gelsolin überprüft. Wenn Actinglobuline und kurze, im Wachsen durch Proteinkappen blockierte Filamente im sich verflüssigenden Gel freikommen, sickern sie durch das Lamellipodium zur vorderen Membran. Dort befreien Polyphosphoinositide die Filamente von ihren Kappen, so daß sie wieder wachsen können. Die langen Fäden werden dann vorn dem Gerüst angebaut (Bild 8).

An lebenden Zellen haben verschiedene Forschergruppen stützende Belege dafür gefunden. Fluoreszenzmarkiertes Actin baute sich in kriechenden Fibroblasten (noch nicht ausdifferenzierten Bindegewebszellen) in Filamente am Leitsaum ein; und in Zellen, die mit Signalstoffen stimuliert wurden, verloren die blockierten bärtigen Enden der Actinfilamente die Kappen. Ein anderer stimmiger Befund war, daß der Zerfall von Actinfilamenten in der Rinde von Blutplättchen vom Anstieg der intrazellulären Calcium-Ionenkonzentration abhängt. Somit scheinen auf jeden Fall Proteine aus der Gelsolin-Gruppe bei der Zellfortbewegung mitzuwirken.

Die bisher ausführlich beschriebenen Mechanismen – unter Beteiligung von Calcium, Phospholipiden und actinbindenden Proteinen – sind sicherlich nicht die einzigen beteiligten. Die Actinglobuline binden ja auch, wie erwähnt, ATP

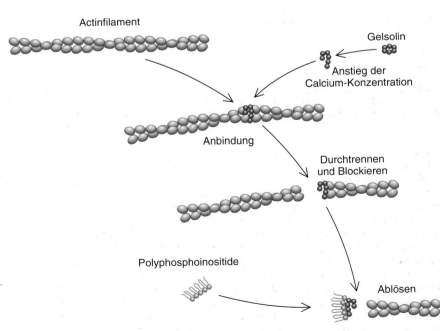

Bild 7: Zu den Proteinen, die den Auf- und Abbau von Actinfilamenten regeln, gehört Gelsolin. In Gegenwart von Calcium-Ionen durchtrennt es die Polymere und legt sich **wie eine Kappe auf das neue hakige Ende, so daß es nicht wieder wachsen kann. Fettsäuremoleküle der Zellmembran befreien die Filamente wieder von der Blockade.**

Actinfilament

Gelsolin

Anstieg der Calcium-Konzentration

Anbindung

Durchtrennen und Blockieren

Polyphosphoinositide

Ablösen

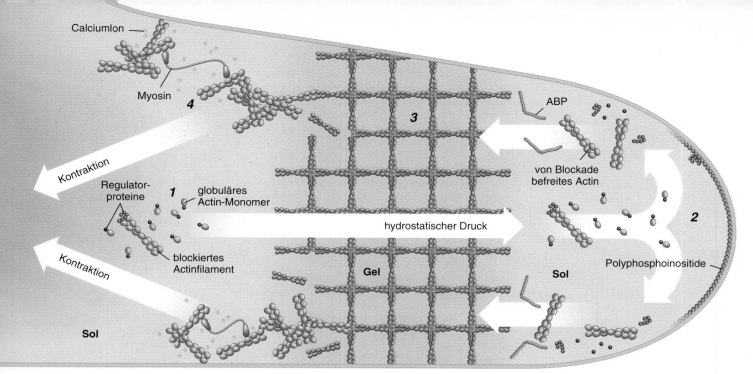

Bild 8: Beim Kriechen von Zellen muß das Actingerüst im äußeren Gel geordnet ab- und wieder aufgebaut werden. Nach dem nun entwickelten Modell zerlegen Regulatorproteine im Sol des Zellinneren Actinfilamente und blockieren deren erneute Aggregation sowie ein neuerliches Wachstum (*1*). Bei einer Reizung treiben hydrostatische Kräfte diese Moleküle durch die lockerer werdende Gelschicht zur Front des sich bildenden Füßchens, wo Lipide der Zellmembran sie von der Blockade befreien (*2*). Das Actin bildet nun sehr rasch lange Filamente, die unter Mitwirkung von ABP gelieren (*3*). Am inneren Rand des Gels wiederum aktiviert Calcium aufs neue Abbauproteine. Sie lockern das Actingerüst so weit, daß Myosin es zu kontrahieren vermag (*4*). Die gelösten Bausteine gelangen wieder zur Spitze – ein Kreislauf, der die Fortbewegung der Zelle wie ein gleichmäßiges Gleiten aussehen läßt.

und gleichfalls ADP (Adenosindiphosphat, das durch Abspalten einer Phosphatgruppe von ATP entsteht). Auch ADP könnte noch Energie bereitstellen, aber ATP-besetzte Untereinheiten polymerisieren besser. Actinglobuline, die sich vom Filament lösen, tauschen das ADP wieder gegen das energiereichere ATP aus. Marie-France Carlier vom Laboratorium des französischen Nationalen Zentrums für wissenschaftliche Forschung (CNRS) in Gif-sur-Yvette und andere unterbreiteten die Idee, die Bindung zwischen Actin und dem Energielieferanten wie auch der Tausch würden von Profilin katalysiert (das die Untereinheiten abschirmt). Profilin hätte so Einfluß auf die Fähigkeit des Actins zu polymerisieren, aber auch auf die Struktur der Filamente und auf andere regulatorische Proteine.

Schließlich ist zu bedenken: So weit verbreitet das Kriechen von Zellen mit ausgesandten Füßchen auch ist – nicht alle zellulären Oberflächenbewegungen beruhen auf dem Umbau von Actingelen. Timothy J. Mitchison von der Universität von Kalifornien in San Francisco vermutet, daß nach einer Zellteilung, wenn die Tochterzellen auseinanderweichen, eine eigene Klasse einköpfiger Myosinmoleküle ein Actingerüst zur Zellperipherie zieht. Sie könnten an Filopodien mit Actinbündeln wie an Schienen entlangwandern. Entdeckt haben diese besonderen

Myosine Thomas D. Pollard von der Johns-Hopkins-Universität in Baltimore (Maryland) und Edward D. Korn von den amerikanischen Nationalen Gesundheitsinstituten in Bethesda (Maryland).

Filopodien scheinen nach einem anderen Prinzip zu entstehen als Lamellipodien. Daß sich dabei Actin zusammenlagert, hat als erster in den frühen siebziger Jahren Lewis G. Tilney von der Universität von Pennsylvanien nachgewiesen, und als Mechanismus für das Ausstrekken dieser feinen Ausläufer hat George F. Oster von der Universität von Kalifornien in Berkeley einen Vorgang beschrieben, den er in Anlehnung an die Brownsche Molekularbewegung „Brownsche Sperrklinke" nennt. Nach dieser Vorstellung würden thermische Fluktuationen in den Zellmembranen genutzt, um die Zusammenlagerung des Actins zu steuern und die Austreibung eines Filopodiums zu beschleunigen.

Hilfe in der klinischen Praxis

Der Erkenntnisgewinn aus solchen Forschungen ist durchaus von allgemeinem Interesse. Zum Beispiel wäre es medizinisch sehr bedeutsam, wenn es gelänge, kriechende Zellen anzutreiben oder sich langsamer bewegen zu lassen. Vielleicht ließe sich ihr Verhalten mit veränderten Konzentrationen von Gelso

lin und anderen regulierenden Proteinen anders einstellen.

Diese Idee verfolgten David J. Kwiatkowski von der Harvard-Universität, Casey Cunningham und ich an von uns eingerichteten Zellkulturen von gentechnisch veränderten Mäusefibroblasten: Sie enthielten die genetische Information für menschliches Gelsolin und produzierten es – außer den üblichen Mengen Maus-Gelsolin – in unterschiedlichen Quantitäten. Wie unsere Tests zeigten, bewegten sie sich um so schneller, je mehr davon vorhanden war.

Zumindest unter Laborbedingungen können also solche Eingriffe in die Zellmaschinerie Erfolg haben. Es ist nicht schwer, sich gezielte Anwendungen vorzustellen. So ließe sich durch Forcierung der Bewegung von Fibroblasten vielleicht die Wundheilung beschleunigen. Umgekehrt könnte man durch ein Verlangsamen oder Abstoppen womöglich Gewebezerstörungen durch weiße Blutkörperchen bei Entzündungen verhindern, ebenso eine drohende arterielle Thrombose mit Infarktgefahr durch Blutplättchen.

Eine mögliche Anwendung vielleicht schon in allernächster Zukunft bei der bisher schwer behandelbaren Mucoviscidose könnte auf Forschungen von 1979 zurückgehen. Unabhängig voneinander entdeckten damals Astrid Fagraeus und René Norberg an der Universität Uppsala

(Schweden) sowie Christine Chaponnier und Giulio Gabbiani von der Universität Genua (Italien), daß auch im Blutplasma Stoffe vorhanden sind, die Actinfilamente zersetzen. Wie andere Forscher herausfanden, wirken in diesem Falle zwei Plasmaproteine zusammen: Gc-Globulin (ein genetisch polymorphes Protein, das sich an Actin bindet) und eine sekretierte Form von Gelsolin.

Nach einer Verletzung enthält das Blut nämlich oft gelöstes Actin; auch sind die Serumspiegel des Gc-Globulins und des Gelsolins dann auffallend erniedrigt. Nach Stuart E. Lind von der Harvard-Universität und John G. Haddad von der Universität von Pennsylvanien kann extrazelluläres Actin für Gewebe toxisch – sogar unter Umständen für den Patienten tödlich – sein, weil es komplex in die Blutgerinnung eingreift. Die beiden Plasmaproteine könnten dies als Teil eines Actin-Abfangsystems verhindern.

Seit kurzem vermuten wir, daß eine ähnliche Wechselwirkung zwischen Actin und einem von ihm eingefangenen Stoff bei der Mucoviscidose mitspielen könnte. Die Prozesse bei dieser unter Europäern häufigsten Erbkrankheit durchschaut man bisher kaum. Jedenfalls funktioniert wegen eines genetischen Defekts ein Regulatorprotein des Chloridtransports an Zellmembranen nicht, so daß exkretorische Zellen abnorme Mengen konzentrierten Sekrets absondern – auch in der Lunge, die dadurch zum Herd für Infektionen und Entzündungen wird. Bei den Abwehranstrengungen des Körpers ist sie bald voller weißer Blutkörperchen. Wenn diese sich zersetzen, entsteht eine zähe, eitrige Masse, die den Patienten zu ersticken droht. (Zur täglichen Routine gehört darum, den Schleim in aufwendiger Prozedur abzuhusten.)

Bisher hat man die langen DNA-Fäden aus den Zellkernen der weißen Blutkörperchen für die feste Konsistenz des Sputums verantwortlich gemacht. Des-

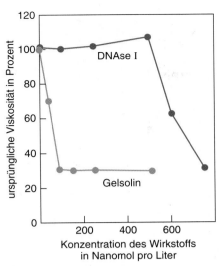

Bild 9: Die lebensgefährlichen Lungensymptome von Mucoviscidose-Patienten ließen sich vielleicht mit Medikamenten lindern, die Actinfilamente abbauen. Normalerweise produziert der Organismus bei dieser Erbkrankheit abnorme Mengen sehr zähen Schleims, der die Atmung behindert und ein Herd für Infektionen ist. Die Ursache wurde bisher meist in langen DNA-Fäden aus absterbenden Immunzellen gesehen, die vermutlich in größerer Menge im Sputum vorhanden sind. Indes könnte auch Actin für das Krankheitsbild mitverantwortlich sein. Im Labortest vermochte Gelsolin, ein actinabbauendes Enzym, den Schleim zu verflüssigen, und zwar wirksamer noch (das heißt bei geringerer Konzentration) als ein ebenfalls hierzu eingesetzter DNA-spaltender Wirkstoff.

wegen probiert man seit kurzem, ein gentechnisch verändertes DNA-abbauendes Enzym (Desoxyribonuclease I oder DNAse I) anzuwenden. Im Reagenzglas wird der Lungenschleim nachweislich flüssiger, und nach bisherigen Beobachtungen kann sich bei Inhalation des Wirkstoffs auch die Lungenfunktion bessern. Das ließ vermuten, daß er tatsächlich die hinderliche DNA in kurze Stücke spaltet.

Aber unsere Forschungsergebnisse deuten auf einen völlig anderen Mechanismus hin. Lindberg hatte schon 1963 ein damals nicht identifiziertes Protein isoliert, das die natürliche Variante der DNAse I hemmt. Zehn Jahre später, während eines Aufenthalts am Cold-Spring-Harbor-Laboratorium im gleichnamigen Ort des US-Bundesstaates New York, bestimmten er und Elias Lazarides es als Actin. Nun bindet sich DNAse I, ähnlich Gc-Globulin, fest an Actin-Untereinheiten; bei ausreichender Konzentration kann sie also durchaus zum Kürzerwerden dieser Polymere beitragen – indem sie nämlich verhindert, daß zerfallende Filamente wieder wachsen.

Wir fanden erwartungsgemäß eine beträchtliche Menge Actin im Sputum von Mucoviscidose-Patienten. Dies war nicht überraschend, denn die weißen Blutkörperchen enthalten davon wohl etwa ebensoviel wie DNA. Unsere Vermutung ist, daß dieses Actin die natürliche DNAse I abfängt, so daß nicht mehr genügend Enzym zum Abbau der DNA-Fäden verfügbar ist; es hemmt also praktisch die DNAse-Funktion.

Auch mit Plasma-Gelsolin ließ sich die Zähigkeit des Sputums herabsetzen. Anscheinend ist es sogar wirksamer als die DNAse (Bild 9). Da DNAse I und Gelsolin auf verschiedene Weise eingreifen, sollte man probieren, ob eine Kombination beider Stoffe günstig wirkt. Als normale extrazelluläre Komponente im Körper müßte Gelsolin in den Atemwegen eigentlich ungiftig sein und dürfte keine Immunreaktion provozieren. Falls es sich bewährt, hätten die Forschungen über die Mechanismen der Zellbewegung die Behandlung von Mucoviscidose entscheidend vorangebracht. Ohne so trockene Grundlagenforschung wie die hier vorgestellte über das Gelieren von Actin in kriechenden Zellen wären viele solcher medizinischen Fortschritte nie zu erreichen.

Antigen-Erkennung: Schlüssel zur Immunantwort

Das Immunsystem muß Schad- und Fremdstoffe bekämpfen,
darf aber körpereigene Moleküle nicht angreifen. Die T-Lymphocyten,
die als zentrale Immunzellen letztlich diese wichtige Unterscheidung treffen, brauchen
dazu andere Körperzellen, die ihnen die Antigene aufbereiten und in einem
molekularen Erkennungsschlüssel eingebettet präsentieren.

Von Howard M. Grey, Alessandro Sette und Søren Buus

In unserem Körper herrscht ein unablässiger Krieg — meist unmerklich geführt vom Immunsystem gegen eindringende Mikroorganismen und entartende körpereigene Zellen. Praktisch jeden Eindringling kann es vernichten oder unschädlich machen, verschont dabei aber gesundes Gewebe des Organismus selbst.

Hauptverteidiger sind die Lymphocyten, eine Armee weißer Blutkörperchen mit wenigstens zwei verschiedenen Sturmspitzen. Die wohl bekanntere bilden die B-Zellen mit ihren Antikörpern (das B steht heute für englisch *bone marrow*, Knochenmark, dem Reifungsort dieser Zellen). Die von ihnen ausgeschütteten Antikörper binden sich an die Antigene — das als körperfremd erkannte Material. Die zweite Spitze bilden die im Thymus reifenden T-Zellen: Einige schüren die Aktivitäten der B-Zellen, indem sie diese hilfreich anregen, sich kräftig zu vermehren und Antikörper auszustoßen; andere vervollständigen die Immunabwehr, indem sie virusinfizierte und bösartige Zellen direkt abtöten.

Das Ereignis, das eine Immunreaktion auslöst, läßt sich ganz genau angeben: Sobald ein Rezeptor auf einer B- oder T-Zelle das zu ihm passende Antigen trifft, heftet er sich daran an — und damit ist es als fremd erkannt. Daraufhin vermehren sich diese Zellen mit Hilfe anderer Komponenten des Immunsystems und treten voll in Aktion — als antikörperausschüttende B-Zellen, als cytotoxische (zelltötende)

T-Zellen oder als T-Helfer-Zellen, die mit bestimmten Substanzen andere Zellen regelrecht mobilisieren.

Die B-Zellen schaffen es allein, ohne weitere Vermittler, Antigene auf Bakterien oder Parasiten zu erkennen. Die T-Zellen hingegen sind auf sich allein gestellt sozusagen blind. Was brauchen sie denn noch, um Fremdes ausmachen zu können?

Die Forschungen der letzten Jahrzehnte haben ergeben, daß T-Zellen den Beistand eines anderen Zelltyps benötigen, der die Antigene chemisch aufbereitet und ihnen dann zusammen mit bestimmten eigenen Oberflächenproteinen, den MHC-Molekülen, präsentiert (benannt nach dem für Abstoßungsreaktionen bei Transplantationen entscheidenden Haupt-Histokompatibilitäts-Komplex, englisch *major histocompatibility complex*). Was dabei mit den Antigenen geschieht und wie MHC-Moleküle aussehen, insbesondere welche Rolle sie bei der Antigen-Präsentation für die T-Zellen spielen, daran forschen Immunologen und Molekularbiologen noch immer sehr intensiv. Aber man weiß auch schon vieles. Und diese Erkenntnisse sozusagen über den Auftakt zur Immunantwort verheißen neue Möglichkeiten, das Geschehen auch medizinisch in den Griff zu bekommen. Vielleicht wird man nun bald synthetische Impfstoffe und gezielte Therapien beispielsweise für manche Autoimmunkrankheiten, etwa die Multiple Sklerose, entwickeln können.

Entdeckung der antigenpräsentierenden Zellen

Mit die ersten Hinweise darauf, daß B- und T-Zellen Antigene auf völlig unterschiedliche Weise erkennen, finden sich bereits in den 30 Jahre alten Arbeiten von Phillip G. H. Gell und Baruj Benacerraf, die damals an der Universität New York tätig waren. Diese beiden Wissenschaftler hatten seinerzeit entdeckt, daß Antikörper und deren Herkunftszellen passende fremde Proteine zwar erkennen, solange das Molekül normal räumlich aufgefaltet ist, oft aber nicht mehr, wenn es denaturiert ist, sich also entfaltet hat und seine geordnete Struktur verloren hat.

Anders als die sogenannte humorale — antikörpervermittelte — Immunantwort war die sogenannte zelluläre Antwort — wie wir heute wissen ist dies Aufgabe der T-Zellen — durch die De-

Bild 1: *T*-Zellen (runde Körperchen) erkennen hier auf einem Makrophagen Antigene, das sind körperfremde oder abnorme Substanzen. Der Makrophage (flaches Gebilde rechts) hat ein bakterielles Protein aufgenommen, dann in kleinere Bestandteile zerlegt und an seiner Zelloberfläche zusammen mit besonderen zelleigenen Proteinen präsentiert. Nur so — mit seiner Hilfe — können die *T*-Zellen als maßgebliche Lymphocyten bei der Immunabwehr auf ihr eigentliches Angriffsziel, die bakteriellen Antigene, reagieren. Morton H. Nielsen und Ole Werdelin von der Universität Kopenhagen haben diese rasterelektronenmikroskopische Aufnahme gemacht.

naturierung praktisch nicht beeinträchtigt. Man kannte damals die Unterscheidung in *B*- und *T*-Zellen zwar noch nicht, aber nach heutigem Verständnis waren die Experimente Gells und Benacerrafs so zu interpretieren, daß die *B*-Zellen und ihre freigesetzten Antikörper Antigene hauptsächlich an deren äußerer Gestalt erkennen, die *T*-Zellen aber auf die innere Struktur, auf die Zusammensetzung ansprechen, also auf die Aminosäuresequenz der Proteinkette, die sich ja beim Entfalten nicht ändert.

Später stellte sich heraus, daß *T*-Zellen auf Antigene nur reagieren, sofern andere Zellen sie ihnen gleichsam prä-

sentieren (Bild 1). Unter diesen ihnen zuarbeitenden — akzessorischen — Zellen hat man zuerst die Makrophagen, die Freßzellen des Immunsystems, identifiziert; dann kamen die dendritischen (also verästelten) Zellen hinzu (das sind spezialisierte Zellen unter anderem in Lymphknoten und Milz), außerdem die *B*-Zellen selbst und schließlich — für manche *T*-Zell-Reaktionen — alle kernhaltigen Körperzellen überhaupt.

Die Tätigkeit der zuarbeitenden, antigenpräsentierenden Zellen erklärte auch, wieso die *T*-Zellen die Gestalt der Antigene nicht selbst erkennen: Vor der Präsentation zerlegen die Zu-

arbeiter das Antigen, so daß es lediglich seine kennzeichnende Aminosäuresequenz, nicht aber seine äußere Form behält.

Die diesbezüglich überzeugendsten Ergebnisse erhielt Emil R. Unanue, damals an der Harvard-Universität in Cambridge (Massachusetts), mit einer von ihm im Jahre 1981 eingeführten Untersuchungsmethode. Er und seine Kollegen setzten dazu antigenpräsentierende Zellen ihren Antigenen aus und fixierten sie nach unterschiedlich langer Expositionsdauer mit Formaldehyd, stoppten also damit ihren Stoffwechsel. Im anschließenden Test konnten nur Zellen, die man vorher

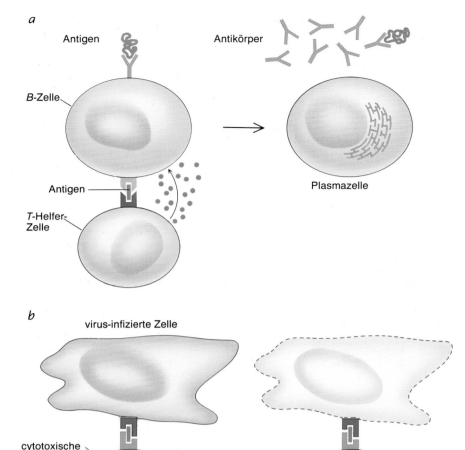

a

Antigen

Antikörper

B-Zelle

Antigen

T-Helfer-Zelle

Plasmazelle

b

virus-infizierte Zelle

cytotoxische T-Zelle

Bild 2: Es gibt zwei Hauptsorten von T-Zellen mit unterschiedlichen Aufgaben. Die T-Helfer-Zellen (a) reagieren, wenn andere Zellen — hier eine B-Zelle — körperfremde Substanzen aufnehmen, aufbereiten und ihnen als Antigene (rot) an der Oberfläche in einem besonderen Proteinkomplex präsentieren. Dann schütten diese T-Zellen Substanzen aus, die **anderen Immunzellen helfen, ihre jeweilige Funktion zu erfüllen; in diesem Beispiel regen sie die B-Zelle an, auszureifen und massenhaft Antikörper zur Immunabwehr freizusetzen. Die cytotoxischen — zelltötenden — T-Zellen (b) erkennen ungewöhnliche Moleküle auf virusinfizierten oder entarteten Zellen und vernichten dann die kranken Zellen.**

den Antigenen wenigstens eine Stunde ausgesetzt hatte, den T-Zellen die Antigene auch präsentieren. Die akzessorischen Zellen brauchen also, wie diese und andere Befunde nahelegten, nach dem ersten Kontakt Zeit und außerdem Stoffwechselenergie zur Präsentation, weil sie — so war zu vermuten — die Antigene zuvor irgendwie umbauen müssen.

Was dabei eigentlich geschieht, ließ sich aus anderen Befunden ableiten, wonach bestimmte schwache Basen die Vorzeigeaktivität der antigenpräsentierenden Zellen stark beeinträchtigen. Anscheinend spielt sich der Umbau in den sogenannten Endosomen ab, jenen Zellkompartimenten also, in

deren saurem Milieu Enzyme irgendwelche aufgenommenen Substanzen abbauen. Die Basen neutralisieren dieses Medium vermutlich und hemmen somit auch die Proteinspaltung. Nach späteren Arbeiten beeinträchtigen auch spezifische Hemmstoffe dieser Enzyme die Antigenpräsentation.

Einen besonders deutlichen Hinweis dafür, daß Antigene tatsächlich in kurze Fragmente — einzelne Peptide — gespalten werden müssen, damit sie den T-Zellen präsentiert werden können, brachte schließlich ein Experiment von Richard P. Shimonkevitz, Philippa C. Marrack und John W. Kappler am Nationalen Jüdischen Zentrum für Immunologie und Medizin

der Atemwegserkrankungen in Denver (Colorado) und einem von uns (Grey). Demnach reagieren T-Zellen auf einzelne Peptide eines Antigenproteins genauso stark wie auf das vollständige Molekül. Die Peptide müssen hierzu nicht weiter aufbereitet werden; denn auch auf zuvor fixierten antigenpräsentierenden Zellen werden sie richtig erkannt. Stephane O. Demotz gelang es kürzlich an unserem Labor bei der Firma Cytel, ein schon in den Zellen aufbereitetes Antigen zu isolieren — es war tatsächlich ein kurzes Peptid.

Aus all diesen Beobachtungen ergibt sich: Die antigenpräsentierenden Zellen nehmen die Antigene in sich auf, leiten sie zu ihren Endosomen, wo Enzyme sie in kurze Peptide von 10 bis 20 Aminosäuren zerlegen, und bringen die Teile dann — jetzt für T-Zellen erkennbar aufbereitet — an ihre Oberflächenmembran.

Das ist aber nur eine Weise, wie Antigene aufbereitet werden. Die bisher beschriebenen Vorgänge spielen sich in B-Zellen, Makrophagen und dendritischen Zellen ab, also in Zellen, die darauf spezialisiert sind, von außen aufgenommenes Fremdmaterial umzugestalten. Die Präsentation solcher exogenen Antigene aktiviert im allgemeinen dann eine besondere Sorte T-Zellen, die T-Helfer-Zellen; sie haben die Aufgabe, den B-Zellen bei ihrer Antikörperproduktion zu helfen.

Zerstörung entarteter oder infizierter Zellen

Nun stammen allerdings nicht alle von T-Zellen erkannten Antigene ursprünglich aus dem Außenmilieu der sie präsentierenden Zellen. Denn auch mit Viren infizierte und entartete Zellen können ungewöhnliche, virus- beziehungsweise tumorspezifische Proteine bilden. Eigentlich alle Körperzellen präsentieren solch aberrante Moleküle auf ihrer Außenseite. Und darauf reagieren dann Lymphocyten einer anderen Sorte, die cytotoxischen T-Zellen; sie töten diese Zellen ab.

Noch vor kurzem nahmen viele Wissenschaftler an, solche endogen erzeugten Antigene müßten nicht erst aufbereitet werden, weil man außen auf den abnormen Zellen oft die unversehrten Proteine findet. Es wäre auch durchaus plausibel, daß die cytotoxischen T-Zellen, anders als die T-Helfer-Zellen, gleich auf das intakte Antigen reagierten. Aber im Jahre 1985 machte Alain Townsend vom John-Radcliffe-Krankenhaus in Oxford (Großbritannien) eine interessante Entdeckung: Cytotoxische Zellen, die virusinfizierte Zellen abtöten können, zerstörten auch gleichermaßen nicht-infizierte, aber gentechnisch manipulierte Zellen, die nur einen Teil des entsprechenden viralen Gens enthielten und deshalb nur ein kurzes Stück des Virusproteins herstellten. Später löste Townsend sogar eine cytotoxische Reaktion aus, als er lediglich ein Bruchstück des Antigens zu antigenpräsentierenden nicht-infizierten Zellen gab. Damit war klar, daß cytotoxische Zellen, genau wie die Helfer-Zellen, nicht das vollständige Antigen, sondern Teile davon erkennen.

Endogene Antigene scheinen allerdings auf anderem Wege als exogene aufbereitet zu werden. Schwache Basen (die in den Endosomen die mutmaßliche Aufbereitung für die *T*-Helfer-Zellen blockieren) wirken sich hier keineswegs hemmend aus. Und setzt man einer Kultur aus antigenpräsentierenden und cytotoxischen *T*-Zellen das intakte spezifische Antigenprotein zu, geschieht nichts; wenn man es jedoch den Präsentierzellen in ihr Zellplasma

einspritzt, können die *T*-Zellen darauf ansprechen.

Auch wenn man die Vorgänge noch nicht völlig verstanden hat, spricht doch bisher vieles dafür, daß die endogenen Antigene nicht in den Endosomen, sondern im Cytoplasma zerlegt werden. Die Fragmente gelangen dann irgendwie in Vesikel, kleine Bläschen, die sie an die Zelloberfläche bringen, wo die cytotoxischen *T*-Zellen sie wahrnehmen.

Dieser zweite Mechanismus, über den selbsterzeugte falsche Proteine als Antigene erkannt werden, bietet dem Immunsystem die Chance, auch heimliche Eindringlinge schließlich aufzuspüren; selbst wenn sich der Erreger zunächst in der Zelle wie in einem Trojanischen Pferd verstecken mag, wird er für die *T*-Zellen doch anhand seiner Genprodukte − der neuen, auffallenden Proteine − sichtbar.

Die beiden unterschiedlichen Aufbereitungsmechanismen für exo- und endogene Antigene machen Sinn: Jeder ermöglicht die richtige *T*-Zell-Ant-

wort. Die von *B*-Zellen aufgenommenen und über den „exogenen" Weg aufbereiteten Fremdproteine eines in den Körper eingedrungenen Bakteriums etwa rufen die *T*-Helfer-Zellen auf den Plan; und diese helfen den *B*-Zellen, die Infektion mit ihren Antikörpern zu bekämpfen (Bild 2a). Wenn aber eine körpereigene Zelle fremde beziehungsweise abnorme Proteine herstellt, wird sie von den cytotoxischen *T*-Zellen abgetötet (Bild 2b).

Individuelles Erkennungszeichen

Die Zellen präsentieren die von ihnen aufbereiteten Antigene den *T*-Zellen immer zusammen mit bestimmten eigenen Proteinen, eben den eingangs schon erwähnten MHC-Proteinen. Codiert werden sie von einer bestimmten Gruppe aus mehr als einem Dutzend Genen. Der MHC-Genkomplex ist so extrem variabel, daß kaum zwei Individuen exakt die gleiche genetische Ausstattung haben und daher jedes

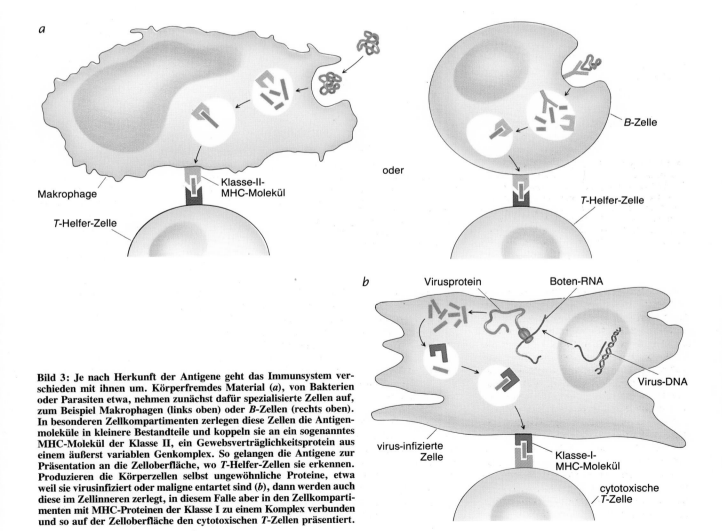

Bild 3: Je nach Herkunft der Antigene geht das Immunsystem verschieden mit ihnen um. Körperfremdes Material (a), von Bakterien oder Parasiten etwa, nehmen zunächst dafür spezialisierte Zellen auf, zum Beispiel Makrophagen (links oben) oder B-Zellen (rechts oben). In besonderen Zellkompartimenten zerlegen diese Zellen die Antigenmoleküle in kleinere Bestandteile und koppeln sie an ein sogenanntes MHC-Molekül der Klasse II, ein Gewebsverträglichkeitsprotein aus einem äußerst variablen Genkomplex. So gelangen die Antigene zur Präsentation an die Zelloberfläche, wo T-Helfer-Zellen sie erkennen. Produzieren die Körperzellen selbst ungewöhnliche Proteine, etwa weil sie virusinfiziert oder maligne entartet sind (b), dann werden auch diese im Zellinneren zerlegt, in diesem Falle aber in den Zellkompartimenten mit MHC-Proteinen der Klasse I zu einem Komplex verbunden und so auf der Zelloberfläche den cytotoxischen T-Zellen präsentiert.

sein eigenes persönliches Proteinmuster aufweist — daher rührt auch die Gewebeunverträglichkeit zwischen Spenderorgan und Empfängerorganismus, die Transplantationen so schwierig macht.

Es gibt nun, entsprechend ihrer Aufgabe bei der *T*-Zell-Stimulation, zwei Klassen von MHC-Molekülen mit jeweils unterschiedlichem Aufbau (Bild 8). MHC-Proteine der Klasse II werden bei der Antigen-Präsentation für *T*-Helfer-Zellen gebraucht; sie liegen daher vorwiegend auf *B*-Zellen, Makrophagen und dendritischen Zellen (Bild 3*a*). MHC-Proteine der Klasse I sind nötig, um den cytotoxischen *T*-Zellen Antigene der eigenen Zelle zu präsentieren; daher kommen sie so ziemlich auf allen kernhaltigen Körperzellen vor (Bild 3*b*).

Für unser heutiges Bild von den MHC-Molekülen und ihrer Rolle bei der Stimulation der *T*-Zell-Antwort waren mehr als 30 Jahre Forschung nötig. Transplantationsversuche machten Mitte der fünfziger Jahre den Anfang: Verpflanzte man Gewebe zwischen Tieren mit verschiedenen MHC-Proteinen, dann stieß das Immunsystem des Empfängers das Transplantat äußerst heftig ab. Erst später stellte sich heraus, daß dies an den *T*-Zellen lag und daß sie offenbar der Erkennungsdienst des Immunsystems für MHC-Moleküle sind. Aber verständlicherweise konnte es nicht die eigentliche Funktion dieser Moleküle sein, Transplantate abzuwehren; schließlich sind Gewebeübertragungen in der Natur eigentlich nicht vorgesehen.

Erste Hinweise auf die wirkliche Funktion der MHC-Proteine ergaben Experimente von Hugh O. McDevitt — damals am Nationalen Institut für Medizinische Forschung in London — und Benacerraf. In den sechziger Jahren stellten sie fest, daß die individuelle Ausstattung mit MHC-Genen die Immunantwort eines Tieres gegen bestimmte einfache Antigene beeinflußt: Auf ein gegebenes Antigen mag das eine Tier, das eine Variante eines bestimmten MHC-Gens trägt, recht heftig reagieren, das andere Tier mit einer anderen Variante dagegen gar nicht. Der Haupt-Histokompatibilitäts-Komplex schien bei diesen Inzuchtstämmen demnach Gene für die Immunantwort zu enthalten (englisch *immune response genes*, daher auch IR-Gene genannt).

Aber was geschieht dabei? Leicht konnte man sich vorstellen, daß die MHC-Gene einfach für die Rezeptormoleküle auf den *T*-Zellen codieren. Aber dann fanden im Jahre 1973 Alain S. Rosenthal und Ethan M. Shevach

vom amerikanischen Nationalen Institut für Allergien und Infektionskrankheiten in Bethesda (Maryland) heraus, daß der Haupt-Histokompatibilitäts-Komplex wohl vielmehr für die Funktion der antigenpräsentierenden akzessorischen Zellen wichtig ist. Die Wissenschaftler kreuzten zwei Meerschweinchenstämme: Der eine reagierte auf das erste von zwei gegebenen Antigenen gut, auf das zweite nur ganz schwach; beim anderen Stamm verhielt es sich genau entgegengesetzt. Die Nachkommen aus dieser Kreuzung sprachen auf beide Antigene gleichermaßen stark an — sie hatten von jedem Elternteil anscheinend jeweils

eins der beiden dafür maßgeblichen Gene geerbt.

Als man diesen Tieren aber *T*-Helfer-Zellen entnahm und zu Kulturen antigenpräsentierender Zellen samt einem Antigen gab, bestimmte die Herkunft der antigenpräsentierenden Zellen, ob die *T*-Helfer-Zellen stark antworteten. Stammten die Präsentierzellen ebenfalls aus Bastarden, dann reagierten die *T*-Helfer-Zellen erwartungsgemäß auf beide Antigene. Entstammten sie jedoch einer elterlichen Linie, sprachen die Helfer immer nur auf das Antigen an, auf das diese Linie reagiert hatte; das jeweils andere Antigen schienen sie gar nicht wahrzuneh-

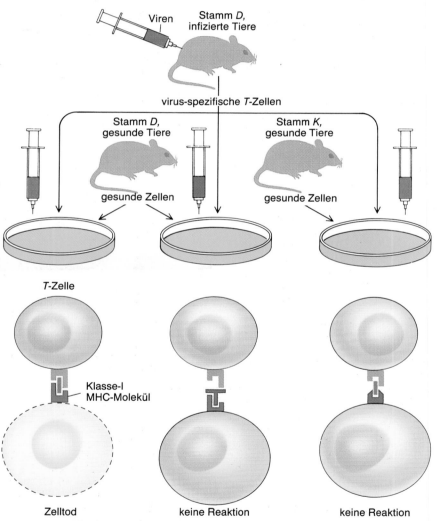

Bild 4: *T*-Zellen können nur aktiv werden, wenn ihnen spezifische Antigene zusammen mit einem besonderen körpereigenen MHC-Protein präsentiert werden. Diesen Mechanismus, die MHC-Restriktion, haben Rolf M. Zinkernagel und Peter C. Doherty von der Australischen Nationalen Universität in Canberra im Jahre 1974 entdeckt. Die Wissenschaftler infizierten Mäuse eines bestimmten MHC-Stammes mit einem Virus (rot) und isolierten dann die virusspezifischen cytotoxischen *T*-Zellen. Diese gaben sie zu Zellen gesunder Mäuse, die sie zuvor im Kulturmedium dem gleichen Virus ausgesetzt hatten. Waren dies Mäuse desselben Stammes, töteten die *T*-Zellen die infizierten Zellen (links). Infizierte Zellen von einem anderen Inzuchtstamm überlebten hingegen unversehrt (rechts). Auch Zellen mit einem anderen Virus (blau) blieben erhalten (Mitte).

men. Offenbar wirkten die MHC-Gene nicht über die T-Zellen selbst (die T-Zellen der Bastarde antworteten ja gegebenenfalls sehr gut auf beide Antigene), sondern über die antigenpräsentierenden Zellen. Diese konnten eines der Antigene einfach nicht darbieten, wenn sie die quasi falschen Gene trugen — der Grund dafür wurde erst in jüngster Zeit entdeckt.

Davor schon war aus Arbeiten mit cytotoxischen T-Zellen zu schließen, daß diese nicht allein fremde Antigene ausmachen, sondern auch MHC-Proteine auf den Präsentierzellen. Rolf M. Zinkernagel und Peter C. Doherty von der Australischen National-Universität in Canberra prüften beispielsweise 1974 die Reaktion von T-Zellen auf bestimmte Antigene, die von Zellen mit einer besonderen Variante von MHC-Proteinen der Klasse I präsentiert wurden; und zwar hatten die gleichen T-Zellen auf die gleichen Antigene, jedoch präsentiert von einer anderen MHC-Protein-Variante, zuvor gut reagiert.

Bei dem eigentlichen Experiment infizierten die Forscher eine Maus mit einem Virus und regten so die Vermehrung cytotoxischer T-Zellen an, die sich spezifisch gegen die infizierten Zellen richteten. Danach isolierten sie diese T-Zellen und konfrontierten sie mit virusinfizierten Zellen aus anderen Mäusen. Solche frisch infizierten Zellen entgehen, wie sich herausstellte, dem tödlichen Angriff, wenn sie selbst andere MHC-Proteine tragen als die Zellen der ursprünglich infizierten Maus (Bild 4).

Diesen Befund interpretierten Zinkernagel und Doherty so, daß die T-Zellen gleich zwei Merkmale erkennen mußten — erstens das Antigen und zweitens ein MHC-Protein, das für die körpereigenen Zellen des individuellen Tiers charakteristisch ist. Viele weitere Experimente haben mittlerweile diesen doppelten Erkennungsmechanismus bestätigt. Heute bezeichnet man diese Einschränkung, daß T-Zellen ein Antigen nur zugleich mit einem körpereigenen MHC-Molekül wahrnehmen können, als MHC-Restriktion.

Der Erkennungsmechanismus

Die MHC-Restriktion gab neue Rätsel auf. Denn um B-Zellen zu aktivieren, genügt schließlich schon ein einziger Schlüssel (ein Antigen) für nur ein Schloß (den passenden Rezeptor auf einer B-Zelle). Wie sollte das Zwei-Schlüssel-System der T-Zellen molekular aussehen?

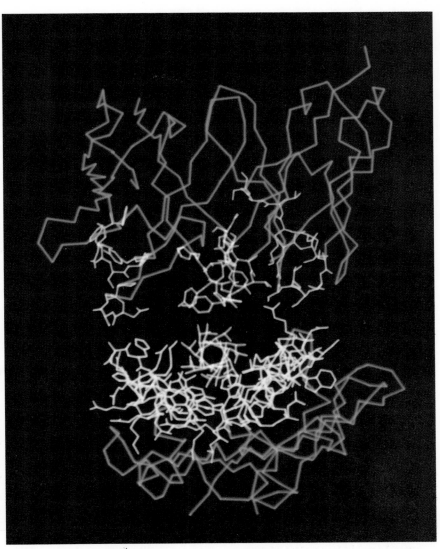

Bild 5: Computermodell des aufgeklärten Erkennungsmechanismus zwischen T-Zell-Rezeptor (oben) und antigenpräsentierendem MHC-Protein (unten). Das zu präsentierende Peptid, das Antigenbruchstück (rosa Ring), ist in die antigenbindende Spalte (gelbe Mulde) des MHC-Proteins eingebettet. Der T-Zell-Rezeptor hat einerseits ziemlich unveränderliche, sogenannte konstante Regionen (grüngelb) — sie interagieren mit den wenigen verschiedenen MHC-Proteinen — und andererseits eine hochvariable Stelle (rosa); dort werden die vielen unterschiedlichen Antigene erkannt. Das Modell haben Mark M. Davis und Pamela J. Bjorkman von der Stanford-Universität in Kalifornien entwickelt.

Zwei Möglichkeiten waren denkbar: Die erste Hypothese forderte zwei verschiedene T-Rezeptormoleküle, eins für das Antigen und ein anderes für das MHC-Protein. Die zweite Hypothese postulierte einen gemeinsamen Rezeptor für Antigen und MHC-Protein. Für beide Auffassungen ließen sich damals indirekte Indizien finden. Aber das Ein-Rezeptor-Modell erwies sich schließlich als zutreffend: Ein und derselbe Rezeptor war für Antigene wie auch für körpereigene MHC-Moleküle spezifisch (siehe „Der T-Zell-Rezeptor" von Philippa Marrack und John Kappler, Spektrum der Wissenschaft, April 1986).

Entsprechend vermutete man nun, daß das aufbereitete Antigen und das MHC-Molekül miteinander einen Komplex bilden, der zu der Erkennungsstelle des T-Zell-Rezeptors paßt. Dann wäre eigentlich das MHC-Protein der erste Rezeptor für das aufbereitete Antigen und der T-Zell-Rezeptor erst der zweite, der schließlich auf den ganzen Komplex reagiert. Damit wäre sowohl die Spezifität der T-Zellen für beide Moleküle zugleich sehr elegant erklärt gewesen; und auch die alte Frage, wieso denn eigentlich gewisse MHC-Gene das Individuum für bestimmte Antigene blind machen, hätte sich damit beantworten lassen — nach

125

dem neuen Modell würden solche Gene für Proteine codieren, die bestimmte Peptide nicht binden und präsentieren können.

Dafür, daß sich ein solcher Komplex tatsächlich bildet, brachte dann Ronald H. Schwartz vom amerikanischen Nationalen Institut für Allergien und Infektionskrankheiten überzeugende, wenn auch indirekte Hinweise. Er untersuchte, wie Mäusestämme mit unterschiedlichen MHC-Genen auf verschiedene Varianten eines bestimmten Proteins reagieren. Demnach konnten Varianten, auf die nur die T-Zellen des einen Stamms ansprachen, von dem anderen Stamm ebenfalls wahrgenommen werden, wenn bei dem Protein nur ein paar Aminosäuren ausgetauscht wurden. Schwartz meinte, dieser Befund ließe sich am besten damit erklären, daß sich das Protein oder ein von ihm abgespaltenes Peptid erst an die MHC-Moleküle binden muß, damit es eine Immunantwort auslöst — die wenigen ausgetauschten Aminosäuren hätten es eben dem Peptid ermöglicht, sich an die MHC-Moleküle des zweiten Mäusestammes zu heften.

Unanue und seine Kollegen von der Washington-Universität in Saint Louis (Missouri) konnten 1985 als erste die Komplexbildung mit der sogenannten Gleichgewichtsdialyse nachweisen. Sie trennten dazu zwei Kammern durch eine halbdurchlässige — semipermeable — Membran; die eine enthielt ein antigenes Peptid, die andere das für eine Immunantwort auf dieses Peptid nötige MHC-Molekül der Klasse II. Das Antigen als das sehr viel kleinere Molekül konnte die Membran passieren, das große MHC-Protein aber nicht. Falls eine Bindung unterblieb, sollte sich das Antigen daher allmählich gleichmäßig über beide Kammern verteilen. Statt dessen konzentrierte es sich aber auf der Seite mit dem MHC-Protein: Offensichtlich gingen die beiden Molekülsorten Bindungen miteinander ein.

Unsere Arbeitsgruppe wies gleiche Interaktionen für mannigfaltige Peptide und für Klasse-II-MHC-Moleküle nach. Wie wir außerdem zeigen konnten, ist die Bindung für die Immunantwort entscheidend, denn die T-Zellen erkennen erst den MHC-Antigen-Komplex. Nach einer Methode von Harden M. McConnell von der Standford-Universität in Kalifornien betteten wir solche Komplexe in eine künstliche Lipidmembran, also eine nachgebaute Zellmembran, ein; als Vergleich diente eine Membran mit reinen MHC-Proteinen in einer Antigen-Lösung. Unser Befund: Die quasi vorgefertigten Komplexe stimulierten antigenspe-

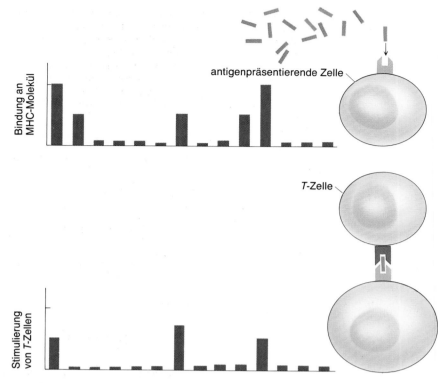

Bild 6: Die Autoren konnten belegen, daß nur an ein MHC-Protein gebundene Antigene eine T-Zell-Antwort anregen können. Sie synthetisierten 14 Peptide, die den Fragmenten eines Proteins entsprachen, und prüften deren Affinität zu einem MHC-Molekül der Maus. Fünf davon koppelten sich an das MHC-Molekül (oben). Die T-Zellen desselben Mäusestammes reagierten aber nur auf drei der MHC-Antigen-Komplexe mit einer Immunantwort (unten). Ein Peptid muß demnach an ein MHC-Molekül gebunden sein, aber dies allein reicht noch nicht aus, auch wirklich eine Immunreaktion auszulösen.

zifische T-Zellen ungefähr 20000mal besser als reine MHC-Proteine mit freiem Antigen.

Solche Komplexe müssen recht stabil sein, sollen sie bei der normalen Immunantwort mitwirken, denn nur wenige T-Zellen eines Individuums tragen überhaupt Rezeptoren für ein bestimmtes Antigen, und daher kann es nach einer Infektion eine ganze Weile dauern, bis eine antigenpräsentierende Zelle mit ihrem Antigen-MHC-Komplex auf die passende T-Zelle trifft. Dem Erfolg unserer Experimente nach waren die Komplexe tatsächlich sehr stabil: Es hatte immerhin länger als einen Tag gedauert, sie aus ihrer natürlichen Zellmembran zu isolieren und in die künstliche Lipidmembran einzubetten. Die von uns direkt gemessene Halbwertszeit des Zerfalls (die Dissoziationsrate) erwies sich dann mit zehn Stunden bei Körpertemperatur tatsächlich als sehr hoch.

Schulung im Immunsystem

Zwar waren die Hinweise auf eine Komplexbildung überzeugend; doch mochte nicht jeder Wissenschaftler

dem weitergehenden Vorschlag zustimmen, es habe eine genetische Ursache, daß manche MHC-Proteine Antigene nicht binden, quasi blind dafür sind. Nach Rosenthal und Shevach sollte der gewissermaßen blinde immunologische Fleck auf einer mangelnden Ansprechbarkeit der antigenpräsentierenden Zellen beruhen, jedoch bestätigten Versuche mit verschiedenen Antigenen dies nicht in jedem Falle.

Auch war, so argumentierten einige Wissenschaftler, kaum zu ersehen, wie ein einziges MHC-Protein eine Unzahl strukturell verschiedener Antigen-Peptide binden könnte. Ein Individuum hat nämlich höchstens rund ein Dutzend verschiedene MHC-Moleküle. Jedes davon muß folglich aus der Riesenmenge potentieller Antigene eine beträchtliche Anzahl binden. Aber wie kann es da noch selektiv sein? Wenn sich wirklich MHC-Antigen-Komplexe bilden würden — so die weitere Argumentation —, müßte die Bindung unspezifisch sein, und sie wäre nicht maßgebend dafür, wie das Immunsystem im Einzelfall anspricht.

Statt dessen meinten einige Wissenschaftler, die MHC-Proteine würden das Repertoire an funktionstüchtigen T-Zellen gestalten und so die Immunantwort beeinflussen. Die T-Zellen reifen — wie erwähnt — in der Thymusdrüse und interagieren dort mit den MHC-Proteinen auf antigenpräsentierenden Zellen. Bei dieser regelrechten Berufsausbildung lernen die T-Zellen, ein Antigen nur zusammen mit den körpereigenen MHC-Molekülen wahrzunehmen. Zugleich werden, so nimmt man an, solche T-Zellen, die zu heftig auf die körpereigenen MHC-Moleküle ansprechen und damit die Gefahr einer Autoimmunerkrankung heraufbeschwören, vernichtet oder zumindest inaktiviert. Möglicherweise bewirkt eine bestimmte MHC-Protein-Variante, daß all jene T-Zellen ausgemerzt werden, die mit einem speziellen Antigen reagieren. Alle Individuen, die das zugehörige MHC-Gen erben, hätten dann nach diesem Sortierungsprozeß die gleiche Lücke im Repertoire ihrer T-Zellen.

Wir wollten nun klären, wie zum einen die Bindung an ein MHC-Molekül und zum anderen das Fehlen von gewissen T-Zellen sich jeweils auf die immunologische Reaktionsfähigkeit auswirken. Dazu haben wir gemessen, wieweit sich gewisse Peptide an ein bestimmtes MHC-Molekül von Mäusen binden und wie heftig die von ihnen ausgelöste Immunantwort ist. Von den 14 Peptiden, in die wir ein Antigen zerlegt hatten, verbanden sich fünf mit dem MHC-Molekül; und in Mäusen mit den gleichen MHC-Proteinen reagierten die T-Zellen dann noch auf drei dieser fünf Peptide. Von den übrigen Peptiden löste hingegen keines eine Immunantwort aus (Bild 6).

Also beeinflussen doch die MHC-Moleküle mit ihrer Selektivität die Immunantwort. Aber nicht jedes Peptid löst mit seiner Bindung an ein MHC-Molekül auch zugleich eine Immunreaktion aus — wohl weil die T-Zellen für diesen MHC-Antigen-Komplex dann fehlen. Anscheinend sind also beide Theorien zum Einfluß der MHC-Gene auf die Immunantwort zusammengenommen richtig: Die individuell begrenzten Reaktionsmöglichkeiten resultieren gemeinsam aus dem für Antigene selektiven Bindungsvermögen der MHC-Proteine und den Lücken im T-Zell-Arsenal.

Doch der Einwand bleibt, wie denn MHC-Proteine spezifisch für Antigene sein können, wo sie doch auf nicht alle, aber doch außerordentlich viele von ihnen reagieren. Wie wir herausfanden, kann ein normales MHC-Molekül tatsächlich zwischen 10 und 20 Prozent der Peptidfragmente eines jeden beliebigen Proteinmoleküls an

sich binden; es reagiert also nur auf recht breiter Front spezifisch.

Eine mögliche Ursache dafür haben wir dann entdeckt: Solche Peptide stimmen jeweils in bestimmten einfachen Strukturmerkmalen überein. Eines der untersuchten MHC-Moleküle beispielsweise band Peptide, die eine

sich wiederholende Gruppe hydrophober (wasserabstoßender) Aminosäuren enthielten, ein anderes hingegen solche, die eine gleiche Dreiergruppe positiv geladener Aminosäuren hatten (Bild 7).

Eine Spezifität, die so mannigfaltig wirkt und doch zugleich so weit greift,

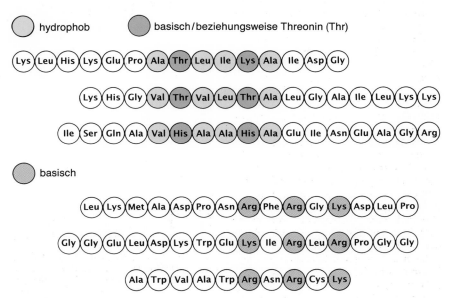

Bild 7: Unterschiedliche Peptide, die sich an das gleiche MHC-Protein binden, stimmen in strukturellen Merkmalen überein. Die oberen drei weisen einen Abschnitt aus wasserabweisenden und basischen Aminosäuren auf (die basischen Aminosäuren kann auch die Aminosäure Threonin ersetzen). Die unteren drei haben eine kurze Sequenz mit basischen Aminosäuren. Dieses Muster bestimmt, welches MHC-Molekül sich ankoppelt.

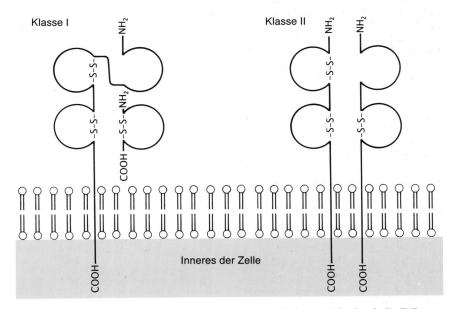

Bild 8: Man ordnet MHC-Moleküle nach ihrer Funktion bei der Immunabwehr zwei Klassen zu. MHC-Moleküle der Klasse I gibt es auf ziemlich allen Zellen im Körper, die der Klasse II hingegen nur auf spezialisierten Zellen. Das Molekül hat jeweils zwei Ketten. Bei der Klasse I liegt die kurze Kette außen, und nur die lange reicht durch die Zellmembran nach innen; bei der Klasse II gibt es zwei gleichlange nach innen ragende Ketten. Durch Schwefelbrücken bilden sich auf der Zelloberfläche schleifenartige Domänen. Die Antigen-Bindungsstelle liegt bei beiden Molekülformen zwischen den äußeren Schleifen.

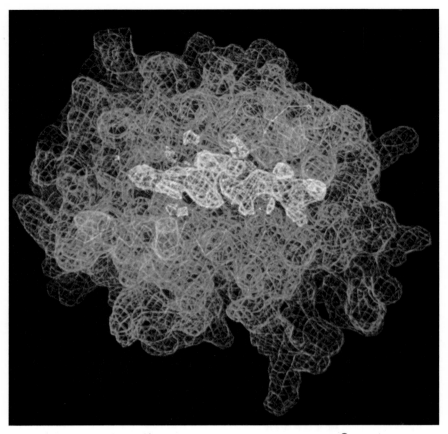

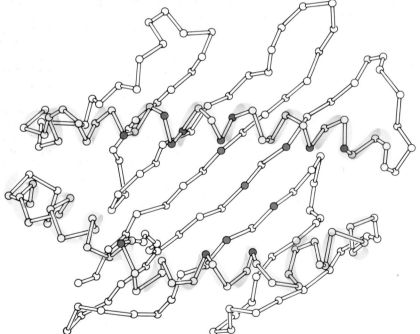

Bild 9: Räumliche Ansichten eines MHC-Moleküls der Klasse I, ermittelt durch Röntgenstrukturanalyse – oben als Computermodell, unten als Diagramm. Das Protein hat einen charakteristischen Spalt; seitlich liegen zwei Alpha-Helices (blaue schraubige Bereiche im Diagramm), und am Grund erstreckt sich eine Beta-Faltblattstruktur (helle parallele Bänder). Inmitten des Spalts liegt noch ein anderes Molekül (orange Bereiche oben); und dies stützt die Annahme, daß es die Bindungsstelle für Antigene ist. Zudem liegen dort zahlreiche variable Aminosäuren, die für jedes MHC-Molekül charakteristisch und für sein spezifisches Erkennungsvermögen bedeutsam sind (rot im Diagramm). Die Molekularstruktur und das Computerbild stammen von Don C. Wiley von der Harvard-Universität in Cambridge (Massachusetts) sowie von seinen Kollegen Pamela J. Bjorkman, Mark A. Saper, Boudjema Samraoui, William S. Bennett und Jack L. Strominger.**

könnte den insgesamt in einem Individuum vorhandenen MHC-Proteinen erlauben, im Grunde jedes nur denkbare Antigen zu binden und zu präsentieren. Jedenfalls hätten Fremdkörper kaum eine Chance, der Immunabwehr zu entgehen.

Der Erkennungsschlüssel

Daß die MHC-Moleküle tatsächlich die Rezeptoren für aufbereitete und an die Zelloberfläche transportierte Antigene sind, bestätigte sich, als Don C. Wiley und seine Kollegen an der Harvard-Universität 1987 die Raumstruktur eines MHC-Moleküls der Klasse I aufklärten. Das bemerkenswerteste Kennzeichen war – nach ihren Analysen der Beugungsmuster von Röntgenstrahlen an einem Proteinkristall – eine Spalte an der nach außen weisenden Stirnfläche des Moleküls. Innen ausgekleidet wird sie von zwei schraubenförmig gewundenen Abschnitten des Proteins (sogenannten Alpha-Helices), und ihren Grund bildet eine sogenannte Beta-Faltblattstruktur – dort legen sich Kettenabschnitte gegenläufig parallel aneinander (Bild 9).

Diese Spalte sieht sehr deutlich wie eine Bindungsstelle für antigene Peptide aus. Außerdem konzentrieren sich im Innern der Spalte – an den Wänden und am Grund – ausgerechnet solche Aminosäuren, die bei einem bestimmten MHC-Protein von Individuum zu Individuum variieren und die individuelle Immunreaktion mitbestimmen (Bild 5). Da sie vermutlich die Bindungsfähigkeit des Proteins für Peptide beeinflussen, sollte man genau hier auch die Bindungsstelle vermuten.

Eine weitere Beobachtung sprach dafür; sie offenbarte überdies eine noch ganz andere und faszinierende mögliche Funktion der MHC-Moleküle. Die Spalte des untersuchten Moleküls im Proteinkristall war nämlich nicht leer: Wiley und seine Kollegen hatten in ihr ein eigenes molekülähnliches Gebilde entdeckt – mutmaßlich ein Stück eines aufbereiteten Antigens. Es mußte sich dort eingelagert haben, als die MHC-Moleküle auskristallisierten.

Paul M. Allen von der Washington-Universität und unsere eigene Arbeitsgruppe konnten bestätigen, daß die Bindungsstelle auf den MHC-Molekülen der akzessorischen Zellen gewöhnlich besetzt ist. Denn aus *B*-Zellen isolierte MHC-Moleküle der Klasse II setzten bei Säurebehandlung Peptide frei, die sich später wieder spezifisch an diese MHC-Moleküle banden. Vor allem aber kann eine Zelle – wie

Townsend und seine Mitarbeiter erst jüngst beobachtet haben – ihre Klasse-I-MHC-Moleküle ohne ein solches Peptid gar nicht fertig zusammenstellen; es muß während der endgültigen Faltung vorhanden sein. Diese allgegenwärtigen Peptide sind wahrscheinlich Fragmente körpereigener Proteine aus der Zelle selbst oder aus deren Umgebung und werden offensichtlich auf dem gleichen Wege wie fremde Antigene aufbereitet und präsentiert.

Das würde gut zu der Vorstellung passen, der Organismus stehe sozusagen rund um die Uhr unter Immunüberwachung. Demnach prüfen die cytotoxischen *T*-Zellen immerfort die übrigen Zellen auf tumorale und virale Antigene, um sie gegebenenfalls unverzüglich auszumerzen. Die Zellen selbst freilich fordern das Immunsystem geradezu zur Kontrolle auf, indem sie unablässig ihre eigenen Antigene aufbereiten und präsentieren. So werden Anomalien gleich entdeckt.

Hier deutet sich auch eine Antwort auf die wichtige Frage an, wozu ein so komplizierter Erkennungsmechanismus überhaupt nötig ist, der erst Antigene aufbereitet und sie dann in MHC-Molekülen den *T*-Zellen präsentieren muß, wenn doch *B*-Zellen ihre Antigene direkt erkennen. Was die cytotoxischen *T*-Zellen betrifft, so lenkt die MHC-Restriktion sie auf das körpereigene Gewebe, das sie ja bei Bedarf zerstören sollen. Eben weil diese Zellen genauso an MHC-Proteinen wie an Antigenen interessiert sind, spüren sie diese genau in dem Umfeld auf, wo sie dann wirksam eingreifen können.

Daß das Schema der Antigenpräsentation für die *T*-Helfer-Zellen genauso kompliziert ist, ließe sich vielleicht mit seiner Evolution erklären. Die zelluläre Immunantwort gibt es anscheinend schon sehr lange in der Ent-

wicklungsgeschichte der Tiere; sogar ganz ursprüngliche Organismen wie Schwämme erkennen und bekämpfen eindringende fremde Zellen. Möglicherweise wirkten *T*-Zellen zunächst nur cytotoxisch. Als sie später dann auch zu Helfer-Zellen wurden, blieben sie weiter fähig, auf Zelloberflächen nach Antigenen zu suchen, die mit körpereigenen Proteinen assoziiert waren. Mit der Zeit hat sich dieses Verhalten wohl der Helfer-Funktion angepaßt, so daß heute die Klasse-II-MHC-Proteine diese Zellen dorthin leiten, wo sie am effizientesten sind: zu den *B*-Zellen. Auf diese Weise kann das Immunsystem seinen jeweiligen Aufgaben nachkommen und die Immunantwort den Erfordernissen anpassen.

Hilfen für die Medizin

Unsere Kenntnisse über die Antigenerkennung wachsen ständig. Dadurch wird sich wahrscheinlich das Immunsystem bald schon besser für medizinische Zwecke mit heranziehen lassen: indem man die Immunabwehr durch Impfstoffe steigert und indem man sie bei Autoimmunerkrankungen gezielt unterdrückt. Herkömmliche Impfstoffe enthalten entweder den ganzen Erreger – lebend oder abgetötet – oder eines seiner Proteine. Bei manchen Krankheiten wie etwa der von Plasmodien verursachten Malaria funktioniert das allerdings nicht, und mitunter haben Impfstoffe aus intakten Erregern gefährliche Nebenwirkungen. Für diese Problemfälle versucht man heute künstliche Peptide zu konstruieren, die nur einem Bruchstück des betreffenden Antigens entsprechen, aber dennoch eine angemessene Immunantwort bewirken. Das können sie allerdings nur, wenn sie gleichermaßen *T*-Helfer Zellen, cytotoxische *T*-Zellen und *B*-Zellen stimu-

lieren. Daher müssen sich diese künstlichen Antigene unbedingt an MHC-Moleküle binden können – trotz deren individueller Vielfalt. Die sich vertiefenden Einblicke in die Interaktionen von MHC-Molekülen und Antigenen werden sicherlich bei der Entwicklung von Peptid-Impfstoffen hilfreich sein.

Möglicherweise verhelfen diese neuen Erkenntnisse auch zu einer besseren Behandlung von Krankheiten wie dem insulinabhängigen Diabetes, der rheumatoiden Arthritis und der multiplen Sklerose, bei denen das Immunsystem körpereigene Moleküle angreift, weil es nicht mehr zwischen Selbst und Nicht-Selbst zu unterscheiden vermag. Von manchen dieser Leiden sind fast nur Menschen mit ganz bestimmten MHC-Genen betroffen. Vielleicht präsentieren die entsprechenden Proteine körpereigene Antigene in einer Weise, daß sie eine Immunantwort induzieren.

Es sollte möglich sein, Wirkstoffe zu konstruieren, die sich sehr fest an solche MHC-Proteine binden, dadurch die Kontaktstelle der körpereigenen Antigene blockieren und so die Autoimmunreaktion verhindern. Derzeit kann man mit Immunsuppressiva wie Cyclosporin einige dieser Krankheiten bereits aufhalten, allerdings wird damit das Immunsystem insgesamt ausgeschaltet. Mit einem paßgerecht entworfenen Hemmstoff nur für eine bestimmte MHC-Variante bliebe das Immunsystem hingegen weitgehend funktionstüchtig, also fähig, den Organismus gegen die weiter bestehenden Bedrohungen von außen zu schützen. Mit wachsendem Verständnis vom Mechanismus der Antigen-Aufbereitung und -Präsentation bekommen wir im Kampf gegen Autoimmunkrankheiten vielleicht Waffen in die Hand, die an Durchschlagkraft und Präzision denen des Immunsystems selbst nahe kommen.

Tumor-Abstoßungsantigene

Bestimmte Moleküle auf Tumoren können Zellen des körpereigenen Immunsystems als Angriffsziel dienen. Mit der Identifizierung eines menschlichen Gens, das für ein solches Tumor-Abstoßungsantigen codiert, tritt die Suche nach spezifischen Immuntherapien gegen Krebs in eine neue Phase.

Von Thierry Boon

Ein schlagkräftiges Immunsystem ist die beste Waffe gegen Infektionskrankheiten: Es eliminiert in den Körper gelangte Bakterien und Viren und tötet bereits befallene Zellen, gesundes Gewebe aber bleibt unangetastet. So zielsicher sind die Attacken, weil das Immunsystem spezifisch auf fremde Antigene anspricht – Moleküle der Eindringlinge oder Bruchstücke davon.

Krankheitserreger und Giftstoffe in den Körperflüssigkeiten werden im allgemeinen von zirkulierenden Antikörpern inaktiviert; virusbefallene Zellen hingegen werden von speziellen Killerzellen, den cytotoxischen T-Lymphocyten, regelrecht leckgeschlagen. Diese Gruppe weißer Blutkörperchen, die wie andere T-Zellen im Thymus reift, ist auch für die Abstoßung transplantierter fremder Gewebe verantwortlich.

Daß ihre Schlagkraft sich vielleicht genauso auf andere für den Körper abnorme Zellen – also Krebszellen – erstrecken könnte, war eine naheliegende Annahme. Man versuchte daher schon lange, Tumor-Abstoßungsantigene zu finden: Strukturen auf Krebszellen, die von T-Lymphocyten erkannt werden können. Die Hoffnung war, daß Antigene, die ausschließlich – oder zumindest fast ausschließlich – auf bösartigen Zellen auftauchen, sich dazu verwenden ließen, die unzureichende Immunreaktion gegen sie bei Patienten zu verstärken oder überhaupt erst in Gang zu bringen.

Ihre Existenz auf menschlichen Tumoren definitiv nachzuweisen erwies sich indes als schwierig. Doch in den vergangenen Jahren gelang es meinen Kollegen und mir am Ludwig-Institut für Krebsforschung in Brüssel, eindeutige Belege zusammenzutragen, daß etliche, vielleicht sogar die meisten Tumoren wirklich solche Antigene ausbilden. Wir haben auch, was nicht minder wichtig ist, Methoden zur Isolierung der zugehörigen Gene entwickelt. Überdies haben wir und andere Wissenschaftler Anzeichen dafür gefunden, daß T-Zellen, die vorhandene Tumor-Abstoßungsantigene normalerweise ignorieren, sich doch zu einer Reaktion bewegen lassen. Das ermöglichte schließlich die Entwicklung therapeutischer Konzepte, um eine T-Zell-Antwort gegen ganz bestimmte Antigene eines Tumors zu erzielen.

Erwartung und Enttäuschung

Auf erste Anhaltspunkte, daß auf Geschwülsten manchmal Tumor-Abstoßungsantigene auftreten, waren verschiedene Forscher in den fünfziger Jahren gestoßen – noch ehe die Funktionen von Antikörpern und T-Zellen im einzelnen geklärt waren. Zu ihnen gehörten vor allem E. J. Foley von der Schering Corporation in Bloomfield (New Jersey), Richmond T. Prehn und Joan M. Main vom amerikanischen Nationalen Krebsinstitut in Bethesda (Maryland) und George Klein vom Karolinska-Institut in Stockholm. Sie hatten bei Mäusen durch hohe Dosen einer krebserregenden (karzinogenen) Substanz maligne, also bösartigeTumoren erzeugt und dann operativ entfernt. Erhielten die Tiere wieder Zellen desselben Tumors injiziert, entwickelten sich daraus keine Geschwülste. Bei Zellen anderer Tumoren hingegen geschah das. Dies deutete darauf hin, daß durch Karzinogene erzeugte Tumorzellen Antigene tragen, die eine Immunantwort hervorzurufen vermögen.

Rund zwei Jahrzehnte ließ die Hoffnung nicht nach, auch menschliche Krebszellen könnten solche Antigene tragen. Noch günstiger schienen die Aussichten auf eine darauf bauende Therapie, als sich gegen Ende dieser Spanne herausstellte, daß für das Beseitigen abnormer Zellen T-Lymphocyten besonders entscheidend sind. Damals hatten Jean-Charles Cerottini und K. Theodor Brunner vom Schweizerischen Institut für Experimentelle Krebsforschung in Lausanne nachgewiesen, daß Mäuse während der Abstoßung fremden Spendergewebes cytotoxische T-Lymphocyten produzieren, die sich gegen die Zellen des Transplantats richten. Wie um diese Zeit ebenfalls klar wurde, machen solche T-Lymphocyten zweierlei, wenn sie über ihren speziellen Rezeptor an ein fremdes Antigen auf einer Zelle angedockt haben: Sie lysieren die Zelle und beginnen sich zu vermehren, um so die Immunantwort zu verstärken. Krebsforscher versprachen sich daraufhin erhebliche praktische Fortschritte, wenn sie sich darauf konzentrierten, Ziel-Antigene cytotoxischer T-Lymphocyten aufzuspüren und deren Aktivität zu steigern.

Mitte der siebziger Jahre schienen jedoch Ergebnisse von Harold B. Hewitt, der damals am Mount-Vernon-Hospital in London arbeitete, die Hoffnungen zunichte zu machen. Er hatte nach Indizien für Tumor-Abstoßungsantigene bei malignen Entartungen gesucht, die – anders als bei den früheren Studien – ohne besonderes Zutun, also nicht infolge hoher Dosen von Karzinogenen, aufgetreten waren. Seine sorgfältigen Prüfungen an vielen Typen von Krebs deuteten sehr stark darauf hin, daß spontan entstandene Tumoren von Säugern keinerlei immunologische Abstoßung provozieren. Somit – so seine Schlußfolgerung – hätten die früheren tierexperimentellen Beobachtungen nur geringe Relevanz für menschliche Tumoren; denn nur selten seien Menschen so hohen Dosen von Karzinogenen ausgesetzt, wie Wissenschaftler sie bei Labortieren benutzen.

Verständlicherweise wandten viele interessierte Forscher sich daraufhin anderen Fragen zu. Wir aber hatten zwischen 1972 und 1976 Anzeichen entdeckt, daß es auf verschiedenen Krebsgeschwülsten von Mäusen Tumor-Abstoßungsantigene gibt, die zwar von sich aus keine entsprechende Abwehrreaktion auslösen, aber zum Angriffsziel werden können, wenn man dem Immunsystem nur irgendwie ihre Existenz deutlicher bewußt macht. Daher gaben wir selbst nach Hewitts Veröffentlichung die Hoffnung nicht auf,

daß Immuntherapien, die auf Tumor-Abstoßungsantigenen beruhen, beim Menschen möglich sein könnten.

Starke und schwache Antigene

Wie so oft in der Wissenschaft war die Entdeckung jener ersten Fingerzeige im Jahre 1972 ein glücklicher Zufall. Damals, noch am Pasteur-Institut in Paris, suchten meine Kollegin Odile Kellermann und ich etwas ganz anderes – nämlich Gene, die kontrollieren, wie sich die embryonalen Zellen von Säugern zu reifen spezialisierten Zellen differenzieren. Dazu setzten wir eine Kultur spezieller Mäuse-Tumorzellen einem starken Mutagen aus: einem Stoff, der zufällige

bleibende genetische Veränderungen – eben Mutationen – erzeugt. Dann kamen die Zellen einzeln in getrennte Zuchtschalen, wo sie sich zu einer Population identischer Zellen – einem sogenannten Klon – vermehrten. Nach Übertragung in Mäuse untersuchten wir, welcher Zelltyp in den jeweils entstandenen Tumoren auftrat.

Zu unserer Enttäuschung erbrachten die Experimente kein besseres Verständnis der Differenzierungsmechanismen. Doch ein hochinteressantes Phänomen zeigte sich: Die ursprünglichen, unbehandelten Tumorzellen entwickelten sich nach Injektion in gesunde Tiere desselben Inzuchtstammes fast immer zu Krebsgeschwülsten weiter (Zellen eines anderen Mäuse-Stammes werden hinge-

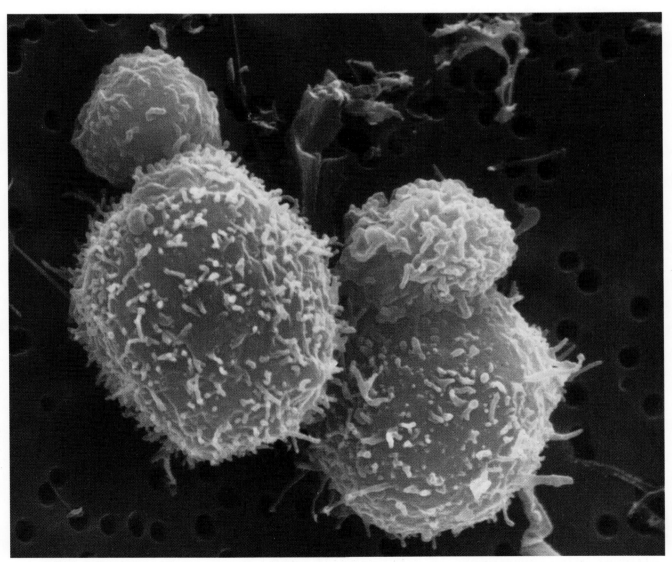

Bild 1: Weiße Blutkörperchen aus der Gruppe cytotoxischer *T*-Lymphocyten (kleinere Kugeln) greifen hier zwei größere Zellen aus einem Mäusetumor mit dem Kürzel P 815 an. Sie haben Tumor-Abstoßungsantigene auf der Zelloberfläche erkannt. In- zwischen sind Wege gefunden, diese Antigene mit Sicherheit zu identifizieren. Darauf aufbauend hofft man, gezielte Immuntherapien gegen Krebs entwickeln zu können, die dann körpereigene *T*-Lymphocyten zur Vernichtung der Tumorherde anregen.

gen als fremd abgestoßen); bei mutagenbehandelten Klonen hingegen geschah das weit seltener. Obwohl ich von meiner Ausbildung her Genetiker bin und damals wenig über Krebs wußte, wollte ich unbedingt herausfinden, warum manche der behandelten Zellen keine Tumoren mehr auszubilden vermochten. Die entsprechenden Klone bezeichneten wir als tumornegative (tum⁻) Varianten.

Sie versagten deshalb, wie wir feststellten, weil das Immunsystem der Tiere sie ganz ähnlich wie ein nicht passendes Transplantat zerstörte. Das Mutagen hatte die Zellen veranlaßt, ein oder mehrere Antigene auszubilden, die eine starke T-Zell-Antwort auslösten. Diese tum⁻-Antigene waren auf den Tumorzellen der ursprünglichen Kultur nicht vorhanden und schienen für jede tum⁻-Variante verschieden zu sein.

Dieser Befund war an sich schon interessant. Was uns aber wirklich elektrisierte, war eine weitere Beobachtung, die ich mit Aline van Pel nach dem Wechsel an das Internationale Institut für Zelluläre und Molekulare Pathologie (ICP) in Brüssel machte: Genau wie die spontan entstandenen Tumoren, die Hewitt untersucht hatte, lösten auch die Zellen unseres ursprünglichen Tumors keinerlei Immunattacke aus; wenn wir diese Zellen aber Mäusen injizierten, die zuvor eine der tum⁻-Varianten abgestoßen hatten, entwickelte sich oftmals kein Krebs mehr. Dadurch, daß die Tiere eine Immunantwort gegen eine tum⁻-Variante hervorgebracht hatten, waren sie auch irgendwie resistent gegen die ursprünglichen Tumorzellen geworden – nicht jedoch, wie sich zeigte, gegen andere Typen von Krebs. Folglich war die Abstoßung durch ein Antigen verursacht, das die tum⁻-Variante mit den ursprünglichen Tumorzellen, nicht aber mit denen anderer Typen teilt.

Mehrere Folgestudien an vielen unterschiedlichen Mäusetumoren – sogar an denselben spontan entstandenen Arten, die Hewitt untersucht hatte – bestätigten unsere Befunde. Jetzt war klar: Die Schlußfolgerung, spontan entstandene Krebsformen prägten keine Tumor-Abstoßungsantigene aus, mußte revidiert werden.

Bisher hat freilich niemand vollständig erklären können, wie tum⁻-Varianten es fertigbringen, eine so starke Immunreaktion gegen die anfänglich uneffizienten – schwachen – Antigene der Ursprungszellen hervorzurufen. Wir vermuten, daß dabei Interleukine eine Rolle spielen; ein Lymphocyt schüttet sie aus, wenn er an ein Antigen angedockt hat. Diese kleinen Proteine regen seine Vermehrung wie auch die von umliegenden Lymphocyten an, die sich an ein anderes Antigen derselben oder einer benachbarten Tumorzelle gebunden haben. Wahrscheinlich sind die tum⁻-Antigene selbst stark genug, T-Lymphocyten sowohl zur Lyse der sie tragenden Zellen als auch zu einer heftigen Vermehrung zu veranlassen – auch wenn im Umfeld noch keine Interleukine vorhanden sind. Diese Lymphocyten geben dann Interleukine ab, die dazu beitragen, daß andere T-Zellen an schwachen Tumor-Abstoßungsantigenen aktiviert werden.

In dieses Bild fügt sich ein weiterer Umstand: Verschiedene Forschergruppen haben in den letzten Jahren Tumorzellen so genmanipuliert, daß sie Interleukine ausscheiden; in vielen Fällen ist danach die Immunantwort gegen sie erheblich stärker ausgefallen.

Der Griff nach den Genen

Wie unsere in den frühen achtziger Jahren gesammelten Indizien nahelegten, trugen also Mäusetumoren, gegen die sich das Immunsystem sonst blind verhält, dennoch häufig schwache Antigene, die mit geeigneter Nachhilfe Ziel eines wirksamen Verteidigungsangriffs werden können. Da Mäuse und Menschen sich sehr stark in ihrem Immunsystem gleichen, war etwas Ähnliches auch bei menschlichen Tumoren zu erwarten nicht abwegig. Eine spezifische Immuntherapie schien somit kein unerreichbares Ziel mehr. An diesem Punkt, 1983, entschieden wir, die gesamte Kraft der Arbeitsgruppe – inzwischen am Ludwig-Institut in Brüssel – auf das Studium von Tumor-Abstoßungsantigenen zu konzentrieren.

Doch ehe an eine Therapie zu denken war, mußten wir erst einmal solche Antigene identifizieren. Alle früheren Versuche, derartige Proteine direkt aus Zellmembranen der Tumorzellen von Mäusen und Menschen zu isolieren, waren fehlgeschlagen. Deshalb wollten wir es mit einem anderen Ansatz versuchen – über die Klonierung zugehöriger Gene. Leider gab es noch keine gute Methode für die von uns gewünschten Gene, und so mußten wir selbst eine entwickeln. Das allein verschlang vier Jahre.

Als erstes klonierten wir das Gen für das tum⁻-Antigen einer Zellvariante, die sich aus einem Mäuse-Tumor ableitete. Selbstverständlich sind tum⁻-Antigene keine echten Tumor-Abstoßungsantigene, weil sie nur nach Mutagen-Behandlung auf kultivierten Tumorzellen auftreten und nicht auf Tumoren im Körper vorkommen. Aber für einen Probelauf waren sie günstig, wie wir gleich sehen werden.

Wir hatten die gewählte tum⁻-Variante aus einer Zell-Linie erzeugt, die sich von einem Mastzelltumor mit dem Kürzel P 815 ableitete (Mastzellen gehören zu den Immunzellen und sind an allergischen Reaktionen beteiligt). Die ursprüngliche P 815-Linie schien für unsere Zwecke deshalb gut geeignet, weil sich ihre Zellen in Kultur rasch und unbegrenzt vermehren. Außerdem riefen tum⁻-Varianten der P 815-Zellen eine starke, gut meßbare Reaktion cytotoxischer T-Lymphocyten hervor (Bild 1).

Voraussetzung für unseren Plan der Genklonierung war vor allem ein ständiger Vorrat an cytotoxischen T-Zellen, die gezielt auf das tum⁻-Antigen der gewählten Variante ansprachen. Sie sollten uns später zu dessen Gen führen.

Zur Gewinnung solcher T-Zellen injizierten wir Mäusen die P 815-tum⁻-Variante. Aus der Milz von Tieren, die sie abzuwehren vermochten, gewannen wir das darin gespeicherte Sammelsurium verschiedener Lymphocyten. Zur Selektion konnten wir auf bekannte Verfahren zurückgreifen. In Kultur mit abgetöteten tum⁻-Zellen vermehren sich dann nämlich vorzugsweise all jene Lymphocyten, die irgendein Antigen darauf erkennen; die anderen verschwinden auf Dauer. Am Ende hatten wir eine Mischung cytotoxischer T-Zellen, von denen einige auf das tum⁻-Antigen ansprachen, andere dagegen auf Abstoßungsantigene, die auf allen P 815-Zellen vorhanden waren. Durch Vereinzeln und getrenntes Weiterzüchten erhielten wir mehrere Klone, die nur die tum⁻-Variante zerstörten und sich unbegrenzt weitervermehren ließen. Einen davon wählten wir sozusagen als Detektor für die Suche nach dem bewußten Gen aus.

Im Prinzip mutete das Weitere ganz einfach an. Die Erbsubstanz der Variante sollte in kleine Teile zerlegt, mit bakteriellen DNA-Sequenzen quasi etikettiert und schließlich in Säugerzellen eingebaut werden, die normalerweise kein tum⁻-Antigen tragen. Eine Zelle, die es nun auszuprägen vermochte, würde die Vermehrung unseres darauf ansprechenden T-Zellklons anregen. Dann brauchten wir nur noch nach dem bakteriellen Marker in ihrer Erbsubstanz zu suchen, um das daran angekoppelte Gen für das tum⁻-Antigen zu lokalisieren und herauszufischen.

Die Ausführung erwies sich allerdings als mühsam (siehe Kasten auf Seite 133). Säugerzellen enthalten schätzungsweise 100 000 verschiedene Gene, die sich auf die ungefähr drei Milliarden Nucleotide (DNA-Bausteine) eines einfachen Chromosomensatzes verteilen. Und die Methoden zum Einbau von Fremd-DNA in Empfängerzellen waren nicht gerade effizient.

Als erstes mußten wir eine Genbibliothek der tum⁻-Variante erstellen. Dazu wurden aus ihrem Erbgut gewonnene DNA-Bruchstücke in 300 000 spezielle Plasmide eingebaut: kleine Ringe bakterieller Zusatz-DNA, die zu fassungsfähigen Gen-Fähren umgestaltet waren und sich über Wirtsbakterien millionenfach vermehren lassen. Ein solches Plasmid enthielt jeweils ein Fragment von durchschnittlich 40 000 Nucleotiden Länge – im Mittel also ein bis zwei Gene.

Glücklicherweise erwiesen sich die Zellen der ursprünglichen P 815-Linie als fähig, solche Fremd-DNA ihren Chromosomen einzuverleiben. Um sicher zu gehen, daß sich zumindest eine Kopie eines jeden Gens integrierte, mußten wir die wiedergewonnenen vermehrten Plasmide mit mehr als 300 Millionen P 815-Zellen mischen; denn wie wir inzwischen wußten, würde nur etwa eine von 10 000 auch wirklich DNA aufnehmen, aber dann eine recht große Menge – im Schnitt etwa 500 000 Nucleotide.

Da wir dem Plasmid vorab ein Gen eingebaut hatten, das Resistenz gegenüber einer bestimmten giftigen Substanz verlieh, starben in ihrer Gegenwart alle Zellen ab, die kein solches Gen in ihr Erbgut aufgenommen hatten. Gleichwohl blieben uns noch 30 000 der ursprünglich 300 Millionen P 815-Zellen zu kultivieren und darauf zu testen, ob sie unseren T-Zellklon zur Teilung anregen konnten.

Nach gruppenweiser Durchmusterung hatten wir die wenigen eingekreist. Aus einer dieser Kulturen wurde dann anhand des bakteriellen Etiketts die einverleibte DNA herausgepickt. Indem wir mit ihr die Prozedur in ähnlicher Weise wiederholten, konnten wir schließlich wenig später das Gen für das tum⁻-Antigen isolieren.

Eine winzige Mutation

Die Abfolge seiner Bausteine, in der die genetische Information verschlüsselt ist, war rasch entziffert. Sie ähnelte keinem der bis dahin bekannten Gene.

Das gleiche Gen war außer in der tum⁻-Variante auch in den ursprünglichen P815-Tumorzellen und im normalen Gewebe von Mäusen aktiv. Folglich mußte es für eine Standard-Proteinkomponente der Zellen codieren. Bei der tum⁻-Variante war es allerdings an einer Stelle so mutiert, daß an entsprechender Stelle im Protein eine andere Aminosäu-

Wie man Gene für Antigene kloniert, die von T-Lymphocyten erkannt werden

Die Prozedur ist am Beispiel eines Gens (rotes Rechteck) für ein Antigen (rotes Dreieck) auf einer Tumorzelle dargestellt. Als erstes spaltet man die aus einer Population solcher Zellen gewonnene DNA (a) und baut die Bruchstücke in spezielle Plasmide – ringförmige Zusatz-DNA – von Bakterien ein, und zwar in der Nachbarschaft eines Resistenz-Gens (gelb) gegen eine toxische Substanz (b). Die Bakterien vervielfältigen die Plasmide. Mischt man die wiedergewonnene Plasmid-DNA unter Säugerzellen, denen das Antigen fehlt, so nehmen einige unter geeigneten Bedingungen Fremd-DNA in ihr Erbgut auf (c). In Gegenwart der toxischen Substanz sterben dann alle Zellen ab, die keine Plasmid-DNA mit dem Resistenz-Gen tragen (d). Die Überlebenden werden in Kultur weitervermehrt und kleine Proben davon mit T-Lymphocyten zusammengebracht, die spezifisch das interessierende Antigen erkennen und dessen Anwesenheit dann durch ihre Reaktion (beispielsweise starke Vermehrung) anzeigen (e). Aus Zellen der zugehörigen Kultur läßt sich schließlich das von bakteriellen Sequenzen flankierte Antigen-Gen herausfischen (f).

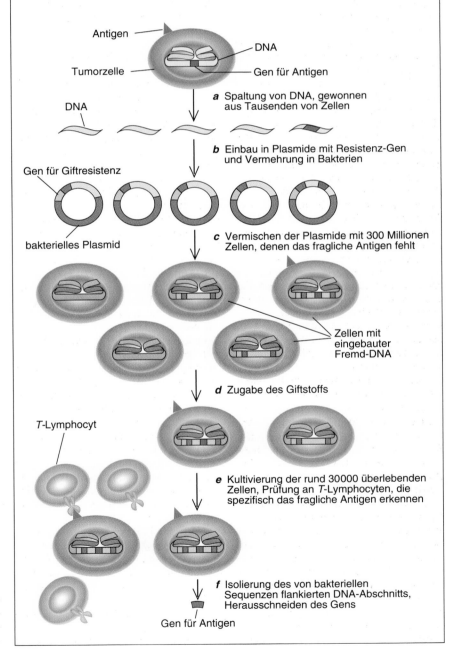

Antigen

DNA

Tumorzelle — Gen für Antigen

a Spaltung von DNA, gewonnen aus Tausenden von Zellen

DNA

b Einbau in Plasmide mit Resistenz-Gen und Vermehrung in Bakterien

Gen für Giftresistenz

bakterielles Plasmid

c Vermischen der Plasmide mit 300 Millionen Zellen, denen das fragliche Antigen fehlt

Zellen mit eingebauter Fremd-DNA

d Zugabe des Giftstoffs

T-Lymphocyt

e Kultivierung der rund 30000 überlebenden Zellen, Prüfung an T-Lymphocyten, die spezifisch das fragliche Antigen erkennen

f Isolierung des von bakteriellen Sequenzen flankierten DNA-Abschnitts, Herausschneiden des Gens

Gen für Antigen

133

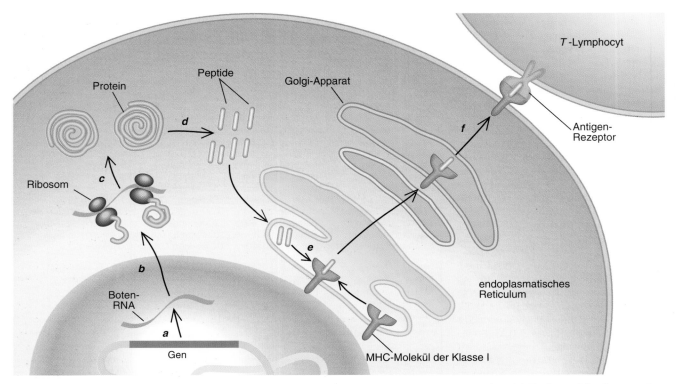

Bild 2: Zellen produzieren Antigene (rot-grüner Komplex oben rechts) in einem mehrstufigen Prozeß. Sobald ein Gen (dunkelroter Abschnitt im Kern) für die Synthese seines Proteins sorgt (a bis c), zerhacken zelluläre Enzyme einen Teil der hergestellten Moleküle (große rote Spiralen) in kleine Bruchstücke (rote Stäbchen; d). Einige dieser Peptide werden dann in das endoplasmatische Reticulum transportiert (e). In dessen Membran stecken komplette Proteine (grün), die von Genen des Haupt-Histokompatibilitätskomplexes (kurz MHC nach dem englischen Begriff) codiert werden. Die Peptide können sich an bestimmte MHC-Moleküle der Klasse I heften; diese werden zur Zelloberfläche transportiert (f), wo T-Lymphocyten das Präsentierte überprüfen.

re erschien. Das gleiche war bei zwei anderen, später von uns klonierten tum⁻-Genen der Fall. Wie konnte aber der Austausch einer einzigen Aminosäure einen Bestandteil normaler Zellen in ein starkes von cytotoxischen T-Lymphocyten erkanntes Antigen verwandeln?

Auf den richtigen Weg führte uns eine gerade gemachte Entdeckung von Alain R. M. Townsend und seinen Kollegen vom John-Radcliffe-Hospital in Oxford. Sie hatten 1986 nachgewiesen, daß cytotoxische T-Lymphocyten häufig virale Proteine zu erkennen vermögen, die eigentlich im Zellinneren eingeschlossen sind (Antikörper hingegen können nur solche Stoffe ausmachen, die ihre Funktion auf der Zelloberfläche ausüben oder abgegeben werden). Das gelingt ihnen dank dem ausgefeilten Überwachungssystem für Proteine, über das der Säugerorganismus verfügt (Bild 2). Routinemäßig zerhacken Enzyme im Zellplasma einen Teil aller produzierten Eiweißstoffe in kleine Bruchstücke. Diese Peptide können in einer speziellen Abteilung der Zelle, dem endoplasmatischen Reticulum, von besonderen Proteinen gebunden werden: den MHC-Molekülen der Klasse I (nach englisch *major histocompatibility complex*, Haupt-Gewebeverträglichkeitskomplex); beim Menschen

werden sie auch HLA-Moleküle (für Human-Leukocyten-Antigen) genannt. Nach Verankerung in der Zellmembran präsentiert ein solches Molekül das Peptid den cytotoxischen T-Lymphocyten quasi zur Überprüfung. Solange die Bruchstücke von normalen Proteinen herrühren, bleibt die zugehörige Zelle ungeschoren. Denn schon in einer frühen Entwicklungsphase des Organismus werden alle T-Lymphocyten eliminiert, die körpereigene Bestandteile – das Selbst also – erkennen. Stammt jedoch das Peptid von einem fremden Protein, etwa dem eines Virus im Zellinneren, dann wird ein T-Lymphocyt es erkennen und die Zelle abzutöten suchen.

Darauf aufbauend vermuteten wir nun, daß aus den Punktmutationen in den drei tum⁻-Genen veränderte Peptide resultierten, die von Lymphocyten erkannt werden. Um diese Idee zu überprüfen, griffen wir eine entscheidende Beobachtung von Townsend und seinen Kollegen auf: Gesunde Zellen werden augenblicklich von antiviralen cytotoxischen T-Lymphocyten als befallen angesehen, wenn man ihrem Kulturmedium ein nachgebautes winziges Teilstück eines viralen Proteins zufügt – vermutlich, weil ein paar MHC-Moleküle auf ihrer Oberfläche diese Peptide ergreifen und

sie den T-Zellen präsentieren. Wir mischten also unsere P 815-Zellen mit kleinen Peptiden von neun bis zehn Aminosäuren Länge, die den mutierten Regionen der drei isolierten tum⁻-Gene entsprachen. Sie wurden daraufhin von Lymphocyten zerstört, die sonst keine P 815-Zellen, sondern nur die tum⁻-Varianten angriffen. Nichts dergleichen jedoch geschah, wenn es sich um Peptide handelte, die den normalen Sequenzen der Gene entsprachen.

Wie wir später zeigen konnten, hatten die Punktmutationen in zwei der tum⁻-Gene die betroffenen Peptide überhaupt erst befähigt, sich an MHC-Moleküle zu heften. Die normalen Versionen dieser Peptide sind dazu außerstande und werden darum auch nie dem Immunsystem präsentiert (Bild 3 oben).

Anders beim dritten mutierten Gen: Hier heftet sich schon die normale Version des Peptids an MHC-Moleküle. Als Bestandteil des Selbst aber wird sie toleriert. Die Mutation jedoch veränderte den Teil des Peptids, der aus der Mulde des MHC-Präsentiertellers ragt, so daß eine im Körper vorhandene T-Zell-Population es zu erkennen vermag (Bild 3 Mitte).

Denkbar ist, daß durch eine Mutation in so gut wie jedem Gen ein neues

Antigen auf der Zelle erscheinen kann, und dann wäre eine schier unerschöpfliche Vielfalt möglich. Die verschiedenartigen Antigene, die auf karzinogen-induzierten Nager-Tumoren erscheinen, entstehen vermutlich durch solch einen Mechanismus.

Zufällige Mutationen verwandeln zudem, wie man weiß, gelegentlich normale Gene in Krebsgene. Aus einigen dieser Veränderungen könnten durchaus als Antigen wirksame Peptide resultieren. Vielleicht gelingt es eines Tages, sie zur Zielscheibe spezifischer Immuntherapien zu machen.

Die Probe aufs Exempel

Nachdem unsere Klonierungstechnik ihre Bewährungsprobe bestanden hatte, wollten wir ein Gen eines echten Tumor-Abstoßungsantigens isolieren – eines, das auf einem spontan entstandenen tierischen Tumor wie P 815 vorkommt. Glücklicherweise hatten wir bereits einen Klon cytotoxischer T-Lymphocyten, der im Reagenzglas unsere ursprünglichen P 815-Tumorzellen lysierte, normale Mäusezellen aber verschonte.

Zweifellos war das Gen für das entsprechende Antigen, das wir P 815 A nannten, ein logischer Kandidat. Doch zuvor wollten wir sichergehen, daß dieses Antigen auch im Körper eine Immunantwort gegen einen Tumor hervorzurufen vermag. Dabei kam uns ein merkwürdiger Effekt der P 815-Zellen zugute. Normalerweise entwickeln sich bei Mäusen, die solche Zellen injiziert bekommen, binnen eines Monats Tumoren; bei einigen wenigen Tieren geschieht dies jedoch erst nach langer Verzögerung, und dann widerstehen die bösartigen Wucherungen der Attacke cytotoxischer T-Lymphocyten, die sonst auf P 815 A reagieren.

Daraus schlossen wir (zu Recht, wie sich herausstellte), daß diese Tiere zunächst fast alle P 815-Krebszellen abgewehrt hatten, weil T-Lymphocyten ihres Körpers das Antigen P 815 A erkennen konnten. Doch dann hatten ein paar Tumorzellen das P 815 A-Antigen, genauer dessen Gen, verloren. Diese sogenannten Antigen-Verlustvarianten vermehrten sich und waren für die spätere Tumorbildung verantwortlich. Diese Arbeit zeigte, daß ein Antigen, das von cytotoxischen T-Lymphocyten im Rea-

genzglas erkannt wird, auch im Organismus von Nutzen sein dürfte, um eine Tumorabstoßung in Gang zu setzen.

Solche Antigen-Verlustvarianten sollten – so unsere Überlegung – sich auch bequem einsetzen lassen, um das Gen für P 815 A zu klonieren. Wir transferierten ihnen die DNA-Fragmente, die wir aus dem Erbgut von P 815-Zellen wieder als Genbibliothek gewonnen hatten, und fischten dann das Gen aus einem der wenigen Empfänger heraus, welche die Vermehrung unserer P 815 A-spezifischen T-Lymphocyten anregten.

Die Nucleotidsequenz des Gens, wir nannten es *P 1 A*, erwies sich als identisch mit der in normalen Mäusezellen – aber dort war es inaktiv. Die Ausprägung normalerweise stummer Gene ist somit ein weiterer Mechanismus der Antigenbildung (Bild 3 unten).

Davon waren nun Antigene zu erwarten, die verbreitet auf Tumoren vieler verschiedener Individuen vorkommen. Schließlich dürfte es nur einen relativ begrenzten Satz an Genen geben, die – wenn fehlgesteuert – dazu beitragen, daß normale Zellen zu Krebszellen entarten. Deshalb waren wir auch nicht über den Befund erstaunt, daß verschiedene Lini-

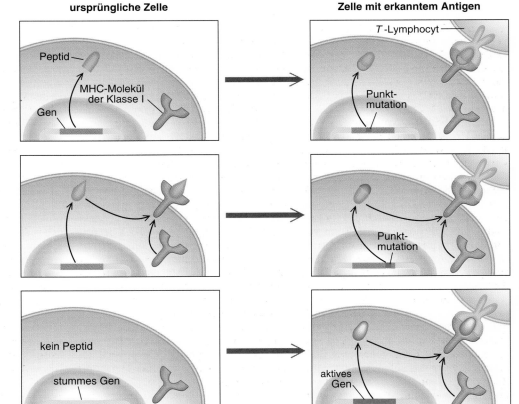

Mutationstyp I
Ein Peptid, das sich normalerweise an keines der vorhandenen MHC-Moleküle der Klasse I heften kann und daher auch nicht auf der Zelloberfläche präsentiert wird (links), verwandelt sich durch die Mutation in dem entsprechenden Abschnitt des Protein-Gens in ein präsentierbares (rechts).

Mutationstyp II
Ein normales präsentiertes Peptid, das – da körpereigen – von keinem T-Lymphocyten erkannt wird (links), wird durch die Mutation quasi verfremdet und daher erkannt (rechts).

Genaktivierung
Manche Gene sind nur in einer frühen Entwicklungsphase aktiv, so daß ihre Produkte dem Immunsystem nicht vertraut sind. Wird ein solches Gen (links) später aktiviert, resultieren Peptide, die zu einem MHC-Molekül passen und von einem cytotoxischen T-Lymphocyten erkannt werden können (rechts).

Bild 3: Infolge verschiedener Mutationen oder einer Aktivierung ansonsten stummer Gene (linke Reihe) können auf entarteten Zellen Antigene auftauchen, die von körpereigenen cytotoxischen T-Zellen erkannt werden (rechte Reihe). Solange eine Zelle einzig und allein Peptide präsentiert, die dem Immunsystem vertraut sind, unterbleibt eine Abwehrreaktion gegen sie (mittlere Zeile).

Schema für eine spezifische Immuntherapie

Bei gut 30 Prozent aller Melanome und mehr als 15 Prozent aller Brust- und Lungentumoren ist *MAGE-1*, ein normalerweise stummes Gen, aktiviert. Ein Peptid-Bruchstück seines Proteins kann von einem bestimmten MHC-Molekül (HLA-A 1) präsentiert werden. Diese Kombination stellt das sogenannte Antigen E dar. Ziel ist nun, Melanom-Patienten, deren Körperzellen das HLA-A 1-Molekül (*a*) und deren Tumorzellen zusätzlich das MAGE-1-Protein (*b*) herstellen, mit abgetöteten Zellen zu immunisieren, die Antigen E tragen (*c*). Wenn alles gut geht, vermehren sich jene *T*-Lymphocyten im Organismus, die spezifisch Antigen E erkennen, besonders stark und vernichten die Tumoren (*d*). Das Diagramm rechts zeigt das Ergebnis eines Tests, der prüft, ob beide Gene – *HLA-A 1* wie auch *MAGE-1* – ausgeprägt, also exprimiert werden.

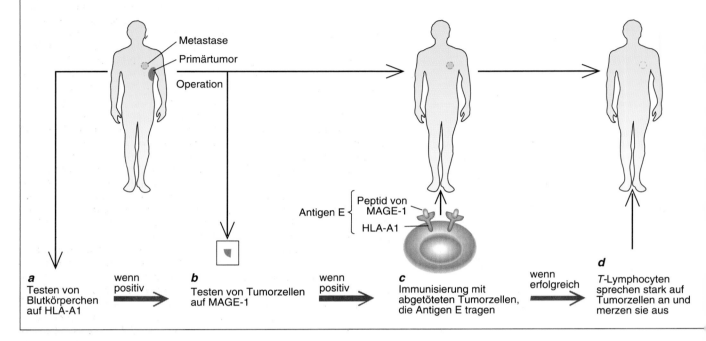

a
Testen von Blutkörperchen auf HLA-A1

wenn positiv

b
Testen von Tumorzellen auf MAGE-1

wenn positiv

c
Immunisierung mit abgetöteten Tumorzellen, die Antigen E tragen

wenn erfolgreich

d
T-Lymphocyten sprechen stark auf Tumorzellen an und merzen sie aus

---

en von Mastzelltumoren das *P1A*-Gen ausprägen, während normale Mastzellen das nicht tun.

Melanom-Antigene

Um 1989 waren wir soweit, mit unserer Suche nach Genen für menschliche Tumor-Abstoßungsantigene zu beginnen. Wir konzentrierten uns auf die Zell-Linie MZ 2-MEL; sie leitet sich von dem Melanom (einer durch dunkle Pigmentierung gekennzeichneten Form von Hautkrebs) einer Patientin ab, deren Daten unter dem Kürzel MZ 2 verschlüsselt sind. Die Prozedur war ganz ähnlich wie für das *P1A*-Gen der Maus.

Als erstes brauchten wir körpereigene cytotoxische *T*-Lymphocyten, die auf die MZ 2-MEL-Zellen reagierten. Dazu kultivierten wir, wie es auch andere Forscher in solchen Fällen tun, weiße Blutkörperchen der Patientin mit abgetöteten Zellen aus ihrem Tumor. Obwohl dieser im Organismus keine Abstoßung ausgelöst hatte, ermöglichte uns die Anreicherungskultur innerhalb einiger Wochen, cytotoxische *T*-Lymphocyten zu isolieren, die selektiv die Tumorzellen abtöteten. Von dieser gemischten Population Antitumor-Lymphocyten erzeugten wir durch Vereinzeln dann Klone, die jeweils nur auf ein einziges Antigen ansprachen.

Ferner benötigten wir eine Antigen-Verlustvariante als DNA-Empfänger. Dazu wurden mehrere Millionen MZ 2-MEL-Zellen mit etwa gleich vielen cytotoxischen *T*-Zellen des Anti-E-Klons konfrontiert (so benannt, weil sein Ziel-Antigen zufällig diesen Kennbuchstaben erhalten hatte). Jeweils nur etwa eine von einer Million Tumorzellen überlebte. Diese Zellen hatten, wie sich herausstellte, ihr Antigen E verloren. Solche Verlustvarianten wurden aber weiterhin von anderen *T*-Zellklonen angegriffen. Dadurch entdeckten wir, daß der MZ 2-MEL-Tumor mindestens vier verschiedene Tumor-Abstoßungsantigene trägt.

Bislang haben wir nur das Gen für das Antigen E isoliert, und zwar genauso wie für das *P1A*-Gen beschrieben. Es erhielt das Kürzel *MAGE-1* (für Melanom-Antigen-1).

Sobald wir die Nucleotidsequenz dieses Gens kannten, prüften wir normale Zellen der Patientin, ob sie dieselbe enthielten. Dem war so – doch wurde das Gen nicht exprimiert, ausgeprägt. Also war auch hier wie bei *P1A* ein Tumor-Abstoßungsantigen durch Aktivierung eines Gens entstanden, das in normalen Zellen stumm ist.

Entsprechend lag der Verdacht nahe, daß *MAGE-1* auch in Tumoren anderer Patienten aktiv sein könnte. Aus Analysen einer großen Auswahl von Tumorproben ist zu schließen, daß dies bei mehr als 30 Prozent der Melanome tatsächlich der Fall ist – und selbst bei mehr als 15 Prozent der Brust- und Lungentumoren (noch wissen wir freilich nicht, wie das MAGE-1-Protein die Entartung zu Krebs fördert).

Das heißt nun aber nicht, daß bei allen Krebspatienten, deren Tumorzellen das *MAGE-1*-Gen exprimieren (also dessen Protein herstellen), auch Antigen E (ein Peptid davon) auf eben diesen Tumorzellen präsentiert wird. Es muß offensichtlich auch ein geeigneter Präsentierteller – ein passendes MHC-Molekül der Klasse I – vorhanden sein. Beim Menschen werden diese Moleküle von drei Genen – *HLA-A*, *-B* und *-C* – codiert, die in zehn bis vierzig verschiedenen Varianten (sogenannten Allelen) vorkommen. Weil jeder Mensch einen Satz von *A*-, *B*- und *C*-Allelen von der Mutter und einen

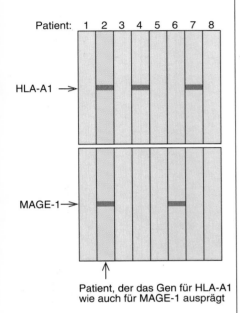

Unter acht getesteten Melanom-Patienten fand sich nur einer (2), bei dem sowohl das *HLA-A 1*-Gen exprimiert wurde als auch das *MAGE-1*-Gen im Tumorgewebe aktiv war. Nur bei ihm ist eine Immunisierung mit Antigen E tragenden Zellen sinnvoll.

Patient: 1 2 3 4 5 6 7 8

HLA-A1 →

MAGE-1 →

↑
Patient, der das Gen für HLA-A1 wie auch für MAGE-1 ausprägt

anderen vom Vater geerbt hat, kann sein Organismus sechs verschiedene Varianten von HLA-Proteinen herstellen (beispielsweise die HLA-Proteine A1, A10, B7, B24, C4 und C6). Bei einem anderen Menschen mag es eine ganz andere Kombination sein.

Die Proteine der Allele unterscheiden sich in der Gestalt ihrer Peptid-Bindungsmulde und der umgebenden Region. Daher heftet sich ein Peptid – wenn überhaupt – im typischen Fall nur an eines der in der Zelle vorhandenen MHC-Moleküle der Klasse I. Folglich werden nur Zellen von Patienten, deren Organismus sowohl das MAGE-1-Protein als auch ein bestimmtes HLA-Molekül herstellt, Antigen E auf ihrer Oberfläche präsentieren. Wir wissen inzwischen, daß es sich bei der MHC-Komponente um das HLA-A1 handelt und daß das von ihr präsentierte MAGE-1-Peptid neun Aminosäuren lang ist; auch deren Abfolge kennen wir.

Unklar ist noch, ob Tumorzellen von Patienten, die zwar das MAGE-1-Protein bilden, aber andere MHC-Moleküle haben, ebenfalls erkennungsfähige Antigene präsentieren. Theoretisch könnten auch Peptide des MAGE-1-Proteins als

Antigen fungieren, wenn sie sich an andere MHC-Moleküle als HLA-A1 zu heften vermöchten. Aber die Existenz solcher Antigene ist so lange unsicher, wie man keine cytotoxischen *T*-Lymphocyten findet, die auf sie ansprechen. (Es sei daran erinnert, daß ihr *T*-Zell-Rezeptor zur Form des Peptids und des umgebenden Präsentiertellers des jeweiligen MHC-Moleküls passen muß.)

Therapieansätze

Mit der Identifizierung eines Gens für ein menschliches Tumor-Abstoßungsantigen kommt die Suche nach einer wirksamen spezifischen Immuntherapie gegen Krebs in eine neue Phase. Erstmals kann man vorab ermitteln, welchen Patienten eine solche Immunisierung womöglich zu nutzen verspricht – eben jenen, deren Tumoren das bekannte Antigen tragen.

Mit dem Gen selbst lassen sich zudem viele neuartige Ansätze zur Immunisierung der Betroffenen verfolgen. Um dann festzustellen, ob das Immunsystem überhaupt darauf anspricht, braucht man nur zu messen, wie sich die Zahl der cytotoxischen *T*-Lymphocyten ändert, statt langwierig auf klinisch nachweisbare Wirkungen zu warten – etwa das Ausbleiben eines Rezidivs (das neuerliche Auftreten derselben Art von Tumor).

Klinische Studien zur Immunisierung von Melanom-Patienten mit Antigen E leiten wir derzeit in die Wege. Dabei geht es zunächst hauptsächlich darum, die Reaktion cytotoxischer *T*-Zellen auf das Antigen zu bewerten. Sobald wir Prozeduren gefunden haben, die verläßlich eine starke Antwort hervorrufen, wird geprüft, wieweit sie eine Rückbildung bewirken können.

Unsere Methoden zur Auswahl geeigneter Patienten sind leichter durchführbar, als man annehmen mag (siehe Kasten auf Seite 154). Der HLA-Typ von Patienten, die vor einer Krebsoperation stehen, läßt sich auf verschiedene Weise bestimmen; bei einer davon genügt eine kleine Blutprobe, deren Ergebnis schon in wenigen Stunden verfügbar ist (Blutkörperchen tragen wie andere Körperzellen solche Gewebsverträglichkeits-Antigene). Bei Personen mit HLA-A1 kann dann eine Gewebeprobe des Tumors sofort nach der Operation eingefroren werden. Innerhalb von zwei Tagen läßt sich mit einer speziellen Variante der Polymerase-Kettenreaktion feststellen, ob die Tumorzellen auch das MAGE-1-Gen ablesen, also eine Boten-RNA für die Proteinsynthese erzeugen (bei dieser Variante wird die RNA in DNA umge-

schrieben und dann gezielt zum Nachweis vervielfacht). Da bei etwa jedem dritten Melanom-Patienten das Gen exprimiert wird und jeder vierte Weiße (aber nur jeder sechste Schwarze) das HLA-A1-Allel besitzt, müßte jeder zwölfte weiße Patient Antigen E auf seinen Tumorzellen tragen.

An der Gruppe, die beide Kriterien erfüllt, läßt sich dann eine Reihe von Immunisierungsmethoden testen. Weil das MAGE-1-Gen und das präsentierte Peptid seines Proteins identifiziert sind, können wir auch andere Zelltypen dazu bringen, Antigen E auf ihrer Oberfläche zu tragen. Nach Abtötung lassen sich solche Zellen den Patienten injizieren, um deren Anti-E-Lymphocyten in Aktion zu bringen. Unsere ersten klinischen Studien werden einem solchen Protokoll folgen (siehe Kasten auf Seite 136).

Außerdem wollen wir herausfinden, in welchem Maße es nützt, in solche Zellen ein Gen für ein Interleukin (beispielsweise Interleukin 2) einzubauen. Das Immun-Hormon sollte dann die Aktivierung von *T*-Lymphocyten in seinem Umfeld erleichtern.

Vorgesehen ist des weiteren, nachgebaute E-Peptide oder aber gereinigtes MAGE-1-Protein in Kombination mit einem Adjuvans, einer immunstimulierenden Substanz, als möglichen Impfstoff zu erproben. Und schließlich könnten wir das MAGE-1-Gen einem harmlosen Virus einbauen, das zwar in menschliche Zellen eindringt, sich dort aber nicht vermehren kann. Es sollte bei den Patienten eine relativ kleine Zahl von Zellen infizieren, die dann das MAGE-1-Protein exprimieren und Antigen E für eine Weile auf ihrer Oberfläche tragen. Die Immunisierung mit Peptiden, Proteinen und manipulierten Viren hat sich schon für andere Zwecke als recht wirksam erwiesen.

Noch ist unklar, ob durch diese Behandlungen Krebspatienten geheilt werden können; doch stehen meiner Ansicht nach die Chancen nicht schlecht, daß irgendeine Form der spezifischen Immuntherapie zumindest hilfreich sein wird. Optimistisch stimmen uns Studien an Mäusen, bei denen starke Anti-Tumor-Immunreaktionen ohne gesundheitliche Beeinträchtigungen erzielt werden konnten.

Wie die Effekte beim Menschen sein werden, läßt sich nur schwer abschätzen, insbesondere bei großen Tumoren. Bösartige Zellen könnten durchaus ihre Fähigkeit verlieren, MAGE-1- oder HLA-A1-Proteine herzustellen; sie würden kein Antigen E mehr tragen und dadurch den Anti-E-Lymphocyten entgehen. Ein Erfolg wird sich darum vielleicht erst dann einstellen, wenn man Krebspatienten mit verschiedenen Tumor-Abstoßungsantigenen gleichzeitig zu immunisieren vermag. Eine solche Mehrfach-Immunisierung sollte die Immunreaktion verstärken und zugleich dem Fall vorbeugen helfen, daß sich durch Verlust eines einzigen Antigens Varianten der Tumorzellen der Zerstörung entziehen.

Wir sind zuversichtlich, daß sich mit der von uns entwickelten Klonierungsmethode schon bald weitere Gene für Tumor-Abstoßungsantigene identifizieren lassen. Dann wird man mehrere Antigene eines Tumors gleichzeitig ins Visier nehmen können und bei der Auswahl geeigneter Patienten weniger eingeschränkt sein. Somit gibt es nun, auch wenn der Erfolg keineswegs gesichert ist, eine klare Strategie für eine spezifische Immuntherapie gegen Krebs.

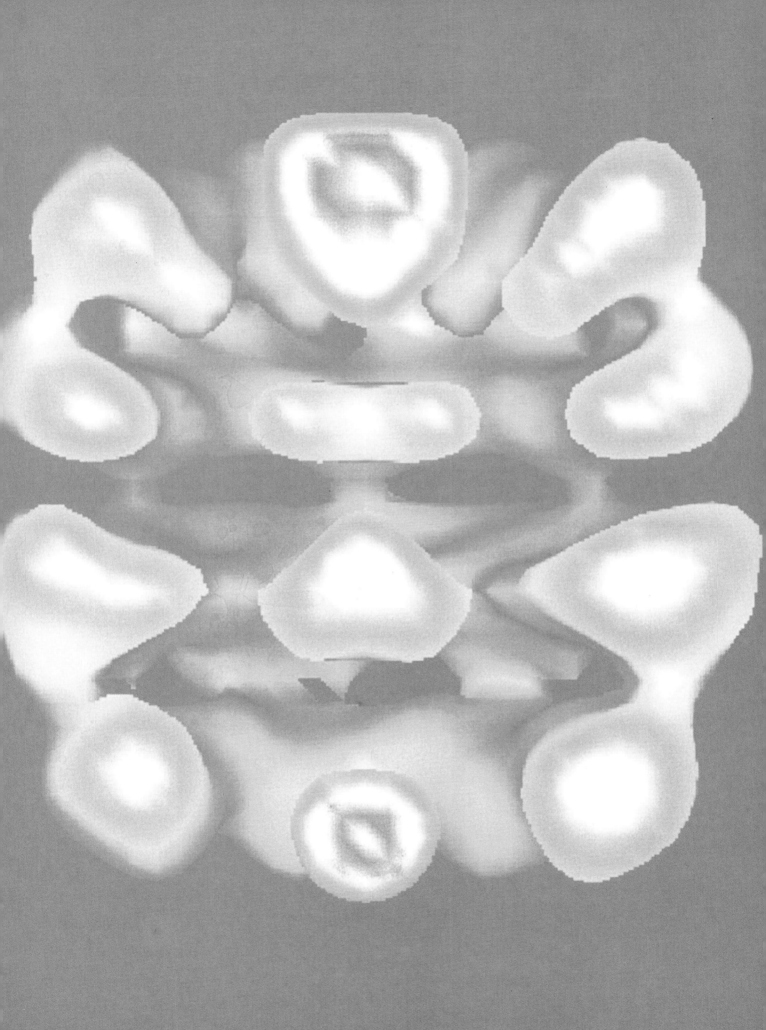

Wirkungsweise von Interferonen

Die einst hochgesteckten Erwartungen auf breiten therapeutischen Nutzen
haben diese körpereigenen Abwehrstoffe zwar nicht erfüllt, doch gegen eine Reihe von
Infektionskrankheiten und einige Formen von Krebs lassen sie sich einsetzen.

Von Howard M. Johnson, Fuller W. Bazer, Brian E. Szente und Michael A. Jarpe

Im Jahre 1957 machten Alick Isaacs und Jean Lindenmann am britischen Nationalen Institut für Medizinische Forschung in London eine wegweisende Entdeckung. Sie fußte auf dem bereits viele Jahre bekannten Umstand der Virus-Interferenz: Wenn Zellen eines lebenden Tieres oder einer Kultur von einer Virusart befallen waren, konnten andere, nicht verwandte Arten sich nicht ohne weiteres gleichzeitig darin vermehren. Ein funktionstüchtiges Immunsystem vermag zwar spätere, neuerliche Infektionen des gleichen Virus abzuwehren – aber wie erwerben Zellen im Körper oder gar in Kultur sofort eine Resistenz gegenüber nicht verwandten Viren?

Wie die beiden Forscher damals nachwiesen, ist dafür ein Stoff verantwortlich, den die infizierten Zellen selbst ausschieden. Isaacs und Lindenmann nannten ihn Interferon. Wie sie zudem erkannten, wirkte das Protein nicht direkt auf Viren, sondern regte die befallenen Zellen wie auch ihre Nachbarn dazu an, weitere Proteine zu bilden, die virale Erreger an der Vermehrung hinderten.

Viele Wissenschaftler haben sich seitdem mit Interferon befaßt und überraschende Entdeckungen gemacht – etwa die, daß es in mehreren Formen vorkommt, die alle bis zu einem gewissen Grade den viralen Infektionsprozeß behindern. Ferner entpuppten sich diese Moleküle als Mitglieder der immer noch wachsenden Überfamilie der Cytokine. Unter diesem 1974 eingeführten Begriff werden kleinere Proteine wie Interleukine, Monokine und andere Faktoren zusammengefaßt, die Signale lokal von einer Zelle zur anderen übermitteln.

Außerdem sind Interferone insgesamt vielseitiger und auch gesundheitlich bedeutsamer als ursprünglich gedacht. So

beeinflussen sie die Aktivität praktisch jedweder Komponente des Immunsystems. Dadurch steigern sie die Abwehrkraft des Körpers gegen die meisten Krankheitserreger – gegen Bakterien und Parasiten genauso wie gegen Viren. Interferone können zudem die Differenzierung (Spezialisierung) bestimmter Zellen fördern oder beeinträchtigen. Und sie vermögen die Zellteilung zu hemmen, was zum Teil erklären mag, warum sie oft auch die Vermehrung von Krebszellen behindern. Schließlich hat sich jüngst gezeigt, daß eine bestimmte neue Sorte Interferon bei mehreren Tierarten für die Aufrechterhaltung einer Schwangerschaft im frühen Stadium unerläßlich ist.

Bei solchen beeindruckenden Eigenschaften nimmt es nicht wunder, daß Interferone schon früh eingehend auf einen möglichen therapeutischen Nutzen geprüft wurden. Zunächst versprach man sich von ihnen eine Art breit wirksame Wunderwaffe gegen Virusinfektionen und Krebserkrankungen – ein Mittel, das solche Leiden heilen würde, ohne gesunde Zellen zu schädigen. Doch wie es sich heute darstellt, waren diese Hoffnungen unrealistisch. Immerhin hat die amerikanische Arznei- und Lebensmittelbehörde Interferone zur Behandlung von sieben Krankheiten zugelassen, darunter chronische Virus-Hepatitis, Genitalwarzen (verursacht durch Papillomviren), Kaposi-Sarkom und – seit einem Jahr – für eine Form der Multiplen Sklerose. Ferner werden diese Proteine auf ihre Eignung gegen etliche weitere Erkrankungen untersucht, vornehmlich solche Krebsarten wie das Non-Hodgkin-Lymphom und das maligne Melanom.

Nicht minder wichtig ist die Aufklärung der Raumstruktur der Interferon-Moleküle sowie der wesentlichen Schrit-

te, über die sie und ähnliche Proteine ihre schier unübersehbaren Wirkungen entfalten. Auch dabei ist man ein gutes Stück vorangekommen.

Letztlich sollten solche Erkenntnisse die Entwicklung noch wirksamerer, zugleich aber weniger toxischer Medikamente erlauben. Und von der Untersuchung der Interferone profitiert wiederum die zellbiologische Grundlagenforschung, weil dabei molekulare Wechselwirkungen erhellt werden, durch die andere Arten von Cytokinen die Aktivitäten von Zellen regulieren.

Klassen und Typen

Die meisten Interferone ordnet man jeweils einer von drei Klassen zu: Alpha, Beta oder Gamma (siehe Kasten auf Seite 142). Ursprünglich wurden sie hauptsächlich nach ihrer Affinität zu bestimmten Antikörpern und nach ihrer Säurestabilität unterteilt; inzwischen ist das Leitmerkmal ihre Aminosäuresequenz. Die Alpha-Klasse ist mit mehr als zwanzig Mitgliedern die größte und variabelste. Dagegen hat man bisher nur ein Beta- und ein Gamma-Interferon schlüssig identifiziert. Außerdem sind noch zwei weitere Klassen hinzugekommen – Omega und Tau; diese Proteine ähneln stark den Alpha-Formen, sind aber etwas größer.

Alpha- und Beta-Interferone haben strukturell wie funktionell viel mehr miteinander als mit Gamma-Interferon gemein. Deshalb bezeichnet man beide (zusammen mit den alpha-ähnlichen Omega- und Tau-Molekülen) oft als Typ-I-Interferone. Das Gamma-Interferon dagegen steht für sich – als einziger Vertreter des Typs II. Es stimmt in erster

Linie die Abwehrmanöver des Immunsystems aufeinander ab, während der Typ I in der Regel besser eine virale Resistenz in Zellen induzieren kann.

Das ist nicht der einzige Unterschied. So können eigentlich alle virusbefallenen Zellen irgendeines der Typ-I-Interferone bilden, gewöhnlich eines aus der Alpha-Familie. Gamma-Interferon hingegen setzen lediglich gewisse Immunzellen frei: *T*-Lymphocyten und Natürliche Killerzellen (daher auch die Bezeichnung Immun-Interferon). Dies tun sie aber nur, wenn sie auf Viren, Bakterien oder Parasiten in anderen Zellen oder auf Krebszellen im Körper aufmerksam werden, nicht jedoch, wenn sie selbst infiziert sind. (Sogenannte Super-Antigene, die das Immunsystem überstimulieren, sowie Mitogene – Substanzen, die Zellen zur Teilung anregen – können ebenfalls diese Ausschüttung auslösen.) Überdies heften sich die beiden Interferon-Typen an jeweils andere Rezeptoren auf den Zielzellen.

Wie aber befähigt diese Bindung dann die Zellen, Viren zu bekämpfen und weitere Aufgaben auszuführen? Diese grundlegende Frage beschäftigt Interferon-Forscher schon seit Jahrzehnten.

Seit langem ist bekannt, daß die Proteine mit ihrem Andocken Signalübertragungswege aktivieren. Das haben sie mit anderen Proteinen gemein, die Botschaften von Zelle zu Zelle übermitteln. Derartige Übertragungswege bestehen aus einer Kaskade von Reaktionen, die von dem jeweils besetzten Rezeptor ausgeht: Mit seinem durch die Zellmembran nach innen reichenden Abschnitt übermittelt er den Befehl an andere Moleküle, die ihn dann – oft noch über eine Kette weiterer intrazellulärer Zwischenglieder – den letztlich ausführenden Molekülen zuleitet.

Im Falle der Interferone werden die Zellen veranlaßt, bestimmte Gene abzulesen; die nach deren Bauanweisung hergestellten Proteine stören die virale Vermehrung oder entfalten andere Wirkun-

Bild 1: Die Strukturen von menschlichem Gamma-Interferon (oben) und dem Beta-Interferon der Maus (unten). Die Bänder stellen das Rückgrat der jeweiligen Aminosäureketten dar. Gamma-Interferon besteht aus zwei ineinandergreifenden gleichen Ketten (hier sind sie in der Farbe unterschieden), Beta-Interferon dagegen aus einer einzigen Kette. Diese Strukturanalysen helfen, die Schritte aufzuklären, in denen Interferone ihre Wirkungen auf Zellen entfalten. Die Gamma-Struktur haben Charles E. Bugg und seine Kollegen an der Universität von Alabama in Birmingham bestimmt, die Beta-Struktur Yukio Mitsui und seine Kollegen an der Universität für Technologie in Nagaoka (Japan).

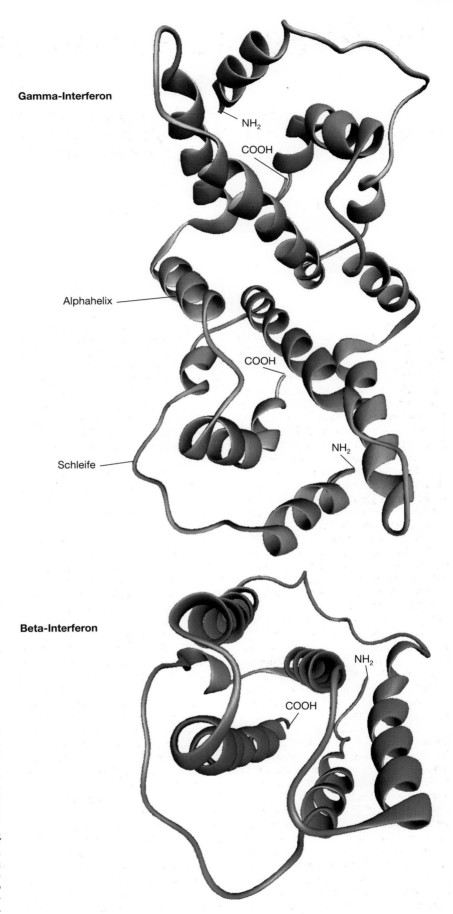

Gamma-Interferon

NH₂

COOH

Alphahelix

COOH

NH₂

Schleife

Beta-Interferon

NH₂

COOH

gen. Was aber geschieht im einzelnen zwischen der Bindung an den Rezeptor und dem Ablesen der Gene? Viele der Zwischenschritte sind in letzter Zeit aufgeklärt worden, vor allem durch James E. Darnell jr. und seine Kollegen von der Rockefeller-Universität in New York sowie durch ein Team unter Leitung von Michael David und Andrew C. Larner von der amerikanischen Arznei- und Lebensmittelbehörde.

Ein direkter Draht

Das Interferon-Signal aktiviert, wie sich herausstellte, einen überraschend direkten Übertragungsweg – ganz im Gegensatz zu vielen anderen Signalstoffen wie etwa Adrenalin. Wenn diese Moleküle an ihren Rezeptor andocken, erhöht sich – oft nach Einschalten mehrerer Zwischenschritte – im Zellinneren der Gehalt an sogenannten sekundären Botenstoffen, die durch das Cytoplasma wandern können. Im typischen Falle sind das ringförmige (zyklische) Nucleotide wie cAMP sowie bestimmte Nebenprodukte des Abbaus von Phospholipiden in der Zellmembran. Sie setzen lange Kaskaden enzymatischer und anderer molekularer Wechselwirkungen in Gang, die schließlich in eine Änderung des Zellverhaltens münden.

Die Signalübertragungswege der Interferone beinhalten keine sekundären Botenstoffe. Statt dessen wird – und das ist eine weitere Besonderheit – eine erst im Jahre 1990 entdeckte Sorte von Enzymen aktiviert, die Janus-Kinasen. Sie gehören zu den Tyrosin-Kinasen, die dort, wo die Aminosäure Tyrosin in Proteinen vorkommt, eine Phosphatgruppe anhängen. (Eine derartige Phosphorylierung kann je nach Zielmolekül dieses aktivieren oder hemmen.) Benannt sind sie nach dem doppelgesichtigen römischen Gott Janus; denn sie haben gleich zwei Stellen zur Übertragung von Phosphatgruppen.

Die beiden Interferon-Typen unterscheiden sich geringfügig in ihren Signalübertragungswegen (Bild 2). Alle vom Typ I besetzen vermutlich den gleichen Rezeptor oder zumindest ähnliche. Die Bindung aktiviert, wie Darnells Forschungsgruppe 1992 nachwies, die Tyrosin-Kinase 2 (Tyk 2). Dieses Enzym ist offenbar an den intrazellulären Abschnitt des Rezeptors angeheftet. Zugleich wird, wie Ian M. Kerr von den Imperial Cancer Research Fund Laboratories in London anschließend feststellte, die Janus-Kinase 1 (JAK 1) aktiviert.

Diese Enzyme phosphorylieren offenbar – entweder getrennt oder gemeinsam – drei Proteine mit den Kürzeln Stat 113, 91 und 84. Die Buchstaben stehen für die

englischen Begriffe *signal transducer* und *activator of transcription* und beziehen sich mithin auf die Eigenschaften: Diese Proteine fungieren sowohl als Signalüberträger wie als Aktivatoren der Transkription und somit direkt als Genaktivatoren; die beigeordnete Zahl steht für das Molekulargewicht in Kilodalton. (Stat 84 ist übrigens, wie sich herausstellte, im Grunde nur eine verkürzte Version von Stat 91.)

Nach Phosphorylierung ihrer Tyrosinreste lagern sich die drei Aktivatoren nun zusammen mit einem anderen, 48 Kilodalton großen Protein unverzüglich als Komplex an gewisse Gene im Zellkern an, und zwar an eine besondere Basensequenz im Bereich ihres Promotors; diese wird als interferon-stimuliertes Reaktionselement bezeichnet. Promotoren wirken wie eine Art Schalter, der den Beginn der Transkription kontrolliert. Die Gen-Ablesemaschinerie erstellt dann eine Abschrift (ein Transkript) in Form von Boten-Ribonucleinsäure (mRNA), die als Vorlage zum Bau des jeweils codierten Proteins dient.

Gamma-Interferon, der Typ II also, benötigt sogar noch weniger Transkriptionsfaktoren, um das Ablesen der von ihm zu aktivierenden Gene anzuregen. Dockt es an seinen Rezeptor an, werden zwei Janus-Kinasen aktiviert: wiederum JAK 1 sowie zusätzlich JAK 2, das an das Rezeptor-Molekül gebunden zu sein scheint. Beide Enzyme phosphorylieren ebenfalls das Stat-91-Protein, das sich daraufhin – vermutlich paarweise – mit einem anderen Protein vereint. Dieser Komplex nun heftet sich an Gene, deren Promotoren ein Reaktionselement enthalten, welches als Gamma-Interferon-Aktivierungsstelle bezeichnet wird.

In dem Maße, wie Wissenschaftler die einzelnen Schritte und Komponenten dieser Signalübertragungswege identifizierten, begannen sie auch zu untersuchen, ob ähnlich kurze Abfolgen molekularer Interaktionen die Wirkungen anderer Cytokine vermitteln. Das wurde durch eine Fülle neuerer Befunde bestätigt, unter anderem von dem Team um Darnell: Die Bindung verschiedener Cytokine an ihre jeweiligen Rezeptoren regt die Aktivierung von Janus-Kinasen sowie die Phophorylierung von Molekülen an, die mit den Stat-Proteinen verwandt sind. Die phosphorylierten Transkriptionsfaktoren heften sich an Gene, die ähnliche Reaktionselemente haben wie die durch Interferone aktivierten.

Somit scheint man mit der Erforschung der Interferone die grundlegenden Elemente eines bis dahin unbekannten Typus von Übertragungswegen aufgedeckt zu haben, über den Zellen be-

---

Interferone auf einen Blick

Es gibt zwei Haupttypen, die sich in ihrer Struktur und anderen Eigenschaften unterscheiden. Beide können die Vermehrung von Viren in Zellen hemmen und die Aktivitäten des Immunsystems regulieren, wobei aber Typ I die erste Aufgabe, Typ II die zweite Aufgabe besser erfüllt.

	Typ I	Typ II
Haupttypen	Alpha und Beta	Gamma
andere Typen	Omega und Tau	keine
Struktur	eine einzige Aminosäurekette	ein Dimer aus zwei identischen Ketten; Aminosäuresequenz nicht mit der von Typ I verwandt
Hauptproduzenten	fast jede virusinfizierte Zelle stellt Alpha-Interferon her; Fibroblasten synthetisieren in erster Linie Beta-Interferon	*T*-Lymphocyten und Natürliche Killerzellen
Haupteffekte	infizierte Zellen werden zur Produktion von Proteinen angeregt, welche die Vermehrung von Viren und Zellen hemmen	unterstützt die Aktivität der Komponenten des Immunsystems, die Tumoren sowie Erreger in Zellen bekämpfen

sonders schnell und direkt auf viele der Signale reagieren, die aus ihrem Umfeld auf sie einwirken.

Strukturanalysen

Freilich gibt es noch immer Verständnislücken. So können verschiedene Alpha-Interferone einen jeweils etwas anderen Satz von Genen aktivieren. Aus dem bisherigen Erklärungsmodell der Signalübertragung ist nicht zu ersehen, wie verwandte Interferone unterschiedliche Effekte hervorrufen. Gerne wüßte man auch mehr darüber, wie die Anheftung an den jeweiligen Rezeptor vonstatten geht und was überhaupt anschließend geschieht, so daß Tyrosin-Kinasen aktiviert werden.

Zumindest stellenweise hilft dabei die Analyse der Raumstruktur der Interferon-Moleküle weiter. Von zweien ist sie mittlerweile geklärt: Die des Mäuse-Beta-Interferons beschrieben 1990 Yukio Mitsui und seine Kollegen von der Universität für Technologie in Nagaoka (Japan), die des Human-Gamma-Interferons 1991 Charles E. Bugg und seine Kollegen von der Universität von Alabama in Birmingham.

Beta-Interferon besteht wie alle Typ-I-Moleküle aus nur einer Kette von Aminosäuren. Die aktive Form von Gamma-Interferon ist dagegen ein Doppelmolekül aus zwei ineinandergreifenden identischen Ketten (Bild 1). Dabei liegt der Endbereich jeder Kette am Anfangsbereich der anderen. Aminosäureketten beginnen per Definition mit der Aminogruppe ($-NH_2$) und enden mit der Carboxylgruppe ($-COOH$), man spricht daher auch von N- und C-Terminus.

Zwischen Beta- und Gamma-Interferon bestehen aber auch gewisse Gemeinsamkeiten. Das Rückgrat ihrer Ketten ist abschnittsweise in Form sogenannter Alpha-Helices gewunden; zwischen diesen schraubigen Strukturen bildet es einfache Verbindungsschleifen. Mehr noch: Obwohl das eine Molekül ein Monomer, das andere ein Dimer ist, sehen im gefalteten Zustand bestimmte Teile ganz ähnlich aus. So ruht beim Beta-Interferon eine Helix der C-terminalen Region in einer Art Schale, geformt von zwei Helices und ihren Verbindungsschleifen in der N-terminalen Region; dieses Strukturmotiv fand sich auch beim Gamma-Interferon, nur schmiegt sich bei ihm der C-terminale Bereich des einen Moleküls in die N-terminale Region des anderen.

Selbst bei Mitgliedern der Alpha-Klasse kehrt das Motiv wieder; das ergaben alsbald Computermodellierungen, die an vielen Laboratorien – auch bei ei-

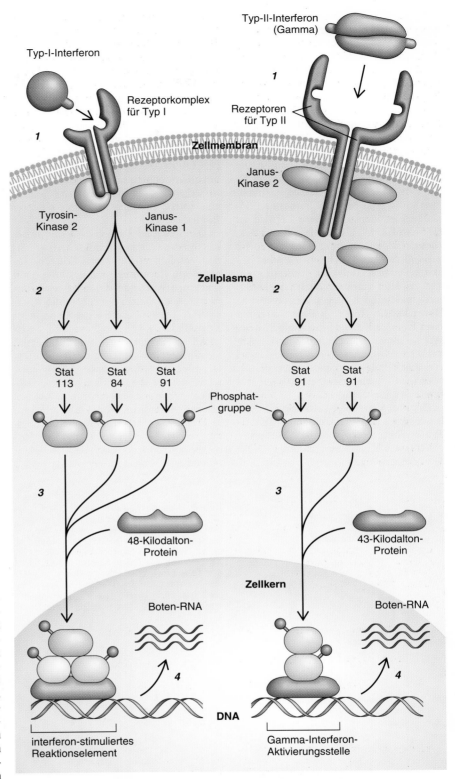

Bild 2: Wenn Interferone auf eine Zelle treffen (oben), setzen sie offenbar eine bemerkenswert kurze Kaskade von molekularen Schritten in Gang, um Gene im Zellkern anzuschalten (unten). Als erstes heften sie sich an ihre Rezeptoren (1); bei Interferonen vom Typ I (links) ist dies ein einzelner Rezeptorkomplex, bei Interferonen vom Typ II sind es dagegen zwei identische Exemplare eines anderen Rezeptors (rechts). In beiden Fällen aber aktiviert die Bindung Kinasen: Phosphatgruppen übertragende Enzyme, die sogenannte Stat-Proteine im Zellplasma phosphorylieren (2). Diese lagern sich dann gemeinsam mit anderen Proteinen an bestimmte regulatorische Bereiche gewisser Gene im Zellkern an (3) und fördern so deren Transkription. Die DNA dieser Gene wird in Boten-RNA abgeschrieben (transkribiert; 4), die als mobile Bauanweisung für die Herstellung der von ihnen codierten Proteine dient.

nem von uns (Johnson) – durchgeführt wurden. Aus seinem verbreiteten Vorkommen ist zu schließen, daß das Motiv für die Funktion der Interferone unentbehrlich ist – vielleicht ermöglicht es ihnen, sich an ihren jeweiligen Rezeptor anzulagern.

Die Arbeitsgruppe um Johnson an der Universität von Florida in Gainesville hat diese Hypothese getestet. Sie verwendete dazu synthetisch hergestellte kurze Aminosäureketten, welche die N- und C-terminalen Regionen des Gamma-Interferons von Mäusen imitierten. Tatsächlich banden sich diese Peptide an freie Moleküle des Gamma-Rezeptors; zumindest die N-terminale Region dürfte den Indizien nach dicht am Zentrum des extrazellulären Teils des Rezeptors andocken. Hier vermuten auch Gianni Garotta und seine Kollegen bei der Firma Hoffmann-La Roche in Basel aufgrund ihrer eigenen Befunde die Andockstelle. Wie sie ferner entdeckt haben, lagert sich das Gamma-Dimer – mit seinen zwei verschachtelten N- und C-terminalen Domänen – wahrscheinlich an zwei Rezeptoren gleichzeitig an.

Doch auf welche Weise bewirkt die Bindung an den extrazellulären Teil eines Interferon-Rezeptors die Aktivierung von Tyrosin-Kinase innerhalb der Zelle? Verschiedene Indizien deuten auf eine

mögliche Antwort – und eine neue Überraschung – hin. So haben zwei von uns (Johnson und Szente) kürzlich festgestellt, daß sich die C-terminale Domäne von Gamma-Interferon an einen Teil des freien Rezeptors zu binden vermag, der sonst ins Cytoplasma ragt. Man sollte meinen, das ginge nur im Reagenzglas, nicht aber bei intakten Zellen, weil deren Plasmamembran den nach innen ragenden Teil des Rezeptors vor dem Kontakt mit allem schützt, was sich außerhalb befindet. Als plausibel erscheint jedoch eine solche Bindung im Lichte weiterer Befunde.

Die Stelle, an die sich die C-terminale Region des Gamma-Moleküls heftet, ähnelt nämlich einem intrazellulären Bereich von Rezeptoren für Erythropoietin und einen Wachstumsfaktor, zwei weitere Cytokine. Genau dort hängt die Kinase JAK 2, wenn diese Rezeptoren nicht aktiv sind.

All dies fügt sich gut zusammen, wenn man sich vergegenwärtigt, daß Interferone wie etliche andere Signalproteine, die für die Kommunikation zwischen Zellen sorgen, nach dem Andocken samt ihren Rezeptoren ins Zellinnere verfrachtet werden. Im Normalfall werden solche Signalproteine und ihre Rezeptoren dann bald, ohne daß sie weiter miteinander reagieren, zerlegt; teilweise

schafft die Zelle Rezeptoren zur Wiederverwendung an ihre Oberfläche zurück. Im Falle von Gamma-Interferon scheint jedoch die Annahme gerechtfertigt, daß zumindest eine seiner C-terminalen Domänen bald nach der Einschleusung Kontakt zu der Bindungsstelle am Rezeptor aufnimmt, die zuvor unter der Zellmembran verborgen lag. Dabei könnte sie durchaus JAK 2 verdrängen; das freie Enzym hätte dann die Möglichkeit, eine für seine Aktivierung nötige Phosphatgruppe aufzunehmen (Bild 3). Eine ähnliche Folge von Ereignissen mag auch den Typ-I-Interferonen die Signalübertragung gestatten.

Antivirale Effekte

Wie auch immer die Übertragungskaskade gestartet wird – sie resultiert in der Produktion schützender Proteine. Mehr als 30 hat man inzwischen identifiziert; viele davon spielen eine Schlüsselrolle bei der Verhinderung der viralen Replikation. Sogar über ihre Wirkungsweise hat man schon etliches in Erfahrung gebracht.

Beispielsweise setzt die eIF-2-Alpha-Proteinkinase – eines der bestuntersuchten Moleküle dieser Kategorie – an den Ribosomen an. Viren mißbrauchen diese

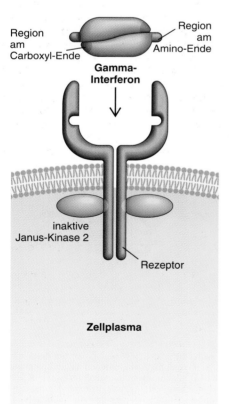

Region am Carboxyl-Ende

Region am Amino-Ende

Gamma-Interferon

inaktive Janus-Kinase 2

Rezeptor

Zellplasma

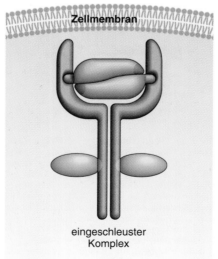

Zellmembran

eingeschleuster Komplex

Bild 3: Das dargestellte Modell – vorgeschlagen von zweien der Autoren (Johnson und Szente) – könnte erklären, wie die Anheftung von Gamma-Interferon an den äußeren Teil seiner Rezeptoren (links) die Aktivierung der Janus-Kinase 2 (JAK 2) in der Zelle bewirkt. Nach der Bindung wird der Komplex aus Interferon und Rezeptoren, wie man weiß, ins Zellplasma geschleust (Mitte). Dort wird das Interferon

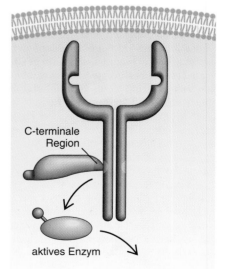

C-terminale Region

aktives Enzym

schließlich abgebaut. Kurz nach der Einschleusung jedoch könnte es – intakt oder als Bruchstück – mit einer Region an seinem Carboxyl-Ende eine bestimmte Stelle des Rezeptors (rechts, rötlich markiert) besetzen, die bei der Ankunft an der Zelle unzugänglich im Cytoplasma lag. Dadurch würde das Enzym JAK 2 von dort verdrängt, also freigesetzt werden, und vermöchte nun Proteine zu phosphorylieren.

Alpha-Interferon		Beta-Interferon	Gamma-Interferon
von der FDA zugelassen	chronische Hepatitis B und C / von Papillomviren verursachte Genitalwarzen	Haarzell-Leukämie / Kaposi-Sarkom	schubweise wiederkehrende Form der multiplen Sklerose	septische Granulomatose
in laufenden klinischen Versuchen	von Papillomviren verursachte Warzen im Rachenraum / Infektion mit HIV / chronische myeloische Leukämie / Non-Hodgkin-Lymphom	Dickdarmtumoren / Nierentumoren / Blasenkrebs / malignes Melanom	Basalzellkarzinom	Nierentumoren / Leishmaniase

Bild 4: Etliche Erkrankungen werden inzwischen mit Interferonen behandelt. Die amerikanische Lebens- und Arzneimittelbehörde, die Food and Drug Administration (FDA), hat diese besonderen natürlichen Wirkstoffe bisher bei sieben Krankheiten zugelassen. Für eine Reihe weiterer Leiden, von denen einige hier aufgeführt sind, haben bereits klinische Untersuchungen begonnen.

zelleigenen Proteinfabriken zu ihrer eigenen Vermehrung; denn dort wird nach der Anweisung jeglicher Boten-RNA – gleich ob viraler oder zellulärer Herkunft – die Aminosäurekette eines Proteins zusammengebaut. Voraussetzung ist eine korrekte Montage der Ribosomen selbst: Dazu vereinigen sich verschiedene Moleküle an der Boten-RNA zur kleineren der beiden Untereinheiten, dann erst kommt die größere Untereinheit hinzu.

Alle drei Interferon-Arten können die Herstellung der eIF-2-Alpha-Proteinkinase ankurbeln. Nach Aktivierung phosphoryliert das Enzym einen der Bausteine für die kleinere ribosomale Untereinheit (den eukaryontischen Initiationsfaktor 2). Infolgedessen stockt der weitere Zusammenbau der Untereinheit und damit letztlich die Proteinsynthese. Die neu hergestellte Kinase wird aber lediglich aktiv, wenn sie auf doppelsträngige RNA trifft, und die kommt in Zellen nur bei der Vermehrung gewisser Viren vor. Deshalb blockiert das Enzym allein die Proteinsynthese infizierter, nicht aber der gesunder Zellen.

Zu einer anderen Gruppe von Proteinen, deren Bildung durch alle drei Interferon-Arten angeregt wird, gehört die Familie der 2',5'-Oligo-A-Synthetasen. Auch diese Enzyme behindern die Produktion viraler Proteine. Allerdings aktivieren sie letztlich Enzyme, die wahllos Boten-RNAs abbauen, bevor diese in Protein übersetzt werden können.

Anti-Tumor-Effekte

Die durch Interferone induzierten Proteine sind insgesamt so vielfältig, daß sie eine ganze Reihe von Viren an der Vermehrung hindern können. Möglicherweise sind unter jenen, die in die Proteinsynthese eingreifen, einige zugleich mitverantwortlich dafür, daß Interferone

auch das Wachstum bestimmter Tumoren in Kultur und im Körper verlangsamen. Denn wie Viren müssen Zellen – auch entartete – neue Proteine bilden, um sich zu vermehren.

Überdies haben Untersuchungen seit den siebziger Jahren die außerordentliche Bandbreite immunologischer Interferon-Wirkungen aufgezeigt, und eine der vielversprechendsten Entdeckungen war, daß alle Interferone die Zerstörung von Tumorzellen durch Natürliche Killerzellen verstärken. Das erkannten unabhängig voneinander Forschergruppen um Ronald B. Herberman und Julie Y. Djeu vom amerikanischen Nationalen Krebsinstitut in Bethesda (Maryland), Ion Gresser vom Pasteur-Institut in Paris und Giorgio Trincheri vom Wistar-Institut in Philadelphia (Pennsylvanien).

Alpha-Interferon wird inzwischen routinemäßig zur Behandlung von zwei Krebsarten eingesetzt. Tests an Patienten, die an verschiedenen anderen Krebsformen leiden, laufen derzeit für alle drei Hauptarten von Interferonen (Bild 4). Da aber Alpha-Interferon und in geringerem Maße auch Beta- und Gamma-Interferon starke Nebenwirkungen hervorrufen können, lassen sie sich nur in begrenzter Dosis verabreichen. So können sie grippeähnliche Symptome wie Fieber und Müdigkeit verursachen sowie die Produktion von Blutzellen im Knochenmark drosseln. Gegenmaßnahmen werden derzeit untersucht.

Noch bevor sich das Anti-Tumor-Potential der Interferone abzeichnete, hatte man zu ermitteln begonnen, auf welche verschiedenen Weisen sie die Verteidigungsaktivitäten des Immunsystems regulieren. In den frühen siebziger Jahren zeigten Gresser in Paris sowie unabhängig davon ich (Johnson) während meiner Tätigkeit bei einem Department der amerikanischen Lebens- und Arzneimittelbehörde in Cincinnati (Ohio) gemeinsam

mit Samuel Baron von den Nationalen Gesundheitsinstituten, daß Interferone die Aktivität von *B*-Lymphocyten zu beeinflussen vermögen. Diese weißen Blutzellen schütten Antikörper aus, wenn sie mit ihren spezifischen Oberflächenrezeptoren Fremdstrukturen (Antigene) – beispielsweise Moleküle auf Krankheitserregern oder Giftstoffe – erkannt haben. Die Antikörper können Eindringlinge direkt neutralisieren oder sie als zu zerstörendes Objekt markieren.

Hatten *B*-Zellen noch keine Antikörper hergestellt, hemmten Typ-I-Interferone deren Produktion; waren die Zellen jedoch schon dabei, wurde sie noch verstärkt. Wie Folgestudien von Johnsons Gruppe in Florida ergaben, vermag Gamma-Interferon, also Typ II, auch die Aktivitäten von *T*-Lymphocyten zu regulieren, und zwar derjenigen, die zur Untergruppe der sogenannten Suppressor-CD8-Zellen gehören. Nach Stimulation durch Gamma-Interferon hemmen diese Lymphocyten die Antikörper-Bildung der *B*-Zellen. Sie verlangsamen außerdem die Herstellung bestimmter Cytokine durch andere Zellen.

Das immunologische Repertoire

Verschiedene Entdeckungen in den achtziger Jahren enthüllten dann einen der Hauptwege, über den Gamma-Interferon die Immunantwort verstärkt. So wiesen verschiedene Labors – darunter meines (Johnsons) – nach, daß Makrophagen für viele ihrer Funktionen Gamma-Interferon brauchen. Diese großen Freßzellen verschlingen Mikroorganismen und bauen geschädigte oder als fremd erkannte Zellen ab. Außerdem stimulieren sie andere Zellen des Immunsystems.

Gamma-Interferon kann Makrophagen veranlassen, entartete oder von irgendwelchen Erregern befallene Zellen abzutöten sowie Krankheitserreger zu zerstören, die sie selbst besiedelt haben. Ferner regt es Makrophagen zur Produktion von sogenannten MHC-Molekülen der Klasse II an (nach englisch *major histocompatibility complex* – Haupt-Gewebeverträglichkeitskomplex). Diese Moleküle dienen ihnen gleichsam als Präsentierteller, auf denen sie Proteinfragmente der in ihnen abgebauten Mikroben den CD4-*T*-Zellen darbieten. Diese weitere Sorte Lymphocyten vermag Fremd-Antigene erst zu erkennen, wenn Bruchstücke davon mit MHC-Molekülen der Klasse II verbunden sind. Paßt das Antigen zu ihrem Rezeptor, vermehren sie sich und setzen Stoffe frei, die wieder anderen Immunzellen bei der Infektionsabwehr helfen.

Aus diesen und anderen Befunden erwächst zunehmend die Vorstellung, daß Gamma-Interferon, das vor allem als Reaktion auf zelluläre Infektionen und Tumoren gebildet wird, als eine Art immunstrategische Ordonnanz fungiert: Das Protein hilft, die zellvermittelten Abwehrkräfte zu aktivieren – Makrophagen, verschiedene Sorten von *T*-Lymphocyten und andere Zellen, die auf infizierte Zellen im Körper ansprechen; gleichzeitig könnte es die antikörper-vermittelte Abwehr zügeln; Antikörper eignen sich besser zur Bekämpfung von Krankheitserregern, die sich außerhalb von Zellen ansiedeln.

Weitere Facetten

Das Wirkungsspektrum der Interferone ist jedoch noch breiter und geht sogar über die Krankheitsabwehr hinaus. Untersuchungen an Zellkulturen zufolge vermögen sie die Differenzierung bestimmter Zelltypen wie der Fibroblasten zu regulieren.

Diese Bildungszellen des Bindegewebes synthetisieren normalerweise das Faserprotein Kollagen, einen Hauptbestandteil des Bindegewebes. In Kultur und in Gegenwart von Glucose (Traubenzucker) und bestimmten Hormonen wie Insulin kann man gewisse Fibroblasten dazu bringen, sich in Fettzellen umzuwandeln.

Diese Differenzierung läßt sich, wie die Teams von Livia Cioé am Wistar-Institut in Philadelphia und Sidney E. Grossberg am Medical College von Wisconsin in Milwaukee festgestellt haben, durch Interferone vom Typ I blockieren. Somit stellt sich die interessante, aber noch unbeantwortete Frage, ob auch Gamma-Interferon einen Einfluß auf den Fettanteil des Körpers hat.

Erst jüngst tat sich eine weitere Facette der Interferone auf. Bei weiblichen Säugern bildet sich nach dem Eisprung die bläschenartige Struktur, in der das Ei bis dahin reifte, zum Gelbkörper um, der das schwangerschaftserhaltende Hormon Progesteron absondert (bleibt das Ei unbefruchtet, bildet er sich zurück). Beim Menschen verhindert das Hormon Choriogonadotropin, das von der entstehenden Plazenta gebildet wird, den vorzeitigen Abbau des Gelbkörpers. Bei vielen Haustieren wie Rindern, Schafen und Ziegen scheidet dazu der Trophoblast, die äußere Nährschicht um den Keim, beträchtliche Mengen eines anderen schützenden Stoffs aus, Trophoblastin genannt. Das des Schafes hat einer von uns (Bazer) 1982 isoliert.

Die Aminosäuresequenz bestimmt haben schließlich 1993 Kazuhiko Imakawa von der Universität von Kansas in Lawrence sowie R. Michael Roberts und seine Kollegen von der Universität von Missouri in Columbia und dem Unternehmen Upjohn. Verblüffenderweise ähnelte sie stark der von Alpha-Interferon;

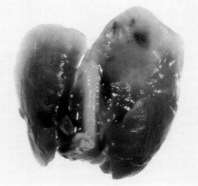

Bild 5: Lungen von Mäusen, in denen experimentell das Wachstum von Melanomen veranlaßt wurde; bei einem Tier, das mit Tau-Interferon behandelt wurde (unten) bildeten sich die Tumoren deutlich zurück – nicht jedoch bei einer unbehandelten Maus. Weil dieses neu entdeckte Interferon weniger toxisch zu sein scheint als die bisher bekannten, könnte es sich als medizinisch besonders wertvoll erweisen.

außerdem band sich das Protein an denselben Rezeptor. Beide Befunde zusammen legten nahe, daß Trophoblastin ein Interferon ist. Hat es also auch eine antivirale Wirkung?

Wie Carol H. Pontzer von der Universität von Florida gemeinsam mit Bazer und Johnson zeigen konnte, hemmt es die Virusvermehrung genauso wirksam wie jedes bekannte Interferon. Deshalb wird es jetzt auch als solches eingestuft und mit dem griechischen Buchstaben Tau (für Trophoblast) bezeichnet. Ein Tau-Interferon kommt ebenfalls beim Menschen vor, doch ist seine Rolle dort noch nicht geklärt.

Weitere Untersuchungen haben ergeben, daß dieses Interferon die Reverse Transkriptase in Zellen hemmt, welche von dem Human-Immunschwäche-Virus (HIV) befallen sind (der AIDS-Erreger produziert das Enzym, um sein als RNA vorliegendes Erbgut in eine DNA umzuschreiben). Außerdem blockiert es die Teilung von Tumorzellen in Kultur und wirkt auch am Tier (Bild 5).

Vielversprechende Laborergebnisse lassen sich zwar nicht unbedingt in Erfolge der klinischen Praxis umsetzen, doch regen sie zumindest dazu an, über neue therapeutische Möglichkeiten nachzudenken. Die nächst den Wirkungen medizinisch interessanteste Eigenschaft von Tau-Interferon ist wohl seine geringe Toxizität: In einer Dosierung, bei der andere Interferone kultivierte Zellen schädigen können, scheint es für sie noch harmlos zu sein. Vielleicht bietet die menschliche Form des Proteins eines Tages eine sicherere, aber noch wirksame Alternative zu den anderen Interferonen. Dieser Befunde wegen hat die Pepgen Corporation (bei der Johnson Berater ist) die Rechte für die Weiterentwicklung von Tau-Interferon als Medikament erworben.

Anwendungsbereiche

Obwohl ihre Einsatzmöglichkeiten gegenwärtig beschränkt sind, haben sich injizierbare Interferone schon jetzt als Medikamente bewährt. Mit weiteren Forschungsfortschritten dürfte sich ihr Anwendungsgebiet vergrößern.

Alpha-Interferon ist das mit dem bisher breitesten Einsatzbereich. Im Jahre 1986 wurde es als erster Wirkstoff dieser Gruppe von der amerikanischen Lebens- und Arzneimittelbehörde zugelassen: zur Behandlung der Haarzell-Leukämie, eines seltenen Blutkrebses. In geringen Dosen bewirkt es eine signifikante Rückbildung bei etwa 90 Prozent der Patienten. Allerdings muß die Behandlung auf

Dauer fortgesetzt werden, um Rückfälle zu vermeiden.

Seit 1988 ist Alpha-Interferon in den USA auch gegen ein weitaus verbreiteteres Leiden zugelassen: Genitalwarzen, die sich infolge einer Infektion mit dem Papillomvirus bilden (der Erreger wird durch Geschlechtsverkehr übertragen). Nach Injektion direkt in eine Warze oder unter die umgebende Haut verschwinden solche Wucherungen bei immerhin 70 Prozent aller Patienten, bei denen andere Therapien versagt haben. Anders als bei der Abtragung der Warzen nach Gewebezerstörung durch hochgradige Kälte (Kryochirurgie) oder bei operativer Entfernung bleiben bei dieser Behandlung keine Narben.

Noch im selben Jahr wurde Alpha-Interferon in den USA als Medikament gegen eine zweite Krebsform zugelassen, das Kaposi-Sarkom. Einst bei jungen Leuten selten, ist es inzwischen bei HIV-Infizierten eine häufige Erscheinung. Allerdings geben etwa 30 Prozent der Betroffenen die Behandlung auf, weil die nötigen hohen Dosen starke Nebenwirkungen haben. Jedoch gibt es gewisse Indizien, wonach eine Kombination mit Zidovudin (auch bekannt als AZT) – oder einem anderen Nucleosid-Analogon, mit dem HIV selbst bekämpft wird – die Wirkung verstärkt. Vielleicht macht dieser synergistische Effekt hohe Dosen von Alpha-Interferon unnötig.

Patienten, die an Virus-Hepatitis leiden, haben ebenfalls von Alpha-Interferon profitiert. Bevor es 1991 zur Behandlung von chronischer Hepatitis C zugelassen wurde, gab es keine verläßliche Therapie dieser ansteckenden viralen Infektion der Leber. Jetzt können nach sechsmonatiger Behandlung die Symptome verschwinden; längerfristige Gaben sollen Rückfällen vorbeugen. Ein Jahr später wurde Alpha-Interferon auch zum ersten zugelassenen Medikament gegen chronische Hepatitis B, an der weltweit mehr als 300 Millionen Menschen leiden. Unbehandelt kann die Erkrankung sich zur Zirrhose und zu Leberkrebs weiterentwickeln.

Beta-Interferon gehört seit 1993 als jüngstes Mitglied seiner Klasse zum medizinischen Arsenal. Im Rahmen des beschleunigten Zulassungsprogramms in den USA darf es gegen die schubweise wiederkehrende Form der Multiplen Sklerose eingesetzt werden.

Bei dieser Autoimmunerkrankung gehen Makrophagen sowie *T*- und *B*-Zellen gegen die schützende Myelinscheide vor, die Nervenfasern im Zentralnervensystem umhüllt. Zahlreiche Ausfälle sind die Folge, darunter Sensibilitätsstörungen, spastische Lähmungen und schließlich Demenz. Wie Beta-Interferon nun im einzelnen die Symptome lindert, ist zwar noch unklar, doch hilft es wahrscheinlich direkt oder indirekt durch Unterdrückung von Abwehrzellen. Auf jeden Fall flackert bei vielen Patienten die Krankheit dann seltener wieder auf.

Mit Gamma-Interferon schließlich wird die progressive septische Granulomatose bekämpft, eine Erbkrankheit, bei der kleine Freßzellen – die Granulocyten – Bakterien zwar verschlingen, aber nicht abtöten können. Die Folge sind schwere, immer wiederkehrende Infektionen in vielen Teilen des Körpers wie Haut, Leber, Lymphknoten, Lunge und Knochen. Das seit 1990 für diese Anwendung zugelassene Interferon wird vorbeugend, oft gemeinsam mit Antibiotika, verabreicht. Seine Wirksamkeit beruht vermutlich teilweise darauf, daß es die Fähigkeit von Makrophagen – den großen Freßzellen – verbessert, Bakterien zu zerstören.

Von den vielen anderen Einsatzmöglichkeiten, die sich erst in der Phase klinischer Versuche befinden, ist eine besonders bemerkenswert: die gegen Leishmaniase. Das durch parasitische Einzeller der Gattung *Leishmania* verur-sachte Leiden tritt in verschiedenen Formen auf, etwa als Kala Azar (Dum-Dum-Fieber oder Eingeweide-Leishmaniase), Orientbeule (Haut-Leishmaniase) und Espandia (Haut-Schleimhaut-Leishmaniase). Verbreitet ist es in Teilen Afrikas, in Mittel- und Südamerika, im östlichen und südlichen Europa und im asiatischen Raum. Die Parasiten befallen Makrophagen, häufig jene der Haut. Klinische Studien der letzten Jahre sprechen deutlich dafür, daß sich die Krankheit mit Gamma-Interferon allein oder in Kombination mit antiparasitischen Mitteln kontrollieren und gelegentlich auch heilen läßt.

Selbst der Wirkmechanismus ist bekannt. Wie Juana Wietzerbin und ihre Kollegen vom Curie-Institut in Paris festgestellt haben, regt Gamma-Interferon die befallenen Makrophagen an, Stickoxid zu bilden, das für Leishmania-Parasiten sehr giftig ist. Auch bei der Ausmerzung mancher Viren spielt das Gas eine wichtige Rolle.

Der medizinische Wert von Interferonen ist also klar bewiesen. Doch möglicherweise werden sie ihren größten Nutzen in Kombination mit anderen Mitteln erbringen. So gibt es Anzeichen dafür, daß Alpha-Interferon in Kombination mit Tamoxifen wirksamer gegen Brustkrebs sein könnte als jede der beiden Substanzen für sich allein. Der mögliche Vorteil solcher Kombinationstherapien muß allerdings erst noch genau geprüft werden.

Alles in allem hat die Erforschung der Interferone seit 1957 beeindruckende Fortschritte gemacht. Wir kennen jetzt die Struktur der Moleküle und haben eine gute Vorstellung davon, wie sie wirken. Wir haben gelernt, daß die Hemmung viralen Wachstums nur eine von vielen wichtigen Aufgaben ist. Die Umsetzung dieses Wissens in die Behandlung einer ganzen Reihe von Krankheiten ist in vollem Gange.

Prionen-Erkrankungen

Der Verdacht wurde zunächst als schier unsinnig verworfen. Inzwischen mehren sich aber die Hinweise, daß Partikel nur aus Protein bei Tieren und auch beim Menschen infektiöse, erblich bedingte und spontan entstehende Leiden verursachen. Der Rinderwahnsinn ist eines davon.

Von Stanley B. Prusiner

Vor nunmehr fünfzehn Jahren unterbreitete ich die Hypothese, die Erreger bestimmter degenerativer Erkrankungen des zentralen Nervensystems bei Tieren und seltener auch bei Menschen bestünden womöglich aus nichts anderem als Protein. Diese infektiösen Proteinpartikel nannte ich dann Prionen.

Ketzerisch, wie die These war, wurde sie in der Fachwelt mit großer Skepsis aufgenommen. Kein Erreger konnte sich der Lehrmeinung zufolge ohne genetisches Material, also ohne die Nucleinsäuren DNA oder RNA, im befallenen Organismus überhaupt vervielfältigen und schließlich einen Infekt hervorrufen. Selbst Viren enthalten Erbmaterial; sie brauchen es, um die zu ihrem Überleben und ihrer Vermehrung notwendigen Proteine von der befallenen Wirtszelle herstellen zu lassen. Die pflanzenpathogenen Viroide, unter den bis dahin bekannten Krankheitserregern die einfachsten, bestehen sogar nur aus nackter Nucleinsäure (Spektrum der Wissenschaft, März 1981, Seite 52).

Nicht weniger Zweifel erweckten meine Kollegen und ich mit dem später geäußerten Verdacht, Prionen könnten außer übertragbaren auch bestimmten erblich bedingten Krankheiten zugrunde liegen. Eine solche zweigleisige Wirkweise eines Agens kannte die Medizin sonst nicht. Ein drittes Mal eckten wir schließlich mit dem von uns gefolgerten, schlicht phantastisch anmutenden Fortpflanzungsmechanismus an, Prionen brächten normale Proteinmoleküle dazu, ihre Gestalt – ihre Konformation – so zu verändern, daß sie gefährlich werden.

Mittlerweile spricht jedoch eine Fülle von Versuchsergebnissen und klinischen Befunden für die Richtigkeit aller drei Punkte. Prionen liegen tatsächlich infektiös wie auch erblich bedingten Störungen der Proteingestalt zugrunde; sie können zudem Leiden hervorrufen, die offenbar spontan entstehen, für die also weder Vererbung noch Infektion als Ursache nachweisbar ist.

Die bisher bekannten Prionen-Erkrankungen sind alle tödlich. Sie betreffen das Gehirn und können über Jahre, beim Menschen auch über Jahrzehnte, zunächst symptomlos bleiben. Manchmal werden sie als spongiforme (schwammartige) Enzephalopathien bezeichnet, da das Hirngewebe am Ende oft von zahlreichen Löchern durchsetzt ist (Bild 3). Heimgesucht werden verschiedene Spezies einschließlich des Menschen.

Es gibt inzwischen auch Anzeichen dafür, daß Prionen mit anderer Proteinzusammensetzung als die bisherigen zu gewissen neurodegenerativen Leiden des Menschen beitragen, die recht häufig sind. Und sie könnten selbst bei Erkrankungen mitspielen, die den Muskelapparat schädigen.

Tier und Mensch

Die häufigste unter den tierischen spongiformen Enzephalopathien ist die Scrapie von Schafen und Ziegen. Betroffene Tiere können ihre Bewegungen nicht mehr koordinieren und schließlich nicht einmal mehr stehen (weil ihr Gang schwankend trabend wird, spricht man auch von Traberkrankheit). Sie werden außerdem schreckhaft und leiden manchmal an einem so intensiven Juckreiz, daß sie sich ihr Fell abkratzen und abscheuern (englisch *scrape*). Die anderen bekannten Prionen-Erkrankungen von Tieren sind die übertragbare Enzephalopathie von Zuchtnerzen, die chronische Verfallskrankheit von Elchen und Großohrhirschen in Menschenobhut, die feline spongiforme Enzephalopathie der Katzen und schließlich – als derzeit beunruhigendste – die bovine spongiforme Enzephalopathie der Rinder, geläufiger unter der Bezeichnung Rinderwahnsinn

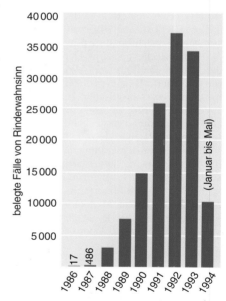

Bild 1: Am Rinderwahnsinn verendete oder wegen der Erkrankung getötete Tiere wurden verbrannt, um die Ausbreitung der Seuche, die in Großbritannien seit Mitte der achtziger Jahre mehr als 130000 Stück Vieh heimgesucht hat, zu stoppen. Sie ist eine der tödlichen neurodegenerativen Erkrankungen des Gehirns bei Mensch und Tier, die mutmaßlich von Prionen – infektiösen Proteinen – ausgelöst werden. Untersuchungen, ob sie über den Verzehr von Rindfleisch auf Menschen übertragen werden kann, sind im Gang. Die Daten stammen von John W. Wilesmith vom Zentralveterinärlabor in Weybridge (England).

oder unter der Abkürzung BSE (Bild 1). Diese neue Seuche brach erstmals in Großbritannien aus; als eigenes Krankheitsbild erkannt haben sie 1986 Gerald A. H. Wells und John W. Wilesmith vom Zentralen Veterinärmedizinischen Labor im englischen Weybridge. Die befallenen Tiere verlieren die Kontrolle über ihre Bewegungen, bekommen einen stieren Blick und werden außergewöhnlich schreckhaft.

Der Ansteckungsquelle kam man bald auf die Spur: Fleisch- und Knochenmehl aus Schafskadavern, das dem Kraftfutter der Rinder beigemengt worden war. Die Aufbereitung war Ende der siebziger Jahre vereinfacht worden, und offensichtlich wurden danach Scrapie-Erreger nicht mehr wie zuvor inaktiviert. Die britische Regierung verbot aufgrund dieser Erkenntnisse 1988 solche Futterzusätze aus tierischer Quelle. Inzwischen hat die Seuche wahrscheinlich ihren Höhepunkt überschritten. Das wird allerdings kaum die Leute beruhigen, die von BSE-Fleisch gegessen haben und jetzt in Sorge leben, sie könnten angesteckt sein.

Die Prionen-Erkrankungen des Menschen sind eigentümlicher (Bild 2). Eine ist nur beim Stamm der Fore im Hoch-

land von Papua-Neuguinea aufgetreten: Kuru oder lachender Tod, wie die Eingeborenen sie nennen, geht mit dem Verlust der Bewegungskoordination (Ataxie), später auch der geistigen Fähigkeiten (Demenz) einher. Erstmals beschrieben haben das tödliche Leiden 1957 Vincent Zigas vom Öffentlichen Gesundheitsdienst Australiens und D. Carleton Gajdusek von den Nationalen Gesundheitsinstituten der USA in Bethesda (Maryland). Zugezogen hatten es sich die Betroffenen wahrscheinlich durch eine bestimmte Form von rituellem Kannibalismus: Die Fore sollen das Gehirn ihrer Verstorbenen als Zeichen der Totenverehrung gegessen haben. Seither ist der Brauch erloschen und mit ihm praktisch auch Kuru.

Die Creutzfeldt-Jakob-Krankheit (gelegentlich auch in umgekehrter Reihenfolge der Namen angegeben) tritt dagegen weltweit und meist vereinzelt auf. Beschrieben haben sie erstmals Anfang der zwanziger Jahre der Kieler Neurologe Hans G. Creutzfeldt (1885 bis 1964) und der Hamburger Neurologe Alfons Jakob (1884 bis 1931). Statistisch gesehen trifft sie jeden millionsten Menschen, typischerweise im Alter von etwa

sechzig Jahren, und äußert sich gewöhnlich als Demenz gefolgt von Bewegungsstörungen. Etwa zehn bis fünfzehn Prozent der Fälle sind erblich bedingt. Ein weiterer kleiner Anteil entsteht iatrogen, also unbeabsichtigt infolge ärztlicher Eingriffe bei der Diagnose oder Behandlung anderer Erkrankungen: Geschehen ist das augenscheinlich bei Hornhautverpflanzungen am Auge, Implantationen harter Gehirnhaut, Verwendung kontaminierter chirurgischer Instrumente und Hirnelektroden sowie Injektionen von Wachstumshormon, das aus menschlichen Hirnanhangsdrüsen gewonnen wurde, bevor man es gentechnisch herstellen konnte.

Zudem kennt man das Gerstmann-Sträussler-Scheinker-Syndrom, wiederum mit Ataxie und anderen Anzeichen von Kleinhirnschädigungen, sowie die letale familiäre Insomnie, für die schwere Schlafstörungen und sich anschließende Demenz kennzeichnend sind. Beide sind gewöhnlich ererbt und machen sich im typischen Fall im mittleren Alter bemerkbar. Das Gerstmann-Sträussler-Scheinker-Syndrom (kurz: GSS) wurde erstmals 1936 von dem in Wien und New York tätigen Nervenarzt Joseph G. Gerst-

Krankheit	typische Symptome	Quelle	Verbreitung	Dauer vom Ausbruch bis zum Tod
Kuru	Verlust der Bewegungskoordination, oft gefolgt von Demenz (Geistesschwäche)	Infektion (wahrscheinlich über rituellen Kannibalismus, nur bis 1958)	nur im Hochland von Papua-Neuguinea; seit 1975 sind etwa 2600 Fälle bekannt	drei Monate bis ein Jahr
Creutzfeldt-Jakob-Krankheit	Geistesschwäche mit anschließendem Verlust der Bewegungskoordination, gelegentlich auch in umgekehrter Reihenfolge	meist unbekannt (spontan entstanden) 10 bis 15 Prozent aller Fälle durch eine vererbte Mutation im Gen für das Prion-Protein (PrP) selten eine unbeabsichtigte Infektion infolge ärztlicher Behandlung	sporadische Form: weltweit, einer unter einer Million Menschen erbliche Form: etwa 100 betroffene Verwandtschaftskreise bekannt infektiöse Form: etwa 80 Fälle bekannt	zwischen einem Monat und mehr als zehn Jahren, typischerweise etwa ein Jahr
Gerstmann-Sträussler-Scheinker-Syndrom	Verlust der Bewegungskoordination, oft gefolgt von Geistesschwäche	ererbte Mutation im PrP-Gen	etwa 50 betroffene Verwandtschaftskreise bekannt	typischerweise zwei bis sechs Jahre
Letale familiäre Insomnie	Schlafschwierigkeiten und Störungen des vegetativen Nervensystems, gefolgt von Schlaflosigkeit und Geistesschwäche	ererbte Mutation im PrP-Gen	neun betroffene Verwandtschaftskreise bekannt	typischerweise etwa ein Jahr

Bild 2: Fortschreitender Verfall der geistigen und motorischen Funktionen sowie lange Inkubationszeiten bis zu drei Jahrzehnten sind allen menschlichen Prionen-Erkrankungen gemein – insofern ist die Abgrenzung manchmal unsicher. Inzwischen hat man für die familiär gehäuften Formen Mutationen gefunden, auf deren Grundlage sie sich wahrscheinlich künftig identifizieren lassen.

mann zusammen mit seinen Mitarbeitern Ernst Sträussler und I. Scheinker als „eine eigenartige hereditär-familiäre Erkrankung des Zentralnervensystems" beschrieben. Die tödliche familiäre Insomnie haben erst kürzlich Elio Lugaresi und Rosella Medori von der Universität Bologna sowie Pierluigi Gambetti von der Case Western Reserve University in Cleveland (Ohio) entdeckt.

Ursachensuche

Mein Interesse an den Erkrankungen erwachte 1972 während meiner Zeit als Arzt an der Medizinischen Hochschule der Universität von Kalifornien in San Francisco, als einer meiner Patienten in der neurologischen Abteilung an der Creutzfeldt-Jakob-Krankheit starb. Aus der wissenschaftlichen Literatur erfuhr ich, daß diese und verwandte Krankheiten wie Scrapie und Kuru übertragbar sind: Wenn man einen Extrakt aus einem erkrankten Gehirn geeigneten gesunden Tieren spritzt, erkranken sie. Als Erreger wurden langsam wirkende Viren vermutet, aber niemand hatte sie bis dahin isolieren können.

Bei meiner Literaturrecherche stieß ich auch auf einen Bericht von Tikvah Alper und ihren Kollegen vom Ham-

mersmith-Hospital in London: Sie hatten Scrapie-Hirnextrakte mit UV-Licht sowie mit kurzwelliger ionisierender Strahlung behandelt, was Nucleinsäuren gewöhnlich schädigt oder zerstört, und die Extrakte waren erstaunlicherweise infektiös geblieben. Sollten dem Erreger, wie die Gruppe mutmaßte, vielleicht Nucleinsäuren fehlen? Wenn dem so wäre, könnte er weder ein Virus noch sonst irgendein konventionelles infektiöses Agens sein.

Worum aber handelte es sich dann? Fachleute unterbreiteten damals zwar zahlreiche Vorschläge, selbst scherzhafte wie Linoleum oder Kryptonit (griechisch *kryptos*, verborgen), hatten aber keine definitive Antwort.

Mit jugendlichem Optimismus nahm ich mir damals vor, daß Geheimnis zu lösen, und baute 1974 ein Labor an der Medizinischen Fakultät in San Francisco auf. Als erstes mußte das infektiöse Agens aus Scrapie-Gehirnen so gereinigt werden, daß sich seine Zusammensetzung bestimmen ließ. Daß schon viele Forscher sich daran versucht hatten, vermochte mich nicht abzuschrecken.

Erst nach acht Jahren jedoch konnten meine Kollegen und ich gute Fortschritte vermelden. Wir hatten aus dem Gehirn experimentell infizierter Hamster einen Extrakt isoliert, der fast ausschließlich

aus infektiösem Material bestand, und ihn dann einer Reihe von Tests zur Abklärung der Zusammensetzung unterworfen (siehe meinen Artikel „Prionen" in Spektrum der Wissenschaft, Dezember 1984, Seite 48).

Alle Ergebnisse wiesen für uns auf eines hin: daß die Erreger der Scrapie (und vermutlich auch jene der verwandten Erkrankungen) keine Nucleinsäuren – weder DNA noch RNA – enthalten und hauptsächlich, wenn nicht sogar ausschließlich, aus Protein bestehen. Denn mit diversen nucleinsäureschädigenden Verfahren ließ sich die Infektiosität gereinigter Extrakte nicht verringern, wohl aber mit Substanzen, die Proteine abbauen oder deren natürliche Faltung auflösen (der Fachmann nennt das denaturieren); somit mußten Proteine ein essentieller Bestandteil des Agens sein. Um diese neuartige Erregerklasse von den bisher bekannten wie Viren, Bakterien, Pilzen und Protozoen (Einzellern) abzugrenzen, prägte ich den Begriff Prion. Scrapie-Prionen – so fanden wir wenig später heraus – enthalten eine einzige Sorte Protein; wir gaben ihm das Kürzel PrP für Prion-Protein.

Die große Frage war nun, wo sich seine Bauanweisung befand. Auf einem Stück DNA, das sich im PrP bei der Aufreinigung unerkannt verbarg? Oder vielleicht auf einem Gen im Erbgut der befallenen Zellen?

Zusammen mit dem Team von Leroy Hood am California Institute of Technology in Pasadena konnten wir 1984 eine Abfolge von gut einem Dutzend Aminosäuren an einem Ende des isolierten Proteins klären. Dies ermöglichte uns und anderen Forschern, anhand des genetischen Codes molekulare Sonden zu konstruieren, mit denen sich das PrP-Gen, wenn es denn in Säugerzellen vorkam, dort aufspüren ließ. Mit Sonden aus Hoods Labor zeigte Bruno Oesch aus der Gruppe um Charles Weissmann von der Universität Zürich, daß Hamsterzellen es tatsächlich enthalten. Zur etwa gleichen Zeit wies Bruce Cheseboro vom Rocky-Mountain-Laboratorium der amerikanischen Nationalen Gesundheitsinstitute in Hamilton (Montana) mit eigenen Sonden das Gen in Mäusezellen nach.

Darauf aufbauend konnte es isoliert und kloniert werden. Es residiert, wie sich zeigte, nicht in Prionen, sondern auf den Chromosomen, und zwar auf denen von Hamstern, Mäusen, Menschen und allen anderen untersuchten Säugern. Mehr noch, das Gen ist auch die meiste Zeit aktiv – der tierische und der menschliche Organismus stellen also PrP her, ohne zu erkranken.

Eine Schlußfolgerung war, daß wir einen schrecklichen Fehler gemacht hatten und PrP gar nicht das Agens von Prionen-Erkrankungen sei. Aber es gab noch eine andere Möglichkeit: PrP könnte in zwei Formen auftreten – einer normalen, harmlosen, und einer veränderten, krankmachenden.

Auf die Idee, wie sich diese beiden möglichen Formen unterscheiden ließen, brachte mich eine Besonderheit von PrP aus infizierten Gehirnen: Es ist relativ widerstandsfähig gegenüber abbauenden Enzymen, während die meisten Proteine einer Zelle recht leicht von solchen Proteasen gespalten werden. Sofern eine normale, harmlose Form von PrP existierte, war sie vielleicht ebenfalls empfindlicher. Mein Mitarbeiter Ronald A. Barry fand dann auch tatsächlich diese angenommene protease-sensitive Form. Damit war klar, daß das Scrapie verursachende PrP eine Abart eines normalen Proteins der Zelle ist. Entsprechend nannten wir nun das eine Scrapie-PrP und das andere zelluläres PrP. Scrapie-PrP ist inzwischen zu einer Sammelbezeichnung für Prionen-Proteine aller scrapie-ähnlichen Krankheiten bei Tieren und Menschen geworden.

Anfangs hatten wir gehofft, sobald das Gen kloniert sei, reines PrP auf gentechnischem Wege herstellen zu können. Würde das reine, garantiert virusfreie Produkt nach Injektion in gesunde Tiere Scrapie erzeugen, hätten wir endlich den Beweis, daß Proteinmoleküle ohne die Hilfe begleitender Nucleinsäuren als Krankheitsüberträger fungieren können. Um 1986 mußten wir jedoch einsehen, daß dieser Plan nicht aufging. Zum einen machte es ausgesprochene Schwierigkeiten, ausreichende Mengen von PrP auf diese Weise herzustellen, zum anderen war das erzeugte Produkt eben das nichtpathogene, zelluläre PrP. Auf einem anderen Wege kamen wir schließlich dennoch weiter.

Vererbung von Prionen-Krankheiten

Viele Fälle scrapie-ähnlicher Erkrankungen des Menschen schienen nicht auf Ansteckung zurückzugehen, und manchmal ließ sich eine Veranlagung dafür vermuten. (Wie man inzwischen weiß, treten etwa zehn Prozent aller Fälle solcher Leiden familiär gehäuft auf, wobei dann etwa die Hälfte aller Familienmitglieder erkrankt.) Sollten Prionen außer für übertragbare auch für erbliche Formen verantwortlich sein? Dann wären sie noch ungewöhnlicher, als wir ursprünglich gedacht hatten.

Im Jahre 1988 fanden meine Mitarbeiterin Karen Hsiao und ich einen der ersten Belege, daß menschliche Prionen-Erkrankungen vererbt werden können. Wir hatten das PrP-Gen eines Mannes

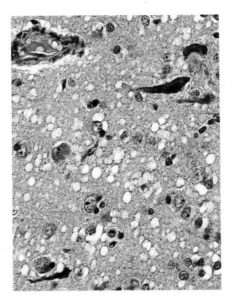

Bild 3: Löcher im Hirngewebe (weiß) treten oft bei Prionen-Leiden auf, wie hier in der Hirnrinde eines Patienten mit Creutzfeldt-Jakob-Erkrankung. Sie geben dem Gehirn eine schwammartige Struktur; deswegen werden sie auch als spongiforme Enzephalopathien bezeichnet. Den Gewebeschnitt stellte Stephen J. DeArmond her.

gewonnen, in dessen Familie das Gerstmann-Sträussler-Scheinker-Syndrom gehäuft auftrat und der selbst infolge dieses Leidens im Sterben lag. Beim Vergleich mit dem entsprechenden Gen nicht verwandter gesunder Menschen entdeckten wir eine winzige Abweichung, eine sogenannte Punktmutation: Ein einziges Basenpaar von mehr als 750 war gegen ein anderes ausgetauscht.

Die Basen sind gewissermaßen die Buchstaben des genetischen Alphabets. Ihre Abfolge innerhalb des DNA-Moleküls legt in verschlüsselter Form die Abfolge der Aminosäuren für das zu produzierende Protein fest, wobei je drei Basen ein Codewort – ein Codon – für eine bestimmte Aminosäure bilden. In der doppelsträngigen DNA steht einer Base eine jeweils passende komplementäre gegenüber, so daß bei einer etablierten Punktmutation auch die Partnerbase passend ausgetauscht ist. Bei unserem sterbenden Patienten hatte die Mutation die Information von Codon 102 verändert: Statt der Aminosäure Leucin wurde an dieser Stelle im PrP nun Prolin eingebaut.

Unterstützt von den Teams um Tim J. Crow vom Northwick-Park-Hospital in London und Jurg Ott von der Columbia-Universität in New York entdeckten wir dieselbe Mutation dann auch im Erbgut einer großen Zahl weiterer Patienten mit Gerstmann-Sträussler-Scheinker-Syndrom. Sie kommt mit einer Häufigkeit in den betroffenen Familien vor, die statistisch kein Zufall mehr sein kann. Diese Kopplung spricht stark dafür, daß der genetische Defekt die Ursache der Erkrankung ist.

Im Laufe der letzten sechs Jahre sind insgesamt achtzehn verschiedene Mutationen in Familien mit gehäuft auftretenden Prionen-Erkrankungen gefunden worden. Für fünf dieser Defekte hat man inzwischen genügend Erkrankungsfälle zusammen, um eine genetische Verbindung belegen zu können.

Die Entdeckung der Mutationen lieferte uns einen Weg auszuschließen, daß eine die Prionen eventuell begleitende Nucleinsäure die Vervielfältigung des Scrapie-Proteins steuert: Wir konnten jetzt ein mutiertes PrP-Gen in Mäuse-Embryonen einschleusen. Wenn die sich entwickelnden Tiere in der Folge an Scrapie erkrankten und ihr Hirngewebe bei Empfängertieren ebenfalls Scrapie erzeugen würde, wäre das ein handfestes Indiz dafür, daß das von dem mutierten Gen codierte Protein allein für die Übertragbarkeit des Leidens verantwortlich ist. Und wirklich läßt sich Scrapie auf diese Weise erzeugen und übertragen, wie Untersuchungen zusammen mit Ste-

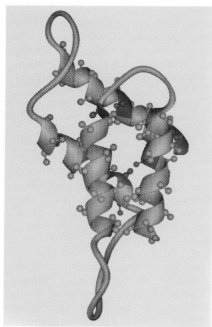

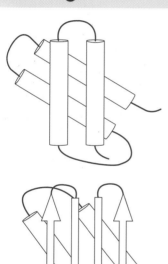

Bild 4: Das Prion-Protein (PrP) ist normalerweise harmlos und hat dann eine bestimmte Gestalt. In dieser Form bildet seine gefaltete Aminosäurekette mehrere Alpha-Helices, dargestellt als Schrauben im Bandmodell der abgeleiteten Struktur (oben) und als Zylinder in der Schemazeichnung (darunter). Die infektiöse Scrapie-Form – das Prion – entsteht, wenn sich ein großer Teil der Kette zu Beta-Strängen streckt, die antiparallel aneinandergelagert sogenannte Beta-Faltblätter bilden (Pfeile in der hypothetischen Struktur ganz unten). Rot sind im Bandmodell des normalen PrP Positionen hervorgehoben, an denen ein Austausch von Aminosäuren das Molekül mutmaßlich destabilisiert und eine Gestaltumwandlung, also eine Konformationsänderung, in die Scrapie-Form begünstigt. Die Daten und Strukturvorschläge stammen von Fred E. Cohen.

phen J. DeArmond zeigten, der an unserer Hochschule ein anderes Labor leitet. Spender des Gehirngewebes waren transgene Tiere, die das mutierte PrP-Gen stark ausprägten und erkrankten. Die Empfänger waren ebenfalls transgene Tiere; sie prägten aber das Gen nur schwach aus und erkrankten nicht, solange ihnen kein Hirngewebe übertragen wurde (siehe Kasten auf Seite 154).

Ähnliche Ergebnisse erzielten Gajdusek, Colin L. Masters und Clarence J. Gibbs jr. von den amerikanischen Nationalen Gesundheitsinstituten schon 1981, als es ihnen gelang, das Gerstmann-Sträussler-Scheinker-Syndrom von Menschen, die es offensichtlich geerbt hatten, auf Tieraffen zu übertragen (hier wurde freilich nicht mit transgenen Tieren gearbeitet). Und Jun Tateishi und Tetsuyuki Kitamoto von der Kyushu-Universität in Fukuoka (Japan) konnten die erblich bedingte Form der Creutzfeldt-Jakob-Krankheit auf Mäuse übertragen.

Insgesamt sprechen diese Untersuchungen zur Übertragbarkeit von Prionen-Erkrankungen überzeugend dafür, daß Prionen ausschließlich aus einem abgewandelten Säugerprotein bestehen und damit eine völlig neue Klasse infektiöser Agentien darstellen – dies um so mehr, als die Suche nach einer scrapie-spezifischen prionen-assoziierten Nucleinsäure, die insbesondere Detlev Riesner an der Universität Düsseldorf mit großer Sorgfalt betrieben hat, bislang ergebnislos verlaufen ist.

Wissenschaftler, die weiterhin die Virus-Theorie vertreten, werden freilich sagen, wir hätten unsere Hypothese noch immer nicht bewiesen. Angenommen, das Proteinprodukt des mutierten PrP-Gens würde einem unbekannten, aber allgegenwärtigen Virus die Infektion erleichtern. Tiere, die diese Mutation tragen und erkranken, hätten dann in Wirklichkeit einen viralen Infekt des Gehirns; und deshalb würde mit ihren Hirnextrakten die Erkrankung übertragen werden. Solange aber Belege für die Anwesenheit eines Virus fehlen, scheint diese Hypothese kaum haltbar. (Anmerkung der Redaktion: Inzwischen hat man einen Hinweis; siehe den folgenden Beitrag.)

Ein Protein mit zweierlei Gestalt

Wie aber kann sich das Scrapie-PrP ohne die Hilfe von Nucleinsäuren in Zellen vermehren? Viele Einzelheiten dazu sind zwar noch zu ergründen, doch eines scheint ziemlich klar zu sein: Der wesentliche Unterschied zwischen der normalen und der Scrapie-Form liegt in ihrer Konformation, also in der Art ihrer

räumlichen Faltung. Und offensichtlich kann das Scrapie-PrP irgendwie, wenn es mit normalen Molekülen Kontakt bekommt, diese veranlassen, aus ihrer gewöhnlichen in die Scrapie-Konformation überzugehen. Die umgefalteten Moleküle bringen dann ihrerseits andere, noch normale dazu, die Gestalt zu ändern, und somit würde sich die Scrapie-Konformation lawinenartig vermehren (Bild 5). Diese Ereignisse laufen augenscheinlich an einer Membran im Zellinneren ab.

Auf die Idee, der Unterschied müsse in der Konformation liegen, waren wir gekommen, als andere Möglichkeiten immer unwahrscheinlicher schienen. Immerhin war seit längerem bekannt, daß die infektiöse Form und normales PrP oft dieselbe Aminosäuresequenz haben (eine Mutation also nicht unbedingt erforderlich ist). Allerdings können identische Proteinmoleküle nach der Synthese chemisch in einer Weise abgewandelt werden, daß sich ihre Aktivität ändert. Trotz eingehender Suche vermochten aber Neil Stahl und Michael A. Baldwin in meinem Labor keine Abweichungen zu finden.

Keh-Ming Pan, ebenfalls aus meiner Gruppe, entdeckte schließlich, worin der Unterschied liegt: In einem normalen PrP-Molekül ist die Aminosäurekette großenteils zu Alpha-Helices schraubig aufgewunden, während sie in der Scrapie-Form zu Beta-Strängen gestreckte Bereiche enthält. Mehrere solcher Stränge bilden, wenn sie sich antiparallel aneinanderlagern, eine sogenannte Beta-Faltblattstruktur (Bild 4 unten).

Die räumliche Struktur des normalen PrP versuchte mein Kollege Fred E. Cohen, Leiter eines anderen Labors, anhand der Aminosäuresequenz am Computer zu modellieren. Nach seinen Berechnungen faltet sich das Protein wahrscheinlich zu einem kompakten Gebilde mit vier Alpha-Helices im Kern (Bild 4 oben). Welche Struktur oder Strukturen das Scrapie-PrP annimmt ist erst wenig bekannt.

Zwei die Behauptung stützende Indizien, das Scrapie-PrP könne ein alpha-helikales PrP-Molekül veranlassen, in eine Beta-Faltblatt-Form regelrecht umzuschnappen, bieten vor allem Ergebnisse meiner Gruppe. So vermochte María Gasset mit synthetischen Peptiden (also relativ kurzen Aminosäureketten), die dreien der vier mutmaßlichen Alpha-Helix-Regionen entsprechen, Beta-Faltblätter zu erzeugen; und Jack Nguyen wies nach, daß Faltblätter aus solchen Peptiden ihre Struktur auch alpha-helikalen PrP-Peptiden aufzwingen können. Vor kurzem berichteten Byron W. Caughey vom Rocky-Mountain-Laboratorium und Peter T. Lansbury vom Massachusetts Institute of Technology in Cambridge, daß zelluläres PrP im Reagenzglas nach Vermischen mit Scrapie-PrP in die entsprechende Konformation übergehen kann.

Welchen Einfluß haben nun die im PrP-Gen entdeckten Mutationen auf diesen Übergang? Ein mutiertes Protein wird wohl kaum, sobald es entstanden ist, die Scrapie-Konformation annehmen, sonst würden die Träger der Mutationen schon in früher Kindheit erkranken. Wir vermuten, daß solche Proteine zwar leichter von der alpha-helikalen Form in die Beta-Faltblattstruktur umspringen als normale, daß aber einige Zeit vergeht, bis das von selbst bei einem der Moleküle geschieht; und noch länger wird es dauern, bis sich genügend Scrapie-PrP angereichert und das Gehirn so weit geschädigt hat, daß Symptome auftreten.

Cohen und ich glauben auch erklären zu können, warum die verschiedenen bekannten Mutationen beim Menschen das geforderte Umklappen erleichtern mögen: Viele davon betreffen eine der vier mutmaßlich alpha-helikalen Regionen oder deren Grenzen, wobei eine Aminosäure gegen eine andere ausgetauscht ist. Eine „falsche" Aminosäure könnte eine Alpha-Helix destabilisieren und auf diese Weise die Wahrscheinlichkeit erhöhen, daß sie und ihre Nachbarn in eine Beta-Faltblattstruktur übergehen. Umgekehrt liegen die evolutiv bedingten Veränderungen, in denen sich das normale menschliche PrP von dem der Menschen- und Tieraffen unterscheidet, alle außerhalb der helikalen Bereiche, wie mein Mitarbeiter Herrmann Schätzel feststellte. Dort können sie deren Stabilität vermutlich nicht wesentlich beeinträchtigen.

Niemand weiß bisher genau, wie die Vermehrung von Scrapie-PrP Zellen schädigt. In kultivierten Nervenzellen reichert es sich, nachdem die Umwandlung der normalen zellulären Form in Gang gekommen ist, in Lysosomen an. Aufgabe dieser enzymgefüllten Bläschen ist der Abbau von Material. Übervolle Lysosomen könnten, was nicht undenkbar ist, ihre Nervenzellen schädigen. Deren Absterben hinterließe im Zellverband des Gehirns ein Loch, und die freigewordenen Prionen hätten Gelegenheit, von anderen Zellen aufgenommen zu werden.

Mit Sicherheit wissen wir immerhin, daß sich kleinere, partiell abgebaute PrP-Fragmente der Scrapie-Form im Gehirn mancher Patienten zu sogenannten Plaques anhäufen. Diese Aggregate ähneln im Aussehen denen bei der Alzheimer-Krankheit, bestehen aber aus einem anderen Protein (Spektrum der Wissenschaft, November 1992, Seite 124). Die

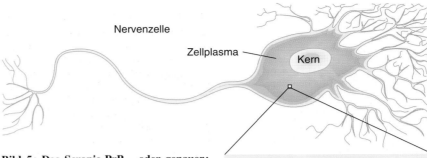

Bild 5: Das Scrapie-PrP – oder genauer: dessen Konformation – pflanzt sich in den Nervenzellen des Gehirns augenscheinlich durch eine Art Schneeballeffekt fort. Dieser kommt gemäß einer Hypothese an irgendeiner innerzellulären Membran in Gang, wenn ein PrP-Molekül mit Scrapie-Konformation (rötlich) mit einem normalen Pendant (blau) in Kontakt tritt (a) und es dabei auf unbekannte Weise dazu bringt, sich ebenfalls in die Scrapie-Konformation umzufalten (b). Dann gehen beide zwei normale PrP-Moleküle an (c), die nach Umfaltung ihrerseits weitere normale Moleküle in die Scrapie-Form bringen und so fort (durchbrochener Pfeil), bis die Menge an Scrapie-PrP ein für die Zelle kritisches Ausmaß erreicht hat (d).

PrP-Plaques sind zwar ein nützliches Anzeichen für eine Prionen-Infektion, aber anscheinend nicht die Hauptursache für die Beeinträchtigungen; bei vielen Menschen und Tieren mit Prionen-Erkrankungen findet man überhaupt keine Aggregate dieser Art.

Vorstellbare Therapien

Trotz der begrenzten Erkenntnisse sehen wir Möglichkeiten zur Entwicklung von Therapien. Wenn zum Beispiel das Strukturmodell eines zentralen Bündels aus vier Alpha-Helices stimmt, ließe sich eventuell eine Substanz konstruieren, die eine postulierte Nische zwischen allen vier Helices besetzt; ihre Bindung würde die schraubigen Abschnitte stabilisieren und eine Umwandlung zum Beta-Faltblatt verhindern.

Man könnte auch daran denken, die Herstellung von zellulärem PrP zu unterbinden. Denn möglicherweise braucht der Organismus das Protein gar nicht unbedingt: Mäuse, denen Weissmann und seine Kollegen das normale PrP-Gen gezielt ausgeschaltet hatten, zeigen keinerlei erkennbare Abnormitäten. (Aus eventuell auftretenden Störungen und Mißbildungen läßt sich nicht selten die Funktion des ausgeschalteten Gens und seines Proteins erschließen; das war auch die ursprüngliche Erwartung an das Experiment.) Sollte sich PrP wirklich als entbehrlich erweisen, könnte man später einmal erwägen, mittels neuartiger Verfahren seine Produktion im Gehirn von

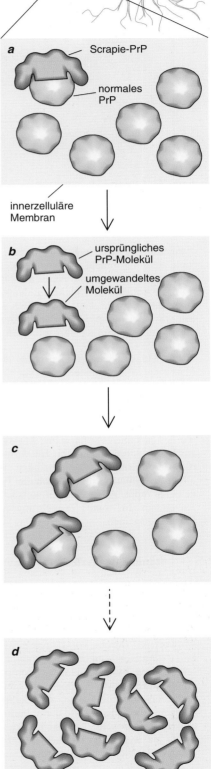

153

Ein aufschlußreiches Experiment

In mehreren Untersuchungen hat sich gezeigt, daß Prionen aus PrP eine Infektion von Tier zu Tier übertragen können. Bei einem dieser Experimente erzeugten der Autor und seine Kollegen Mäuse, die viele Kopien eines mutierten PrP-Gens trugen und entsprechend große Mengen des veränderten Proteins in ihren Zellen herstellten (a). Offenbar nahmen einige dieser Moleküle die Scrapie-Konformation an. Irgendwann zeigten alle diese Mäuse Symptome von Hirnschädigungen und starben schließlich (b). Die Wissenschaftler injizierten Hirngewebe aus den erkrankten in gesunde genetisch veränderte Tiere (c), die dasselbe mutierte PrP produzierten, allerdings nur in geringen Mengen. Solche Mäuse wurden deshalb als Emp-

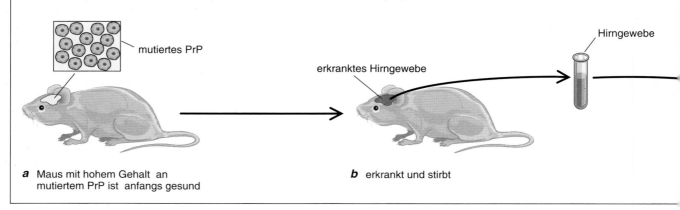

a Maus mit hohem Gehalt an mutiertem PrP ist anfangs gesund

mutiertes PrP

erkranktes Hirngewebe

b erkrankt und stirbt

Hirngewebe

Patienten mit Prionen-Erkrankungen gezielt zu unterbinden, und zwar auf genetischer Ebene – mit Antisense-DNA und mit Anti-Genen (Spektrum der Wissenschaft, Februar 1995, Seite 28). Damit wäre der Scrapie-Form das Material entzogen, aus dem sie ihresgleichen erzeugt.

Die Mäuse ohne PrP-Gen boten übrigens eine willkommene Gelegenheit, die Prionen-Hypothese zu überprüfen. Da ihr Gehirn keine eigenen PrP-Moleküle enthält, dürften eingebrachte Scrapie-Prionen keine Erkrankung auslösen: Sie würden ja keine zellulären PrP-Moleküle zur Umwandlung und damit zur Vermehrung ihrer Konformation vorfinden. Wie ich erwartet hatte, entwickelten die Tiere keine Scrapie, und es ließen sich keine Anzeichen für eine Vermehrung von Prionen erkennen.

Stämme und Artenschranke

Für eine weitere, seit langem offene Frage – wie ein- und dasselbe Protein als Prion ganz unterschiedliche Effekte haben kann – zeichnet sich ebenfalls eine Antwort ab. Bereits vor Jahren gewann Iain H. Pattison vom britischen landwirtschaftlichen Forschungsrat in Compton (England) aus zwei Gruppen von Ziegen zwei verschiedene Isolate des Scrapie-Erregers; das eine machte damit beimpfte Artgenossen schläfrig, das andere dagegen sie hyperaktiv. Ferner ist inzwischen ersichtlich, daß einige rasch, andere erst nach längerer Inkubationszeit ein Krankheitsbild hervorrufen.

Alan G. Dickinson, Hugh Fraser und Moira E. Bruce vom Institut für Tiergesundheit in Edinburgh haben die unterschiedlichen Auswirkungen diverser Isolate bei Mäusen untersucht und schließen daraus auf das Vorkommen mehrerer Erregerstämme. Da man solche Varianten nur bei Krankheitserregern mit Nucleinsäuren kennt, widerlege – so argumentieren sie und andere Wissenschaftler – die Existenz unterschiedlicher „Stämme" von Prionen die Prion-Hypothese. Somit müßten Viren für Scrapie und damit verwandte Krankheiten verantwortlich sein. Nun ist aber, wie gesagt, die Suche nach viralen Nucleinsäuren bislang ergebnislos verlaufen. Darum muß nach meiner Sicht die Erklärung für die Unterschiede anderswo liegen.

Wenn beispielsweise Prionen mehrere Konformationen annehmen würden, könnten sie in der einen Gestalt normales PrP unter Umständen äußerst wirksam in die Scrapie-Form überführen – und die Inkubationszeit bis zum Ausbruch der Krankheit wäre kurz; in der anderen gelänge ihnen das vielleicht weniger effizient. Ähnlich könnten verschiedene Konformationstypen bevorzugt jeweils andere Hirnbereiche befallen, wodurch sich die unterschiedlichen Symptome erklären ließen. Da wir schon zwei Formen – eben die normale und die Scrapie-Form – kennen, in die sich PrP falten kann, wären weitere keine Überraschung.

Seit Mitte der achtziger Jahre versuchen wir des weiteren herauszubekommen, warum ein Prion aus der einen Tierart nur unter Schwierigkeiten bei anderen Arten eine Krankheit auszulösen ver-

mag. (Auch konventionelle Krankheitserreger sind in der Regel nur für ihre etablierten Wirte pathogen – als wäre ihnen eine unsichtbare Schranke gesetzt.) Der Grund dafür ist angesichts der Rinderwahnsinn-Epidemie in Großbritannien von erheblichem Interesse. Somit beschäftigt uns und andere Wissenschaftler die Frage, ob die bestehende Artenschranke stark genug ist, eine Übertragung dieser Prionen-Krankheit auf Menschen zu verhindern.

Bereits in den sechziger Jahren mußte Pattison feststellen, daß sich Scrapie beispielsweise experimentell nur schwer von Schafen auf Labor-Nagerstämme übertragen läßt. Mit modernen Methoden wollten mein Kollege Michael R. Scott und ich die Ursache dafür ergründen. Wir erzeugten transgene Mäuse, die das PrP-Gen des Syrischen Goldhamsters ausprägten (beide Spezies unterscheiden sich darin in 16 von 254 Codons). Bei normalen Mäusen läßt sich mit dem Hamster-Prion nur selten Scrapie auslösen; unsere transgenen Tiere dagegen, die ja in ihren Zellen das normale Hamster-PrP herstellten, erkrankten innerhalb von etwa zwei Monaten nach der Beimpfung.

Wir hatten, so unsere Schlußfolgerung, durch das Einbringen des Hamster-Gens die Artenschranke durchbrochen. Diese ist nach diesem Befund und noch anderen in der Aminosäuresequenz des Proteins begründet: Je mehr übertragenes Scrapie-PrP und zelluläres PrP des infizierten Wirts einander gleichen, desto wahrscheinlicher bricht die Krankheit aus. Wenn wir beispielsweise transgene

fänger gewählt, weil das Scrapie-PrP bevorzugt auf PrP-Moleküle gleicher Zusammensetzung einwirkt. Nichtbeimpfte Mäuse blieben gesund (was zeigt, daß das mutierte Protein – in geringen Mengen produziert – unschädlich war), während viele der

beimpften Exemplare erkrankten (*c*). Ihr Hirngewebe erwies sich seinerseits als infektiös, wenn es gesunden Exemplaren gespritzt wurde. Hätte das mutierte Protein keine Infektion übertragen können, wären alle beimpften Tiere gesund geblieben.

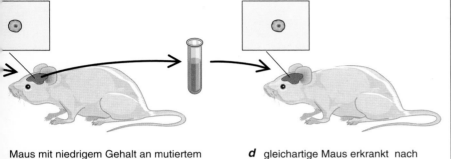

Maus mit niedrigem Gehalt an mutiertem PrP erkrankt erst nach Überimpfung

d gleichartige Maus erkrankt nach weiterer Überimpfung

Mäuse, die außer dem fremden normalen Hamster-PrP auch noch ihr eigenes zelluläres PrP herstellen, mit Mäuse-Prionen infizierten, erzeugten sie weitere Mäuse-Prionen; im Falle von Hamster-Prionen waren es jedoch weitere dieser Spezies. Offenbar interagieren Prionen bevorzugt mit homologen, also gleichartigen zellulären PrP-Molekülen.

Diese Neigung von Scrapie-PrP erklärt wahrscheinlich auch, wie die Erkrankung mit dem gefütterten Schafsmehl auf englische Rinder überzugehen vermochte. Die PrPs beider Spezies unterscheiden sich nur in sieben Positionen. Bei den PrPs von Rind und Mensch sind es dagegen mehr als 30. Somit scheint hier die Wahrscheinlichkeit einer zwischenartlichen Übertragung eher gering zu sein. Dafür spricht auch, daß W. Brian Matthews von der Universität Oxford (England) bei seinen epidemiologischen Untersuchungen keine Korrelation zwischen dem Auftreten von Scrapie in Schafen und dem der Creutzfeldt-Jakob-Krankheit in Ländern mit intensiver Schafhaltung gefunden hat.

Andererseits sind inzwischen zwei Bauern mit BSE-Rindern an der Creutzfeldt-Jakob-Krankheit gestorben. Ihr Tod muß zwar nichts mit der Seuche zu tun haben, aber Aufmerksamkeit ist immerhin geboten. Wenn zum Beispiel bestimmte Regionen des PrP-Moleküls für das Überwinden der Artenschranke entscheidender sind als andere und das Rinder-PrP vielleicht gerade darin dem menschlichen PrP besonders stark ähnelt, könnte die Wahrscheinlichkeit einer Übertragung doch höher sein, als ein un-

kritischer Vergleich der gesamten Aminosäuresequenz zunächst vermuten läßt.

Den Verdacht, daß bestimmte Molekül-Bereiche in dieser Hinsicht womöglich besonders bedeutsam sind, weckte ein unerwartetes Versuchsergebnis. Mein Kollege Glenn C. Telling hatte ein hybrides Mäuse-PrP-Gen, das in der Mitte statt eigener menschliche Sequenzen enthielt, in die Nager eingebracht. Solche transgenen Tiere, die ein Zwitterprotein erzeugen, erkrankten nach Übertragung von Hirngewebe aus Patienten, die am Creutzfeldt-Jakob- oder am Gerstmann-Sträussler-Scheinker-Syndrom gestorben waren, seltsamerweise sehr viel häufiger und schneller als Artgenossen, die ein vollständiges, rein menschliches Gen trugen (dieses weicht vom Mäuse-Gen in 28 Positionen ab). Demnach ist die Ähnlichkeit im Mittelteil des Proteins möglicherweise entscheidender als die der Flanken.

Das Versuchsergebnis stützt auch ältere Hinweise, wonach Moleküle des Wirtes darauf Einfluß haben können, wie sich das Scrapie-PrP nach der Infektion verhält. Gefunden hatten sie Shu-Lian Yang in DeArmonds Labor und Albert Taraboulos in meinem. Wir nehmen nun an, daß ein Mäuse-Protein – vielleicht ein Faltungshelfer, ein Chaperon – eine der beiden mäuse-spezifischen Flanken des hybriden PrP erkennt und ihm nach Anheftung hilft, sich in die Scrapie-Konformation umzufalten. In den Mäusen, die das rein menschliche PrP herstellen, hätte das Chaperon vermutlich mangels entsprechender Bindungsstellen keine Gelegenheit dazu.

Weitere Prionen-Krankheiten?

Ein unerwarteter Aspekt trat bei neueren Studien mit transgenen Mäusen zutage, die ungewöhnlich hohe Mengen an zellulärem PrP produzieren. DeArmond, David Westaway aus unserer Gruppe und George A. Carlson vom McLaughlin-Laboratorium in Great Falls (Montana) registrierten verblüfft bei einigen älteren dieser Tiere eine Krankheit, die mit reduziertem Putzverhalten sowie Steifheit einherging. Eine Überproduktion von PrP zieht, wie wir dann feststellten, gelegentlich einen Abbau von Hirnneuronen nach sich, aber auch überraschend von peripheren Nerven und von Muskeln. Hiermit erweitert sich das Spektrum möglicher Prionen-Leiden und gibt Anlaß, Erkrankungen des Muskelapparates und des peripheren Nervensystems beim Menschen auf eventuelle prionen-bedingte Ursprünge hin zu analysieren.

Die Studien lieferten auch Hinweise, wie die sporadische Creutzfeldt-Jakob-Krankheit entstehen könnte. Ich war lange Zeit der Ansicht, dazu müßte wohl irgendwann im Laufe des Lebens das PrP-Gen in mindestens einer Zelle des Organismus zufällig oder durch schädigende äußere Einflüsse mutieren. Einige seiner Protein-Moleküle würden später in die Scrapie-Form umspringen, die sich allmählich vermehrt, bis schließlich der Schaden die Schwelle zur sichtbaren Krankheit überschreitet. Die Befunde an den überproduzierenden Mäusen legen aber nahe, daß bei dem einem unter jeweils einer Million Menschen, der die sporadische Form der Creutzfeldt-Jakob-Krankheit bekommt, zu irgendeiner Zeit möglicherweise zelluläres PrP von selbst in die Scrapie-Konformation umgesprungen ist. Vielleicht produziert sein Organismus zuviel PrP – aber das ist bisher nur eine Vermutung.

Mit unseren jüngsten Versuchen haben wir unbeabsichtigt zugleich ein Tiermodell für sporadische Erscheinungsformen menschlicher Prionen-Erkrankungen geschaffen. Mäuse, beimpft mit Gehirnextrakten aus scrapie-infizierten Tieren oder aus Menschen mit Creutzfeldt-Jakob-Krankheit, stellen seit längerem ein Modell für die übertragbaren Formen dar. Und eines für die vererrbaren Formen geben transgene Mäuse ab, in die mutierte PrP-Gene eingeschleust worden sind. All diese Pendants menschlicher Prionen-Leiden sollten nicht nur unser Verständnis dafür erweitern, wie Prionen das Gehirn degenerieren lassen, sondern auch Gelegenheit bieten, mögliche Therapieverfahren zu testen.

Es gibt weitere, weniger seltene neurodegenerative Erkrankungen des Menschen, bei denen Prionen – allerdings aus einem anderen Protein als PrP – beteiligt sein könnten, darunter die durch Demenz gekennzeichnete Alzheimer-Krankheit, die auch Schüttellähmung genannte Parkinson-Krankheit und die amyotrophische Lateralsklerose (eine schwere Erkrankung des Rückenmarks, bei der motorische Nerven degenerieren). Wie die bekannten Prionen-Erkrankungen treten auch sie meist sporadisch, manchmal aber familiär gehäuft auf. Alle machen sich in der Regel in erst mittleren bis späten Lebensabschnitten bemerkbar und ähneln sich in ihrer Pathologie: Nervenzellen degenerieren, Proteinabla-gerungen in Form von Plaques können entstehen, und Glia-Zellen (die Stütz- und Nährzellen für Hirnneuronen) vergrößern sich in Reaktion auf die Schädigung der Nervenzellen. Bei keiner dieser Krankheiten – und das ist besonders auffällig – treten die allgegenwärtigen weißen Abwehrzellen, die Leukocyten, aus dem Blut ins Gehirn über. Wäre ein Virus im Spiel, würde man aber genau diese Reaktion erwarten.

Neueste Befunde an Hefepilzen nähren die Spekulation, es könne auch andere Prionen-Proteine als PrP geben. Reed B. Wickner von den amerikanischen Nationalen Gesundheitsinstituten entdeckte, daß ein Hefeprotein namens Ure2p gelegentlich seine Konformation und damit auch seine Aktivität innerhalb der Zelle ändert.

Insgesamt sprechen die beschriebenen Untersuchungen überzeugend dafür, daß Prionen eine völlig neue Klasse von infektiösen Krankheitserregern darstellen, deren Wirkung auf Abweichungen von der normalen Proteinkonformation beruht. Ob derartige Abweichungen auch für verbreitete neurodegenerative Krankheiten wie der Alzheimerschen verantwortlich sind, ist bisher nicht bekannt, sollte aber als Möglichkeit nicht außer acht gelassen werden.

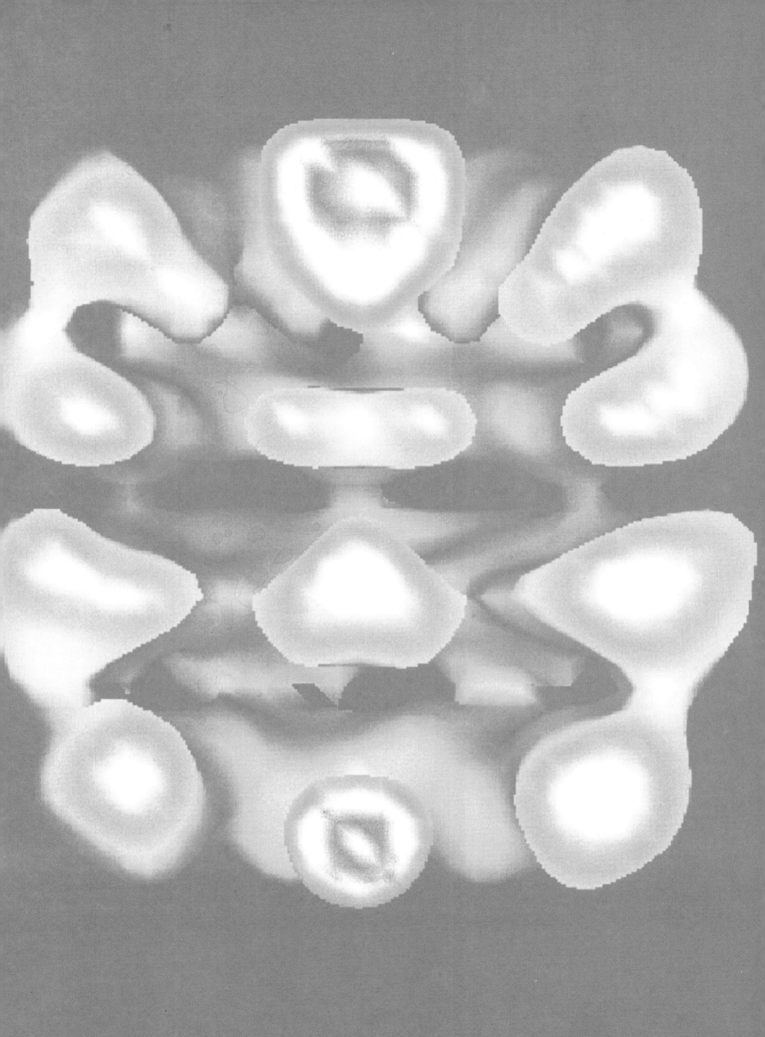

Gelenkte Evolution von Biomolekülen

Biochemiker bedienen sich Mechanismen der natürlichen Entwicklung der Arten von Lebewesen, um chemische Verbindungen mit neuen Eigenschaften zu züchten. Indem sie Populationen von Makromolekülen durch Zyklen von Auslese, Vermehrung und Mutation schicken, vermögen sie Stoffe fast beliebiger Funktion zu schaffen.

Von Gerald F. Joyce

Was die Natur durch die Evolution im Großen hervorgebracht hat, wollen Wissenschaftler nun im Kleinen im Labor nachahmen. Sie operieren allerdings nicht mit Organismen, noch nicht einmal mit Zellen, sondern mit einzelnen Makromolekülen. So hoffen sie, komplizierte Verbindungen zu gewinnen, die genau die geforderten Eigenschaften haben.

In gewisser Hinsicht gleicht das Vorgehen bei dieser gelenkten biochemischen Evolution den Praktiken von Pflanzen- und Tierzüchtern. Wünscht man eine besonders glutvoll rote Rose oder eine Perserkatze mit noch dichterem, weicherem Fell, dann wählt man als Grundstock zur Weiterzucht erst einmal diejenigen Exemplare aus, bei denen diese Merkmale am stärksten ausgeprägt sind. Entsprechend sucht man, wenn eine Substanz mit einer bestimmten chemischen Eigenschaft gefragt ist, aus einer großen Population diejenigen Moleküle heraus, die den Vorstellungen am besten entsprechen. Von diesen werden Abkömmlinge erzeugt, die dem Vorläufer mehr oder weniger ähneln. Die Selektions- und Vervielfältigungsprozedur wiederholt man, bis das gewünschte Resultat erreicht ist.

Die Effizienz dieses Verfahrens bei Molekülen beruht auf den großen Stückzahlen. Nicht selten durchmustert man auf einmal rund 10^{13} – zehn Billionen –

verschiedene Moleküle. Auch gelingt die Zucht unter Umständen sehr schnell: Eine Molekülgeneration besteht, von ihrer Selektion bis zur Vervielfältigung, manchmal nur ein oder zwei Tage. Und auch eine knappe Auswahl ist kein Hindernis: Weist pro Milliarde Molekülen nur eines eine nutzbare Eigenschaft auf, dann genügt dieses als Grundstock für die Produktion der nächsten Generation.

Molekularbiologen können aus den Genen eines Organismus bis zu einem gewissen Grade wie aus einem historischen Dokument seine Evolutionsgeschichte herauslesen. Auch Biochemiker gewinnen aus der Beobachtung der gelenkt evolvierenden Moleküle genaue Informationen über ihre Eigenschaften zu jedem gewünschten Zeitpunkt ihrer Entwicklung.

Von der gelenkten biochemischen Evolution verspricht man sich völlig neue Klassen von Reagenzien für die industrielle Anwendung wie auch neuartige Medikamente. Die Verfahren könnten sogar der Menschheit dienen, es mit der Evolution von Krankheitserregern aufzunehmen.

Evolutive Mechanismen

Die biologische Evolution, wie Charles R. Darwin (1809 bis 1882) sie beschrieben hat, zeichnet sich im we-

sentlichen dadurch aus, daß drei Vorgänge sich fortlaufend wiederholen: Selektion, Vermehrung und Mutation. Die Auslese, gleich ob sie nun natürlicherweise geschieht oder durch menschliches Eingreifen (Darwin selbst gewann seine Erkenntnisse großenteils aus der Betrachtung domestizierter Organismen), trennt Eigner bestimmter Eigenschaften von Nichteignern. Vielzellige Organismen müssen in der Regel so ausgestattet sein, daß sie bis zum Fortpflanzungsalter überleben, einen passenden Partner finden und lebensfähigen Nachwuchs erzeugen. Im biochemischen Labor setzt der Wissenschaftler die Kriterien: Sucht man beispielsweise Verbindungen, die sich fest an ein bestimmtes Gift binden, wird man diejenigen Moleküle, die diese Anforderung erfüllen, absondern und die übrigen verwerfen (siehe Kasten auf gegenüberliegender Seite).

Vermehrung im Darwinschen Sinne, also die Erzeugung von Nachkommen, bedeutet genaugenommen, daß Organismen ihr ererbtes genetisches Material in Kopie weitergeben. An die Selektion hat die Natur diesen Übergang von einer Generation zur nächsten durch den Zeugungsakt gekoppelt. Im Labor verbindet man beide Vorgänge dadurch, daß man nur die den Kriterien genügenden Moleküle vervielfältigt – genauer: nicht unbedingt sie selbst, sondern ihre genetische Beschreibung (wobei der Begriff „gene-

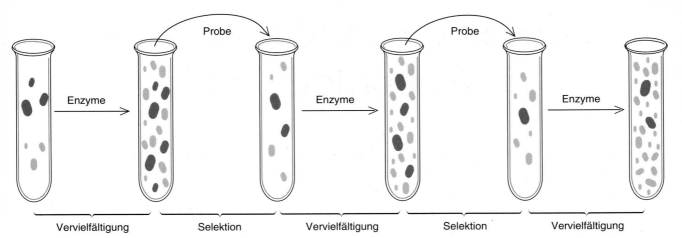

Vervielfältigung   Selektion   Vervielfältigung   Selektion   Vervielfältigung

Bild 1: Moleküle mit bestimmten gewünschten Eigenschaften lassen sich mit einem Serienübertragungs-Verfahren selektieren. Nachdem eine Population von verschiedenen Typen sich in einer vorgegebenen Zeitspanne enzymatisch vermehren durfte, ent- **nimmt man eine Probe und überimpft sie in einen frischen Ansatz. Größere Moleküle (hier besonders die blauen) zu kopieren dauert länger als kleinere (orange) zu vervielfältigen. Darum verschiebt sich das Mengenverhältnis allmählich zugunsten der kleineren.**

Wie gelenkte Evolution von Biomolekülen funktioniert

Ein molekulares Hindernisrennen – so könnte man die gelenkte Evolution von Biomolekülen nennen: Die Makromoleküle werden danach ausgelesen, ob sie vom Experimentator gesetzte Hürden nehmen, das heißt, ob sie bestimmte Funktionen erfüllen. Alle passierenden Moleküle vervielfältigt man, wobei je nach Verfahren auch immer wieder neue Mutationen auftreten können. Wenn dieser Zyklus mit Selektion, Vermehrung und Variation wiederholt abläuft, entsteht schließlich eine weitgehend gleichartige Population von Molekülen mit genau passenden Merkmalen. Mit Hilfe dieser Vorgehensweise möchte man in Zukunft gezielt verschiedenste neuartige Reagenzien entwickeln, vor allem hochspezifisch wirkende Medikamente.

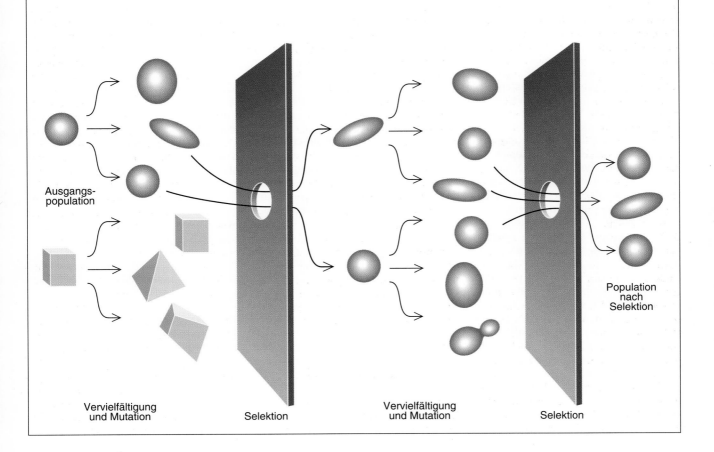

Ausgangs-population

Vervielfältigung und Mutation   Selektion   Vervielfältigung und Mutation   Selektion

Population nach Selektion

159

tisch" in einem sehr weiten, übertragenen Sinne gemeint ist).

Durch Mutation, den dritten wesentlichen Prozeß, entsteht Vielfalt. Ohne sie ist evolutionärer Fortschritt nicht möglich, weil es sonst der Selektion an Auswahl mangelte. In vielen Laborsystemen ahmt man dies nach, indem man zuerst eine recht heterogene Population schafft, aus der dann wiederholt die am ehesten geeigneten Moleküle ausgewählt und vervielfältigt werden.

Dies ist zwar noch kein wirklicher Evolutionsprozeß, denn nach dem ersten Schritt kommen neue Mutationen nicht mehr vor. In ausgeklügelteren Laborsystemen aber treten in jeder Generation auch neue Varianten auf, so daß Selektion, Vermehrung und Mutation fortwährend zusammenwirken können.

Erste Experimente

Eine biochemische gelenkte Evolution demonstrierten erstmals Ende der sechziger Jahre Sol Spiegelman und seine Mitarbeiter von der Universität von Illinois in Urbana. Sie hatten ein Protein des Qβ-Bakteriophagen untersucht, eines kleinen Virus, welches das Darmbakterium *Escherichia coli* infiziert. Der Phage hat als Erbsubstanz einen Strang aus Ribonucleinsäure (RNA, einer der Desoxyribonucleinsäure – DNA – der höheren Organismen verwandten Verbindung) und darauf lediglich vier Gene, von denen eines für ein bestimmtes Enzym codiert. Diese Replikase vervielfältigt das virale RNA-Genom, indem sie davon Kopien herstellt (normalerweise in den Bakterien), und ist somit für das Überleben und die Vermehrung des Virus unerläßlich.

Spiegelman wußte, daß er auch im Reagenzglas virale Genom-Kopien erhielte, wenn er die RNA mit Replikase mischen und Ribonucleosidtriphosphate (die Bausteine der RNA) zusetzen würde. Bei diesem Vorgang der Vermehrung eines Moleküls ist die Variation – die Erzeugung neuer Mutationen – gewissermaßen schon eingebaut, denn die virale Replikase arbeitet unpräzise: Fast bei jeder erzeugten RNA-Sequenz macht sie ein oder zwei Fehler. Spiegelmans Selektionskriterium schließlich war, den RNA-Molekülen nach biblischem Vorbild nichts weiter zu gebieten als „mehret euch" und nur noch die biologische Klausel „und zwar so rasch wie möglich" hinzuzufügen.

Indem Spiegelman so die evolutiv wirksamen Merkmale des Qβ-Systems zusammenführte, entwarf er ein klassisches Serien-Übertragungs-Experiment:

Er ließ die Qβ-Replikase die Qβ-RNA im Reagenzglas 20 Minuten lang vervielfältigen. Die Replikase stellte indessen nicht nur von den Ausgangsmolekülen, sondern auch von deren Nachkommen Kopien her und beging dabei ebenfalls mitunter Fehler. Der Forscher übertrug dann eine Probe des Reaktionsgemisches in ein anderes Reagenzglas mit einem frischen Vorrat an Enzym und Nucleosidtriphosphat. Den gesamten Vorgang wiederholte er 74mal. Das Zeitlimit bevorteilte die RNA-Moleküle, die sich am schnellsten vermehrten: Nach jedem Durchgang waren mehr von ihnen vertreten als von anderen und darum in der entnommenen Probe häufiger – ein Effekt, der sich fortpflanzte.

Regelmäßig zog Spiegelman außerdem die Selektionsschraube an, indem er die zur Vervielfältigung verfügbare Zeitspanne verkürzte. Dadurch wurden wiederum diejenigen RNA-Moleküle, die weniger schnell kopiert werden konnten als andere, seltener vervielfältigt.

Mit fortschreitender Evolution im Reagenzglas wurden die RNA-Stränge denn auch immer kürzer, da kleinere Moleküle sich schneller und daher im gleichen Zeitraum öfter kopieren lassen als das vollständige virale Genom. Bis zum 74. Transfer waren 83 Prozent des ursprünglichen Qβ-Genoms eliminiert. Nur der Teil war noch übrig, den die Replikase zur Verrichtung ihrer Funktion unbedingt benötigte. Diese Moleküle hatten zwar die Information verloren, *Coli*-Bakterien zu infizieren (diese Eigenschaft benötigten sie in ihrer künstlichen Umwelt ja nun auch nicht mehr), aber sich den gesetzten Selektionsbedingungen vorzüglich angepaßt: Ihre Replikationsgeschwindigkeit war ungefähr 15fach gesteigert (Bild 1).

Das Qβ-System hat zu unserem Verständnis evolutiver Vorgänge auf molekularer Ebene wesentlich beigetragen. Nach Spiegelman haben auch verschiedene andere Forscher es benutzt, um damit RNA-Moleküle mit bestimmten Eigenschaften zu erzeugen. So gewannen Leslie E. Orgel und seine Mitarbeiter am Salk-Institut für biologische Studien in San Diego (Kalifornien) Varianten, die gegenüber Ethidiumbromid unempfindlich sind, das normalerweise die Vermehrung von RNA im Reagenzglas hemmt.

Allerdings hat das Qβ-System ein erhebliches Manko: Die Replikase ist sehr wählerisch darin, welche RNA-Sequenzen sie überhaupt vervielfältigt. Letztlich immer maßgebliches Selektionskriterium – das über sämtlichen anderen Einflüssen steht und wesentlich mehr Druck ausübt als alle künstlich gesetzten Bedin-

gungen – ist und muß in dem Fall auch sein, daß die RNA-Moleküle ein gutes, das heißt geeignetes Substrat für die Replikase bleiben. Es ergeht ihnen gewissermaßen wie dem Kind, das von den Eltern hört: „Du kannst in deinem Leben alles machen, was du willst, solange du nur zu Hause bleibst und den Familienbetrieb weiterführst."

Aus diesem Grunde läßt das Qβ-System sich nur in Grenzen für unsere Zwecke nutzen. In den letzten Jahren hat man jedoch flexiblere Evolutionssysteme entwickelt, bei denen Replikation und Selektion getrennte Prozesse bleiben. Möglich wurde dies durch Vervielfältigungsverfahren, die unabhängig von der Sequenz der Bausteine im genetischen Material funktionieren.

Genial einfache Vervielfältigungstechniken

Eine dieser Methoden ist die Polymerase-Kettenreaktion. Sie erlaubt die millionenfache Vervielfältigung einer DNA-Sequenz innerhalb weniger Stunden (Spektrum der Wissenschaft, Juni 1990, Seite 60). Polymerasen sind die Enzyme, die aus Nucleotiden nach Vorlage neue DNA- oder RNA-Stränge bauen (auch die Qβ-Replikase ist eine bestimmte Sorte von Polymerase), wobei die neue Sequenz dem Ausgangsstrang komplementär ist (Bild 2). Bei der Kettenreaktion nimmt man – dies ist der Grund für die enorme Geschwindigkeit – die von Polymerasen synthetisierten DNA-Stränge immer wieder als neue Vorlage für weitere Kopien; man muß dazu die beiden komplementären Stränge nur jeweils (durch sogenanntes Aufschmelzen) voneinander lösen.

Das Prinzip besteht einfach darin, daß die beiden komplementären Stränge einer DNA-Doppelhelix, die das gewünschte Gen enthält, getrennt und dann beide von der Polymerase zu zwei Doppelhelices vervollständigt werden. Diese werden erneut getrennt und vervollständigt und so fort. Die Zahl der Helices wächst dabei exponentiell, so daß innerhalb weniger Stunden das ursprüngliche DNA-Gen millionenfach vervielfältigt werden kann.

Mit einer verwandten Methode, die ebenfalls unspezifisch anwendbar ist, kann man auch RNA mit hoher Geschwindigkeit kopieren (Bild 3). RNA selbst liegt nicht als Doppelstrang vor, doch läßt sie sich leicht in DNA umschreiben (was in der Zelle beim Ablesen der genetischen Information in umgekehrter Richtung geschieht). Deshalb benötigt man in diesem Falle zwei verschiedene Polymerasen: eine, um die RNA zunächst in einen komplementären DNA-Strang zu übersetzen, und die zweite, um die DNA wieder in RNA umzuschreiben.

Der Effekt ist der gleiche wie bei der Polymerase-Kettenreaktion: Indem immer wieder Kopien der Kopien angefertigt werden, erzielt man sehr schnell eine erstaunliche Anzahl identischer RNA-Gene – unter Umständen Millionen innerhalb einer Stunde. Wenn es noch schneller gehen soll, kann man diese Methode zur RNA-Vervielfältigung sogar mit der Polymerase-Kettenreaktion koppeln; dann erhöht sich die Anzahl der Kopien auf Milliarden.

Das für unsere Zwecke Nachteilige an beiden Methoden ist nur, daß sie in ihrer ursprünglich entwickelten Form zu genau arbeiten. Kopierfehler, wie sie sich beim Qβ-System praktisch von selbst einstellen, treten zu selten auf, um den Bedarf an Mutationen für Projekte mit gelenkter Evolution zu decken. Aber

inzwischen konnten beide Verfahren so modifiziert werden, daß Mutationen in genügender Zahl und regelbarer Menge auftreten.

Die hochwirksamen Methoden zur Vervielfältigung von genetischem Material erlauben, ein weites Spektrum von Selektionszwängen zu erforschen. Als Moleküle mit genetischer Information eignen sich DNA und RNA schon deshalb besonders für solche Untersuchungen, weil die Basensequenzen, die ihre chemischen und physikalischen Eigenschaften bestimmen, zugleich ihre genetische Ausstattung ausmachen. Man kann sie nach funktionalen Kriterien selektieren und anschließend einfach die dafür zuständige genetische Sequenz vervielfältigen.

Normalerweise denkt man bei biologisch aktiven Makromolekülen zunächst an Proteine – schließlich sind sie in Zellen die Hauptagenzien bei enzymatischen katalytischen Prozessen. Dennoch kann auch RNA als Katalysator wirken,

wie als erste Thomas R. Cech von der Universität von Colorado in Boulder und Sidney Altman von der Yale-Universität in New Haven (Connecticut) mit ihren 1989 mit dem Nobelpreis gewürdigten Arbeiten nachwiesen (Spektrum der Wissenschaft, Dezember 1989, Seite 18). Man darf durchaus annehmen, daß DNA gleichfalls katalytische Eigenschaften hat. Auch die für Lebensfunktionen unabdingbare Fähigkeit von bestimmten Molekülen, sich an Zielmoleküle zu binden, könnten DNA und RNA eventuell haben.

Medizinische Anwendungen

Es gibt viele Gründe, aus DNA und RNA praktisch nutzbare Wirkstoffe zu entwickeln, nicht zuletzt medizinische. Herzinfarkte beispielsweise behandelt man heute oft mit Streptokinase, einem bakteriellen Protein, das Blutpfropfen auflöst. Leider reagieren manche Patien-

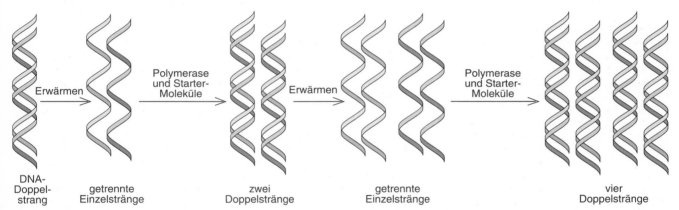

Bild 2: Um DNA-Moleküle zu kopieren, wendet man die Polymerase-Kettenreaktion an. Das Enzym Polymerase ergänzt an den beiden Strängen einer durch Erwärmen aufgetrennten DNA-Doppelhelix den jeweils komplementären Strang, wenn die Bausteine von DNA sowie kurze Starter-Sequenzen zur Verfügung stehen. Der Vorgang wiederholt sich, wenn man nur das Reaktionsgemisch regelmäßig erwärmt und abkühlt, beliebig oft und erzeugt so in kurzer Zeit eine große Anzahl neuer Doppelhelices.

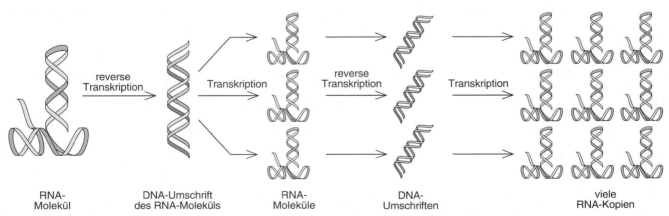

Bild 3: Eine andere Methode muß man anwenden, um RNA zu vervielfältigen. Zunächst wird das Molekül enzymatisch in DNA umgeschrieben (weil der Prozeß dem gewöhnlichen Abschreiben der Erbinformation gerade entgegenläuft, nennt man ihn reverse Transkription). Von dem zum RNA-Strang komplementären DNA-Strang fertigt ein anderes Enzym wiederum komplementäre RNA-Stränge an – also Kopien der ursprünglichen RNA. Dieser Prozeß wiederholt sich automatisch bei konstanter Temperatur.

161

ten darauf allergisch – bei einem körperfremden Protein ist das nicht überraschend. Auch wenn ärztliche Kunst den Kranken diesmal rettet, ist doch ihr Handlungsspielraum bei einem weiteren Infarkt eingeschränkt. Neue gerinnungshemmende Medikamente aus maßgeschneiderter DNA oder RNA sollten eines Tages die Gefahr eines allergischen Schocks ausschließen.

Erste Ansätze, solche Wirkstoffe zu entwickeln, gibt es bereits, und die gelenkte Evolution ist dabei eines der wichtigsten Verfahren. John J. Toole und seine Mitarbeiter von der amerikanischen Firma Gilead Sciences, die einen Hemmstoff für das Blutgerinnungsprotein Thrombin suchten, haben eine Population von 10^{13} DNA-Einzelsträngen mit jeweils verschiedener Sequenz hergestellt, die sie dann nach einer geeigneten Version durchmusterten. Sie gaben sie dazu in ein Gefäß, in dem Thrombin auf einer festen Oberfläche gebunden war (Bild 4). DNA-Moleküle, die sich unerwünschterweise an die Gefäßoberfläche selbst anlagerten, hatten sie zuvor ausgemustert.

Erwartungsgemäß konnten sich die allermeisten der DNA-Stränge nicht an das Thrombin binden; sie ließen sich von der Oberfläche leicht abwaschen. Doch 0,01 Prozent der Population – das waren etwa 10^9 Moleküle – blieben haften. Diese selektierte Fraktion haben die Forscher zurückgewonnen und mit Hilfe der Polymerase-Kettenreaktion davon wieder eine Population von 10^{13} Molekülen hergestellt.

Sie wiederholten den gesamten Vorgang fünfmal und hatten am Ende eine Population gewonnen, die hoch angereichert war mit Molekülen, die sich an Thrombin binden konnten. In ersten Labortests hat diese Population tatsächlich die Bildung von Blutpfropfen verhindert. Zur Zeit laufen Versuche mit Pavianen und Rhesusaffen, die das Produkt bereits als wirksamen Gerinnungshemmer ausweisen.

An sich gibt es keine Bindungen zwischen Thrombin und Nucleinsäuren, und man durfte nicht unbedingt erwarten, an dem Gerinnungsprotein haftende DNA-Sequenzen zu finden. Nur mit Hilfe wiederholter selektiver Vermehrung war eine Nucleinsäure zu finden und zu isolieren, die sich geradezu begierig an Thrombin anlagert.

Man hat inzwischen umfangreiche Populationen von DNA- und RNA-Sequenzen nach Varianten durchmustert, die mit bestimmten Molekülen Bindungen eingehen. Die ersten Erfolgsmeldungen betrafen vielfach Zielmoleküle, von denen man schon wußte, daß sie mit

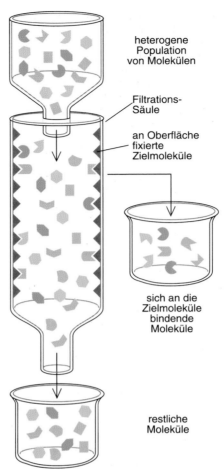

heterogene
Population
von Molekülen

Filtrations-
Säule

an Oberfläche
fixierte
Zielmoleküle

sich an die
Zielmoleküle
bindende
Moleküle

restliche
Moleküle

Bild 4: Moleküle mit gewünschten Eigenschaften kann man aus einer heterogenen Population auslesen, indem man die gesamte Mischung durch eine Filtrations-Säule schickt. Darin befinden sich an einer festen Oberfläche bestimmte Stoffe, für die man ein Reagenz sucht, daß sich an sie bindet. Falls sich in der durchmusterten Population solche Moleküle befinden, werden sie dort haften bleiben; man kann sie zurückgewinnen, nachdem man den Rest, der nicht gebunden ist, ausgewaschen hat.

Nucleinsäuren wechselwirken können – zum Beispiel die regulatorischen Proteine, zu deren natürlicher Funktion gehört, sich in der Zelle an bestimmte RNA-Sequenzen anzulagern.

Wollte man früher die Wechselwirkungen zwischen RNA und einem Zielprotein genauer erforschen, so ging das nicht anders, als in der RNA gezielt einzelne Mutationen zu setzen, deren Auswirkungen man dann verfolgte. Es war eine Art molekulares Ratespiel, die bestimmenden Komponenten des Bindungsmechanismus so schrittweise auszutüfteln.

Heute geht die Tendenz dahin, rund 10^{13} Mutationen gleichzeitig zu erzeugen und die selektive Vervielfältigung die Arbeit machen zu lassen. (Man könnte auch noch größere Ausgangspopulatio-

nen herstellen; allerdings werden die Kosten bei mehr als 10^{15} Molekülen unvertretbar hoch.) Um die gewünschte Mannigfaltigkeit zu erzielen, ersetzt man die Bausteine der gesamten oder eines Teils der RNA-Sequenz durch zufällig ausgesuchte Nucleinsäuren. Aus der neuen heterogenen RNA-Population fischt man dann diejenigen Sequenzen heraus, die sich am besten an das Zielprotein binden. (Die Methode ist ähnlich wie die vorher beschriebene für thrombin-bindende Moleküle; Bild 4).

Zur Vervielfältigung werden die selektierten RNA-Moleküle in DNA-Sequenzen umgeschrieben (der Vorgang wird reverse Transkription genannt, siehe Bild 3). Diese lassen sich dann mittels Polymerase-Kettenreaktion beliebig vervielfältigen; und zuletzt wird die DNA wieder in RNA transkribiert. Alternativ kann man die in Bild 4 dargestellte Methode anwenden.

Für die Bindung an DNA oder RNA kommen praktisch Moleküle aller Art in Frage, nicht nur Proteine. Eines der ersten erfolgreichen Experimente zur selektiven Vervielfältigung haben 1990 Andrew D. Ellington und Jack W. Szostak von der Harvard-Universität in Cambridge (Massachusetts) mit kleinen organischen Farbstoffmolekülen ausgeführt. Sie durchmusterten eine Probe von 10^{13} aus Zufallssequenzen zusammengesetzten RNA-Molekülen und fanden für jeden der Farbstoffe passende, die sich fest an ihn anknüpften.

Als sie dieses Experiment kürzlich mit DNA-Zufallssequenzen wiederholten, erhielten sie einen vollkommen anderen Satz farbstoffbindender Moleküle. Als man diese nämlich in RNA umschrieb, legten sich die komplementären Stränge nicht an die jeweiligen Farbstoffe an. Anscheinend machen das die beiden Nucleinsäuren auf ganz verschiedene Weise.

Dieser Befund offenbart eine wichtige Eigenheit der gelenkten Evolution (und auch von Evolution allgemein): Die erhaltenen Formen bieten nicht unbedingt die ideale Lösung eines Problems, sondern nur die besten Möglichkeiten, die in der Evolution eines bestimmten Makromoleküls auftreten.

Kunstmoleküle

Experimente mit gelenkter Evolution müssen sich nicht auf DNA und RNA beschränken. Im Prinzip ist jede Population von Makromolekülen für eine künstliche Selektion geeignet, wenn es nur eine einfache Möglichkeit gibt, die quasi genetische Beschreibung der selektierten Individuen zu vervielfältigen. Einen eigenen Sprachmodus in diesem weitgefaßten Sinne haben Sydney Brenner und Richard A. Lerner vom Scripps-Forschungsinstitut in La Jolla (Kalifornien) für die genetische Beschreibung beliebiger Makromoleküle geschaffen.

Ihre Idee ist, jeweils zwei verschiedenartige Teile so zu koppeln, daß ein Molekül mit zwei funktionell verschiedenen Armen entsteht (Bild 5). Der eine ist das Makromolekül, dessen Bindungsfähigkeit getestet werden soll; er kann aus Aminosäuren, Zuckern oder beliebigen anderen organischen Verbindungen bestehen. Der andere ist der quasi genetische, typischerweise aus DNA, der eine Beschreibung des funktionellen Arms enthält – in diesem Fall meint genetische Beschreibung nichts weiter, als daß die Nucleotidsequenz auflistet, wie welche Einheiten in dem funktionellen Arm angeordnet sind.

Man synthetisiert beide Arme parallel, indem man erst eine (beliebige) Untereinheit an den funktionellen Arm anfügt, dann die entsprechenden Nucleotide – meist mehrere pro Einheit – an den genetischen. Das fertige Doppelmolekül (oder eigentlich den funktionellen Arm) testet man auf seine Bindungsfähigkeit gegenüber der Zielsubstanz. Die Moleküle, die sich dort anlagern, kann man isolieren und – deshalb benötigt man die DNA-Sequenz – mittels Polymerase-Kettenreaktion vermehren. Nun läßt sich ihre Nucleotid-Abfolge aufschlüsseln,

und daran vermag man auch den Aufbau des funktionellen Arms zu dechiffrieren.

An diesem System wird der symbolische Charakter von genetischer Information erkennbar. Zum Entwurf des Doppelmoleküls braucht man zunächst zur Kennzeichnung der Untereinheiten im funktionellen Arm einen genetischen Code aus Nucleotiden, den man aus vorhandenen biologischen Codes wählen oder frei erfinden kann. Brenner und Lerner verwendeten für eine Untereinheit wie die Natur jeweils drei Nucleotide (auch im Erbgut von Organismen steht jeweils ein Nucleotid-Triplett für eine der Aminosäuren, aus denen Proteine aufgebaut sind). Man kann aber auch vier oder noch mehr genetische Symbole verwenden. Ausschlaggebend ist, wie viele verschiedene Bausteine für den funktionellen Arm man definieren muß: Je mehr es sind, desto mehr Symbole wird man pro Baustein benötigen, damit eine eindeutige Zuordnung noch gewährleistet ist.

Unabhängig davon, welche Art von Makromolekül man wählt, ist der Anfangsschritt immer die Erzeugung einer heterogenen Population von Molekülen. Es gibt drei Grundstrategien, dieses Ziel zu erreichen.

Man kann erstens von einer Sequenz bestimmter Länge durch alle möglichen Anordnungen der Elemente sämtliche Typen herstellen. Soll etwa das gewünschte Makromolekül 15 Untereinheiten haben, von denen es zum Beispiel

vier verschiedene Arten gibt, beträgt die Zahl der möglichen Anordnungen 4^{15}, mehr als eine Milliarde. (Eine Ausgangspopulation von 10^{13} Molekülen enthielte dann durchschnittlich 10 000 Kopien von jeder möglichen Sequenz.) Manche Methoden zur selektiven Vervielfältigung, etwa die mit bifunktionellen Molekülen von Brenner und Lerner, sind auf diese erste Strategie hin ausgerichtet (Bild 6).

Weil die Zahl möglicher Sequenzen aber mit der Anzahl der Untereinheiten exponentiell steigt, wird es irgendwann unsinnig und unrentabel, von längeren Makromolekülen noch sämtliche Varianten herzustellen und durchzumustern. In dem Fall kann die Methode der Wahl eine Art Schrotschuß-Strategie sein: Man schafft nach dem Zufallsprinzip eine sehr große, eben noch gut handhabbare Zahl verschiedener Versionen ohne Anspruch auf Vollständigkeit (Bild 6 Mitte).

Toole zum Beispiel hat, als er nach thrombin-bindenden DNA-Sequenzen suchte, mit Molekülen gearbeitet, die an 60 Positionen zufällig variiert waren. Eine Population, die alle Möglichkeiten umfaßt, hätte 4^{60} (etwa 10^{36}) verschiedene Moleküle enthalten müssen (weil DNA vier verschiedene Bausteine hat) – viel zu viele, als daß irgendjemand sie hätte synthetisieren oder durchmustern können. Die 10^{13} Moleküle, mit denen Toole tatsächlich anfing, repräsentierten zwar nur einen kleinen Bruchteil der Möglichkeiten; doch der erfolgreiche Verlauf des Experiments zeigte, daß die Stichprobe als Ausgangspopulation für eine gelenkte Evolution noch groß genug war. Insbesondere wenn man nach Molekülen mit neuartigen Eigenschaften sucht, ist dieser Ansatz oft vernünftig.

Eine dritte Strategie bietet sich an, wenn der gewünschte Stoff vermutlich einer bekannten Substanz ähnelt. Man nimmt dieses Molekül als Vorlage und wählt die Mutationsfrequenz so, daß jede neue Version sich nur in einigen wenigen Positionen von der Ausgangssequenz der Bausteine unterscheidet; die Zahl unterschiedlicher Elemente liegt allerdings nicht fest. Die so gewonnene Population enthält hauptsächlich Moleküle, die der Vorlage fast gleichen (Bild 6 unten).

Optimierung
durch immer weitere Variation

Die natürliche Evolution gehört im Grunde zur dritten Kategorie. Die elterlichen Genome, die selbst auch schon über viele Generationen selektiert worden sind, geben ihrerseits neue Mutationen

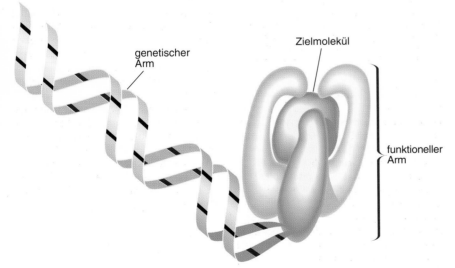

genetischer Arm

Zielmolekül

funktioneller Arm

Bild 5: Sehr vielversprechend ist eine gelenkte Evolution von neu konstruierten Molekülen mit zwei chemisch verschiedenen Armen. Sie lassen sich sehr vielseitig bauen. Ein Arm soll die geforderten katalytischen Funktionen erfüllen und bietet den Ansatz für die Selektionsverfahren. Er kann beispielsweise aus Aminosäuren, aber auch aus anderen molekularen Elementen aufgebaut sein. Der zweite Arm besteht aus DNA oder RNA und enthält eine Codierung vom Aufbau des funktionellen Arms. Diese quasi genetische Beschreibung läßt sich gegebenenfalls vervielfältigen, um sie und damit indirekt die Abfolge der Bausteine im funktionellen Arm zu erforschen.

weiter, die nur in geringem Maße vom bewährten Muster abweichen. Da sich solche zufälligen Veränderungen in jeder Generation ereignen, bleibt die Population trotz aller Selektion zwischendurch immer heterogen.

Die schrittweisen Veränderungen sind aber deswegen so wirksam, weil aus den selektierten Mutanten wiederum Mutanten hervorgehen können, von denen manche noch vorteilhafter sind als ihre Vorgänger. Hingegen bietet die Schrotschuß-Methode das breite Spektrum nur einmal zu Anfang. Darum eignet sie sich wohl dafür, die Richtung für eine neue Entwicklung zu finden; doch wird man mit dem Material nicht unbedingt zum gewünschten Ziel gelangen.

Ein subtiler, aber wichtiger Aspekt der Evolution in der Natur und der Kraft der schrittweisen zufälligen Veränderungen verdient Aufmerksamkeit: Neue Mutationen erhöhen lediglich die schon vorhandene Variation. Darum sind der evolutionären Suche stets Grenzen gesetzt, nämlich durch frühere Selektionsereignisse (von denen manche sogar meinen, daß sie eine Richtung vorgäben oder die weitere Entwicklung führten).

Nun geschieht die Evolution allerdings nicht vorausschauend. Vielmehr spiegeln die Gene einer Population zu jedem Zeitpunkt wider, welche Merkmale in vorangegangenen Generationen vorteilhaft waren. Zudem entspricht die Zahl der Kopien einer bestimmten Gensequenz dem durch sie gewährten Selektionsvorteil, denn von jeder größeren Familie verwandter Sequenzen werden die unter den jeweiligen Umständen nützlichsten und damit häufigsten die meisten Nachkommen erzielt haben. Deshalb werden auch neue Mutanten vorwiegend zu jenen Zweigen des genetischen Stammbaums hinzukommen, die sich durch günstige Mutanten bewährt haben.

Möchte man dieses Prinzip auch bei der gelenkten Evolution von Molekülen verwirklichen, muß man schrittweise, in jeder Generation neu, zufällige Veränderungen setzen. Die Voraussetzungen dafür sind bereits gegeben. So können wir nun beginnen, nicht nur große Populationen von DNA- und RNA-Molekülen zu verändern und die weiteren Generationen auf bestimmte erwünschte Funktionen hin durchzumustern, sondern ihre Weiterevolution auch hinsichtlich einer Optimierung ihrer Eigenschaften voranzutreiben.

In meinem Labor sind wir soweit, praktisch beliebige Populationen von RNA-Molekülen in dieser Weise evolvieren zu lassen. Wir interessieren uns speziell für die Ribozyme, die oben beschriebenen RNA-Moleküle mit katalytischer Funktion. Aus der Natur ist nur eine sehr begrenzte Zahl von ihnen bekannt, und ihre katalytischen Fähigkeiten beschränken sich auf einige wenige Funktionen. Wir können allerdings dort anknüpfen, wo die Natur aufgehört hat, wenn wir im Labor einen beschleunigten Evolutionsprozeß so steuern, daß die Ribozyme neue katalytische Eigenschaften gewinnen.

In einem dieser Experimente haben wir mit einem Ribozym des einzelligen

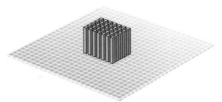

flächendeckende Strategie

Schrotschuß-Strategie

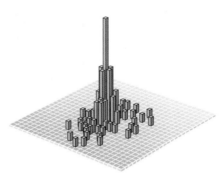

Fokus-Strategie

Bild 6: Drei Möglichkeiten, Ausgangspopulationen an künstlichen Molekülen von genügender Vielfalt zu gewinnen. Die hellen Felder sollen die gesamte Bandbreite an denkbaren Mutationen andeuten; die Höhe der Blöcke steht für die relative Häufigkeit einer bestimmten Variante in der Population. Bei der flächendeckenden Strategie werden alle möglichen Mutationen innerhalb definierter Grenzen verwirklicht (oben). Bei einem weniger scharf definierten Feld gewährleistet eine Art Schrotschuß-Strategie, daß sämtliche Bezirke wenigstens in Stichproben vertreten sind (Mitte). Die zielgerichtete Strategie schließlich nutzt einen Cluster von Mutanten um ein Molekül, das den gewünschten Eigenschaften schon recht nahe kommt.

Organismus *Tetrahymena thermophila* gearbeitet. Es vermag bestimmte RNA-Moleküle zu schneiden und zu spleißen, das heißt funktionale und regulatorische Abschnitte der genetischen Anweisung voneinander zu trennen. Wir wollten ein Ribozym entwickeln, das in ähnlicher Weise bestimmte DNA-Stücke abschneidet. Solche künstlichen Enzyme wären sicherlich von großem therapeutischem Nutzen, zum Beispiel um die Erbsubstanz eines infizierenden Virus, die sich in das Genom von Zellen eines Wirtsorganismus integriert hat, wieder herauszulösen.

Als Ausgangspopulation erzeugten wir 10^{13} Varianten des *Tetrahymena*-Ribozyms und setzten sie einem DNA-Substrat aus. Nur wenige der RNA-Moleküle vermochten die DNA zu spalten, blieben dann aber an eines der Spaltprodukte gekoppelt. Die in dieser Weise markierten RNA-Exemplare konnten wir nun selektiv vervielfältigen (Bild 7), wobei wir bei ihnen zugleich neue Mutationen auslösten. So gewannen wir eine zweite Generation von DNA-spaltenden Molekülen, eine wiederum vielfältige Population, die in Teilen die Aufgabe schon besser erfüllte als die erste. Nach zehn Durchgängen lagen RNA-Moleküle mit einem hohen Anteil solcher vor, die DNA recht passabel zu spalten vermochten.

Bei der biochemischen gelenkten Evolution haben wir den Gang der Dinge buchstäblich unter Kontrolle. Frühere Generationen müssen nicht aussterben; man kann sie tiefgekühlt aufbewahren und jederzeit wieder in das Reagenzgefäß nehmen. Mit Methoden, die sich aus der rekombinanten DNA-Technologie ableiten, lassen sich aus einer beliebigen Generation einzelne Moleküle isolieren, ihre komplette genetische Sequenz bestimmen und ihre katalytischen Eigenschaften messen. Die biomolekulare Evolution kann man im Detail nachvollziehen, ja man kann sogar zu einem beliebigen Punkt des Verlaufs zurückgehen und dort mit den gleichen oder anderen Selektionskriterien neu beginnen. Das Wechselspiel von Selektion, Vermehrung und Mutation ist auf diese Weise dem experimentellen Eingriff zugänglich geworden.

Die Technologie dafür steckt trotz allem noch in den Anfängen. Es gilt, noch größere Molekülpopulationen zu handhaben, die Effektivität der Selektionsprogramme zu steigern und die Zeit von einer Generation zur nächsten zu verkürzen. Eine Evolution im Darwinschen Sinne, also selektive Vermehrung verbunden mit schrittweiser zufälliger Veränderung, ist zur Zeit im Labor nur

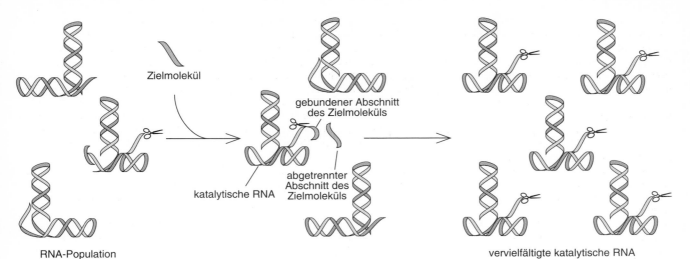

Zielmolekül

gebundener Abschnitt
des Zielmoleküls

katalytische RNA

abgetrennter
Abschnitt des
Zielmoleküls

RNA-Population

vervielfältigte katalytische RNA

Bild 7: Stark schematisierte Darstellung eines Experiments des Autors zur quasi natürlichen Evolution. RNA wird darauf selektiert, DNA zu schneiden. Ausgangspopulation ist heterogene RNA mit unbekannten Eigenschaften, die DNA ausgesetzt wird. Die wenigen Moleküle, die den Strang zu schneiden vermögen, bleiben an dem abgetrennten DNA-Stück haften. Man sondert sie aus und vermehrt sie. Zehnmalige Wiederholung dieses Vorgangs ergab eine Population von RNA-Molekülen, die DNA gut spaltet.

mit Populationen von DNA- und RNA-Molekülen möglich; doch Systeme für Proteine und andere Arten von Makromolekülen sind bereits in Sicht.

Wettlauf mit der Evolution

Die gelenkte molekulare Evolution bietet die Biochemiker die Möglichkeit, mit der Natur in ihrer eigenen Sprache zu kommunizieren. Im Labor evolvierte Makromoleküle können sich spezifisch an solche binden, die natürlicherweise entstanden sind.

Vielleicht werden die Schöpfungen der Forscher einmal mit den natürlichen Veränderungen von Makromolekülen Schritt halten, etwa wenn Viren oder andere Krankheitserreger gegen Medikamente Resistenzen ausbilden. Zum Beispiel ist die Entwicklung einer RNA vorstellbar, die sich an ein bestimmtes virales Protein bindet und so den Infektionsmechanismus blockiert. Falls das virale Protein danach zu einer gegen die RNA resistenten Form mutierte, ließe sich mit gelenkter Evolution ein neues RNA-Agens finden. Dieses Katz-und-Maus-Spiel zwischen Retorte und Natur wäre beliebig fortsetzbar.

Ein anderer anwendungsbezogener Forschungsbereich der gelenkten Evolution wäre die Entwicklung neuartiger Katalysatoren. Die Biochemiker versuchen sich bereits an einem, wie man sagt, rationalen Design von Enzymen. Dazu suchen sie zielstrebig Biokatalysatoren in ihren Strukturen und Funktionseigenschaften zu verändern. Nur – warum sollte man, wenn eine große heterogene Population von Molekülen vorhanden ist und desgleichen eine praktikable Selektions- und Vervielfältigungsstrategie zur Verfügung steht, den evolvierenden Molekülen das Probieren und Prüfen nicht selbst überlassen? Diese Kehrtwendung bringt den Biochemiker in die ungewohnte Rolle des Zuschauers, der lediglich die Bedingungen vorgibt und ihr Erfüllen kontrolliert. Brenner sprach gar schon von einem „irrationalen Design von Enzymen".

Es wird sich zeigen, welche katalytischen Funktionen durch gelenkte molekulare Evolution zugänglich werden. Die großen Erfolge der natürlichen Evolution sollten uns ermutigen; aber wir dürfen auch nicht vergessen, daß die Natur einen Vorsprung von vier Milliarden Jahren hat.

Ein Forschungsziel von hoher Priorität ist, Makromoleküle zu gewinnen, die ihre eigene Vervielfältigung katalysieren. Solche Moleküle würden anfangen, selbständig zu evolvieren – die Theoretiker sind sich weitgehend einig, daß das Leben auf der Erde auf diese Weise entstanden sein muß. Aus biochemischer Sicht müßte man solche Moleküle lebendig nennen. Es wäre eine Ironie der Ereignisse, wenn die gelenkte biomolekulare Evolution, die als der Versuch begann, das Leben zu imitieren, sich als ein Ansatz erwiese, es neu zu erfinden.

Katalytische Antikörper

Eine neue Gruppe von Molekülen vereint in sich die ungeheure Vielfalt
der Antikörper mit der katalytischen Fähigkeit von Enzymen. Davon könnte bald schon
die chemische und molekularbiologische Grundlagenforschung ebenso profitieren wie
der medizinische und biotechnologische Bereich.

Von Richard A. Lerner und Alfonso Tramontano

Kann man Antikörper so konstruieren, daß sie wie Enzyme funktionieren? Beide Typen von Proteinen sind eigentlich auf verschiedene Aufgaben zugeschnitten. Enzyme zeichnen sich durch ihre katalytischen Fähigkeiten aus: Sie erleichtern den Ablauf chemischer Reaktionen, ohne dabei selbst verbraucht zu werden. Antikörper imponieren dagegen durch ihr einzigartiges Erkennungsvermögen gegenüber einer Vielzahl unterschiedlichster Substanzen.

Beide Proteinklassen haben aber eines gemein: Sie müssen sich an ihre Zielmoleküle binden, um wirksam zu werden. Enzymmoleküle haben eine in die Oberfläche eingesenkte Spalte oder Tasche, in der sie ihre Reaktionspartner während der Umwandlung verankern (Bild 1 oben). Auch Antikörpermoleküle haben eine spezifische Bindungsstelle, auf jedem Arm eine (Bild 1 unten). Mit ihr lagern sie sich beispielsweise an die als körperfremd erkannten Moleküle auf einem eingedrungenen Krankheitserreger an und markieren ihn so als ein Objekt, das von der Immunabwehr zu zerstören ist.

Der Mannigfaltigkeit möglicher Eindringlinge hat das Immunsystem eine enorme Vielfalt von Antikörpern entgegenzusetzen: ein Arsenal von vielleicht 100 Millionen verschiedenen solcher Moleküle von denen jedes einzelne einen bestimmten Fremdstoff erkennen kann. Demgegenüber sind die biochemischen Reaktionen der Organismen geradezu einförmig. Daher gibt sich die Natur mit vermutlich nur wenigen tausend Enzymen zufrieden, die je eine bestimmte Reaktion oder wenige Reaktionen katalysieren.

Ohne Katalysator laufen die meisten biochemischen Reaktionen so langsam ab, daß sie nutzlos wären. Sie sind ganz entschieden auf das kleine Spektrum existierender Enzyme angewiesen, ob sie nun in Lebewesen, im Labor oder in industriellen Prozessen vonstatten gehen. Das bedeutet aber, daß es für biologisch unbedeutsame, aber anderweitig interessante Reaktionen oft keine passenden Enzyme gibt. Das Immunsystem hingegen kann passende Antikörper gegen praktisch jedwede Substanz herstellen. Mittlerweile lassen sich sogenannte monoklonale Antikörper gewinnen, quasi eine Reinzucht von Antikörpern, die spezifisch gegen eine bestimmte Struktur eines einzigen Moleküls gerichtet sind (der Organismus produziert hingegen einen ganzen Cocktail von Antikörpern gegen einen Fremdstoff). Gibt es nun irgendeine Möglichkeit, die grundsätzliche Ähnlichkeit zwischen Antikörpern und Enzymen zu nutzen und Antikörper mit katalytischen Fähigkeiten auszustatten?

In unseren Labors am Forschungsinstitut der Scripps-Klinik in La Jolla, Kalifornien, sind wir tiefer in die molekularen Einzelheiten der Wechselwirkung zwischen einem Antikörper und seinem Zielmolekül eingedrungen. Diese und weitere neuen Erkenntnisse haben nun Wege gewiesen, wie man die Bindungsenergie zwischen Antikörpern und ihrem Zielmolekül, dem jeweiligen Antigen, zur Katalyse chemischer Prozesse nutzen könnte. Den ersten katalytischen Antikörper haben wir bereits hergestellt. Am Ende dieser Forschungen könnte eine theoretisch unbegrenzte Vielfalt katalytischer Antikörper stehen, die sich in der Biotechnologie, der Medizin und zur Aufklärung der Struktur und Funktion von Proteinen einsetzen ließen.

Bindungspräferenzen

Wenn auch gewöhnliche Antikörper in lebenden Organismen keine chemischen Reaktionen katalysieren, zeigen sie doch gewisse Eigenschaften, die auf solche Fähigkeiten hindeuten. Sie können nämlich, wie wir in Zusammenarbeit mit Elizabeth D. Getzoff und John A. Tainer am Scripps-Forschungsinstitut sowie H. Mario Geysen von den Commonwealth-Serum-Laboratorien in Australien feststellten, in den Molekülen, gegen die sie gerichtet sind, strukturelle Veränderungen hervorrufen. Wir hatten für diese Untersuchungen Versuchstieren ein fremdes Protein injiziert, um die Bildung dagegengerichteter Antikörper anzuregen, und dann untersucht, an welche Teile des Proteins sich die Antikörper am besten banden und wie sie dazu Zugang bekamen.

Als Fremdprotein hatten wir das Myohämerythrin gewählt, das gewissen Meereswürmern als Sauerstoffträger dient. Wie andere Proteine auch besteht es aus einer langen, dreidimensional gefalteten Kette von Aminosäuren. Seine Aminosäuresequenz ist bekannt, ebenso seine räumliche Struktur. Diese wurde röntgenkristallographisch geklärt, und zwar von Steven Sheriff vom amerikanischen National Institute of Diabetes and Digestive and Kidney Diseases, Wayne A. Hendrickson von der Columbia-Universität in New York und Janet D. Smith von der Purdue-Universität in West Lafayette (Indiana).

Anhand der bekannten Sequenz konnten wir Peptide – kurze Teilstücke – nachbauen und an dem räumlichen Modell dann feststellen, welche Bereiche sie dort repräsentieren. Anschließend prüften wir, wie gut die Antikörper gegen Myohämerythrin mit den einzelnen Peptiden reagierten. Dies lieferte uns ein Maß für ihre Fähigkeit, sich an die entsprechende Stelle des gefalteten Proteins zu binden.

Die auf diese Weise erstellte Antigen-Karte zeigte, daß jede Stelle des Proteins von mehreren Antikörpern erkannt wird. Die reaktivsten Stellen sind aber jene, an denen die Proteinstruktur verformbar ist und an denen die Aminosäuren eine nach außen gewölbte, also konvexe Oberfläche bilden, vermutlich passend zur konkav geformten Bindungsstelle eines oder auch mehrerer Antikörper (Bild 2).

Um herauszufinden, welche Aminosäuren einer als Antigen wirksamen Stelle für die Bindung entscheidend sind, synthetisierten wir Peptide, die in jeweils einer ihrer Aminosäuren vom Original abwichen. Wieder prüften wir ihre Reaktivität gegenüber den Antikörpern – mit besonderem Augenmerk auf die Auswirkung der jeweils ausgetauschten Aminosäure. Verringerte der Austausch die Reaktivität deutlich, dann mußte die ursprüngliche – richtige – Aminosäure an der Antikörperbindung beteiligt sein.

Zu unserer Überraschung lagen nicht alle dafür bedeutsamen Aminosäuren an der Oberfläche des Proteins, wo sie direkt den Antikörpern zugänglich wären. Zum Beispiel müssen an einem der als Antigen wirkenden Teilstücke die Antikörper mit den Aminosäuren Valin, Tyrosin und Glutaminsäure interagieren können, denn der Austausch irgendeiner dieser Aminosäuren verschlechtert die Bindung an das entsprechende Peptid deutlich.

Nun liegen aber, wie die Raumstruktur von Myohämerythrin verrät, nur das Valin und die Glutaminsäure frei zugänglich an der Oberfläche; das Tyrosin, vor allem seine voluminöse Seitenkette, wird hingegen von der Glutaminsäure und einer weiteren benachbarten Aminosäure (Lysin) verdeckt, die beide durch schwache elektrostatische Kräfte miteinander verbunden sind. Demnach muß das Tyrosin, während sich der Antikörper an das Protein heftet, irgendwie auf der Oberfläche erscheinen; sonst könnte es überhaupt nicht für ihn zugänglich sein (Bild 3).

Wenn nun die Konfiguration, bei der das Tyrosin im Innern des Proteins steckt, die stabilste – weil energieärmste – ist, dann muß der gebundene Antikörper das Protein in einem Zustand

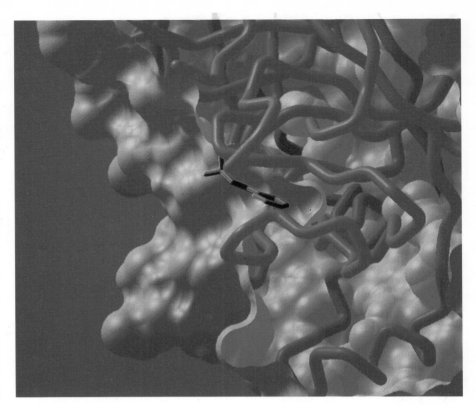

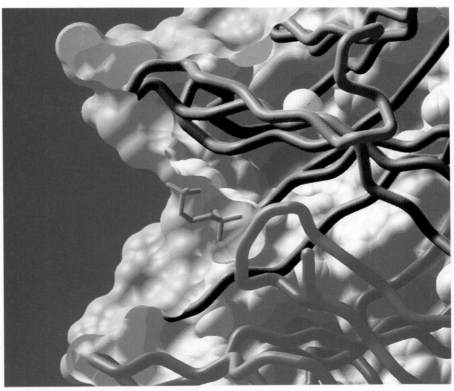

Bild 1: Die taschenförmig eingesenkte Bindungsstelle eines Enzyms (oben) und eines Antikörpers (unten), mit dem diese beiden Sorten von Proteinen sich an kennzeichnende Strukturen anderer Substanzen binden. Enzyme katalysieren eine chemische Umsetzung ihrer Zielmoleküle, ihrer Substrate. Antikörper markieren dagegen lediglich ihr Angriffsziel, etwa eine als Antigen wirkende Struktur eines Krankheitserregers; zerstört wird es von anderen Komponenten des Immunsystems. Die Autoren haben festgestellt, daß sich die Bindungsenergie von Antikörpern auch nutzen läßt, gebundene Moleküle chemisch zu verändern. Die Computergraphiken zeigen das Verdauungsenzym Chymotrypsin und einen spezifischen Antikörper mit teilweise freigelegtem Proteinskelett. (Das Rückgrat der Aminosäureketten ist im oberen Bild blau, unten rotbraun und blau gekennzeichnet). Die Graphiken wurden von Arthur J. Olson vom Forschungsinstitut der Scripps-Klinik mittels des MCS-Graphik-Programms angefertigt, das Michael L. Connolly dort entwickelt hat. Jede Bindungstasche ist mit einem kleinen, hineinpassenden Molekül (grünes Skelett) dargestellt.

höherer Energie festhalten. Die dazu notwendige Energie muß wiederum seiner Bindungsenergie entspringen.

Proteine sind dynamische Moleküle; ihre Bindungen vibrieren unablässig, werden gedehnt und verdrillt. Es wäre also denkbar, daß die Seitenkette des Tyrosins gelegentlich zur Proteinoberfläche schwenkt und dabei die schwache Bindung zwischen Lysin und Glutaminsäure sprengt. In dieser Stellung könnte sie von dem dort angehefteten Antikörper stabilisiert werden.

Eine andere Möglichkeit wäre, daß der sich gerade erst anlagernde Antikörper durch seine Wechselwirkungen mit dem Protein die Spaltung dieser Bindung erleichtert. Dadurch könnte sich die darunter verborgene Seitenkette nach außen drehen und mit ihm reagieren (Bild 4).

Arbeitsweise von Enzymen

Wie dem auch sei, in jedem Falle ergab sich aus unseren Beobachtungen als grundlegend bedeutsame Aussage, daß manche Antikörper möglicherweise bevorzugt mit energiereichen Konfigurationen ihrer Zielmoleküle reagieren. Durch die Stabilisierung dieser Konfigurationen überwinden sie Kräfte und die dadurch vermittelten Bindungen, die im niederenergetischen Zustand bestehen. Insofern ähneln Antikörper Enzymen.

Auch Enzyme verändern in ihren Zielmolekülen, ihren Substraten, Bindungen. Allerdings brechen sie kovalente, also sehr viel stärkere Bindungen auf. Abgesehen davon heften sich Enzyme aber im großen und ganzen nicht fester an ihr Substrat als Antikörper an ihr Antigen. Wenn die Bindungsenergie für die katalytische Aktivität der Enzyme verantwortlich ist, ließe sich dann nicht auch die der Antikörper dazu nutzen, Antigene — also ihre Zielmoleküle — tatsächlich chemisch zu verändern statt sie lediglich zu markieren?

Wie das vonstatten gehen könnte läßt sich aus der Funktionsweise von Enzymen ableiten, und diese kann man anhand der energetischen Anforderungen einer Reaktion beschreiben. In einem dreidimensionalen Energiediagramm wird der Reaktionsverlauf als reliefartige Potentialfläche dargestellt, in der stabile Moleküle durch tiefe Täler charakterisiert sind. Soll nun ein Molekül in ein anderes umgewandelt werden, dann haben seine Atome die Höhenunterschiede auf dem Weg zwischen den beiden Tälern zu überwinden. Zuerst müssen sie Energie aufnehmen, bis sie einen Bergkamm erreichen, um von dort aus unter Abgabe von Energie in

das Tal des stabilen Produkts fallen zu können.

Der höchste Punkt entlang dem Reaktionsweg entspricht einem dynamischen, instabilen Übergangszustand, in dem Bindungen nur teilweise gebrochen beziehungsweise neu gebildet sind. Dieser Übergangszustand währt nur einen flüchtigen Augenblick.

Die Energiebarriere — also der Höhenunterschied zwischen dem Ausgangspunkt und dem Punkt der Potentialfläche, der dem Übergangszustand entspricht — ist die nötige Aktivierungsenergie. Je mehr Aktivierungsenergie erforderlich ist, desto langsamer läuft die entsprechende Reaktion ab. Enzyme beschleunigen eine Reaktion nun, indem sie die Aktivierungsenergie herabsetzen: Sie verändern die Topographie der Potentialfläche, und zwar sorgen sie für einen Reaktionsweg, der gleichsam einen niedrigeren Energiepaß quert. Diese dreidimensionalen Verhältnisse werden der Einfachheit halber oft nur in Form eines zweidimensionalen Energieprofils dargestellt (Bild 5).

Im Jahre 1946 wies der amerikanische Chemiker Linus Pauling auf eine Möglichkeit hin, wie Enzyme die Energiebarriere einer Reaktion verringern könnten: indem sie sich nicht etwa am stärksten an die Ausgangsstoffe, sondern an den Übergangszustand binden.

Dabei wird dieser stabilisiert, und es muß weniger Energie dafür aufgebracht werden. Die Reaktion beschleunigt sich dann oft millionenfach. Die fertigen Produkte diffundieren vom Enzym wieder ab, so daß es unverändert aus der Reaktion hervorgeht und immer wieder Substratmoleküle binden und umsetzen kann. Damit verhält es sich wie ein echter Katalysator.

Gemäß dem Paulingschen Schema besteht der wesentlichste Unterschied zwischen Enzym- und Antikörper-Reaktionen darin, daß sich Enzyme bevorzugt an energiereiche, aktivierte Konfigurationen binden, Antikörper dagegen an energiearme. Wenn es also gelänge, einen Antikörper gegen einen bestimmten Übergangszustand zu erzeugen, dann könnte dieser Antikörper — so die bereits vor vielen Jahren geäußerte Vermutung von William P. Jencks von der Brandeis-Universität in Waltham (Massachusetts) — einen katalytischen Effekt auf die zugehörige chemische Reaktion ausüben.

Gewinnung katalytischer Antikörper

Die Erzeugung solcher Antikörper stößt aber auf ein praktisches Problem. Um ihre Bildung in einem Versuchstier anzuregen, braucht man das passende

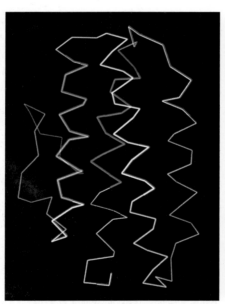 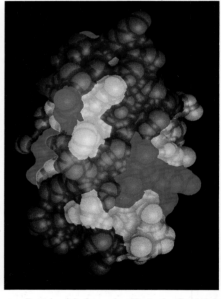

Bild 2: Das Myohämerythrin, das Sauerstoff-Trägerprotein gewisser Meereswürmer, ist in seiner Struktur genau bekannt. An ihm wurden die Bindungspräferenzen von Antikörpern ermittelt. Zu diesem Zweck wurden Peptide synthetisiert, die kurzen Teilstücken der Aminosäurekette des Proteins (links) entsprachen. Die gegen das vollständige Protein gerichteten Antikörper von immunisierten Versuchstieren reagierten unterschiedlich gut mit den einzelnen Peptiden, aus deren Oberflächenanteilen am Protein sich dann eine Karte der Reaktivität ergab (rechts). Bereiche hoher Reaktivität sind rot, mittlerer Reaktivität gelb und schwacher blau gekennzeichnet. Die Antikörper bevorzugten Stellen mit erhabener Oberfläche und besonders beweglichen chemischen Gruppen. Beide Eigenschaften gewährleisten möglicherweise ein gutes Einpassen der Protein-Oberfläche in die Bindungstasche des Antikörpers. Die Computergraphiken wurden von Elizabeth D. Getzoff und John A. Tainer erstellt.

Antigen — in diesem Falle den Übergangszustand. Doch der ist so instabil, daß er sich nicht praktisch nutzen läßt. Er existiert quasi nicht.

Einen Weg aus diesem Dilemma wies Pauling mit einer weiteren Hypothese. Er prophezeite, daß bei einer enzymatischen Reaktion auch eine stabile Substanz den energiereichen Übergangszustand in Form und Ladungsverteilung imitieren könnte. Ein solches Analogon des Übergangszustands würde sich sehr fest an das Enzym binden und die katalytische Aktivität blockieren: indem es die taschenförmige Bindungsstelle ausfüllt und so die Bindung des echten Substrats verhindert. In den vergangenen zwanzig Jahren sind tatsächlich eine ganze Reihe von Substanzen synthetisiert worden, die sich genauso verhalten, wie Pauling es vorhergesagt hat.

Ein Analogon des Übergangszustands könnte demnach als Ersatz-Antigen dienen und die Bildung von Antikörpern induzieren, die auch den richtigen Übergangszustand erkennen und stabilisieren würden und vielleicht sogar als echte Katalysatoren wirken. Beim Abklären dieser Möglichkeit konzentrierten wir uns zunächst auf einen als Ester-Hydrolyse bezeichneten Reaktionstyp. Hierbei wird ein organisches Molekül, das eine Estergruppe enthält, unter Umsetzung von Wasser gespalten. Das Ergebnis ist ein Molekül einer Sauerstoffsäure und ein Molekül eines Alkohols (Bild 6).

Die charakteristische Estergruppierung enthält bei einem Carbonsäure-Ester ein zentrales Kohlenstoffatom, das über eine Doppel- und eine Einfachbindung mit zwei Sauerstoffatomen verknüpft ist; die vierte Bindungsstelle des vierwertigen Kohlenstoffs ist hier mit einem weiteren Kohlenstoffatom besetzt. Der doppelt gebundene Sauerstoff findet sich nach der Hydrolyse mitsamt dem zentralen Kohlenstoff in der Carboxylgruppe (—COOH) der Carbonsäure wieder; der andere Sauerstoff, an dem eine weitere organische Gruppierung hängt, wird Bestandteil des alkoholischen Produkts. Denn bei der Hydrolyse wird die Bindung zwischen diesem Sauerstoff und dem zentralen Kohlenstoff gespalten und eine neue zwischen dem Kohlenstoff und dem Sauerstoff des Wassers (genauer der Hydroxylgruppe, —OH) geschlossen.

Die Atome der Estergruppierung sind schwach polarisiert und liegen in einer Ebene (infolge von Ladungsverschiebungen können an einem Molekül positive und negative Pole entstehen, die eine Reaktion mit einem ebenfalls polaren Molekül wie Wasser begünstigen). Während der Reaktion mit einem Wassermolekül aber wird ein Übergangszu-

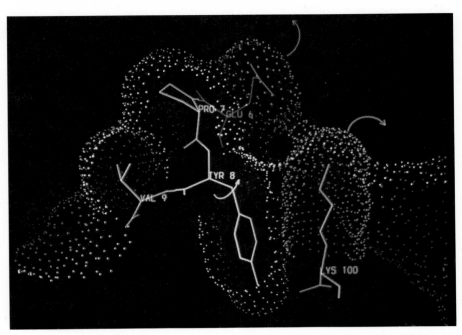

Bild 3: Eine der als Antigen wirkenden Stellen auf dem Myohämerythrin. Sie umfaßt mehrere Aminosäuren, von denen drei nicht verändert werden dürfen, wenn ein entsprechendes Peptid mit den Antikörpern gegen das intakte Protein reagieren soll. Zwei dieser Aminosäuren, nämlich Valin (grün) und Glutaminsäure (rot), liegen auf der Oberfläche des Proteins. Die dritte aber, Tyrosin (gelb), ist im Innern unter einer schwachen elektrostatischen Bindung zwischen der Glutaminsäure und einer vierten Aminosäure, Lysin (blau), verborgen. Um dennoch mit dem Tyrosin reagieren zu können, muß ein Antikörper irgendwie eine Umlagerung begünstigen, welche die Bindung aufbricht und die Aminosäuren auf der Oberfläche auseinanderweichen läßt; so kann das Tyrosin nach außen schwenken (Pfeile). Auch diese Computergraphik haben Getzoff und Tainer am Scripps-Forschungsinstitut erstellt.

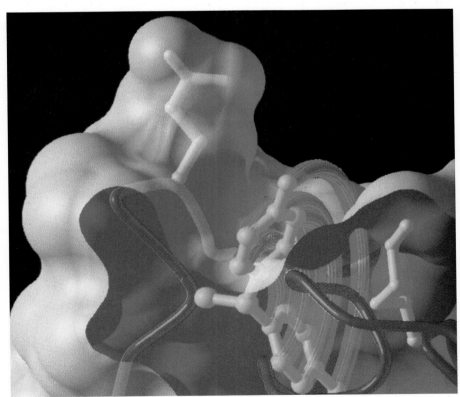

Bild 4: Die Seitenkette des Tyrosins (türkis) schwenkt um das Rückgrat des Proteins (rot) herum, wenn sich ein Antikörper an die in Bild 3 gezeigte Stelle bindet. Die Umlagerung könnte durch eine ungerichtete Wärmebewegung ausgelöst und von dem gebundenen Antikörper dann einfach stabilisiert werden. Der Antikörper könnte aber auch die Protein-Oberfläche aktiv umgestalten und die Konformationsänderung selbst induzieren. Die Graphik wurde von Michael E. Pique, Getzoff und Tainer mit dem Programm von Connolly angefertigt.

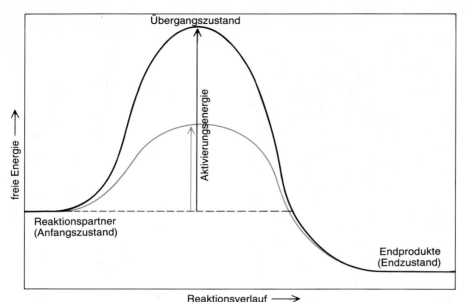

Bild 5: Die energetischen Anforderungen einer hypothetischen chemischen Reaktion. Die Ausgangsstoffe werden über einen instabilen Übergangszustand in die Produkte umgewandelt. Dieser Übergangszustand kann in dem Moment durchlaufen werden, in dem die dafür nötige Aktivierungsenergie erreicht ist. Es handelt sich dabei um einen so flüchtig beste-henden Atomkomplex, daß er nicht erfaßbar ist. Enzyme katalysieren eine Reaktion zum Teil dadurch, daß sie sich an den Übergangszustand binden und ihn so stabilisieren. Die Aktivierungsenergie der nicht-katalysierten Reaktion (schwarze Kurve) wird erniedrigt (farbige Kurve) und so der gesamte Prozeß beschleunigt, in vielen Fällen milliardenfach.

Gebraucht wird folglich ein Analogon des Übergangszustands. Ersetzt man den zentralen Kohlenstoff in der tetra-edischen Konfiguration des Übergangs-zustands durch ein Phosphoratom, so erhält man eine stabile Verbindung: einen Phosphonsäure-Ester. Die La-dungsverteilung an seinen Sauerstoff-atomen ähnelt der des Übergangs-zustands. Außerdem sind Phosphor-Sau-erstoff-Bindungen etwa 20 Prozent länger als normale Kohlenstoff-Sau-erstoff-Bindungen, und damit imitiert das Analogon auch die gedehnten Bindun-gen des Übergangszustands.

Wir synthetisierten ein solches Ana-logon, koppelten es an ein Trägerpro-tein und immunisierten Mäuse damit (Bild 7). Normalerweise regt ein Anti-gen im Organismus die Bildung vieler verschiedener Antikörper an, die sich an entsprechend viele verschiedene Stellen des Moleküls heften. Jede Im-munzelle produziert aber nur einen be-stimmten Antikörper. Um einen solchen zu gewinnen, isolierten wir aus der Milz der Tiere Antikörper abgebende Immunzellen und fusionierten sie mit speziellen Tumorzellen. Diese Hybrid-zellen lassen sich gut weitervermehren, so daß man aus einer einzelnen Zelle eine ganze Kolonie, einen Klon, identi-scher Nachkommen heranzüchten kann. All diese Nachkommen schütten denselben Antikörper aus.

Wir hatten nun also reine, monoklo-nale Antikörper, wußten aber noch nicht, welche davon gegen das Analo-gon des Übergangszustands und welche gegen irgendwelche anderen Stellen, beispielsweise am Trägerprotein, ge-

stand durchlaufen, in dem der zentrale Kohlenstoff tetraederförmig von vier Atomen umgeben ist: drei unterschied-lich stark polarisierten Sauerstoffato-men und einem weiteren Kohlenstoff-atom (Bild 6 Mitte). Die Bindungen sind in dieser Konstellation nicht nur umorientiert, sondern auch auf etwa 120 Prozent ihrer normalen Länge ge-dehnt,

An diesen Besonderheiten des Über-gangszustandes wird klar, warum man den Ester nicht selbst als Antigen zur Induzierung katalytischer Antikörper heranziehen kann: Man würde nur An-tikörper bekommen, die lediglich das Ausgangsmaterial der Reaktion erken-nen und stabilisieren könnten — und da-mit würden sie die Energiebarriere er-höhen, statt sie zu erniedrigen.

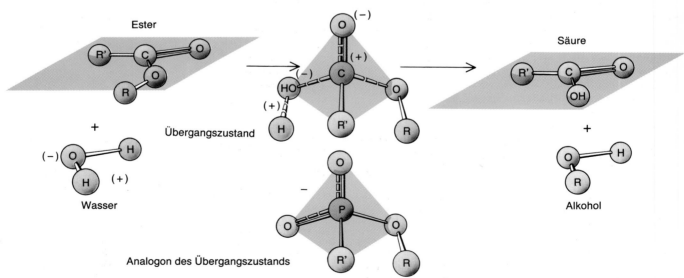

Bild 6: Die Hydrolyse eines Esters, eine Spaltung unter Umsetzung von Wasser, verläuft über einen instabilen Übergangszustand, dessen Ge-stalt und Ladungsverteilung durch ein stabiles Molekül imitiert werden kann. Die Estergruppierung und die bei der Reaktion entstehende Säu-re, die das zentrale Kohlenstoffatom der Estergruppierung erhält, sind eben gebaut. (R und R' stehen für chemische Gruppierungen, die nicht an der Reaktion teilnehmen.) Der Übergangszustand hingegen ist tetra-edisch gestaltet und polarisiert: Eine negative Teilladung ist an einer Spitze konzentriert. Ein stabiles Analogon, in dem ein Phosphoratom die Stelle des zentralen Kohlenstoffs im Übergangszustand einnimmt, imitiert dessen Geometrie und zeigt eine ähnliche Ladungsverteilung. Es imitiert auch die gedehnten Bindungen des Übergangszustands.

richtet waren. Wir testeten deshalb jeden monoklonalen Antikörper auf seine Fähigkeit, das Analogon zu binden.

Die spezifisch gegen das Analogon gerichteten Antikörper mußten dann zeigen, ob sie auch die Hydrolyse des entsprechenden Carbonsäure-Esters katalysieren konnten. Einige versagten; sie waren vielleicht spezifisch gegen ein Merkmal des Analogons gerichtet, das im Übergangszustand selbst keine Entsprechung hat. Andere Antikörper aber besaßen tatsächlich katalytische Aktivität: Sie beschleunigten die Hydrolyse des Esters auf etwa das Tausendfache. Wie erwartet, hemmte der ursprünglich als immunisierendes Antigen eingesetzte Phosphonsäure-Ester diese Aktivität, vermutlich weil er die Bindungsstelle der Antikörper besetzte und auf diese Weise blockierte. Wie die Erkennungsfähigkeit herkömmlicher Antikörper war auch die katalytische Aktivität hochspezifisch: Katalysiert wurde lediglich die Hydrolyse solcher Ester, deren Übergangszustand dem zur Immunisierung verwendeten Antigen strukturell stark ähnelte.

Ungefähr zur gleichen Zeit wie wir experimentierten auch Scott J. Pollack, Jeffrey W. Jacobs und Peter G. Schultz an der Universität von Kalifornien in Berkeley mit katalytischen Antikörpern. Ihr Ansatzpunkt war etwas anders, basierte aber auf derselben Überlegung. Sie gingen von einem bekannten Antikörper gegen Phosphorylcholin aus. In dieser Verbindung ist das Phosphoratom tetraedrisch von vier Sauerstoffatomen umgeben. Die dreidimensionale Struktur des Antikörpers war von der Arbeitsgruppe um David R. Davies am National Institute of Arthritis, Metabolism and Digestive Diseases der Vereinigten Staaten aufgeklärt worden. Aus ihr ließ sich erkennen, daß die Bindungstasche des Antikörpers gut auf die tetraedrische Phosphatgruppe des Phosphorylcholins paßte.

Dieser Antikörper könnte vielleicht, so die Überlegung der Wissenschaftler in Berkeley, auch den Übergangszustand einer Hydrolyse-Reaktion stabilisieren und dadurch den Prozeß selbst katalysieren. Die Gruppe machte sich also daran, einen Ausgangsstoff – ein Substrat – zu entwerfen, dessen Übergangszustand während der Hydrolyse dem Phosphorylcholin in Form und Ladungsverteilung glich. Das Substrat mußte eine Carbonatgruppe – einen von drei Sauerstoffatomen umgebenen Kohlenstoff – enthalten, damit es im Übergangszustand eine tetraedische Konfiguration mit vier Sauerstoffatomen bilden konnte. Auch hier zeigte sich nach der Synthese eines geeigneten Carbonats, daß der Antikörper dessen

Hydrolyse um vielhundertfach beschleunigte.

Das Ergebnis aus Berkeley stützt das Konzept, wonach die Stabilisierung des Übergangszustands der entscheidende Schlüssel zur Katalyse durch Antikörper ist. Um aber ganz allgemein zu demonstrieren, daß es möglich ist, einen Katalysator gewünschter Spezifität mit Hilfe des Immunsystems herzustellen, muß man den von uns eingeschlagenen Weg beschreiten und beim Antigen anfangen. Unsere Experimente weisen einen Weg, wie man generell katalytische Antikörper herstellen kann. Aus dem Reaktionsmechanismus leitet man Struktur und Ladungsverteilung des jeweiligen Übergangszustands ab. Einfache chemische Überlegungen erlauben dann die Konstruktion einer stabilen Imitation, mit der sich die Bildung eines Antikörpers mit komplementärer Bindungstasche anregen läßt. Unter diesen Bedingungen reduziert sich die Entwicklung katalytischer Antikörper weitgehend darauf, ein geeignetes Antigen zu entwerfen und zu synthetisieren.

Stereospezifität

Bei sorgfältiger Antigenkonstruktion zeigen die gewonnenen katalytischen Antikörper außer chemischer Selektivität und katalytischer Aktivität noch eine dritte charakteristische Fähigkeit von Enzymen: Sie können stereochemisch unterschiedliche Formen eines Moleküls unterscheiden. Moleküle mit einem sogenannten asymmetrischen Kohlenstoffatom, das vier verschiedene Gruppen trägt, können in zwei Varianten auftreten, die zwar chemisch identisch sind, sich aber zueinander wie Bild und Spiegelbild – wie rechte und linke Hand – verhalten. Man sagt, sie haben eine Händigkeit, eine Chiralität (von griechisch *cheir*, Hand). Die Chiralität läßt sich daran erkennen, daß die eine Form

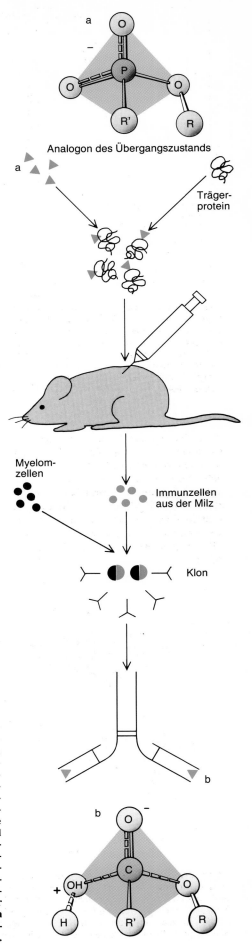

Bild 7: Gewinnung eines katalytischen Antikörpers für eine bestimmte Reaktion, in diesem Fall eine Ester-Hydrolyse. Ein Analogon des Übergangszustands (*a*) wird an ein Trägerprotein gekoppelt und dann einem Versuchstier als Antigen injiziert. Aus dessen Milz werden dann Antikörper ausschüttende Immunzellen isoliert und mit Myelomzellen (Zellen eines Knochenmarkstumors) vereinigt. Diese Hybridzellen teilen sich unbegrenzt weiter und liefern, wenn man sie vorher vereinzelt, jeweils einen Zellklon, der nur einen einzigen, einen sogenannten monoklonalen Antikörper abgibt. Man sucht sich die Klone heraus, die jeweils einen spezifisch gegen das Analogon gerichteten Antikörper ausschütten. Darunter kann es dann Antikörper geben, die sich auch an den Übergangszustand (*b*) binden, ihn stabilisieren und so die Reaktion katalysieren.

171

die Ebene polarisierten Lichts nach links dreht, die andere nach rechts.

Die beiden Partner eines solchen chiralen Stoffpaares reagieren mit anderen nicht-chiralen Molekülen jeweils gleich gut. Sind diese jedoch auch chiral, so können bestimmte Partner mit einer bestimmten Händigkeit bevorzugt werden, genau wie ein Handschuh eben am besten auf die richtige Hand paßt.

Mit einer Ausnahme sind alle Aminosäuren chiral, und damit sind es auch die daraus zusammengesetzten Proteine. Die meisten Lebewesen verwenden nur die eine Konfiguration dieser Aminosäuren zur Proteinsynthese. Dementsprechend kommen auch Enzyme (die ja Proteine sind) in nur einer chiralen Form vor. Bei einer Reaktion mit einem chiralen Ausgangsstoff oder Endprodukt katalysieren Enzyme oft nur die Umsetzung oder Entstehung der einen Form. Katalytische Antikörper sollten nun, da sie ja auch Proteine sind, dieselbe Stereospezifität zeigen.

Zusammen mit Andrew Napper und Stephen J. Benkovic von der Pennsylvania State University untersuchten wir die Stereospezifität einer Reaktion, bei der Substrat, Übergangszustand und Endprodukt chiral sind. Während der Umsetzung wird ein Sauerstoffatom einer Hydroxylgruppe innerhalb eines kettenförmigen Moleküls mit einem Kohlenstoffatom einer Estergruppe in einem anderen Bereich verbunden, wobei ein sogenannter Lakton-Ring entsteht. Ein Kohlenstoff unseres Moleküls ist mit vier verschiedenen Gruppen verbunden und daher asymmetrisch. Dadurch ergeben sich für das Substrat, den Übergangszustand und das Endprodukt jeweils zwei spiegelbildlich gleiche Formen (Bild 8). Ein stereospezifischer Antikörper sollte sich nur an eine der beiden Formen des Übergangszustands binden und deshalb nur eine Form des Substrats in eine Form des Produkts überführen.

Auch diese Reaktion verläuft über einen tetraedischen Übergangszustand, ähnlich dem bei der Ester-Hydrolyse. Nach der bereits bewährten Methode konstruierten wir ein Analogon des Übergangszustands, indem wir den asymmetrischen Kohlenstoff durch ein Phosphoratom ersetzten. Diese Verbindung wurde wieder als Antigen zur Gewinnung monoklonaler Antikörper benutzt. Obwohl das den Tieren injizierte Analogon eine Mischung aus beiden chiralen Formen war, erkannte jeder monoklonale Antikörper nur eine der beiden.

Einer dieser Antikörper zeigte schließlich auch katalytische Aktivität. Wie erwartet, wurde nur die Hälfte des Substratgemischs, also nur eine der spiegel-bildlich gleichen Formen, umgesetzt und nur eine chirale Form des Lakton-Produktes gebildet. Der Antikörper arbeitete also stereospezifisch — vermutlich, weil er wegen der Gestalt seiner Bindungstasche nur eine Form des Übergangszustands erkennen konnte.

Sehr wahrscheinlich ist die Stereospezifität eine generelle Eigenschaft katalytischer Antikörper. Daher könnten sie bei einer Reihe industrieller Prozesse einsetzbar sein, zum Beispiel bei der Herstellung von Medikamenten. Manche dieser Wirkstoffe enthalten ein chirales Zentrum oder sogar mehrere, weshalb sie auch in mehreren Formen vorkommen, die sich stereochemisch unterscheiden. Mit dem passenden Rezeptor auf der Zielzelle reagiert aber in der Regel nur eine Form des Moleküls in der richtigen Weise. Die falsche Variante ist dann nutzlos oder kann sogar, wenn sie unbeabsichtigt mit anderen Rezeptoren im Körper reagiert, gefährlich werden.

Spaltung von Peptidbindungen

Dieselben Überlegungen, mit deren Hilfe wir katalytische Antikörper für so einfache Reaktionen wie eine Ester-Hydrolyse entwickeln konnten, weisen uns auch den Weg zur gezielten Spaltung von Proteinen und Nucleinsäuren mittels katalytischer Antikörper. Proteine und Nucleinsäuren sind die fundamentalen Moleküle des Lebens und daher die stofflichen Grundlagen der Molekularbiologie und Biotechnologie.

Die Aminosäuren eines Proteins sind über Amidbindungen (Peptidbindungen) miteinander verkettet: Ein bestimmtes Kohlenstoffatom jeder Aminosäure ist dort mit einem Stickstoffatom der benachbarten Aminosäure verknüpft. Im Übergangszustand der Amid-Hydrolyse befindet sich das Kohlenstoffatom am einen Ende der Bindung in einer ganz ähnlichen tetraedischen Konfiguration wie im Übergangszustand der Ester-Hydrolyse. Eine solche Konfiguration läßt sich wieder leicht mit einem phosphorhaltigen Analogon imitieren. Es könnte auch noch ein paar der Aminosäuren enthalten, welche die zu spaltende Bindung flankieren. Ein gegen ein solches Analogon gerichteter Antikörper vermag vielleicht das entsprechende Protein katalytisch zu spalten, und das sehr spezifisch, denn er würde nur die Hydrolyse der Bindung innerhalb der vom Analogon imitierten Aminosäuresequenz fördern.

Amidbindungen sind allerdings außerordentlich stabil. Die Antikörper

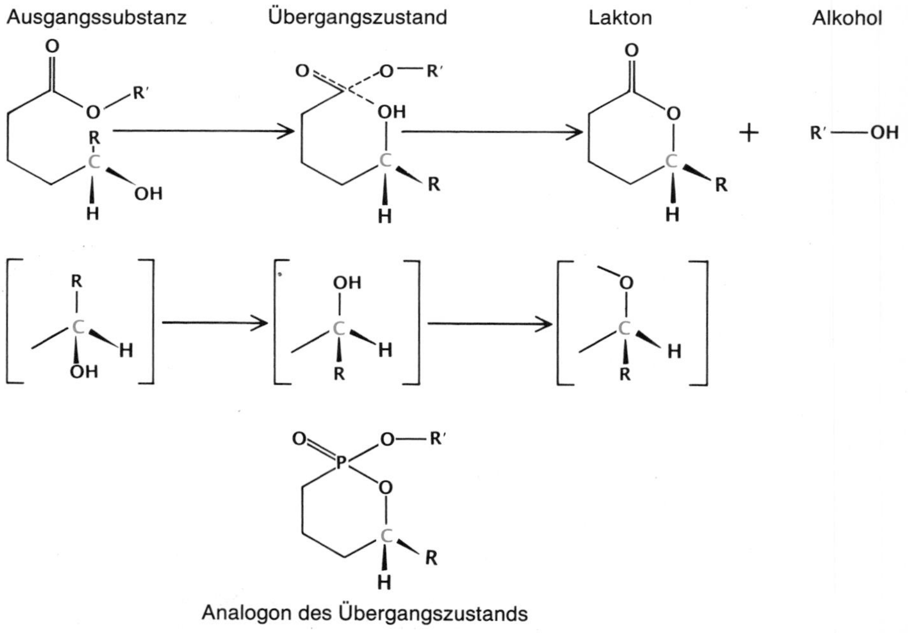

Ausgangssubstanz　　Übergangszustand　　Lakton　　Alkohol

Analogon des Übergangszustands

Bild 8: Als Test für die Stereospezifität katalytischer Antikörper diente eine Reaktion, bei der ein sauerstoffhaltiges organisches Molekül in ein Lakton, eine ringförmig geschlossene Verbindung, umgewandelt wird. Ausgangsprodukt, Übergangszustand wie auch Endprodukt enthalten ein sogenanntes asymmetrisches Kohlenstoffatom (farbig): Die vier verschiedenen chemischen Gruppen daran können zwei zueinander spiegelbildliche Konfigurationen annehmen (oben und Mitte). Die Autoren haben ein Analogon des Übergangszustands synthetisiert und einen dagegen gerichteten monoklonalen Antikörper gewonnen, der nur mit einer Form des Analogons reagierte. Der Antikörper katalysierte dann auch nur die Bildung einer Form des Laktons, was ihn als stereospezifisch auswies: Er konnte zwischen den spiegelbildlich gleichen — chiralen — Formen des Übergangszustands unterscheiden.

172

für ihre Hydrolyse müssen erst noch entwickelt werden. Als eine Schwierigkeit könnte sich dabei erweisen, daß eine einfache Bindung an den Übergangszustand nicht dazu ausreicht, Reaktionen mit sehr hoher Energiebarriere zu beschleunigen. Die Bindungstasche des katalytisch aktiven Proteins (ob am Antikörper oder am Enzym) muß selbst direkt in die Reaktion eingreifen können und den Reaktionsmechanismus so verändern, daß ein Molekül die Potentialfläche zwischen Substrat- und Produktsenke auf einem alternativen, weniger energieaufwendigen Weg zu überwinden vermag. Das heißt aber, daß die Aminosäuren, welche die Bindungstasche auskleiden, direkt an der Reaktion teilnehmen müssen.

Die Wirkung der Aminosäuren (oder genauer gesagt ihrer Seitenketten) ist dem katalytischen Effekt einfacher Verbindungen oder Ionen in Lösungen vergleichbar. Diese Stoffe sind zu klein, als daß sie das Substrat in einer Art Bindungstasche einschließen könnten. Sie können aber trotzdem als Katalysatoren wirksam werden, indem sie vorübergehend Bindungen mit den an der Reaktion beteiligten Atomen eingehen. Eine einfache anorganische Base beschleunigt zum Beispiel die Hydrolyse eines Esters, indem sie einem Wassermolekül ein Wasserstoff-Ion entreißt. Das verbleibende Hydroxid-Ion reagiert sehr viel leichter mit der Estergruppe, als dies das intakte Wassermolekül getan hätte.

Alternativ dazu kann ein kleines Molekül mit ausreichender Affinität zum Kohlenstoff das Wassermolekül beim Aufbrechen der Kohlenstoff-Sauerstoff-Bindung auch ganz ersetzen, den Alkohol abspalten und mit dem Rest des Moleküls ein kovalentes Zwischenprodukt, ein Intermediärprodukt, bilden. Der Katalysator wird dann in einem weiteren Reaktionsschritt von einem Wassermolekül verdrängt, das die Säure als weiteres Hydrolyseprodukt freisetzt.

Die Seitenketten der Aminosäuren in einer enzymatischen Bindungstasche haben gegenüber solchen frei gelösten Katalysatoren einen entscheidenden Vorteil: Sie sind nicht darauf angewiesen, per Zufall mit dem Reaktionspartner zusammenzustoßen. Bei vielen Enzymen treten gleichzeitig drei oder noch mehr chemische Gruppen mit dem Substrat in Wechselwirkung. Würden diese als kleine Moleküle frei in Lösung vorliegen, dann wären die Chancen, daß sie zufällig in die richtige Nachbarschaft zueinander kämen, sehr gering — abgesehen davon, daß sie auch noch die korrekte Ausrichtung haben müssen. Die Bindungstasche des Enzyms

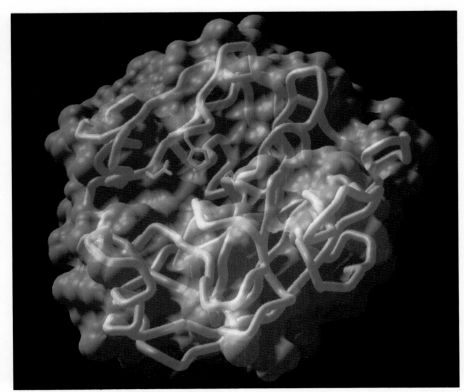

Bild 9: Trypsin, ein Verdauungsenzym, das die Hydrolyse von Proteinen katalysiert. Dabei wird eine Peptidbindung, eine Kohlenstoff-Stickstoff-Bindung, unter Umsetzung von Wasser gespalten. Trypsin beschleunigt die Reaktion nicht nur durch Stabilisierung des Übergangszustands, es greift auch direkt in die Reaktion ein. Bei ihm bilden drei Aminosäuren (grün) in der Bindungstasche eine soge-

nannte katalytische Trias. Die Seitenketten reagieren mit dem zu spaltenden Protein. Die sich dabei ausbildenden Übergangszustände sind energieärmer als der Übergangszustand der nicht-katalysierten Reaktion (Bild 10). Die Computergraphik wurde von Olson angefertigt und basiert auf Röntgenstrukturanalysen von Robert Huber und seinen Kollegen am Max-Planck-Institut für Biochemie in Martinsried.

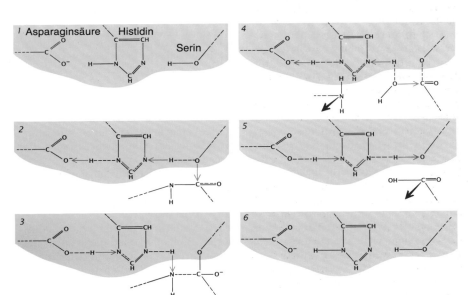

Bild 10: Im aktiven Zentrum des Trypsins arbeitet die katalytische Trias aus Asparaginsäure, Histidin und Serin (1) beim Aufbrechen einer Amidbindung (Peptidbindung) Hand in Hand. Der Sauerstoff in der Hydroxylgruppe (−OH) am Serin kann den Amid-Kohlenstoff angreifen, sobald sein Wasserstoff als Ion, als Proton, zum Histidin überwechselt, dem wiederum der negativ geladene Sauerstoff der Asparaginsäure ein Proton entzogen hat (2). Dieses letzte Proton kehrt dann an seine alte Stelle zurück, während das andere den Amid-

Stickstoff angreift (3). Wenn der daranhängende Teil des Proteins aus dem aktiven Zentrum entlassen wird, nimmt ein Wassermolekül seine Stelle ein, und die Protonen-Wanderung beginnt von neuem (4). Diesmal entsteht eine Hydroxyl-Gruppe, welche die Bindung zwischen dem Kohlenstoff und dem Sauerstoff am Serin angreift (4). Mit der Spaltung löst sich der Rest des Proteins vom Enzym (5), die Protonen kehren an ihre ursprünglichen Positionen zurück und versetzen die katalytische Trias wieder in ihren Ausgangszustand (6).

173

richtet nun die aktiven Gruppen untereinander und mit dem gebundenen Substrat aus und ermöglicht so katalytische Mechanismen, die sonst praktisch unmöglich wären.

Zum Beispiel ist für die Funktion von Trypsin und anderen proteinabbauenden Verdauungsenzymen eine exakte Ausrichtung der Aminosäuren Asparaginsäure, Histidin und Serin innerhalb der Bindungstasche unerläßlich. Dieses Dreiergespann bezeichnet man als katalytische Trias (Bild 9). Attackiert das Enzym eine Bindung, dann arbeiten die drei Aminosäuren sozusagen Hand in Hand, um die Bindung Schritt für Schritt aufzubrechen.

Zuerst wird der Kohlenstoff an dem einen Ende der Amidbindung (Peptidbindung) mit dem Serin verknüpft und der am anderen Ende sitzende Stickstoff mitsamt dem daranhängenden Teil des Proteins abgespalten. Dann reagiert ein Wassermolekül mit dem Serin-Substrat-Komplex und setzt den Rest des Proteins frei. Damit ist der Ausgangszustand des Proteins wieder hergestellt (Bild 10).

Ein Enzym kann also — unter direkter Beteiligung seiner katalytischen Aminosäure-Seitenketten — eine Reaktion, die normalerweise über einen Übergangszustand hoher Energie verläuft, in Teilreaktionen mit jeweils weniger energieaufwendigen Übergangszuständen zerlegen. Dieser Aspekt der Enzymfunktion wird zwar gewöhnlich als eigenständiger Prozeß beschrieben, ist aber in Wirklichkeit mit dem anderen Aspekt, der Bindung an Übergangszustände, verknüpft. Die Bindungstasche des Enzyms könnte die einzelnen untergeordneten Übergangskomplexe stabilisieren, so die dafür nötige Aktivierungsenergie herabsetzen und zugleich mit Hilfe der Aminosäure-Seitenketten direkt in die Reaktionen eingreifen.

Auch bei Antikörpern sind die Bindungstaschen mit genau ausgerichteten Seitenketten ausgekleidet, von denen einige durchaus bei der Katalyse eine Rolle spielen könnten. Ließe sich dem Immunsystem vielleicht auch ein Antikörper entlocken, dessen Bindungstasche nicht nur den Übergangszustand einer Reaktion stabilisiert, sondern auch direkt eingreift und den Reaktionsweg ändert?

Antikörper unterscheiden sich am stärksten in den Abschnitten ihrer Aminosäuresequenz, welche die Bindungstaschen bilden (Bild 11). Selbst Antikörper gegen dasselbe Antigen können darin voneinander abweichen. Durch eine ausgetüftelte Konstruktion des Antigens gelingt es vielleicht, einen Antikörper mit spezifischen Aminosäuren

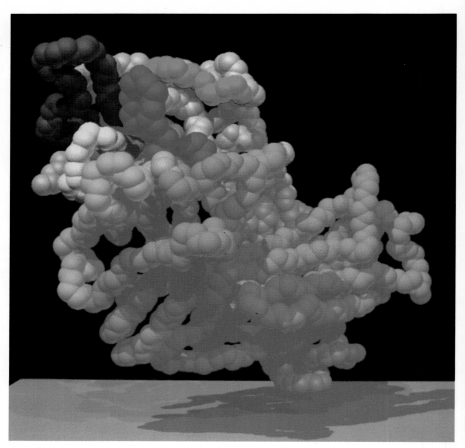

Bild 11: Das aktive Zentrum eines Antikörpers besteht aus hypervariablen Schleifen (farbig). In dieser Abbildung ist nur der eine Arm eines Y-förmigen Antikörpermoleküls dargestellt. Die beiden verschiedenen Polypeptidketten des Antikörpers steuern je drei hypervariable Schleifen zum aktiven Zentrum, zur Bindungstasche, bei. Eine geeignete chemische Konstellation könnte es den Aminosäuren dort ermöglichen, nicht nur den Übergangszustand zu stabilisieren, sondern auch wie beim Trypsin in die von dem Antikörper katalysierte Reaktion einzugreifen. Da es viele Millionen verschiedener Antikörper mit jeweils anders zusammengesetzten Bindungstaschen gibt, könnten für eine bestimmte Reaktion auch viele verschiedene katalytische Antikörper existieren, jeder mit einem etwas anderen katalytischen Mechanismus. Die Graphik wurde von Pique am Forschungsinstitut der Scripps-Klinik erstellt.

zu gewinnen, die an einer Reaktion mitwirken könnten. Man sollte beispielsweise versuchen, statt eines statischen Analogons des Übergangszustands ein dynamisches zu konstruieren — eine Verbindung, die in Nachahmung des Übergangszustands zugleich mit der Bindungstasche eines geeigneten Antikörpers chemisch reagiert.

Die verblüffende Vielfalt der Antikörper-Bindungsstellen bietet sogar die Möglichkeit, Antikörper mit vielen verschiedenartigen Kombinationen katalytischer Seitenketten zu entwickeln, die alle auf dieselbe Reaktion einwirken würden. Unter den Hunderten oder sogar Tausenden von Antikörpern gegen dasselbe Analogon eines Übergangszustands könnte ein jeder vielleicht die Reaktion auf etwas andere Weise katalysieren, je nach Zusammensetzung und Anordnung der Seitenketten in der Bindungstasche.

Gewisse Hinweise darauf haben wir bereits bei der Hydrolyse von Estern

durch unsere katalytischen Antikörper erhalten: Unser erster Antikörper erhöht die Reaktionsgeschwindigkeit nur etwa auf das Tausendfache, andere Antikörper gegen dasselbe Analogon des Übergangszustands tun dies bis auf das Siebenmillionenfache.

Eine solche Vielfalt katalytischer Mechanismen könnte sich als Segen für die Erforschung der von Proteinen bewerkstelligten Katalyse erweisen. Welche Charakteristika sind für die bemerkenswerte Effizienz der in der Natur vorkommenden Enzyme verantwortlich? Welche davon brauchen Enzyme mindestens, um katalytisch aktiv zu sein? Wie könnten weniger wirksame Enzyme auf einer niedrigeren Entwicklungsstufe in der Geschichte des Lebens ausgesehen haben?

All diese interessanten Fragen haben Anstoß zu detaillierten Untersuchungen der bekannten Enzyme gegeben. Spezielle katalytische Antikörper, deren Bindungstaschen sich nur sehr subtil in ihrem Aufbau unterscheiden, werden eine neuartige Möglichkeit bieten, diese Fragen anzugehen.

Zukunftsaussichten

Die bislang von uns und anderen Wissenschaftlern entwickelten katalytischen Antikörper setzen allerdings nur vergleichsweise einfache Verbindungen um. Wieweit diese neuen Proteinkatalysatoren für die Biotechnologie und Medizin Bedeutung erlangen werden, hängt weitgehend davon ab, ob es in der Zukunft gelingen wird, Antikörper herzustellen, die in der richtigen Weise auf Proteine oder Nucleinsäuren einwirken können.

Die wenigen natürlich vorkommenden Enzyme, die Proteine spalten, sind in ihrer Wirkung relativ unspezifisch: Diese Proteinasen spalten ihre Bindung, ohne sonderlich das chemische Umfeld zu berücksichtigen. Katalytische Antikörper könnten vielleicht Peptidbindungen spalten, die von den bekannten Proteinasen nicht angegriffen werden, und wesentlich empfindlicher auf die flankierenden Aminosäuren ansprechen.

Solche katalytischen Antikörper ließen sich in der Medizin nutzen, etwa als Schutz und Angriffswaffe gegen Krankheitserreger. Heutige Impfstoffe imitieren beispielsweise ein Virus und regen so die Bildung schützender Antikörper an. (Diese zerstören das Angriffsziel allerdings nicht, sie markieren es, wie erwähnt, nur für spezielle Zellen der Immunabwehr.) Ein antiviraler Impfstoff der Zukunft brauchte nur den Übergangszustand bei der Hydrolyse von einem der Virusproteine zu imitieren. Er würde so die Bildung katalytischer Antikörper anregen, die den Eindringling gleich selbst vernichten. Gleichzeitig würden diese aktiv schützenden Antikörper helfen, wirtseigene Proteine einzusparen. Nach dem gleichen Prinzip ließe sich vielleicht auch das Immunsystem herzkranker Patienten zur Produktion von Antikörpern veranlassen, welche die Proteine von Blutgerinnseln abbauen und so Herzinfarkten vorbeugen würden.

Katalytische Antikörper könnten also die dem Immunsystem angeborenen Verteidigungsmöglichkeiten erweitern. Mit Sicherheit aber werden sie ihren Beitrag in der Biotechnologie und in der chemischen und molekularbiologischen Grundlagenforschung leisten. Beide Fachrichtungen sollten unmittelbar von einer Erweiterung ihres molekulare Instrumentariums profitieren. Vielleicht ergeben sich für sie noch ungeahnte Möglichkeiten, wenn erst das volle katalytische Potential von Bindungstaschen in Proteinen erforscht ist.

Autoren

Fuller W. Bazer forschte gemeinsam mit Howard M. Johnson, Brian E. Szente und Michael A. Jarpe an der Universität von Florida in Gainesville über Interferone. Der ehemalige Forschungsprofessor in der Abteilung für Tierkunde in Gainesville hat jetzt den O.-D.-Butler-Lehrstuhl an der Abteilung für Tierkunde der Texas-A&M-Universität in College Station inne.

Thierry Boon ist seit 1978 Direktor am Brüsseler Zweig des Ludwig-Instituts für Krebsforschung und hat seit 1980 eine Professur in Genetik und Immunologie an der Katholischen Universität Löwen (belgische Provinz Brabant) inne. Promoviert hat er 1970 in Molekulargenetik an der Rockefeller-Universität in New York, gefolgt von einer Forschungstätigkeit am Pasteur-Institut in Paris. Fünf Jahre später wurde er außerordentlicher Professor in Löwen und gründete ein Labor am Internationalen Institut für Zelluläre und Molekulare Pathologie (ICP) in Brüssel; inzwischen ist es Teil des Ludwig-Instituts.

Peer Bork erforschte gemeinsam mit Russell F. Doolittle die Struktur von Proteinen, um Einblick in deren Evolution zu gewinnen. Er ist Projektleiter am Max-Delbrück-Centrum für molekulare Medizin in Berlin und Gastwissenschaftler am Europäischen Molekularbiologischen Laboratorium in Heidelberg. Außerdem hat er einen Lehrauftrag an der Humboldt-Universität Berlin.

Søren Buus arbeitet schon seit langem im Team mit Howard M. Grey und Alessandro Sette. Er erwarb den medizinischen Doktorgrad 1981 an der Universität Århus (Dänemark). Heute ist er Assistenzprofessor am Institut für Experimentelle Immunologie der Universität Kopenhagen.

Jean-Pierre Changeux ist seit 1972 Direktor der Abteilung für molekulare Neurobiologie am Pasteur-Institut in Paris. Außerdem hat er dort sowie am Collège de France eine Professur inne.

Er erhielt zahlreiche Preise und Auszeichnungen für seine Forschungen zur Neurobiologie.

Russell F. Doolittle analysierte zusammen mit Peer Bork die Struktur von Proteinen, um Einblick in deren Evolution zu gewinnen. Doolittle ist Professor für Biologie am Zentrum für molekulare Genetik der Universität von Kalifornien in San Diego. Er begann mit entsprechenden Untersuchungen bereits Ende der fünfziger Jahre als Doktorand in Biochemie an der Harvard-Universität in Cambridge (Massachusetts). Er ist Mitglied der amerikanischen Akademie der Wissenschaften und anderer wissenschaftlicher Organisationen.

Alfred G. Gilman ist gemeinsam mit Maurine E. Linder an der Pharmakologischen Abteilung des Southwestern Medical Center der Universität von Texas in Dallas tätig. Er war zehn Jahre an der Universität von Virginia in Charlottesville, ehe er 1981 Professor und Vorsitzender der Pharmakologischen Abteilung des medizinischen Zentrums wurde. Im Jahre 1987 wurde er auf einen Lehrstuhl für Molekulare Neuropharmakologie berufen und erhielt zwei Jahre später den Albert-Lasker-Preis für Medizinische Grundlagenforschung.

Roger S. Goody arbeitet seit 1993 als Direktor der Abteilung für Physikalische Biochemie am Max-Planck-Institut für Molekulare Physiologie in Dortmund. Er promovierte 1968 an der Universität von Birmingham (England) über die Chemie der Nucleinsäuren. Nach einem Aufenthalt als Post-Doc am Sloane Kettering Institute in New York forschte er als Wissenschaftlicher Assistent am Max-Planck-Institut für Experimentelle Medizin in Göttingen. 1972 wechselte er an das Max-Plack-Institut für Medizinische Forschung nach Heidelberg, wo er 1990 zum Professor ernannt wurde. Ein Schwerpunkt seiner derzeitigen Arbeit liegt in der Erforschung der Struktur von HIV-Proteinen. Für seine wissenschaftlichen Leistungen erhielt Goody 1991 zusammen mit Greg Petsko (Brandeis, USA) den Max-Planck-Preis, verliehen durch die Alexander-von-Humboldt-Stiftung und die Max-Planck-Gesellschaft.

Howard M. Grey arbeitet schon seit langem zusammen mit Alessandro Sette und Søren Buus. Er ist Mitbegründer und technischer Leiter der Cytel Corporation in La Jolla (Kalifornien), einer Biotechnologie-Firma für immunwirksame Medikamente. Im Jahre 1957 promovierte er

in Medizin an der New Yorker Universität. Danach ging er an die Scripps-Klinik und -Forschungsanstalt in La Jolla und ans Nationale Jüdische Zentrum für Immunologie und Medizin der Atemwegserkrankungen in Denver (Colorado), wo er bis 1988 die Abteilung für Grundlagen der Immunologie leitete.

Michael Groß betreibt als Postdoktorand am Oxford Centre for Molecular Sciences in England physikalisch-chemische Untersuchungen zur Proteinfaltung.

Michael Grunstein wurde in Rumänien geboren und ist Professor für Molekularbiologie an der Universität von Kalifornien in Los Angeles (UCLA). Er hat bis 1967 an der McGill-Universität in Montreal (Kanada) studiert und 1971 an der Universität Edinburgh (Schottland) in Molekularbiologie promoviert. Anschließend war er als wissenschaftlicher Mitarbeiter in den Abteilungen für Medizin und Biochemie der kalifornischen Stanford-Unversität tätig, bevor er 1975 zur UCLA wechselte.

Ernst J. M. Helmreich ist Emeritus für Physiologische Chemie an der Julius-Maximilians-Universität in Würzburg. Zwischen 1954 und 1956 sowie zwischen 1961 und 1966 arbeitete er im Laboratorium von Carl F. Cori an der Washington-Universität in St. Louis über Mechanismen der Stoffwechselregulation. Im Jahre 1968 wurde er als Vorstand des Institutes für Physiologische Chemie an die Universität Würzburg berufen.

Michael A. Jarpe forschte in Zusammenarbeit mit Howard M. Johnson, Fuller W. Bazer und Brian E. Szente an der Universität von Florida in Gainesville über Interferone. Nach seiner Promotion arbeitete er von 1990 bis 1992 in Johnsons Labor; derzeit ist er wissenschaftlicher Mitarbeiter bei Cambridge Neurosciences in Massachusetts.

Howard M. Johnson hat gemeinsam mit Fuller W. Bazer, Brian E. Szente und Michael A. Jarpe an der Universität von Florida in Gainesville über Interferone gearbeitet. Johnson ist dort Forschungsprofessor in der Abteilung für Mikrobiologie und Zellforschung sowie Berater von Pepgen, einem biotechnologischen Investment-Unternehmen im kalifornischen Huntington Beach.

Gerald F. Joyce ist Biochemiker und beschäftigt sich seit langem mit der Evolution von Molekülen im Labor. Er hat an der Universität Chicago (Illinois) studiert und 1984 an der Universität von Kalifornien in San Diego in Medizin promoviert. Dann war er am Medizinischen Zentrum des Mercy-Krankenhauses und am Salk-Institut für Biologische Forschung tätig, ebenfalls bei beziehungsweise in San Diego. Im Jahre 1989 ging er an das Scripps-Forschungsinstitut nach La Jolla (Kalifornien), wo er in der chemischen und in der molekularbiologischen Abteilung wirkt. Er erforscht insbesondere die gelenkte Evolution der RNA.

Marc W. Kirschner arbeitet zusammen mit Andrew W. Murray an der Universität von Kalifornien in San Francisco. Er promovierte 1971 an der Universität von Kalifornien in Berkeley. Er arbeitete früher an der Universität Princeton (New Jersey), ist jedoch bereits seit 1978 in San Francisco Professor für Biochemie und Biophysik.

Aaron Klug forscht in Zusammenarbeit mit Daniela Rhodes als Direktor des Molekularbiologischen Laboratoriums des britischen Medizinischen Forschungsrates in Cambridge. Er ist seit 1962 dort tätig. Im Jahre 1982 erhielt Klug den Nobelpreis für Chemie für die Entwicklung elektronenmikroskopischer Verfahren, mit denen sich die Struktur von Biomolekülkomplexen ermitteln läßt. Damit hat er bei Viren und Chromosomen die Struktur und die Zusammenlagerung von Protein-Nucleinsäure-Komplexen geklärt.

Richard A. Lerner arbeitet – zusammen mit Alfonso Tramontano – am Forschungsinstitut der Scripps-Klinik in La Jolla, Kalifornien. Der Direktor des Instituts, der 1964 in Medizin an der Stanford-Universität (Kalifornien) promovierte, ist dort mit Ausnahme zweier Jahre am Wistar-Institut für Anatomie und Biologie in Philadelphia tätig.

Maurine E. Linder arbeitet zusammen mit Alfred G. Gilman und als Dozentin an der Pharmakologischen Abteilung des Southwestern Medical Center der Universität von Texas in Dallas. Sie hat 1987 an dieser Universität in Molekular- und Zellbiologie promoviert.

Alexander McPherson ist Leiter des Fachbereichs Biochemie an der Universität von Kalifornien in Riverside. Er hat außerdem die Biotechnik-Firma Chryschem Inc. gegründet, die sich auf die Kristallisation und Strukturanalyse von Proteinen spezialisiert hat. Sein Interesse

an der Struktur von Makromolekülen stammt noch aus seiner Zeit an der Purdue-Universität in West Lafayette (Indiana), wo er die Struktur des Enzyms Laktatdehydrogenase aufzuklären half. Nachdem er dort im Jahre 1970 promoviert hatte, schloß er sich einer Forschungsgruppe am Massachusetts Institute of Technology in Cambridge an, der es gelang, die Struktur der Transfer-RNA aufzuklären. McPherson hat ein Buch über Protein-Kristalle geschrieben und war Mitorganisator von zwei internationalen Tagungen über das Züchten makromolekularer Kristalle.

Andrew W. Murray arbeitet gemeinsam mit Marc W. Kirschner an der Universität von Kalifornien in San Francisco. Murray, Assistenzprofessor für Physiologie, promovierte 1984 an der Harvard-Universität in Cambridge (Massachusetts). Vor seiner Berufung in den Lehrkörper nach San Francisco arbeitete er in Kirschners Labor.

Stanley B. Prusiner hat eine Professur für Neurologie und Biochemie an der Medizinischen Fakultät der Universität von Kalifornien in San Francisco inne. Er ist Mitglied der Nationalen Akademie der Wissenschaften der USA, des amerikanischen Instituts für Medizin und der amerikanischen Akademie für Künste und Wissenschaften. Für seine Forschung über Prionen wurde er mit zahlreichen Preisen ausgezeichnet, zum Beispiel erst kürzlich mit dem Albert Lasker Basic Medical Research Award und dem Paul-Ehrlich-Preis.

Daniela Rhodes arbeitet gemeinsam mit Aaron Klug am Molekularbiologischen Laboratorium des britischen Medizinischen Forschungsrates in Cambridge. Sie forscht dort seit 1969, nachdem sie an der Universität Cambridge in Biochemie promoviert hatte.

Frederic M. Richards hat die Sterling-Professur für Molekulare Biophysik und Biochemie an der Yale-Universität in New Haven (Connecticut) inne. Er trat der Fakultät von Yale 1955 bei, drei Jahre nachdem er an der Harvard-Universität in Cambridge (Massachusetts) seinen Doktortitel erhalten hatte.

Alessandro Sette forscht schon seit langem zusammen mit Howard M. Grey und Søren Buus. Daneben arbeitet er bei der Biotechnologie-Firma Cytel und ist Assistenzprofessor für Immunologie an der Scripps-Klinik in La Jolla (Kalifornien). Im Jahre 1984 promovierte

er an der Universität Rom (Italien). Danach kam er 1986 zu Grey nach Denver.

Thomas P. Stossel ist Inhaber der Stiftungsprofessur für Medizin der Amerikanischen Krebsgesellschaft an der Harvard-Universität in Cambridge (Massachusetts) und Direktor der Abteilung für experimentelle Medizin an der Brigham- und Frauen-Klinik in Boston, wo er auch klinisch in der Abteilung für Hämatologie und Onkologie arbeitet. Er hat an der Universität Princeton (New Jersey) studiert und 1967 an der Harvard-Universität promoviert. Er gehört zu den Beratungsgremien der Biotechnologie-Firmen Biogen und Protein Engineering und ist außerdem im Forschungsbeirat der Amerikanischen Krebsgesellschaft. Seine Forschungen betreffen den Kriechmechanismus von Zellen im menschlichen Körper bei der Immunantwort und der Krebsmetastasierung. Zudem hat er Arbeiten über wissenschaftliche Kommunikation und über die Rolle der Forschung in der Medizin verfaßt.

Brian E. Szente arbeitet zusammen mit Howard M. Johnson, Fuller W. Bazer und Michael A. Jarpe an der Universität von Florida in Gainesville über Interferone. Er ist Doktorand in Johnsons Arbeitsgruppe.

Alfonso Tramontano arbeitet gemeinsam mit Richard A. Lerner am Forschungsinstitut der Scripps-Klinik in La Jolla, Kalifornien, als Mitglied der Abteilung für Molekularbiologie. Im Jahre 1980 promovierte er in anorganischer Chemie an der Universität von Kalifornien in Riverside. Nach einem Forschungsaufenthalt an der Harvard-Universität in Cambridge (Massachusetts) ging er 1983 an sein jetziges Institut.

William J. Welch erforscht seit mehr als zehn Jahren die Stress-Antwort von Säugetierzellen und ihre Bedeutung für menschliche Krankheiten. Er ist außerordentlicher Professor am Zentrum für die Biologie der Lunge der Universität von Kalifornien in San Francisco. Nach dem Biologie- und Chemiestudium an der Universität von Kalifornien in Santa Cruz ging er nach San Diego an das Salk-Institut für biologische Studien und an die dortige Universität von Kalifornien, wo er 1980 in Chemie promovierte. Er ist Berater der kanadischen Firma Stressgen Biotechnologies in Victoria (British Columbia).

Literatur

Proteine

Chothia, C. *Principles That Determine the Structure of Proteins.* In: *Annual Review of Biochemistry* 53 (1984) S. 537–572.

Doolittle, R. F. *Similar Amino Acid Sequences: Chance or Common Ancestry?* In: *Science* 214/4517 (1981) S. 149–159.

Jencks, W. P. *Catalysis in Chemistry and Enzymology.* New York (McGraw-Hill) 1969.

Kyte, J.; Doolittle, R. F. *A Simple Method for Displaying the Hydropathic Character of a Protein.* In: *Journal of Molecular Biology* 157/1 (1982) S. 105–132.

Richardson, J. S. *The Anatomy and Taxonomy of Protein Structure.* In: *Advances in Protein Chemistry* 34 (1981) S. 167–339.

Swanson, R. *Unifying Concept for the Amino Acid Code.* In: *Bulletin of Mathematical Biology* 42/2 (1984) S. 187–203.

Die Faltung von Proteinmolekülen

Creighton, T. E. *Proteins, Structures and Molecular Properties.* (Freeman) 1983.

Doolittle, R. F. *Proteine.* In: *Die Moleküle des Lebens.* Reihe Verständliche Forschung. Heidelberg (Spektrum der Wissenschaft) 1988, S. 62–72.

Ghélis, Ch.; Yon, J. *Protein Folding.* New York (Academic Press) 1982.

Gierasch, L. M.; King, J. *Protein Folding: Deciphering the Second Half of the Genetic Code.* (American Association for the Advancement of Science) 1990.

Jaenicke, R. *Folding and Association of Proteins.* In: *Progress in Biophysics and Molecular Biology* 49/1 (1987) S. 117–237.

Kim P. S.; Baldwin, R. L. *Specific Intermediates in the Folding Reactions of Small Proteins and the Mechanism of Protein Folding.* In: *Annual Review of Biochemistry* 51 (1982) S. 459–489.

Mobile Protein-Module: evolutionär alt oder jung?

Baron, M.; Norman, D. G.; Campbell, I. D. *Protein Modules.* In: *Trends in Biochemical Sciences* 16/1 (1991) S. 13–17.

Bork, P. *Mobile Modules and Motifs.* In: *Current Opinion in Structural Biology* 2/3 (1992) S. 413–421.

Bork, P.; Doolittle, R. F. *Proposed Acquisition of an Animal Protein Domain by Bacteria.* In: *Proceedings of the National Academy of Sciences* 89/19 (1992) S. 8990–8994.

Doolittle, R. F. *The Genealogy of Some Recently Evolved Vertebrate Proteins.* In: *Trends in Biochemical Sciences* 10/6 (1985) S. 233–237.

Patthy, L. *Modular Exchange Principle in Proteins.* In: *Current Opinion in Structural Biology* 1/3 (1991) S. 351–361.

Stress-Proteine

Ashburner, M.; Bonner, J. J. *The Induction of Gene Activity in Drosophila by Heat Shock.* In: *Cell* 17/2 (1979) S. 241–254.

Ellis, R. J.; van der Vies, S. M. *Molecular Chaperones.* In: *Annual Reviews of Biochemistry* 60 (1991) S. 321–347.

Langer, T. et al. *Successive Action of DnaK, DnaJ and GroEL along the Pathway of Chaperone-Mediated Protein Folding.* In: *Nature* 356/6371 (1992) S. 683–689.

Morimoto, R. I.; Tissières, A.; Georgopoulos, C. *Stress Proteins in Biology and Medicine.* Cold Spring Harbor (Cold Sping Harbor Laboratory Press) 1990.

Welch, W. J. *Mammalian Stress Response: Cell Physiology, Structure/Function of Stress, Proteins, and Implications for Medicine and Disease.* In: *Physiological Reviews* 72 (1992) S. 1063–1081.

Protein-Kristalle

Holmes, K. C.; Blow, D. M. *The Use of X-Ray Diffraction in the Study of Protein and Nucleic Acid Structure.* New York (Wiley) 1966.

Kendrew, J. C. *The Three-dimensional Structure of a Protein Molecule.* In: *Scientific American* 12 (1961).

McPherson, A. *Useful Principles for the Crystallization of Proteins.* In: Mitchel, H. (Hrsg.) *The Crystallization of Membrane Proteins.* Boca Raton (CRC Press).

Perutz, M. F. *The Hemoglobin Molecule.* In: *Scientific American* 11 (1964).

Die Rolle der Histone bei der Genregulation

Durrin, L. K.; Mann, R. K.; Kayne, P. S.; Grunstein, M. *Yeast Histone H4 N-Terminal Sequence Is Required for Promoter Activation* in vivo. In: *Cell* 65 (1991) S. 1023–1031.

Felsenfeld, G. *Chromatin as an Essential Part of the Transcriptional Mechanism.* In: *Nature* 355/6357 (1992) S. 219–223.

Han, M.; Grunstein, M. *Nucleosome Loss Activates Yeast Downstream Promoters* in vivo. In: *Cell* 55 (1988) S. 1137–1145.

Kayne, P. S.; Kim, U.-J.; Han, M.; Mullen, J. R.; Yoshizaki, F.; Grunstein, M. *Extremely Conserved Histone H4 N Terminus Is Dispensable for Growth but Essential for Repressing the Silent Mating Loci in Yeast.* In: *Cell* 55 (1988) S. 27–39.

Zinkfinger

Harrison, S. C. *A Structural Taxonomy of DNA-Binding Domains.* In: *Nature* 353/6346 (1991) S. 715–719.

Klug, A.; Rhodes, D. *Zinc Fingers: A Novel Protein Motif for Nucleic Acid Recongnition.* In: *Trends in Biochemical Sciences* 12/12 (1987) S. 464–469.

Luisi, B. F.; Xu, W. X.; Otwinowski, Z.; Freedman, L. P.; Yamamoto, K. R.; Sigler, P. B. *Crystallographic Analysis of the Interaction of the Glucocorticoid Receptor with DNA.* In: *Nature* 352/6335 (1991) S. 497–505.

Miller, J.; McLachlan, A. D.; Klug, A. *Repetitive Zinc-Binding Domains in the Protein Transcription Factor IIIA from Xenopus Oocytes.* In: *EMBO Journal* 4/6 (1985) S. 1609–1614.

Pavletich, N. P.; Pabo, C. O. *Zinc Finger-DNA Recognition: Crystal Structure of a ZIF268-DNA Complex at 2.1 A.* In: *Science* 252 (1991) S. 809–817.

Schwabe, J. W. R.; Rhodes, D. *Beyond Zinc Fingers: Steroid Hormone Receptors Have a Novel Structural Motif for DNA Recognition.* In: *Trends in Biochemical Sciences* 16/8 (1991) S. 291–296.

G-Proteine

Bourne, H. R.; Sanders, D. A.; McCormick, F. *The GTPase Superfamily: A Conserved Switch for Diverse Cell*

Functions. In: *Nature* 348/6297 (1990) S. 125–132.

Bourne, H. R.; Sanders, D. A.; McCormick, F. *The GTPase Superfamily: Conserved Structure and Molecular Mechanism.* In: *Nature* 349/6305 (1991) S. 117–127.

Gilman, A. G. *G Proteins: Transducers of Receptor-Generated Signals.* In: *Annual Review of Biochemistry* 56 (1987) S. 615–649.

Karin, M. *Signal Transduction from Cell Surface to Nucleus in Development and Disease.* In: *FASEB Journal* 6 (1992) S. 2581–2590.

Kaziro, Y.; Itoh, H.; Kozasa, T.; Nakafuku, M.; Satoh, T. *Structure and Function of Signal-Transducing GTP-Binding Proteins.* In: *Annual Review of Biochemistry* 60 (1991) S. 349–400.

Simon, M. I.; Strathmann, M. P.; Gautam, N. *Diversity of G Proteins in Signal Transduction.* In: *Science* 252 (1991) S. 802–808.

Wie Proteine den Zellzyklus steuern

Edgar, B. A.; O'Farrell, P. H. *Genetic Control of Cell Division Patterns in the Drosophila Embryo.* In: *Cell* 57/1 (1989) S. 177–187.

Hartwell, L. H.; Weinert, T. A. *Checkpoints: Controls That Ensure the Order of Cell Cycle Events.* In: *Science* 246/4930 (1989) S. 629–634.

Murray, A. W.; Kirschner, M. W. *Cyclin Synthesis Drives the Early Embryonic Cell Cycle.* In: *Nature* 339 (1989) S. 275–280.

Murray, A. W.; Kirschner, M. W. *Dominoes and Clocks: The Union of Two Views of the Cell Cycle.* In: *Science* 246/4930 (1989) S. 614–621.

Nurse, P. *Universal Control Mechanisms Regulating Onset of M-Phase.* In: *Nature* 344/6266 (1990) S. 503–508.

Der Acetylcholin-Rezeptor

Changeux, J. P. *Der neuronale Mensch. Wie die Seele funktioniert – die Entdeckungen der neuen Gehirnforschung.* Reinbek (Rowohlt) 1984.

Changeux, J. P. *Functional Architecture and Dynamics of the Nicotinic Acetylcholine Receptor: An Allosteric Ligand-Gated Ion Channel.* In: *FIDIA Research Foundation Neuroscience Award Lectures.* Bd. 4. New York (Raven Press) 1990.

Changeux, J. P. et al. *The Functional Architecture of the Acetylcholine Nicotinic Receptor Explored by Affinity Labelling and Site-Directed Mutagenesis.* In: *Quarterly Reviews of Biophysics* 25/4 (1992) S. 395–432.

Karlin, A. *Explorations of the Nicotinic Acetylcholine Receptor.* In: *Harvey Lectures.* Bd. 85 (1989–1990) S. 71–107.

Unwin, N. *Nicotine Acetylcholine Receptor at 9 Å Resolution.* In: *Journal of Molecular Biology* 229/4 (1993) S. 1101–1124.

Der Kriechmechanismus von Zellen

Condeelis, J. *Life at the Leading Edge: The Formation of Cell Protrusions.* In: *Annual Review of Cell Biology* 9 (1993) S. 411–444.

Janmey, P. A. *Phosphoinositides and Calcium as Regulators of Cellular Actin Assembly and Disassembly.* In: *Annual Review of Physiology* 56 (1994) S. 169–191.

Lee, W. M.; Galbraith, R. M. *The Extracellular Actin-Scavenger System and Actin Toxicity.* In: *New England Journal of Medicine* 326/20 (1992) S. 1335–1341.

Stossel, T. P. *On the Crawling of Animal Cells.* In: *Science* 260 (1993) S. 1086–1094.

Vasconcellos, C. A. et al. *Reduction in Viscosity of Cystic Fibrosis Sputum in Vitro by Gelsolin.* In: *Science* 263 (1994) S. 969–971.

Antigen-Erkennung: Schlüssel zur Immunantwort

Bjorkman, P. J. et al. *Structure of the Human Class I Histocompatibility Antigen, HLA-A2.* In: *Nature* 329/6139 (1987) S. 506–512.

Braciale, T. J. et al. *Antigen Presentation Pathways to Class I and Class II MHC-Restricted T Lymphocytes.* In: *Immunological Reviews* 98 (1987) S. 95–114.

Buus, S.; Sette, A.; Grey, H. M. *The Interaction between Protein-Derived Immunogenic Peptides and IA.* In: *Immunological Reviews* 98 (1987) S. 115–141.

Immunsystem: Abwehr und Selbsterkennung auf molekularem Niveau. Heidelberg (Spektrum der Wissenschaft) 1988.

Unanue, E. R. *Antigen Presenting Function of the Macrophage.* In: *Annual Review of Immunology* 2 (1984) S. 395–428.

Tumor-Abstoßungsantigene

Boon, T. *Toward a Genetic Analysis of Tumor-Rejection Antigens.* In: *Advances in Cancer Research* 58 (1992) S. 179–210.

Townsend, A. R. M.; Rothbard, J.; Gotch, F. M.; Bahadur, G.; Wraith, D.; McMichael, A. J. *The Epitopes of Influenza Nucleoprotein Recognized by Cytotoxic T Lymphocytes Can be Defined with Short Synthetic Peptides.* In: *Cell* 44/6 (1986) S. 959–968.

van der Bruggen, P.; Traversari, C.; Chomez, P.; Lurquin, C.; De Plaen, E.; van den Eynde, B.; Knuth, A.; Boon, T. *A Gene Encoding an Antigen Recognized by Cytolytic T Lymphocytes on a Human Melanoma.* In: *Science* 254 (1991) S. 1643–1647.

Wirkungsweise von Interferonen

Ealick, S. E.; Cook, W. J.; Vijay-Kumar, S.; Carson, M.; Nagabhushan, T. L.; Trotta, P. P.; Bugg, Ch. E. *Three-Dimensional Structure of Recombinant Human Interferon-γ.* In: *Science* 252 (1991) S. 698–701.

Farrar, M. A.; Schreiber, R. D. *The Molecular Cell Biology of Interferon-γ and Its Receptor.* In: *Annual Review of Immunology* 11 (1993) S. 571–611.

Johnson, H. M. *Mechanism of Interferon-γ Production and Assessment of Immunoregulatory Properties.* In: Pick. E. (Hrsg.) *Lymphokines.* Bd. 11. New York (Academic Press) 1985.

Pellegrini, S.; Schindler, Ch. *Early Events in Signalling by Interferons.* In: *Trends in Biological Sciences* 18 (1993) S. 338–342.

Pestka, S.; Langer, J. A.; Zoon, K. C.; Samuel, Ch. E. *Interferons and Their Actions.* In: *Annual Review of Biochemistry* 56 (1987) S. 727–777.

Prionen-Erkrankungen

Cohen, F. E.; Pan, K.-M.; Huang, Z.; Baldwin, M.; Fletterick, R. J.; Prusiner, S. B. *Structural Clues to Prion Replication.* In: *Science* 264 (1994) S. 530–531.

Guilleminault, C. et al. (Hrsg.) *Fatal Familial Insomnia: Inherited Prion Diseases, Sleep, and the Thalamus.* New York (Raven Press) 1994.

Molecular Biology of Prion Diseases. Sonderausgabe der *Philosophical Transactions of the Royal Society of London B*, 343/1306 (1994).

Parry, H. B. *Scrapie Disease in Sheep.* New York (Academic Press) 1993.

Prusiner, S. B. *Molecular Biology of Prion Diseases.* In: *Science* 252 (1991) S. 1515–1522.

Prusiner, S. B.; Collinge, J.; Powell, J.; Anderton, B. (Hrsg.) *Prion Diseases of Humans and Animals.* Chichester (Ellis Horwood) 1992.

Gelenkte Evolution von Biomolekülen

Beaudry, A. A.; Joyce, G. F. *Directed Evolution of an RNA Enzyme.* In: *Science* 257 (1992) S. 635–641.

Bock, L. C.; Griffin, L. C.; Latham, J. A.; Vermaas, E.; Toole, J. J. *Selection of Single-Stranded DNA Molecules That Bind and Inhibit Human Thrombin.* In: *Nature* 355/6360 (1992) S. 564–566.

Mills, D. R.; Peterson, R. L.; Spiegelman, S. *An Extracellular Darwinian Experiment with a Self-Duplicating Nucleic Acid Molecule.* In: *Proceedings of the National Academy of Sciences* 58/1 (1967) S. 217–224.

Szostak, J. W. In Vitro *Genetics.* In: *Trends in Biochemical Sciences* 17/3 (1992) S. 89–93.

Tuerk, C.; Gold, L. *Systematic Evolution of Ligands by Exponential Enrichment: RNA Ligands to Bacteriophage T4 DNA Polymerase.* In: *Science* 249 (1990) S. 505–510.

Katalytische Antikörper

Fersht, A. *Enzyme Structure and Mechanism.* New York (Freeman) 1985.

Gandour, R. D.; Schowen, R. L. (Hrsg.) *Transition States in Biochemical Processes.* New York (Plenum Press) 1978.

Napper, A. D.; Benkovic, S. J.; Tramontano, A.; Lerner, R. A. *A Stereospecific Cyclization Catalyzed by an Antibody.* In: *Science* 237/4818 (1987) S. 1041–1043.

Tramontano, A.; Janda, K.; Lerner, R. A. *Catalytic Antibodies.* In: *Science* 234/4783 (1986) S. 1566–1570.

Bildnachweise

Titelbild: Helen Saibil, Birbeck College, London – **Proteine:** Bilder 1, 5 und 6: Jane M. Burridge; Bilder 2 bis 4, 7 und 10: Hank Iken, Walken Graphics; Bilder 8 und 9: Edward Bell – **Die Faltung von Proteinmolekülen:** Bild 1: Frederic M. Richards, Paul E. Vogt; Yale University; Bilder 2 bis 7 und 9: George V. Kelvin; Bild 8: Jay W. Ponder, Washington University – **Mobile Protein-Module: evolutionär alt oder jung?:** Bild 1: Visual Logic; Bilder 2 bis 5 und Tabelle S. 35: Jared Schneidman Design – **Stress-Proteine:** Bild 1: E. P. M. Candido, E. G. Stringham, Universität von British Columbia/Journal of Experimental Zoology, © John Wiley & Sons; Bild 2 (oben): J. Bonner, Universität von Indiana/Dimitry Schidlovsky; Bild 2 (unten): Dale Darwin/Photo Researchers; Bild 3: S. Lindquist, Universität Chicago; Bilder 4 bis 6: Dimitry Schidlovsky; Kasten S. 47: Spektrum der Wissenschaft – **Chaperonin-60: ein Faß mit Fenstern:** S. 48: *Nature* 371, S. 580; S. 49: Spektrum der Wissenschaft – **Protein-Kristalle:** Bilder 1 (oben), 3 (Mitte) und 5 (oben): Jon Brenneis; Bilder 1 (unten), 3 (links und rechts), 4, 5 (unten) und 6 bis 8: Alexander McPherson; Bild 2: Andrew Christie – **Die Rolle der Histone bei der Genregulation:** Bild 1: Timothy J. Richmond, Bibliothek der ETH Zürich; Kasten S. 64: Ian Worpole (Innenbilder: Barbara A. Hamkalo, University of California, Irvine); Bilder 2, 3 (unten), 4 und Kasten S. 66: Ian Worpole; Bild 3 (oben): Stephen J. Kron und Gerald R. Fink, Whitehead Institute – **Zinkfinger:** Bild 1: Kirk Moldoff; Bild 2 (links): David Neuhaus, Medical Research Council (MRC) Laboratory od Molecular Biology; Bild 2 (rechts): Daniela Rhodes, MRC; Kasten S. 74, Bilder 3 und 4: Guilbert Gates/JSD; Kasten S. 77: Gabor Kiss; Bild 5: John W. R. Schwabe und Daniela Rhodes, MRC – **Reversible Phosphorylierung:** S. 81: Ernst J. M. Helmreich/Spektrum der Wissenschaft – **G-Proteine:** Bilder 1 bis 4 und 6: Ian Worpole; Bild 5: Gabor Kiss; Bild 7: Johnny Johnson – **Wie Proteine den Zellzyklus steuern:** Bilder 1, 2, 4 bis 6 (links), 7 und 8: George V. Kelvin; Bild 3: Koki Hare, Hubrecht Laboratory, Utrecht (Niederlande), Marc W. Kirschner; Bild 6 (rechts): Andrew W. Murray – **Der Acetylcholin-Rezeptor:** Bild 1 und Kasten S. 107: Roberto Osti; Bild 2: Jean-Louis Dubois/Jacana; Bilder 3 bis 5: Dimitry Schidlovsky – **Der Kriechmechanismus von Zellen:** Bilder 1 und 4: Dana Burns-Pizer; Bilder 2, 3, 5 (oben), 6 (links) und 7 bis 9: Jared Schneidman/JSD; Bild 5 (unten): John Hartwig/Harvard Medical School; Bild 6 (rechts): Mit freundlicher Genehmigung von Thomas P. Stossel – **Antigen-Erkennung: Schlüssel zur Immunantwort:** Bild 1: Morton H. Nielsen, Ole Werdelin/Universität Kopenhagen; Bilder 2 bis 4 und 6 bis 9 (unten): George V. Kelvin; Bild 5: Mark M. Davis, Pamela J. Bjorkman/Stanford University; Bild 9 (oben): Mark A. Saper, Harvard University – **Tumor-Abstoßungsantigene:** Bild 1: Bernard Sordat, Schweizerisches Institut für Experimentelle Krebsforschung, Lausanne; Kästen S. 133, S. 136, Bilder 2 und 3: Ian Worpole – **Wirkungsweise von Interferonen:** Bild 1: William M. Carson, University of Alabama at Birmingham; Bilder 2 und 3: Jared Schneidman/JSD; Kasten S. 142 und Bild 4: Johnny Johnson; Bild 5: Howard M. Johnson – **Prionen-Erkrankungen:** Bilder 1 (links), 4 (unten) und 5: Dimitry Schidlovsky; Bild 1 (rechts): David Jackson; Bild 2: Spektrum der Wissenschaft; Bild 3: Stephen J. Dearmond; Bild 4 (oben): Fred E. Cohen; Kasten S. 154/155: Dimitry Schidlovsky (Zeichnungen)/ Stephen J. Dearmond (Photos) – **Gelenkte Evolution von Biomolekülen:** Bilder 1 bis 7 und Kasten S. 159: Ian Worpole – **Katalytische Antikörper:** Bilder 1 und 9: Arthur J. Olson; Bilder 2 und 3: Elizabeth D. Getzoff, John A. Tainer; Bild 4: Michael E. Pique, Elizabeth D. Getzoff, John A. Tainer; Bilder 5 bis 8 und 10: Andrew Christie; Bild 11: Michael E. Pique.

Index

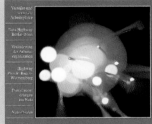

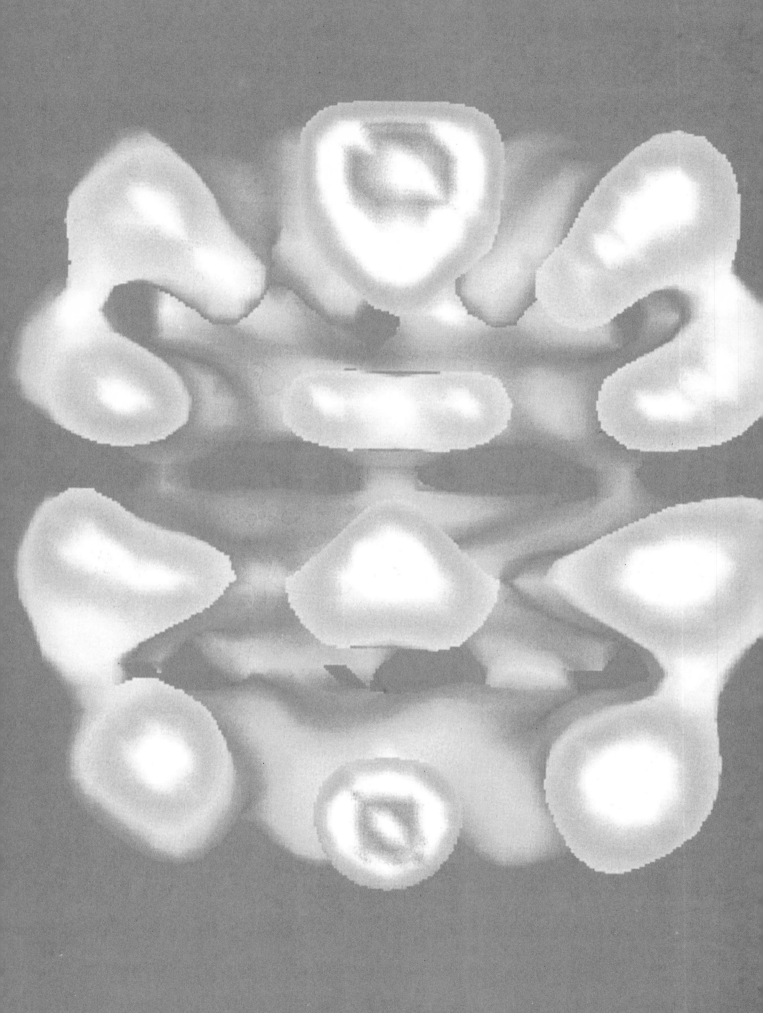